凝煉知識品味閱讀

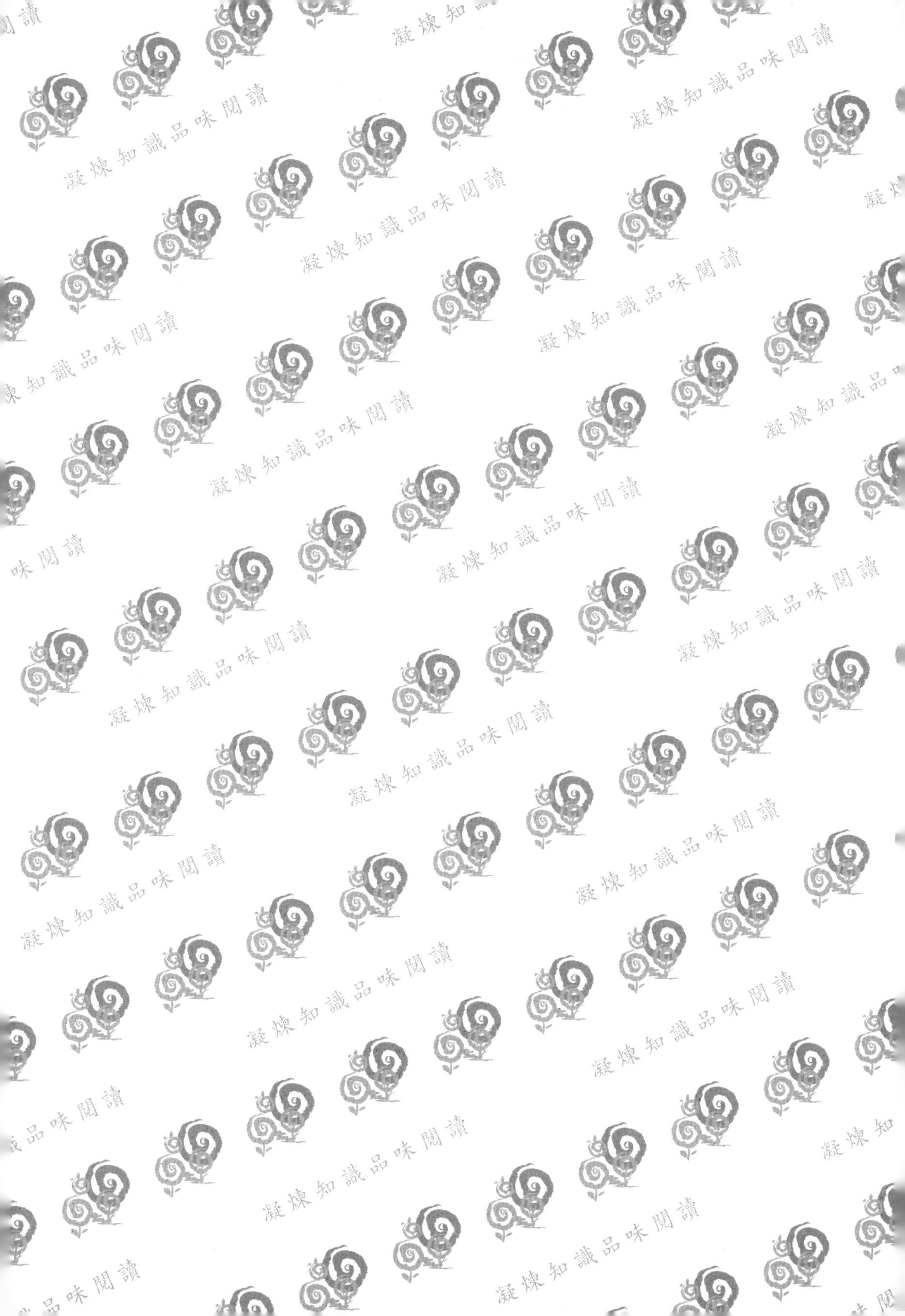

Motorcycle Dynamics

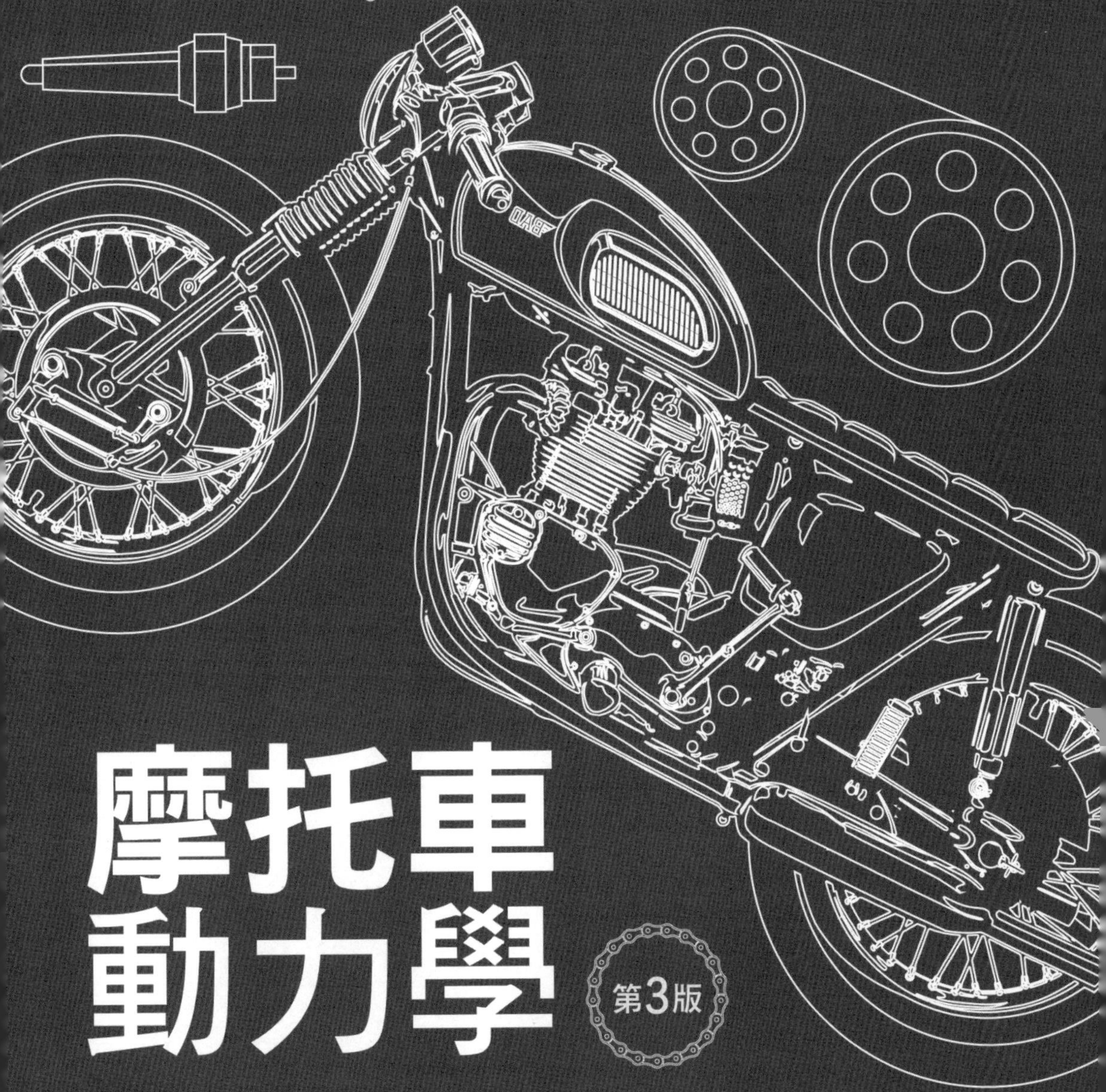

摩托車動力學

第3版

張超群、劉成群 編著

五南圖書出版公司 印行

第三版序言

此次再版基本保留了第二版的內容。考慮到人們對摩托車騎乘安全的要求越來越高，在第四章中增加了部分內容，介紹與安全駕駛有關的彎道 ABS 及摩托車穩定控制系統。

張超群　劉成群　謹識

第二版序言

本書是《摩托車動力學》一書的第二版。為了更好地滿足科技大學車輛類學生以及對摩托車動力學有興趣的讀者的需要，我們對第一版的內容作了必要的修改和補充。

本書第一至第七章基本保留了原有內容。此次再版，增加了第八章，介紹電動摩托車動力學的基本知識。增加這部分內容的原因是：第一，隨著環保意識的提高，近年來電動摩托車越來越受到人們的喜愛；第二，電動摩托車的動力從傳統摩托車的引擎變成馬達，兩者的許多動力特性有所不同，需要獨立成章地加以說明。此外，由於摩托車的循跡控制系統逐漸成為標準配備，因此對其工作原理也作了簡要介紹。

由於作者知識有限，疏漏之處在所難免，懇請讀者指正，以便再版時改正。

張超群　劉成群　謹識

序言

隨著生活水準的提高與重型摩托車的開放進口，人們對於摩托車騎乘、調校和改裝方面的知識要求與日俱增，於是坊間有許多摩托車雜誌應運而生，以符合眾多對騎乘摩托車有興趣的讀者的需求。但這些雜誌對摩托車動力學理論的敘述較少，難以符合欲對原理有較深入瞭解的讀者的要求。而學術界相關的論文與書籍又較艱深，沒有具備相當力學基礎的讀者很難讀懂。此外，高工汽車科及科技大學車輛類的學生，主要以學習汽車相關知識爲主，對摩托車動力學相關知識的涉獵較少。這些原因促使我們產生編寫一本有關摩托車動力學書籍的念頭。

本書是在參考了大量國內外摩托車書籍、雜誌與文獻後，博採不同學派的觀點，經過系統整理，加上作者本身的教學、工作與騎乘經驗編寫而成的。全書力求理論與實務相結合，深入淺出，既有理論上的深度，又考慮實際應用價值。書中盡可能提供照片與繪圖，輔以商業化軟體模擬摩托車運動所得結果來說明相關原理，具備基本動力學知識的讀者便能讀懂全書。

本書可作爲科技大學車輛類學生以及對摩托車動力學有興趣的讀者的參考書，全書分七章。第一章介紹摩托車的類型和規格、摩托車的組合部件和自由度、摩托車的幾何參數、重心位置的計算、轉向幾何關係、騎乘姿勢等。第二章簡述摩托車輪胎的構造、類型及其優缺點，以及輪胎對騎乘的影響，最後介紹輪胎的魔術公式與摩擦橢圓。第三章介紹摩托車直線行駛動力學，探討摩托車傳動系統、引擎輸出功率與扭矩之關係，討論摩托車直線行駛的各種阻力，進而導出摩托車行駛方程與功率方程，介紹摩托車的動力性指標及求最高車速的方法，最後簡介摩托車傳動比。第四章討論摩托車的制動性，介紹摩托車制動系統、制動受力分析與制動方程、摩托車的前翻、滑動率對制動的影響、摩托車的防鎖死煞車系統、摩托車煞車的使用技巧。第五章討論摩托車的懸吊系統與車架，說明摩托車避震器之彈簧與阻尼器的種類、性質和工作原理，闡述彈簧與阻尼器對騎乘舒適性與操控性的影響，介紹前後懸吊系統的種類、運動比、設計參數及其優缺點，說明懸吊系統的調校原理與步驟，最後介紹摩托車架的種類與優缺點。第六章系統地討論了摩托車的振動，介紹摩托車振動的簡化模型和振動模態，摩托車的平面振動，多自由度振動理論基礎，振動多剛體模型，最後簡介時域響應。第七章討論摩托車的操控性及穩定性，簡介摩托車操控性及穩定性所涉及的內容，分析摩托車過彎的騎乘姿勢，介紹操控性及穩定性試驗及評估方法，說明陀螺力矩與方向穩定性的關係，分析轉倒的原因，最後介紹逆操舵原理和影響摩托車操控性的參數。

對書末參考文獻的作者我們深表謝忱，正是他們卓越的研究成果豐富了本書的內容。當然，由於編寫時間倉卒，肯定還有許多有價值的文獻我們還未來得及拜讀，對這些作者我們深表歉意。

要強調的是，本書所提供的摩托車調校方法與騎乘技術，只作參考，作者不承擔任何安全責任。因爲不同類型的摩托車其性能差別很大，例如許多重型摩托車引擎輸出的功率及扭矩與轎車相當，時速可以輕易達到 150 km/h 以上，最高車速甚至超過 300 km/h。因此，騎士一定要對車的性能與極限有深入瞭解，熟練操控技術，身著全套安全裝備上路，並遵守交通規則，才能享受騎乘的樂趣。

編者特別感謝張詠筑、朱名揚、葉柔君、何麗瑩等同學的協助繪圖，以及許多朋友提供的資訊，使得本書得以順利完成。雖然編者已盡了最大努力，並經多次校稿，但疏漏錯誤之處在所難免，懇請讀者先進不吝指正。

張超群　劉成群　謹識於
南台科技大學機械工程系
克萊斯勒汽車公司

目錄

第1章 概論

第2章 摩托車輪胎

CONTENTS

目錄

第4章 摩托車的制動性

第5章 摩托車的懸吊系統與車架

CONTENTS

目錄

第8章 電動摩托車

第 1 章

概論

本章介紹與摩托車動力學相關的一些基本知識和名稱術語，爲學習後面的章節打下基礎。內容包含：摩托車的分類、規格、自由度、幾何參數、重心位置、質量慣性矩、轉向機構運動學，以及騎士騎乘姿態等。

1-1 摩托車的分類

最早摩托車的問世可追溯至 19 世紀中葉，其動力來自蒸氣推動。1885 年 Gottlieb Daimler 創作出第一部用內燃機作爲引擎的摩托車。經過 100 多年的發展，如今摩托車技術和外型已有大幅改進。摩托車依行駛的路況，大致可分成街道行駛（On road）、不良路面行駛（Off road）、街道及越野行駛（Dual purpose）三大類。摩托車的種類形式很多，各國分類方法不同，標準也不統一，我們依造型及功能對一些常見的摩托車分類作簡單的介紹：

1. 賽車（Racing motorcycle）

圖 1-1-1　Moto GP 賽車

摩托車競賽依據摩托車的排氣量或類型而分爲各種賽事，所使用的摩托車也不同。有一類賽車是專爲比賽而特別設計製造的，它特別注重車子的競賽性能而忽視零組件是否耐用及車子是否符合環保。此類摩托車通常不允許在一般道路上行駛，市面上也買不到。圖 1-1-1 所示的車即爲著名的世界摩托車大獎賽（Moto GP）比賽用車。另一類賽車是由市售的摩托車改裝而成的，著名的世界超級摩托車錦標賽（Superbike World Champiomship）便是使用市售跑車改裝而成的賽車。

2. 跑車（Sport bike）

跑車外型類似賽車，採用重量輕、剛性高的車架，引擎的扭矩和馬力大，並採用抓地力大的輪胎，因此具有良好的加速性和較敏捷的操控性，最高車速比一般摩托車高。跑車的零組件耐用度與環保性能符合規範，通常可行駛於一般道路。考慮到空氣阻力，大部分跑車都裝有整流罩（Fairings）。跑車重視高轉速馬力，大多為中置單避震器設計。跑車把手位置較低，腳踏板靠後，騎乘姿勢往前傾（似趴姿），以降低風阻，長時間騎乘會較辛苦，但可享受奔馳的快感。跑車中排氣量大的，模仿賽車性能和款式製作的車種，稱為超級跑車（Superbike）（見圖 1-1-2），又稱為仿賽車。超級跑車通常搭載最新技術，設計傾向於輕量化、高轉速和大馬力輸出，裝有全副整流罩，而且還搭配高速防滑胎，因而具備良好的運動性能。

圖 1-1-2　跑車和超級跑車

3. 街車（Street bike）

街車又稱標準摩托車（Standard bike），它沒有整流罩（Fairings），其汽缸和所有金屬件裸露於外（見圖 1-1-3），因此稱為 Naked bike。它是專為行駛於一般道路而設計的摩托車，注重安全和舒適性，採用一體式座椅，騎乘姿勢較賽車及跑車輕鬆。街車主要用於一般的通勤與作為近距離交通工具使用，所以平順的低中轉速扭矩十分地重要，懸吊系統以雙避震器為主。

圖 1-1-3　街車

4. **街跑車**（Streetfighter）

近年來街車的設計紛紛融入了跑車風格，其設計除保留金屬裸露外觀，並將跑車的引擎裝在街車上，同時具有街車外型與跑車性能，其馬力和扭矩近似跑車，因此稱爲街跑車，如圖 1-1-4 所示。某些大排氣量街跑車的動力性能，並不亞於跑車。此外，由於騎乘姿勢不會前傾，也適合旅行，但因爲沒有前整流罩與擋風板，在高速行駛時正面直接迎風，若長時間高速行駛的話，會比休旅車疲勞。

圖 1-1-4　街跑車

5. **巡航車**（Cruiser motorcycle）

巡航車又稱「嬉皮車」或「美式機車」，其車身低、軸距長、前叉角較大，腳踏板位於身體中心略前的位置，故騎士能以輕鬆的姿勢，舒適地穩定騎乘。這類摩托車穩定性較佳，也適合 2 人共乘，如圖 1-1-5 所示。但也因爲騎士騎乘時仰起上身，高速行駛時所承受的空氣阻力較大。此外，這類摩托車重視引擎中低轉速的特性，其排氣聲頻率低且厚重，讓騎士聽起來很爽快。

圖 1-1-5　巡航車

6. 休旅車（Touring motorcycle）

休旅車具有豪華的行李箱、大型整流罩和擋風板（見圖 1-1-6），可擋風而減輕騎士所承受的風壓。休旅車強調騎乘姿勢輕鬆、長途行駛的舒適性和穩定性，但又重視騎乘的樂趣和速度，故最大扭矩和馬力通常在中高轉速時出現。有些休旅車特別講究騎乘時的舒適感，配有暖氣、防止腰痛的座墊和穩定手柄的裝備等。

圖 1-1-6　休旅車（Harley ultra-classic-electra-glide and Honda Gold Wing）

7. 運動休旅車（Sport-touring motorcycle）

運動休旅車是同時具有跑車性能及休旅車舒適性的摩托車，如圖 1-1-7 所示。

圖 1-1-7　運動休旅車（BMW K1600GT）

8. **越野車**（Off road or Dirt bike）

越野車車身較高，適合越野行駛，如圖 1-1-8 所示。其引擎從低中轉速即可產生強大驅動力，擁有能爬登急陡坡的特性。越野車同時採用深溝紋輪胎、柔性的懸架、較長的避震行程，以及防範受傷或飛石傷害的保護罩等，能順利克服惡劣路況而行駛於砂地、泥土、碎石等非柏油路面。優異的越野車款必須體積小、重量輕以保持敏捷性；同時必須能夠承受車手作跳躍、落地等動作，以及通過石塊或瓦礫的衝擊測試。

越野車又根據行駛路況和使用目的，大致可分爲越野障礙賽車、耐力車、滑胎車、林道山地車等不同的類型。

圖 1-1-8　越野車

9. 越野障礙賽車（Motocross motorcycle）

越野障礙賽車（見圖 1-1-9）是用來參加越野障礙賽（Motocross）的競技用摩托車。越野障礙賽是在封閉場地舉行的競賽，摩托車通常在高低起伏很大的泥土路跳躍與急轉彎行駛。因此，越野障礙賽車的主要特徵是具有輕量化車體，長行程的懸吊系統，高減速比和高擋泥板，以適應行駛在粗糙路面和跳躍等激烈運動。為了輕量化而不裝置保護部件，故禁止在公路上行駛，且因其主要使用於短程競賽上，故油箱的容量也只滿足最低需求。此外，還有一種為耐力賽用的競賽車（Enduro racer），它擁有大型的油箱，必要時也會裝置保護部件。

圖 1-1-9 越野障礙賽車（Yamaha WR450F and Kawasaki KLX450R）

10. 滑胎車（Motard）

滑胎車形狀類似越野車（見圖 1-1-10），但將一般越野車較大尺寸輪胎改成道路用輪胎，並將後輪齒盤縮小，利用越野車的長行程懸吊特性，煞車及換檔的技巧，使車子重心改變，形成車尾擺動滑胎，達到快速轉彎的效果。由於車體兼備越野車的長懸吊行程和易操控的道路用輪胎，故騎乘的感覺相當舒適穩定。

圖 1-1-10 滑胎車（KTM 560 SMR）（Super Motard）

11. 耐力車（Enduro motorcyle）

耐力車（見圖 1-1-11）是由越野障礙車經輕微修改而成的，具有合法的牌照、較大的油箱、完整的安全裝備，可合法在路上行駛。這種車通常可在較惡劣的路面進行一到數日的長途競賽，因而稱為耐力車。

圖 1-1-11　耐力車

12. 林道山地車（Trail bike）

林道山地車多半屬於底盤和座墊都偏低的雙用途越野摩托車，適合在良好路面及不良路面悠閒奔馳的車種，如圖 1-1-12 所示，這類車引擎多半在低轉速時即有強勁加速能力。林道山地車和耐力車很相似，但因不是用來競賽，因此可能堅固度較耐力車低，但會比耐力車多些配備。

圖 1-1-12　林道山地車（Yamaha XG250）

13. 複合型摩托車（On-off road motorcycle）

複合型摩托車（見圖 1-1-13）既可行駛於一般道路，也可行駛於砂地、泥土、碎石等非柏油路面，故又稱雙用途車（Dual-purpose motorcycle）或雙運動型車（Dual-sport motorcycle）。

圖 1-1-13 複合型摩托車（BMW F650GS）

14. 古典型摩托車（Classic motorcycle）

古典型摩托車是指造型較古典，但採用現代技術製作的摩托車（見圖 1-1-14）。它和跑車型摩托車不同，並不追求運動性能，而強調騎乘的舒適性與悠閒感。由於這些古典型摩托車長年受到人們喜愛，其外觀與質感都相當精緻，是值得購買的車種。

圖 1-1-14 古典型摩托車（Royal Enfield Bullet C5 Classic）

15. **古董摩托車**（Vintage motorcycle）

古董摩托車是絕版摩托車中較古老的款式（見圖 1-1-15）。這類車款因幾乎買不到用以修理或改裝的原廠零組件，故只能維持現狀行駛。如果發生故障，除非自己製作須更換的零組件外別無他法。但古董摩托車價值非凡，非常值得珍藏。

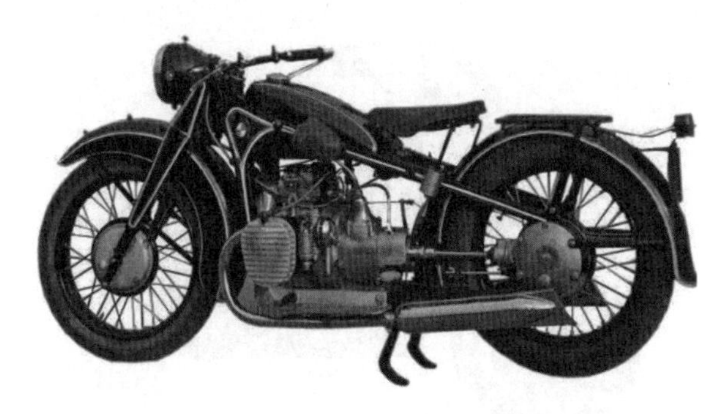

圖 1-1-15　古董摩托車（1935 BMW R12）[25]

16. **美式手工車**（Chopper）

美式手工車（見圖 1-1-16）的車架為手工打造而成，擁有高把手、大傾角、長前叉、窄前輪與寬後輪等特色，全車顯得霸氣無比、氣宇非凡。美式手工車車架與龍頭位置需要提高，才能安裝大傾角的加長型前叉，否則前輪離車身過遠而不協調，轉彎時也會因不合理的前叉角，而變得窒礙難行。

圖 1-1-16　美式手工車

17. 速克達（Scooter）

速克達具有不必跨越上下車的方便性，騎士可將腳平放在平的踏板上，類似坐在椅子上騎乘，故又稱爲坐式車。60 年代至 80 年代非常流行的偉士牌（Vespa）便是經典之作（見圖 1-1-17），它有金屬外殼將引擎、傳動系等包覆在內，顯現優雅的外觀並對騎乘者腿部、衣著提供保護，又因重心低而提升了騎乘穩定性。其缺點爲需用左手同時拉離合器與換檔。90 年代日系塑膠殼速克達（見圖 1-1-17）採用無段自動變速，比傳統手動變速之偉士牌方便好騎，價格也便宜許多，因此 Vespa 銷售量急遽減少。現今低排氣量的小型速克達，因價格較低，車體也較輕巧，方便在擁擠的市區穿梭或日常代步，靈活又便利，廣受大衆的喜愛。另外，擁有休旅車型摩托車舒適性的中大型速克達，具有大型整流罩與擋風板以減輕騎士迎風的不適感。速克達的缺點是將主要結構包覆在外殼內，難以觀察內部的劣化狀態。

圖 1-1-17　Vespa（偉士牌）和速克達

18. 低跨式摩托車（Underbone motorcycle）

這類車的車架呈低跨式，故稱低跨式摩托車，以本田美力系列（Honda Super Cub）爲代表，如圖 1-1-18 所示。低跨式摩托車換檔時不需使用離合器線，而是用腳踏檔來換檔。這類車的車輪尺寸與引擎的位置及傳動系統類似檔車，但油箱位於座位下，類似速克達，多出來的空間可作置物籃。這類車比速克達有較好的道路保持性（Road holding）和制動性，車較耐用，適合載貨，在東南亞非常流行。

圖 1-1-18　低跨式摩托車（Honda Super Cub）

1-2　摩托車規格

車廠在使用手冊上常會列出該部摩托車的規格。作爲例子，表 1-1-1 所示爲哈特佛（Hartford）2010 雲豹 150 Fi HD-150C M52 的規格。

圖 1-2-1　2010 哈特佛雲豹 150 Fi

表 1-2-1 摩托車規格 [105]

廠牌	哈特佛（Hartford）
車名、型式	2010 雲豹 150 Fi HD-150C M5 街車
全長 × 全寬 × 全高（L×W×H）	1910×810×1052 mm
軸距	1240 mm
最高速率	103 km/h
座墊高（Seat height）	790 mm
乾燥重量（Dry weight）	127 kg
爬坡能力	29 度
騎乘人數（人）	2
燃油消耗率（Fuel consumption）	37km/ℓ 以上
最小迴轉半徑	2.7 m
引擎型式、種類	單缸直列 4 行程 / 氣冷
總排氣量（Displacement）	149 cc
內徑 × 行程（Bore×Stroke）	62×49.5 mm
壓縮比（Compression ratio）	9.6
最高輸出功率	7.49/8500 kW/rpm
最大扭矩	0.99/4500 kg · m/rpm
啓動方式（Starter）	電啓動（Electric self-starter）/ 腳踏
點火裝置型式（Ignition）	晶體點火
潤滑方式（Lubrication）	壓送飛濺並用（Force-feed and splash）
燃料箱容量（Fuel tank capacity）	9 公升
離合器型式	濕式多版圈狀彈簧式（Wet, multiplate with coil springs）
變速器型式（Transmission type）	長時嚙合 5 段回位（Constant mesh, 5-speed return）
變速器傳動比（Transmission ratio）	1 檔 2.769；2 檔 1.882；3 檔 1.400；4 檔 1.13；5 檔 0.96
傳動比（1 次 /2 次）〔Reduction（Primary/Final）〕	一次傳動比：4.055；二次傳動比：2.188
前叉角 / 前伸距	25°/99 mm
二次減速裝置	鏈條

廠牌	哈特佛（Hartford）
輪胎尺寸：前 後	90/90-18 130/90-16
煞車型式	前：碟煞；後：碟煞
懸吊方式：前 後	伸縮直筒式（Telescopic） 雙搖臂式（Swing arm）
車架型式	鑽石型（Diamond）

1-3 摩托車的組合部件及自由度

研究摩托車動力學時可將摩托車視爲由數個部件組成的多剛體系統，如圖 1-3-1 所示，包含下列剛體部件：

1. 前組合部件：包含前叉、轉向把手。
2. 後組合部件：包含車架、油箱、引擎、變速器等。
3. 前輪。
4. 後輪。

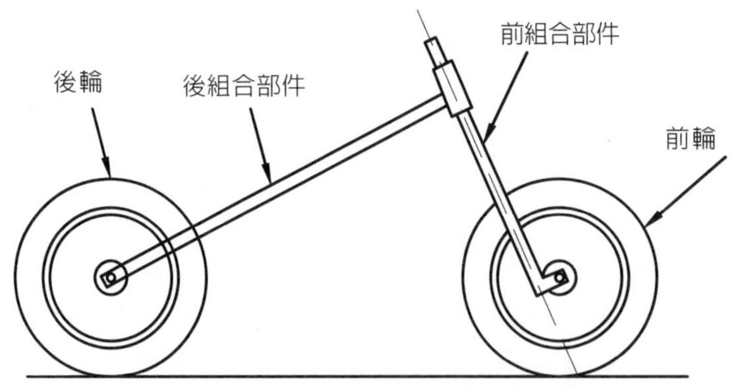

圖 1-3-1 摩托車視為由四個部件組成的多剛體系統

在研究更複雜的摩托車操控性等問題時，可將上述的前組合部分再分成包含轉向把手和前叉上半段組成的承載轉向部件，及前叉下半段與前輪組成的非承載轉向部件。另外在車架與後輪加上後搖臂，於是摩托車變成由五個剛體組合而成的多剛體系統。

1-3-1　摩托車座標系

因爲摩托車和人所構成的人 - 車系統重心常會改變，因此摩托車座標系的原點不選在重心，而是選在後輪與地面接觸的中心點，沿輪胎平面與地面的交線方向爲 x 軸、z 軸與地面垂直方向朝上（美國汽車工程師學會，簡稱 SAE，z 軸朝下），y 軸由 x、z 軸依右手定則確定，即 y 軸方向沿地面向左（SAE 向右），如圖 1-5-2 所示。整部摩托車車體（後組合部件）的運動可分爲沿 x、y、z 軸的平移及繞 x、y、z 軸的轉動，人們常用不同的名稱來描述這 6 種運動，如表 1-3-1 所示。

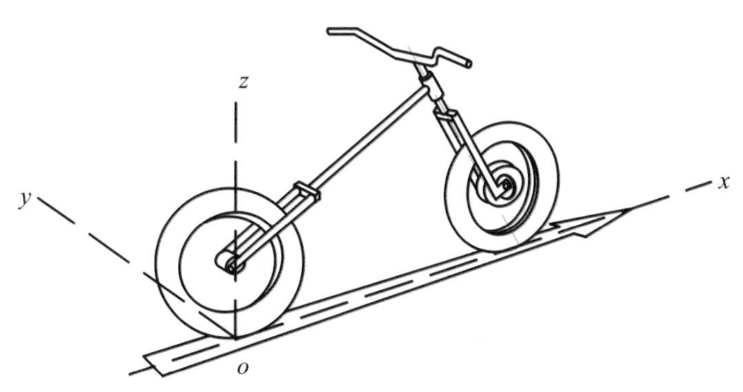

圖 1-3-2　摩托車座標系

表 1-3-1　摩托車後組合部件的運動名稱

平移	x	直線行駛性能（Performance）
	y	側滑（Sideslip）
	z	跳動（Bounce）
轉動	x	側傾（Roll）
	y	俯仰（Pitch）
	z	橫擺（Yaw）

1-3-2　摩托車的自由度

自由度（Degrees of freedom）是指能夠完整描述系統運動的最少獨立廣義座標（Generalized coordinates）數目。所謂廣義座標，是指能夠描述平移及轉動的任何座標。

若所選的廣義座標並非獨立，則這些廣義座標之間必存在拘束方程（Constraint equations）。自由度也可定義爲所選的非獨立座標數目減去拘束方程的數目。

一個剛體有 6 個自由度，摩托車有 4 個剛體（前組合部件、後組合部件、前輪、後輪），故若無拘束，4 個剛體有 $4 \times 6 = 24$ 個自由度，需要 24 個廣義座標來描述其運動。但 4 個剛體有三個接頭（即前組合部件與後組合部件、前輪與前組合部件、後輪與後組合部件是銷接在一起的）。每個銷接處只有一個相對自由度，因此每個銷接有 5 個拘束方程。這樣，3 個銷接其拘束方程數目爲 $3 \times 5 = 15$。假設車輪與地面接觸作純滾動運動則有三個拘束方程，2 個輪胎共有 $2 \times 3 = 6$ 個拘束方程。因此摩托車的自由度 $dof = 24 - 15 - 6 = 3$。這 3 個自由度可用以描述摩托車的三個主要運動（見圖 1-3-3）：

1. 摩托車的前進運動

摩托車的前進運動可用後輪的轉動角速度 ω 來描述。因假設摩托車後輪作純滾動，摩托車速度 $v = R_r\omega$，其中 R_r 爲後輪半徑，ω 爲後輪角速度。

2. 摩托車的轉向運動

摩托車的轉向運動可用龍頭的轉角 ψ 或角速度 $\dot{\psi}$ 描述。

3. 摩托車的側傾運動

摩托車的側傾運動可用車身（後組合部件）的側傾角（Roll angle）ϕ 或側傾角速度（Roll rate）$\dot{\phi}$ 描述。

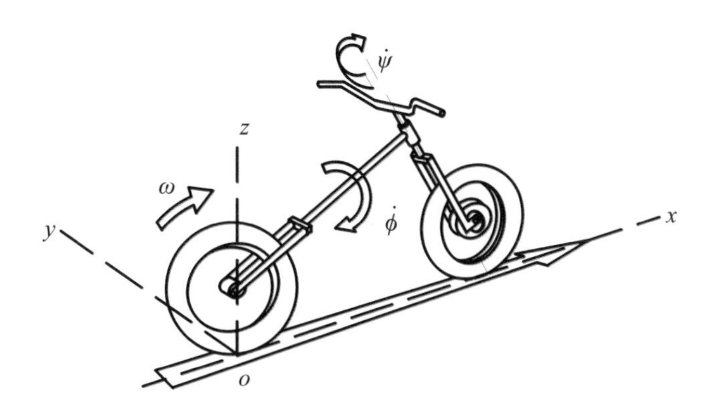

圖 1-3-3　摩托車的三個主要的運動

應注意這裡的運動是指整部摩托車的運動，而表 1-3-1 是指後組合部件（車架）的運動。

1-4　摩托車的幾何參數

爲研究摩托車動力學行爲，必須對影響摩托車的幾何參數有所瞭解，本章簡介和摩托車動力學有關的一些幾何參數。一部摩托車可用下列的幾何參數來描述（見圖 1-4-1）：

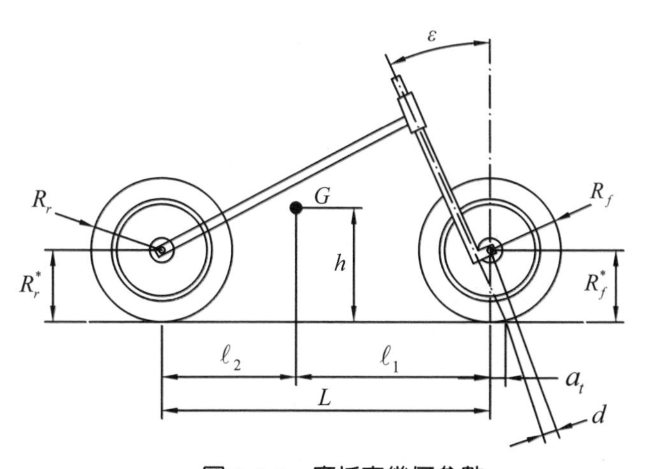

圖 1-4-1　摩托車幾何參數

L：軸距

ε：前叉角（Rake angle）

R_r：後輪自由半徑

R_r^*：後輪滾動半徑

R_f：前輪自由半徑

R_f^*：前輪滾動半徑

a_t：前伸距（Trail）

d：偏位（Offset）

G：重心

1-4-1　前叉角

前叉是摩托車的一個重要零組件，它固定前輪，提供轉向和避震的功能。前叉必須有足夠的剛度，讓車輪和路面保持接觸，也要有平穩的減振和控制摩托車姿態的能力。

前叉角（Fork angle or Rake angle）或稱後傾角（Caster angle），也稱前叉後傾角，爲摩托車轉向軸方向與鉛垂線的夾角 ε，如圖 1-4-1 所示。摩托車行駛的穩定性與前叉角有很大的關係，前叉角越大，穩定性越好，但轉向較吃力。

前叉角根據摩托車的型式而變化，競賽車約 21°～24°，跑車約 23°～25°，而巡航車約 27°～34°。前叉角對摩托車直線行駛的穩定性及入彎側傾速度的影響相當大，例如若跑車的前叉角小於 23° 會使車輛變得十分敏感，直線行駛時，前叉會受到路面起伏的影響而產生晃動，入彎側傾反應也會變快。另外，巡航車的前叉角通常大於 27°，除了產生美觀的視覺效果外，更對直線行駛的穩定性有所幫助，但入彎反應會變得較爲遲鈍。此外，前叉角對前叉的變形影響很大，小角度的設計變化可能會使前叉應力和變形的加大，也可能造成前組合部件的振動而影響行車安全。

1-4-2　軸距

摩托車的軸距隨車型而變，例如輕型速克達的軸距約爲 1200 mm，而巡航車的軸距則超過 1600 mm。在其他參數不變的情況下，摩托車的軸距增長時對摩托車影響如下：

1. 車架的彎曲與扭轉剛度降低，較易變形對操控性不利。
2. 迴轉半徑加大，轉彎較困難。
3. 轉向時所需的扭矩增加。
4. 方向穩定性增加。
5. 加速或制動或遇到路面不平時，前後輪載荷轉移降低，俯仰運動（Pitch）的程度下降，不易翻車，也較舒適。

如果摩托車的軸距較短且重心較低，則在加速或制動前後輪時會有較大的重量轉移，因此可獲得較大的抓地力，即可獲得較佳的加速性與制動性，但摩托車容易後蹲（Squat）使前輪離地，或前傾使後輪離地。

1-4-3 偏位、前伸距、輪圈直徑

從幾何觀點來看，偏位、前伸距、輪圈直徑是影響摩托車轉向性能的三個重要參數：

1. 偏位

轉向軸與經前輪中心且平行於轉向軸之線的距離 d 稱爲偏位（Offset），如圖 1-4-2 所示。偏位的功能爲改變前伸距的值，進而影響到轉向性能。其詳細計算公式推導於 1-8 節。前叉偏位除了可改變前伸距外，也可降低摩托車的高度。

2. 前伸距

前伸距（Trail）是指輪胎與地面接觸中心點至轉向軸與地面交點的距離，若交點位於中心點之前稱爲正前伸距，如圖 1-4-3 所示；若交點位於中心點之後稱爲負前伸距，如圖 1-4-4 所示。參考圖 1-4-3，當具正前伸距的前輪左轉時，摩擦力 F 位於轉向軸 AP 與地面交點 P 之後，F 對轉向軸的力矩傾向於減少車輪向左轉，即產生回正效應而增加摩托車行駛的穩定性。因爲側滑（Sideslip）的關係，輪胎會有側偏速度 V_s，它和車輪平面速度 $R_f\omega_f$ 之合向量就是前輪的速度 V。在相同的轉向角下，正前伸距越大，則輪胎與地面接觸區域變形越大，因此需要較大的轉向

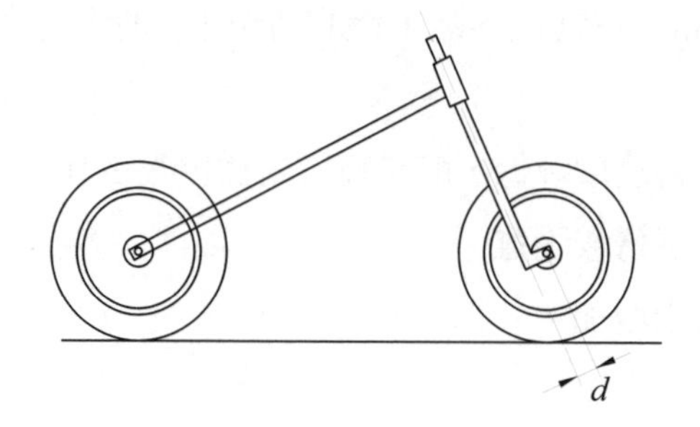

圖 1-4-2　偏位

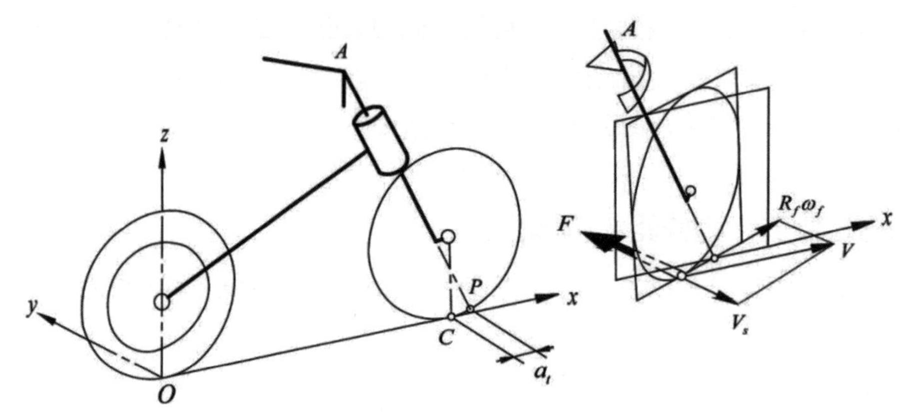

圖 1-4-3　正前伸距與轉向分析 [10]

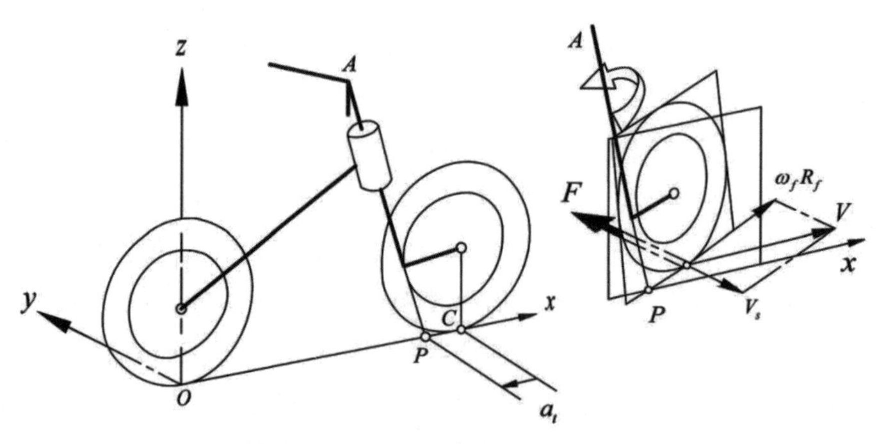

圖 1-4-4　負前伸距與轉向分析 [12]

力，但回正力矩也較大。因此，正前伸距越大，行駛時摩托車把手較穩定。相反地，負前伸距會降低摩托車行駛時的穩定性。參考圖 1-4-4，前輪左轉時，摩擦力 F 與輪胎滑動方向（側偏速度 V_s 方向）相反，此時摩擦力 F 位於轉向軸 AP 與地面交點 P 之前，其對轉向軸 AP 的力矩，會傾向於增加前輪向左轉的趨勢而沒有回正效應，造成不穩定。但負前伸距轉向阻力小，轉向輕穎靈活。

前伸距的大小和摩托車的型式及軸距有關。競賽車的前伸距約為 75～90 mm，通常跑車的前伸距約為 100 mm，運動休旅車的前伸距約為 90～100 mm，純巡航車的前伸距則超過 120 mm。前伸距和前叉角有很大的關聯性。通常前叉角增大時，前伸距也要加大，摩托車才會有較好的操控性。大部分摩托車的前伸距是不能調整的。

如圖 1-4-5 所示，從上視圖看正前伸距，轉向軸與地面交點 P 位於輪胎與地面接觸中心點 C 之前，摩托車外部的干擾力矩 M_d 與形成的回正力矩 T 方向相反，因此有穩定作用；反之，對負前伸距，轉向軸與地面交點 P 位於輪胎與地面接觸中心點 C 之後，干擾力矩與回正力矩同向，會加劇行駛的不穩定；若前伸距為零，P 點與 C 點重合，沒有回正力矩（關於回正力矩，見第 1-5 節）。

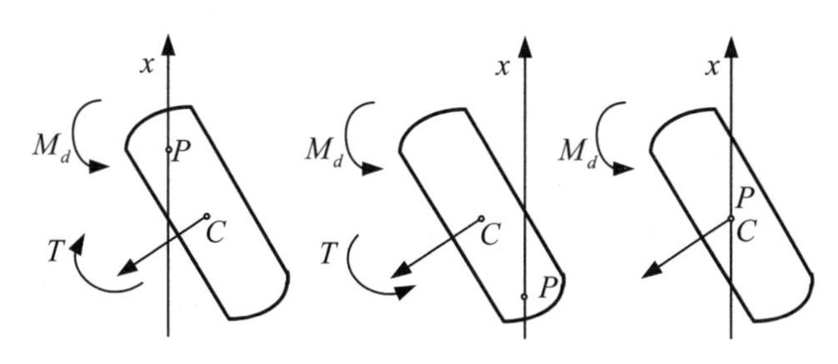

圖 1-4-5　前伸距與轉向之上視圖

摩托車的前輪半徑 R_f、前叉後傾角 ε、前伸距 a_t、偏位 d 之關係為（見第 1-8 節）

$$a_t = R_f \tan \varepsilon - d \sec \varepsilon \tag{1-4-1}$$

3. 輪圈直徑

以下是目前常見的輪圈直徑：速克達常用的輪圈直徑爲 10 英寸及 12 英寸，一般摩托車用的輪圈直徑爲 16 英寸至 18 英寸，目前 Moto GP 賽車場上常見的輪圈直徑爲 16.5 英寸。一般來說，輪圈直徑越大，其輪胎與地面的接觸面積也會越大。根據研究，輪圈直徑越大，車輛的穩定性會提升，但也會造成車輛反應較爲遲鈍。此外，輪圈越大其轉動慣量越大，就如同車重增加一樣，加速變慢。因此，車廠在決定輪圈大小時，經常是透過多次的試驗、模擬之後才決定的。

1-4-4 車輪半徑

車輪懸空不受任何壓力時的半徑稱爲車輪的自由半徑。摩托車靜止時，車輪中心至輪胎與道路接觸面間的距離稱爲靜力半徑 R_s。由於徑向載荷的作用，輪胎發生變形，所以靜力半徑小於自由半徑。

滾動半徑由試驗測得，也可作近似的估算。若以車輪轉動圈數與實際車輪滾動距離間的關係來換算，則可求得車輪的滾動半徑 R_{roll}，其單位爲 m。

$$R_{roll} = \frac{S}{2\pi n} \tag{1-4-2}$$

式中 n 爲車輪轉動的圈數，S 爲車輪轉動 n 圈時車輪滾動的距離。

對摩托車作動力學分析時，應該用靜力半徑 R_s；而作運動學分析時應該用滾動半徑 R_{roll}。但在一般的分析中常不計它們的差別，統稱車輪半徑 R，即認爲 $R_s \approx R_{roll} \approx R$。

1-5 摩托車的穩定直線行駛

摩托車能穩定直線行駛的主要因素有：慣性效應（Inertia effect）、陀螺效應（Gyroscopic effect）、回正效應（Righting effect），說明如下 [3, 8]：

1. 慣性效應

摩托車的質量越大或速度越高也就是動量越大時，直線行駛抵抗外界干擾的能力就越強。例如圖 1-5-1 所示的兩部相同的摩托車分別以時速 v_x = 80 km/h 和 v_x = 10 km/h 直線行駛。當兩部車受到側向力而產生相同的側向速度 v_y 時，假設騎士不作方向修正，速度高的車偏離原來方向的角度較小，也就是較穩定。同理兩部以同樣速度行駛的摩托車，質量較大的車受側向力影響也較小。

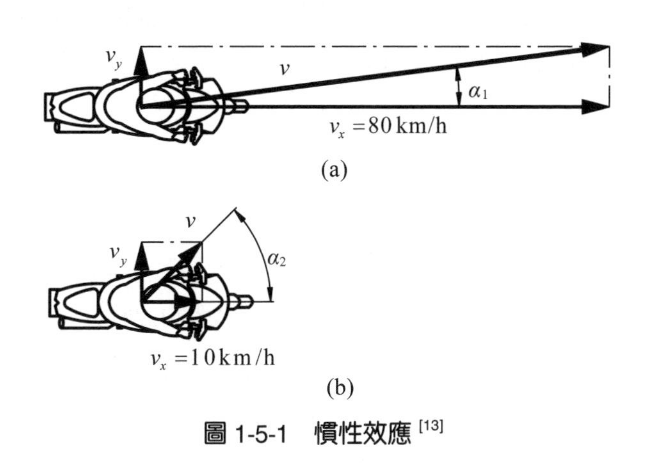

圖 1-5-1　慣性效應 [13]

2. 陀螺特性

所謂陀螺（Gyroscope），是指繞自己的對稱軸高速旋轉的剛體。高速行駛摩托車的車輪可視爲陀螺，其陀螺特性會影響摩托車的運動學（Kinematics）和運動力學（Kinetics）。下面我們簡單地討論陀螺的三大特性：定軸性、進動性、陀螺效應（Gyroscopic effect）。

(1) **定軸性**

這可用角動量定理 [78] 加以說明：陀螺的角動量（Angular momentum）$\boldsymbol{H}$ 的變化率等於合外力矩 $\boldsymbol{M}$，即

$$\frac{d\boldsymbol{H}}{dt} = \boldsymbol{M} \tag{1-5-1}$$

當外力矩爲零時，陀螺的角動量守恆（Conservation of angular momentum）。高速旋轉陀螺的角動量沿自轉軸的方向，角動量守恆就意味著陀螺的自轉軸在空間保持

方向不變，這就是陀螺的定軸性。高速行駛摩托車的車輪的定軸性有助於摩托車的直線穩定行駛。

(2) 進動性

當外力矩和陀螺的角動量互相垂直時，陀螺的角動量將以角速度 $\mathbf{\Omega}$ 轉動，這種轉動稱為進動（Precession）。考慮高速陀螺，即陀螺的自轉角速度遠大於進動角速度，此時角動量的變化率等於 $\mathbf{\Omega}\times\boldsymbol{H}$，因此方程（1-5-1）變成

$$\mathbf{\Omega}\times\boldsymbol{H}=\boldsymbol{M} \tag{1-5-2}$$

不難看出，進動角速度 $\mathbf{\Omega}$ 不是沿外力矩的方向，而是沿和外力矩互相垂直的方向。陀螺在外力矩作用下發生進動的特性，稱為陀螺的進動性。為了便於記憶，陀螺的進動可按如下方法判斷：「陀螺的進動方向是陀螺的角動量向量以最短的路徑倒向外力矩的方向」。另外，方程（1-5-2）的左邊代表陀螺的角動量向量端點的速度，因此也可這樣說：「陀螺的進動是陀螺的角動量向量端點的速度指向外力矩的方向」。摩托車騎士正是巧妙利用旋轉車輪的進動性來順利轉彎的：若想要右轉，將身體向右偏給車輪加一個進動力矩。

(3) 陀螺效應

當陀螺的旋轉軸改變方向（即發生進動）時，就會產生陀螺力矩（Gyroscope moment），這種現象稱為「陀螺效應」。陀螺力矩和迫使陀螺發生進動的力矩大小相等方向相反，作用在迫使陀螺發生進動的施力物體上。由方程（1-5-2）可知，陀螺力矩 $\boldsymbol{M}_g$ 為

$$\boldsymbol{M}_g=-\mathbf{\Omega}\times\boldsymbol{H}=\boldsymbol{H}\times\mathbf{\Omega}=I\boldsymbol{\omega}\times\mathbf{\Omega} \tag{1-5-3}$$

陀螺力矩 $\boldsymbol{M}_g$ 的大小 M_g 近似於

$$M_g=I\omega\Omega \tag{1-5-4}$$

其中

$\boldsymbol{H}$：轉子的自轉角動量，$\boldsymbol{H} = I\boldsymbol{\omega}$

$\boldsymbol{\Omega}$：轉子的進動角速度

I：轉子繞自轉軸的慣性矩

$\boldsymbol{\omega}$：轉子的自轉角速度

爲了便於記憶，陀螺效應可按如下方法判斷：「陀螺試圖跟隨陀螺力矩方向轉動」。

下面的簡單實驗有助於對陀螺效應的理解：如圖 1-5-2(a) 所示，一個人將轉動的輪子上下移動，此時車輪只繞輪軸（y 軸）自轉，並沒有繞 z 軸轉動（$\boldsymbol{\Omega} = 0$），根據方程（1-5-3）知 $\boldsymbol{M}_g = 0$，人不會感覺到陀螺力矩，也就是輪子沒有陀螺效應。但是，當人用手將輪子繞 z 軸轉動時，如圖 1-5-2(b) 所示，這時人會看到輪子繞 x 軸轉，並且感覺到陀螺力矩施於人手上，右手受到向下的力，左手受到向上的力。

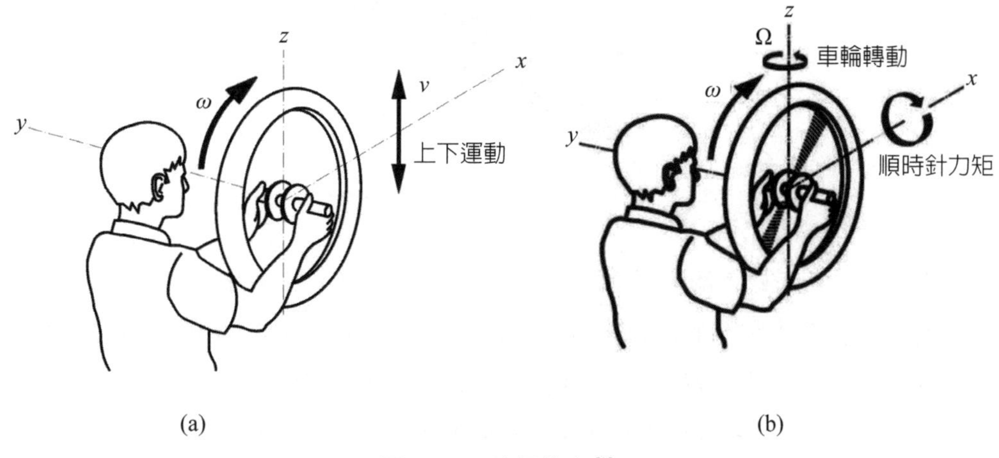

圖 1-5-2　陀螺效應 [3]

除上述性質外，陀螺還具有抗干擾性大的特點，即它對外力矩的反應很快，但反應量小，抗干擾性大。因此像一些超級跑車使用大而肥的車胎，車輛高速運動時產生很大的角動量，因此要改變此角動量就需要很大的力矩。若角動量迅速改變，會對車架產生很大的力矩，因此超級跑車需要較強大的車架剛性。

以下是摩托車行駛時的三個主要陀螺效應現象。

a. 摩托車轉向時

如前所述，車輪具有陀螺效應，車輪繞其自轉軸 *BD* 軸轉動的角速度爲 ω，當騎士施加轉向扭矩（Steering torque）於把手，使摩托車以角速度 Ω^* 繞其轉向軸 *BA* 左轉，角速度 Ω^* 在車輪鉛垂軸 *BE*（z 軸）的投影 Ω，對車輪而言便是進動角速度，此時產生的陀螺力矩，會使車身繞 *BC* 軸向右傾，造成轉向較吃力，如圖 1-5-3 所示 [13]。

圖 1-5-3　轉向產生的陀螺效應

轉向產生的陀螺效應可用圖 1-5-4 之前輪角動量變化來說明如下：

摩托車直線行駛時前輪的角動量爲 $\boldsymbol{H}_1$，如①所示；當騎士轉動龍頭使前輪左轉時前輪的角動量變爲 $\boldsymbol{H}_2$，如②所示；角動量由 $\boldsymbol{H}_1$ 至 $\boldsymbol{H}_2$ 的方向改變產生角動量變化 $\Delta\boldsymbol{H}$，如③所示；$\boldsymbol{M}$ 代表造成角動量的變化 $\Delta\boldsymbol{H}$ 所需要施加的扭矩，其大小和角動量方向的變化率成正比〔見方程（1-5-1）〕，如④所示；此時會產生一個與 $\boldsymbol{M}$ 大小相等的反力矩（陀螺力矩）$\boldsymbol{M}_g = \boldsymbol{I\omega}\times\boldsymbol{\Omega}$ 作用在車輪的 x 軸上，如⑤所示。這個陀螺力矩會使車體有右傾的現象。此陀螺力矩 $\boldsymbol{M}_k$ 之表達式與大小，如方程（1-5-3）和（1-5-4）所示。

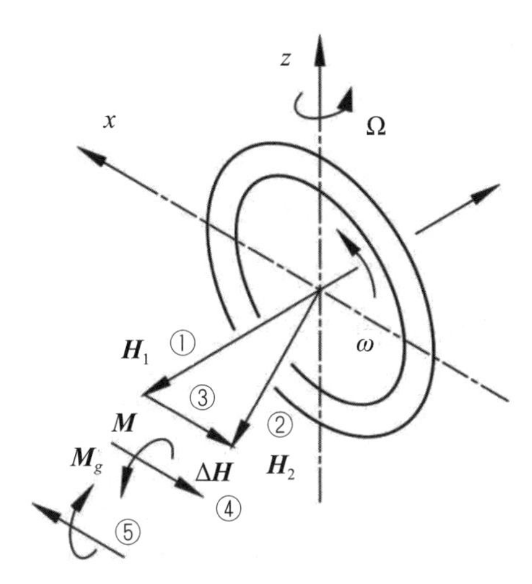

圖 1-5-4 前輪轉向產生的陀螺力矩

b.摩托車側傾時

假設摩托車前叉與車體成一體繞 x 軸向右側傾（Roll）時，由於前輪繞自轉軸 BD（即 y 軸）轉動，此時產生的陀螺力矩即橫擺力矩（Yaw moment），會使車體繞鉛垂軸（負 z 軸）轉動，使摩托車往右橫擺，如圖 1-5-5 所示 [8]。

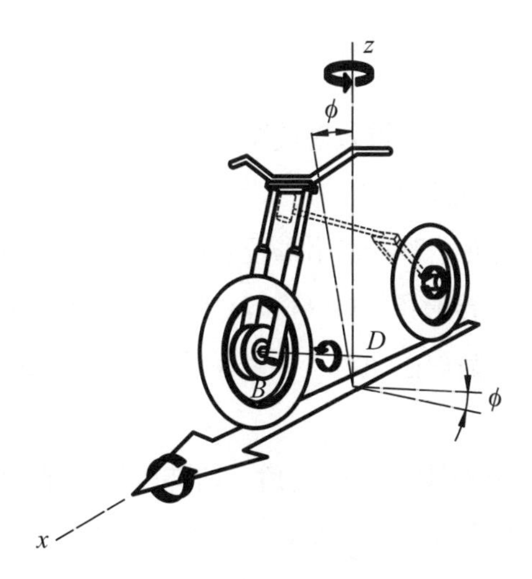

圖 1-5-5 側傾產生的陀螺效應

前輪傾斜產生的陀螺效應可用圖 1-5-6 之前輪角動量變化來說明如下：

車輪未傾斜時的角動量 $\boldsymbol{H}_1$，如①所示；當車輪向右傾斜時的角動量 $\boldsymbol{H}_2$，如②所示；由①至②的動量變化 $\Delta\boldsymbol{H}$，如③所示；根據角動量定理需有外力矩 $\boldsymbol{M}$ 才會產生此角動量變化〔見方程（1-5-3）〕，如④所示；產生的反力矩（陀螺力矩）$\boldsymbol{M}_g = \boldsymbol{I\omega} \times \boldsymbol{\Omega}$，如⑤所示。這個陀螺力矩即為橫擺力矩，作用在車架上，會使車體繞鉛垂軸（負 z 軸）轉動，使摩托車往右橫擺，如圖 1-5-6 所示。

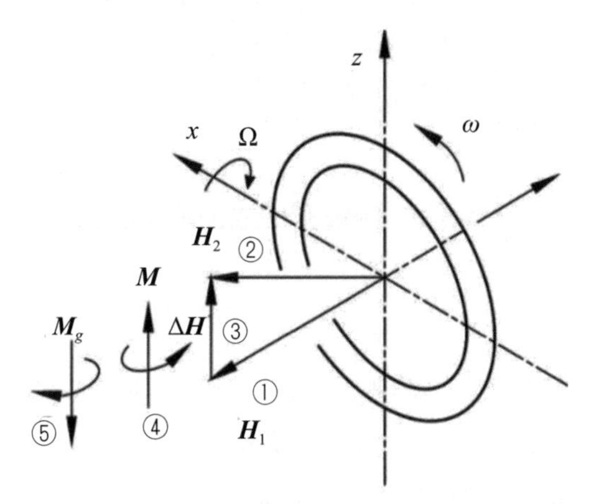

圖 1-5-6　前輪側傾產生的陀螺力矩

c. 摩托車彎道行駛時

摩托車彎道行駛也會產生陀螺效應使摩托車傾向穩定，因為分析較複雜，我們將在摩托車操控性的章節中討論。

除了車輪的陀螺效應外，摩托車引擎及變速器內的轉動件在高速轉動時也會有陀螺效應。根據研究，世界最頂級的 Moto GP 摩托車賽車，其前輪的陀螺效應約占總陀螺效應的 50%，後輪約占 30%，引擎及變速器約占 20%。[12]

3. 回正效應

回正效應是指摩托車轉彎後因前叉角、前伸距造成地面的反作用力對車輪產生的回正力矩的作用。回正效應受摩托車幾何參數，如前叉角、前伸距及偏位的影響。

如圖 1-5-7 所示，設摩托車前進時前輪因路面的不平而造成向左轉動 Δ 角度，這時輪胎與地面接觸中心點從原來的 c 變成 c^*，由於摩擦力的方向與 cc^* 相反，即摩擦力對轉向軸 AB 的力矩 M 從上往下看為順時針方向會使前輪回正。

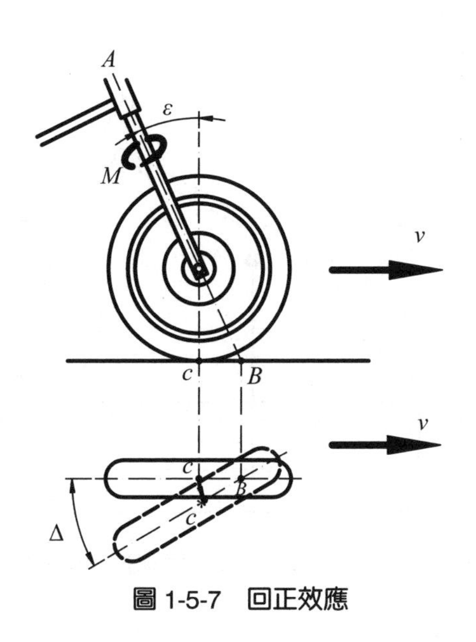

圖 1-5-7　回正效應

1-6　摩托車重心的位置

1-6-1　重心位置的計算

由於摩托車寬度相較於汽車小很多，橫向重量分布可假設為均勻，因此求重心時只需求重心與前後輪心的水平距離及離地面的高度。

1. 求重心與前輪中心的水平距離 ℓ_1

先將後輪置於稱重儀上，量得後輪稱重 N_2，如圖 1-6-1 所示。由靜力學平衡對前輪與地面接觸中心點 A 點取矩，得

$$N_2 L = W\ell_1$$

$$\ell_1 = \frac{N_2 L}{W}$$

式中 W 為車重，L 為軸距，ℓ_1 為重心 G 至前軸中心的水平距離。而重心 G 至後軸中心的水平距離 $\ell_2 = L - \ell_1$。

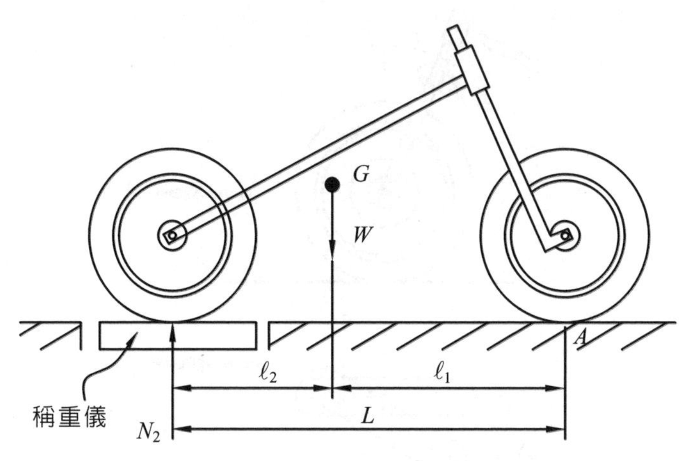

圖 1-6-1　摩托車重心 G 至前軸中心之距離

2. 求重心的高度

摩托車重心 G 的高度 h 可按圖 1-6-2 所示的方法，由下式求得 [12]：

$$h = \left[\frac{F_{z2} \cdot L}{W} - (L - \ell_2)\right] \cot\left[\sin^{-1}\left(\frac{H}{L}\right)\right] + R_f + \frac{F_{z2}}{W}\left(R_r - R_f\right) \tag{1-6-1}$$

或者等效的

$$h = \left[\frac{F_{z2} \cdot L}{W} - (L - \ell_2)\right] \cot\left[\sin^{-1}\left(\frac{H}{L}\right)\right] + \frac{F_{z2} R_r}{W} + \frac{F_{z1} R_f}{W} \tag{1-6-2}$$

其中

L：軸距

W：車重

R_f：前輪半徑

R_r：後輪半徑

H：前輪頂的高度

F_{z1}：前輪稱重

F_{z2}：後輪稱重

ℓ_2：重心 G 至後輪中心的水平距離

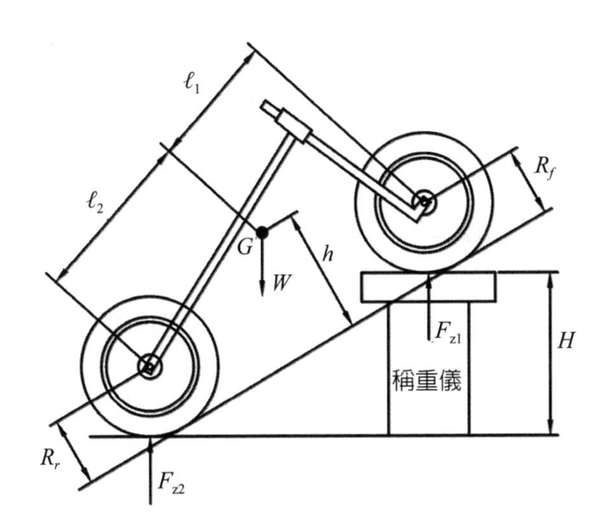

圖 1-6-2　摩托車重心 G 之高度測量

上面（1-6-1）和（1-6-2）式可證明如下：如圖 1-6-3 所示，令前後輪的公切線和水平面的夾角爲 α；令前輪與前輪頂的接觸點爲 B；則對 B 點的力矩平衡方程可寫成

$$W\left[\left(L-\ell_2\right)\cos\alpha+\left(h-R_f\right)\sin\alpha\right]=F_{z2}\left(L\cos\alpha-R_f\sin\alpha+R_r\sin\alpha\right) \tag{a}$$

由方程 (a) 解得 h 爲

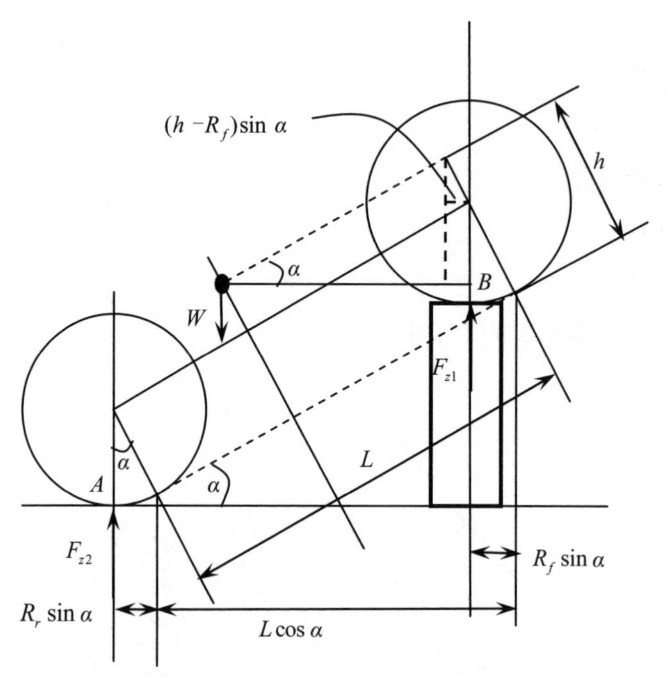

圖 1-6-3　摩托車重心 G 之高度計算

$$h=\left[\frac{F_{z2}\cdot L}{W}-(L-\ell_2)\right]\cot\alpha+R_f+\frac{F_{z2}}{W}\left(R_r-R_f\right) \quad \text{(b)}$$

注意到 $W=F_{z1}+F_{z2}$，則可將 (b) 式寫成

$$h=\left[\frac{F_{z2}\cdot L}{W}-(L-\ell_2)\right]\cot\alpha+\frac{F_{z2}R_r}{W}+\frac{F_{z1}R_f}{W} \quad \text{(c)}$$

現在的問題是，如何求得 α。由圖 1-6-3 易知

$$\begin{aligned}\sin\alpha&=\frac{H-R_r(1-\cos\alpha)+R_f(1-\cos\alpha)}{L}\\&=\frac{H}{L}+\frac{(R_f-R_r)}{L}(1-\cos\alpha)\end{aligned} \quad \text{(d)}$$

從方程 (d) 用數值方法求出 α，再代入 (b) 式或 (c) 式即可精確地求得 h。

不過對大多數實際情形來講，可用如下的近似方法：如果前後輪半徑相差很小（大多實際情形如此），則有

$$\left|\frac{R_f - R_r}{L}\right| << 1 \tag{e}$$

此外我們有

$$(1 - \cos\alpha) < 1 \tag{f}$$

因此，由 (d) 式可知，我們可近似地取

$$\sin\alpha = \frac{H}{L} \tag{g}$$

這樣，(b) 和 (c) 式就可分別寫成（1-6-1）和（1-6-2）式的形式。

特別，如果前後輪半徑相等，即 $R_f = R_r = R$，則有

$$h = \left[\frac{F_{z2} \cdot L}{W} - (L - \ell_2)\right]\cot\left[\sin^{-1}\left(\frac{H}{L}\right)\right] + R \tag{1-6-3}$$

而且此時（1-6-3）式是精確的。

由以上證明過程可知，(b) 和 (c) 式是精確公式。當前後輪半徑相等時，（1-6-3）式也是精確的。而（1-6-1）和（1-6-2）式則是近似公式，其精確度完全取決於近似 (g) 式的精確度，即：前後輪半徑相差越小，則越精確。

1-6-2　騎乘者對摩托車重心的影響

當摩托車騎士或乘客重量加入後，人 - 車整體的重心通常會升高，水平位置會

改變，此時可用組合體法求人 - 車系統的重心位置，其公式如下

$$\bar{x}=\frac{W_r x_r + W_m x_m}{W_m + W_r} \tag{1-6-4}$$

$$\bar{z}=\frac{W_r z_r + W_m z_m}{W_m + W_r} \tag{1-6-5}$$

式中 $\bar{x}$ 爲人 - 車系統重心 x 座標，$\bar{z}$ 爲人 - 車系統重心 z 座標，x_m 爲摩托車重心 x 座標，z_m 爲摩托車重心 z 座標，W_m 爲摩托車重，W_r 爲人重，x_r 爲人的重心 x 座標，z_r 爲人的重心 z 座標。

人騎乘摩托車時姿勢會改變，因此人 - 車系統的重心位置也經常在改變。

1-6-3 重心位置變化的影響

重心的高度會影響摩托車的操控性，重心越低，操控穩定性越佳。摩托車的重心高度對其動態性能影響很大，若重心較高，當加速時，較大的重量會轉移至後輪而增加抓地力，但前輪載荷變輕。重心位置還會影響摩托車的前後輪的受力之比，因車種而異。一般來說，賽車重心偏前，前輪大約承受 50%～57% 的車重，後輪承受 43%～50% 的車重。而休旅車和跑車則正好相反，前輪約承受 43%～50% 的車重，後輪大約承受 50%～57% 的車重。賽車重心偏前的原因之一是爲了降低發生前輪的正向力爲零而使前輪離開地面的現象（Wheelie）。（開始發生 Wheelie 時，前輪的正向力爲零，俗稱翹孤輪。）此時加大前輪載荷可補償高速行駛時空氣阻力所造成前輪載荷的降低。當重心偏後時，後輪載荷較大，可降低制動時後輪正向力減少所造成煞車時前輪鎖死而後輪抬起（Stoppie），甚至翻車的危險。

前面的分析未包含騎士，當人騎上摩托車時整個系統的重心會往後偏移，即增加後輪載荷所占的比例。此外，重心前移易造成摩托車轉向過度；重心後移易造摩托車轉向不足；重心移高加速時前輪有抬起的傾向，制動時後輪有抬起的傾向；重心降低加速時，後輪有打滑的傾向，制動時前輪有打滑的傾向。

1-7　摩托車的質量慣性矩

摩托車的動態行為除了與車子和騎士的質量和重心位置有關，還和質量慣性矩（Mass moment of inertia）或稱轉動慣量 I 有關，表 1-7-1 列出摩托車和騎士繞座標軸 x、y、z 轉動的迴旋半徑（Radius of gyration）k [78]，應用公式 $I = mk^2$，即可求出相應的質心質量慣性矩。

表 1-7-1　摩托車和騎士的迴旋半徑 [12]

	側傾迴旋半徑（m）	俯仰迴旋半徑（m）	橫擺迴旋半徑（m）
摩托車	0.18～0.28	0.45～0.55	0.41～0.52
騎士	0.23～0.28	0.23～0.28	0.15～0.19

1-8　摩托車轉向機構的運動學

經驗告訴我們，當我們轉動摩托車的轉向軸而保持摩托車車身鉛垂時，則龍頭會向下移動，只有當轉向軸轉動的角度很大時，龍頭才會向上移動。這一點可從轉向機構的運動學得到解釋。我們將探討下面兩種情形：

(1) 偏位 $d = 0$；(2) 偏位 $d \neq 0$。

1-8-1　偏位為零的轉向機構

當前叉偏位為零時，則前輪中心位於轉向軸上。我們作如下簡化假設：

1. 摩托車的側傾角（Roll angle）為零。
2. 車輪厚度為零。

當轉向角 δ 為零時（見圖 1-8-1），車輪處於垂直位置，其平面與 xz 重合。引入下面的符號：

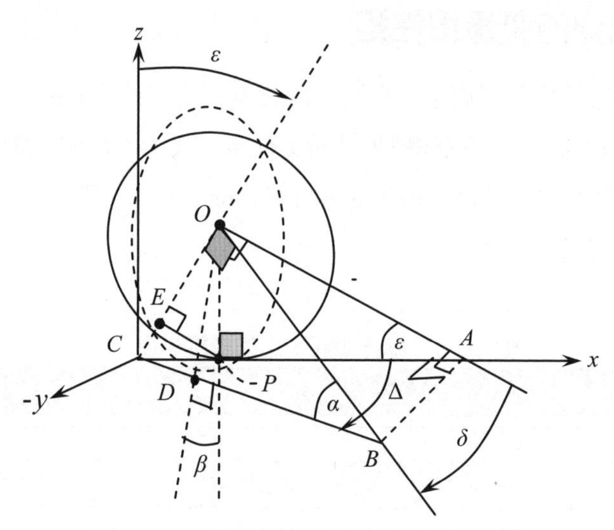

圖 1-8-1　摩托車轉向機構的幾何關係 [12]

ε = 前叉後傾角（Rake angle, caster angle）

δ = 轉向角（Steering angle）

β = 前輪外傾角（Camber angle）

Δ = 運動轉向角（Kinematic steering angle）（δ 在路面上的投影）

α = 如圖 1-8-1 所示

則我們有如下關係 [12]：

$$\tan\alpha = \tan\varepsilon \cdot \cos\delta \qquad (1\text{-}8\text{-}1)$$

$$\tan\Delta = \tan\delta \cdot \cos\varepsilon \qquad (1\text{-}8\text{-}2)$$

$$\tan\beta = \sin\alpha \cdot \sin\delta \qquad (1\text{-}8\text{-}3)$$

這些關係可證明如下：

由 ΔOCB，我們有

$$\tan\alpha = \frac{\overline{OC}}{\overline{OB}} \qquad \text{(a)}$$

$$\overline{OB}\cdot\cos\delta=\overline{OA} \tag{b}$$

將 (a) 除以 (b) 得到

$$\frac{\tan\alpha}{\cos\delta}=\frac{\overline{OC}}{\overline{OA}}=\tan\varepsilon$$

因此，我們得到（1-8-1）式。

其次我們來證明（1-8-2）式。我們有

$$\overline{AB}=\overline{AC}\cdot\tan\Delta \tag{c}$$

$$\overline{AB}=\overline{OA}\cdot\tan\delta \tag{d}$$

將 (c) 除以 (d) 即得到（1-8-2）式。

最後我們來證明（1-8-3）式。注意到

$$\sin\beta=\frac{\overline{PD}}{\overline{OD}} \tag{e}$$

$$\overline{PD}=\overline{AB}\cdot\frac{\overline{CD}}{\overline{CB}}=(\overline{OB}\sin\delta)\frac{\overline{OC}\sin\alpha}{\overline{OB}/\cos\alpha} \tag{f}$$

$$=\sin\delta\sin\alpha(\overline{OC}\cos\alpha)$$

$$\overline{OD}=\overline{OC}\cos\alpha \tag{g}$$

將 (f) 除以 (g) 並利用 (e) 即得到（1-8-3）式。

此外，由（1-8-1）到（1-8-3）式，我們可將 $\sin\alpha$ 和 $\cos\alpha$ 表示成 δ 及 ε 的函數：

$$\sin\alpha=\frac{\cos\delta\sin\varepsilon}{\sqrt{1-\sin^2\delta\sin^2\varepsilon}} \tag{1-8-4}$$

$$\cos\alpha=\frac{\cos\varepsilon}{\sqrt{1-\sin^2\delta\sin^2\varepsilon}} \tag{1-8-5}$$

現在我們假設摩托車前輪中心 O 既不上升也不下降。前輪的轉角 δ 必導致其相對於垂直面有一傾斜度並脫離水平地面。前輪中心離地面的距離 $\overline{OD}$ 大於前輪半徑 $R_f = \overline{OP}$。

實際上，摩托車前輪中心不是上升而是下降。假設轉向軸不動，則前輪中心 O 將沿轉軸移至 O_1。因此，接觸點 P_1 將向前移，如圖 1-8-2 所示。最終，距離 $\overline{O_1P_1}$ 等於前輪半徑 $\overline{OP}$。

當轉向角 δ 爲零時（見圖 1-8-1），前伸距 a_t 爲

$$a_t = \overline{CP} = R_f \tan \varepsilon \tag{1-8-6}$$

其中 R_f 爲前輪半徑。當轉向角 δ 不爲零時（見圖 1-8.2），前伸距 a_t 爲

$$a_t = \overline{CP_1} = R_f \tan \varepsilon \cos \delta \tag{1-8-7}$$

前輪中心的垂直位移可表示成

$$\Delta h = (\overline{OC} - \overline{O_1C}) \cos \varepsilon = \left(\frac{R_f}{\cos \varepsilon} - \frac{R_f}{\cos \alpha} \right) \cos \varepsilon$$

利用（1-8-5）式，可將上示表示成

$$\Delta h = \left(1 - \sqrt{1 - \sin^2 \delta \sin^2 \varepsilon} \right) R_f \tag{1-8-8}$$

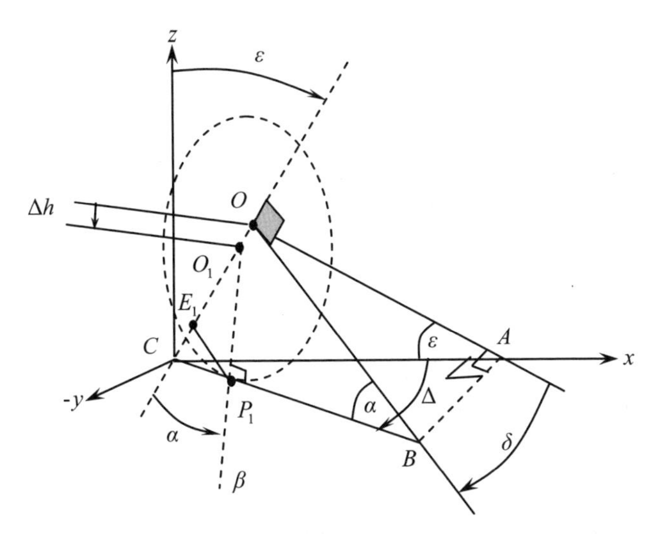

圖 1-8-2　偏位為零但轉向角不為零時前輪的位置 [12]

1-8-2　偏位不為零的轉向機構

當偏位 d（前輪中心至轉向軸的距離）不爲零時，上節中有關公式必須加以修正。這是因爲偏位的影響，前輪中心由 O 移至 O^*（見圖 1-8-3 和 1-8-4）。

當轉向角 δ 爲零時（見圖 1-8-3），前伸距 a_t 爲

$$a_t = \overline{CP} = R_f \tan\varepsilon - \frac{d}{\cos\varepsilon} \tag{1-8-9}$$

其中 R_f 爲前輪半徑。

當轉向角 δ 不爲零時（見圖 1-8-4），前伸距 a_t 爲

$$a_t = \overline{CP_1} = \overline{DP_1} - \overline{DC} = R_f \tan\alpha - \frac{d}{\cos\alpha}$$

利用（1-8-1）和（1-8-5）式，可將上式寫成

$$a_t = \overline{CP_1} = R_f \tan\varepsilon\cos\delta - \frac{\sqrt{1-\sin^2\delta\sin^2\varepsilon}}{\cos\varepsilon}d \qquad (1\text{-}8.10)$$

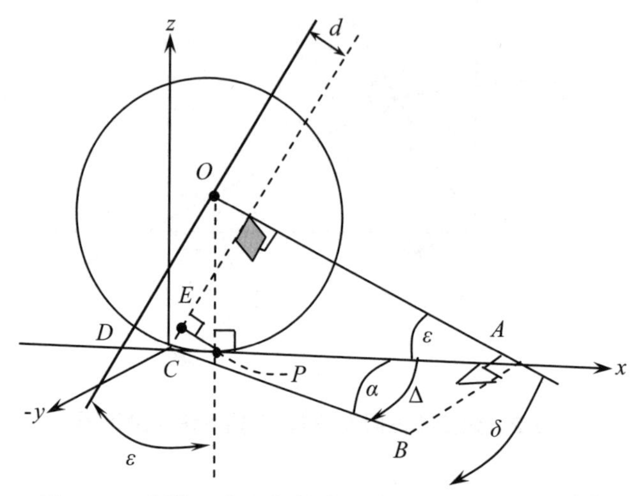

圖 1-8-3　偏位不為零但轉向角為零時前輪的位置 [12]

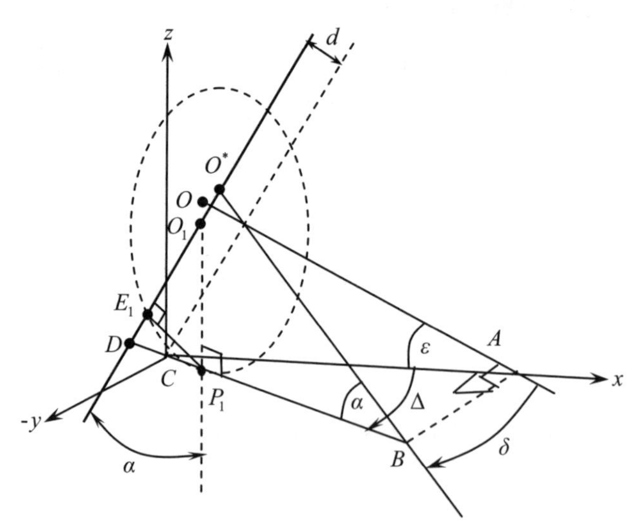

圖 1-8-4　偏位和轉向角都不為零時前輪的位置 [12]

現在來考察前輪中心的垂直位移。由於偏位 d 的影響，前輪中心的垂直位移較之零偏位的情形將減少 $d\sin\varepsilon(1-\cos\delta)$。由（1-8-8）式可知，當偏位 d 不爲零時，

前輪中心的垂直位移應爲

$$\Delta h = \left(1 - \sqrt{1 - \sin^2 \delta \sin^2 \varepsilon}\right) R_f - d \sin \varepsilon \cdot (1 - \cos \delta) \quad (1\text{-}8\text{-}11)$$

由以上分析可知，摩托車轉向軸的轉動將導致前輪中心的小許下降。而前輪中心下降會使車架繞後車輪中心軸轉動，從而導致摩托車前俯後仰（Pitch）。請讀者不要忘記，以上分析是基於兩種假設：(1) 摩托車的側傾角爲零，(2) 車輪厚度爲零。實際上，前輪的運動很複雜，除了有側傾和俯仰運動外，還要隨轉向軸轉動。此外，當摩托車側傾角不爲零時，前後輪與地面的接觸點也會改變，並有側滑（Sideslip）。

例 1-8-1

已知一摩托車的前輪半徑 $R_f = 0.3$ m，前叉後傾角 $\varepsilon = 27°$，我們來計算偏位 d 對輪中心的垂直位移 Δh 的影響。考慮兩種轉向角 δ：

(1) $\delta = 8°$，則當 $d = 0$ 時，$\Delta h = 0.373$ m；當 $d = 0.05$ m 時，$\Delta h = 0.199$ mm。

(2) $\delta = 37°$，則當 $d = 0$ 時，$\Delta h = 7.06$ m；當 $d = 0.05$ m 時，$\Delta h = 3.45$ mm。

這個例子說明，在計算前輪中心的垂直位移時，如果忽略偏位的影響，將導致嚴重的誤差。這個例子還說明，偏位可減少前輪中心的下降，從而減輕摩托車的俯仰程度，使其駕駛舒適性得到改善。

1-9　騎乘姿態

依據騎士身體的姿態，摩托車的騎乘姿態有運動（Sport）、標準（Standard）和巡航（Cruise）三種。

以運動姿態騎乘摩托車時，騎士身軀向前，腿朝後，以減少迎風面積和空氣阻力係數，高速時可大幅降低風阻。然而低速時，這種姿態將騎士的大部分重量施於雙臂上，較易造成疲勞，並且在市區騎乘時，較不易觀望四方。

以標準姿態乘摩托車時，騎士身軀坐正或稍微向前傾，腳置於騎士可能偏身體前面或後面一點的下方。標準姿態用於休旅車、街車、越野車、速克達等車型上，具有良好的視野，較易在市區行駛。

以巡航姿態乘摩托車時，騎士坐在較低的座椅上，身體微後仰，腿向前伸。巡航車手把通常較高也較寬，騎乘時較舒適，但轉向較不靈敏。

摩托車輪胎

2-1 概論

輪胎是摩托車的重要零組件之一，它的基本功能有四個：一是支承車身和乘員的重量；二是提供良好的地面附著性，有效傳遞驅動力和制動力；三是與懸吊系統配合，來降低摩托車行駛時所受的衝擊力和振動，提高騎乘的舒適性和行駛平順性；四是保證轉向的穩定性。

爲了安全、有效、經濟地完成上述功能，摩托車輪胎必須具有抗磨性、耐久性、安全性及低滾動阻力等性能特點。

摩托車輪胎屬於充氣輪胎，其品質的好壞直接影響到摩托車的動力性、制動可靠性、行駛穩定性和安全性、騎乘舒適性、越野性和燃油經濟性。自從 1845 年由蘇格蘭人湯姆森（Robert W. Thomson）發明原始形式的充氣輪胎以來，人們對充氣輪胎進行了努力不懈的探索，經過一個多世紀的漫長歲月，如今輪胎學已形成了一門獨立學科，它是關於輪胎結構、理論、設計與應用的一門科學。輪胎學研究的內容分爲三個部分：

第一部分專門研究如何正確選擇和合理使用輪胎，以使輪胎能承受更多的有效載荷以及更安全、更經濟地完成任務。

第二部分專門論述輪胎的性能特徵及其影響因素。例如輪胎的主要職能是支承重量，於是就要研究輪胎的承載能力、額定載荷，以及輪胎在地面上的壓力分布等。由於輪胎要傳遞驅動力和制動力，所以要研究輪胎與地面的附著和摩擦機理、輪胎的滾動阻力以及在濕路面上的水漂現象等。爲了保證輪胎的轉向穩定性，就要研究輪胎的側偏特性。另外在減振方面，要研究輪胎的振動特性、駐波現象等。總之，這部分的研究內容是輪胎學的核心與重點。

第三部分是輪胎設計基礎，即研究如何改進輪胎的結構及合理使用材料，使得設計的輪胎價格低而品質高。過去廠商在開發摩托車輪胎中最優先考量的是安全性能。隨著近年來全球對環保問題的重視，在不影響操控穩定性與安全性的原則下，廠商都盡量朝輕量化、低油耗、低噪音方向發展。

輪胎學是一門綜合性很強的分支科學，所涉及的內容十分廣泛，已有若干專門著作問世。本章只介紹一些關於摩托車輪胎的基本知識，有興趣的讀者可查閱有關專著。

2-2 摩托車輪胎的結構

摩托車輪胎的結構如圖 2-2-1 所示，簡介如下：

1. 胎面

胎面（Tread）是輪胎與地面接觸的部位，具有驅動、制動、排水、減振、轉向等主要功能。為因應不同的道路狀況與需求，胎面有著不同形狀的花紋。胎面有保護輪胎內部的作用，也是輪胎損耗最大的部分。

2. 胎壁

胎壁（Side wall）具有吸收路面衝擊及保護胎體的作用。輪胎的尺寸、型號和製造廠的名稱等，均浮寫在這一部位。

3. 胎體

胎體（Carcass）是輪胎的主要骨架，可承受極大的衝擊力量，如輪胎的承載壓力、內部空氣壓力、橫向的剪力等。它是由人造纖維（尼龍絲、鋼絲、棉線等）

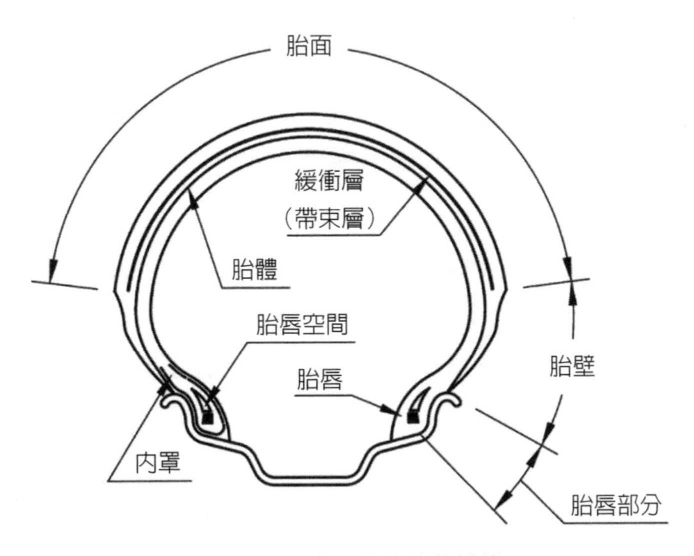

圖 2-2-1　摩托車輪胎的結構

經上膠後交織於橡膠之內，經過加熱處理及張力加工等過程，按所需之尺寸大小予以剪切，然後捲貼於「胎內層」外而製成的。

4. 緩衝層或帶束層

胎面與胎體的剛度可能差很大，易造成兩者分離。爲此，對斜紋胎在胎體與胎面之間加緩衝層（Breaker）；對輻射胎和帶束斜紋胎加帶束層（Belt）。這樣，一旦胎面發生裂傷或切傷時，不致直接傷及胎體，又能防止胎面與胎體發生分離。

5. 蓋罩

由胎面沿輪胎圓周方向延伸出來，沿著胎壁側邊彎曲，包裹輪胎的部分，稱爲蓋罩（Cap）。

6. 胎唇

胎唇（Beed）爲輪胎內緣與輪圈接觸的部位，內置高張力的集束鋼絲，緊密的扣住輪圈，將輪胎穩固於輪圈上。

7. 胎唇空間

爲強化胎唇的張力與強度，在環帶的外側留下一段間隙，稱爲胎唇空間（Beed filler），讓輪胎內部的伸張具緩衝的餘隙。

8. 內罩

內罩用以保護胎唇和強固輪胎邊緣，並能幫助胎唇固定在輪圈上。

9. 氣密膠

無內胎輪胎內部有一層氣密膠，可以防止高壓空氣洩漏，並保持輪胎與輪圈的密合。若輪胎有小破洞時，氣密膠可將空氣洩漏速度和洩漏量降至最低。

如果把摩托車看成一個系統，那麼輪胎只是系統中的一個單元。因此在選用輪胎時還必須考慮摩托車的類型和行駛條件。特殊的車輛及行駛條件對輪胎有特殊的要求。例如對高速行駛摩托車的輪胎，除了要達到上述基本要求外，還應考慮到下列幾點：

1. 散熱性

摩托車行駛時輪胎承受反覆變形，若長時間高速行駛，會產生大量的熱。若輪胎材料散熱不良，胎體溫度會逐漸上升，使輪胎易於磨損。實驗證明，輪胎內部溫度和輪胎胎面厚度的平方成正比。因此，高速行駛的輪胎其胎面厚度要盡量薄。

2. 輪胎的駐波

當摩托車行駛速度加大時，輪胎徑向和側向的變形頻率也隨之增加。當車速達到某一值時，輪胎的接地部後方表面會呈現波浪狀的變形，稱爲輪胎駐波（Standing wave），如圖 2-2-2 所示。發生駐波時，滾動阻力急增，所消耗的功率與速度的三次方成正比，由此產生大量的熱，使輪胎溫度在短時間內快速上升，易造成輪胎的損傷及行駛的不安全。

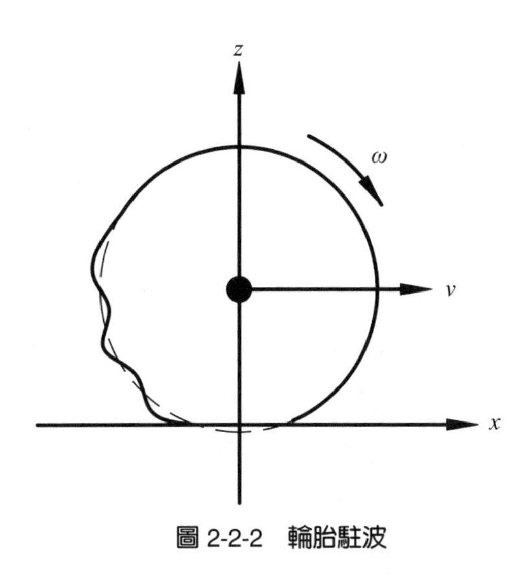

圖 2-2-2　輪胎駐波

開始產生駐波時的車速稱爲臨界車速（Critical speed），摩托車行駛速度應低於臨界車速。對高速行駛的輪胎應提高其臨界車速，一般採用減少胎面厚度，使輪胎斷面扁平些，提高胎內氣壓等措施來增大臨界車速，從而提高摩托車輪胎的最高行駛速度。

3. 輪胎的水漂現象

當摩托車以較高速度行駛於具有較厚水膜的路面時，水膜變成楔子狀進入胎面和地面之間的窄小空間內，從前方進入的水被路面和胎面的後端擋住，於是流體的壓力會升高。當流體的壓力超過輪胎的接地壓力時，輪胎會完全浮起來，這種現象稱爲水漂現象或稱滑水現象（Hydroplaning）。一旦發生水漂現象，輪胎很容易打滑，從而使摩托車喪失操控性、制動力和驅動力，因此是很危險的。發生水漂現象的速度與水膜厚度、輪胎氣壓及輪胎花紋溝槽深度有關。水膜越厚、輪胎氣壓越低、花紋深度越淺，產生水漂現象的車速愈低。

2-3 摩托車輪胎的分類

摩托車輪胎種類繁多，我們大致可依下列的方式分類。

2-3-1 依構造分類

摩托車輪胎依簾布層排列型式及是否具有帶束層，可分輻射胎（Radial-ply tire）、斜紋胎（Bias-ply tire）及帶束斜紋胎（Bias-belted tire）三類 [52, 80]。

1. 輻射胎

輻射胎又稱子午線胎，具有輻射向排列的簾布層（Body ply）或稱骨架層（Carcass ply），如圖 2-3-1(a) 所示。從輪胎橫切面來看簾布層的線就如同輻射一樣往外散出，簾布層上面還有呈交叉狀的帶束層。和斜紋胎相比，輻射胎有如下的優點：

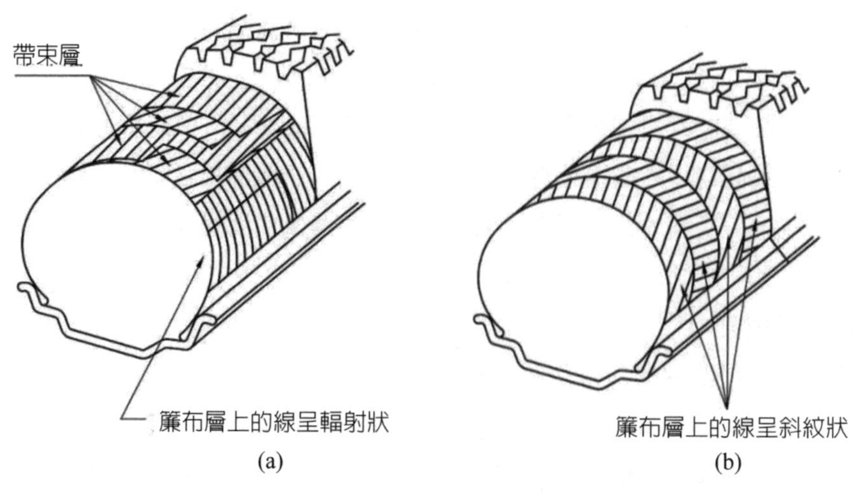

圖 2-3-1 輻射胎及斜紋胎 [52, 80]

(1) 滾動阻力小：由於輪胎具有較厚且堅硬的緩衝層，輪胎滾動時，輪胎變形小，消耗能量小，生熱少。又因胎體簾布層數少，輪胎側壁較薄，散熱快，所以其滾動阻力比斜紋胎小。因此，輻射胎有利於提高行駛速度和改善摩托車燃油經濟性。

(2) 使用壽命長：這是由於簾布層穿線與帶束層穿線交叉於三個方向，形成許多密實的三角形網狀結構，降低了胎面圓周方向和側向伸縮，從而減少了胎面與路面間的滑移現象。又因胎體的徑向彈性大，接地面積大，對地面單位面積壓力小，故胎面磨耗小，行駛里程較斜紋胎高。

(3) 附著性能好：因胎體徑向彈性好，輪胎與路面接觸面積大，行駛時胎面滑動小，擁有良好的路面循跡性。

(4) 減振性能好：因胎體徑向彈性大，可以緩和不平路面的衝擊並吸收大部分衝擊能量。

(5) 載荷能力大：由於輻射胎的穿線排列與輪胎的主要變形方向一致，因而使穿線強度得到充分利用，比斜紋胎的載荷能力大。

由此可見，輻射胎的高速穩定性、抗磨耗性、排水性及抓地力都很卓越。但輻射胎的缺點是胎壁較薄、變形大、胎壁受力比斜紋胎大。因而胎面與胎壁的過渡區容易產生裂口。此外，因爲胎壁變形大，輻射胎轉彎時的穩定性較差。

近年來摩托車有趨於採用輻射胎的趨勢，尤其是跑車大多使用輻射胎。主要的原因是輻射胎具有優異的路面附著性與循跡性，及能夠承受高速、大馬力的操控狀況。

2. 斜紋胎

斜紋胎沒有帶束層，相鄰廉布層以互相斜交的方式排列，廉布層的層數爲偶數，如圖 2-3-1(b) 所示。斜紋輪胎雖然可應付高速、大馬力的操控狀況，但由於輪胎偏硬，因此較難改變胎面的形態，故會影響車身擺動的順暢度。

雖然輻射胎優點多，但斜紋胎價格較輻射胎便宜許多，因此斜紋胎仍廣泛地應用於低價位摩托車和速克達上。

3. 帶束斜紋胎

與斜紋胎一樣，相鄰廉布層的穿線交錯排列，形成人字型，廉布層也爲偶數。帶束層的寬度大約為胎面寬度，廉布層數較輻射胎多，但較斜紋胎少，其性能介於輻射胎與斜紋胎之間。

2-3-2 依使用目的分類

根據摩托車的使用目的，摩托車輪胎大致可分為以下類型：

1. 休旅胎

休旅胎（Touring tire）（如圖 2-3-2(a)）適合用於長途行駛的高重量巡航車和休旅車上，它由較硬的材質製成，耐磨性和持久性較佳，但抓地力沒有跑車胎那麼好。休旅胎具有圓形斷面，因此可穩定的直線行駛，並有足夠排水槽以降低水漂現象。

2. 標準胎

標準胎（Standard tire）（見圖 2-3-2(b)），其斷面為圓形，具有良好的抓地力、直線穩定性及排水性。雖然其使用壽命不如休旅胎長，但價格較便宜，是一般街車的最佳選擇。

3. 雙用途胎

這種輪胎具有較深溝槽，適合同時在越野路面及柏油路面行駛，因此稱為雙用途胎（Dual purpose tire），如圖 2-3-2(c) 所示。

4. 跑車胎

跑車胎（Sport tire）（見圖 2-3-2(d)）主要用於高性能的街車或跑車。它由軟材質製成，具有三角形斷面，因此抓地力良好，過彎性能佳，但磨損較快，且溝槽較淺，僅適合使用於乾路面。由於慣性作用及動力性能等因素的影響，多半輪胎的重量是越輕越有利，但跑車相當重視穩定性及安全性，基於抓地力及摩托車動力輸出的考量，因此並不刻意追求輪胎的輕量化。

5. 越野車胎

越野車胎（Dirt motorcycle tire）（見圖 2-3-2(e)）的剛性很高，且相當重視衝擊吸收性、耐久性及操控性，胎壁的剛性特別高。目前市售的越野車胎分為適用於硬質路面、軟質路面及任何路面皆適用的三大類，部分廠商甚至還生產有超硬路面及砂地專用的越野車胎。

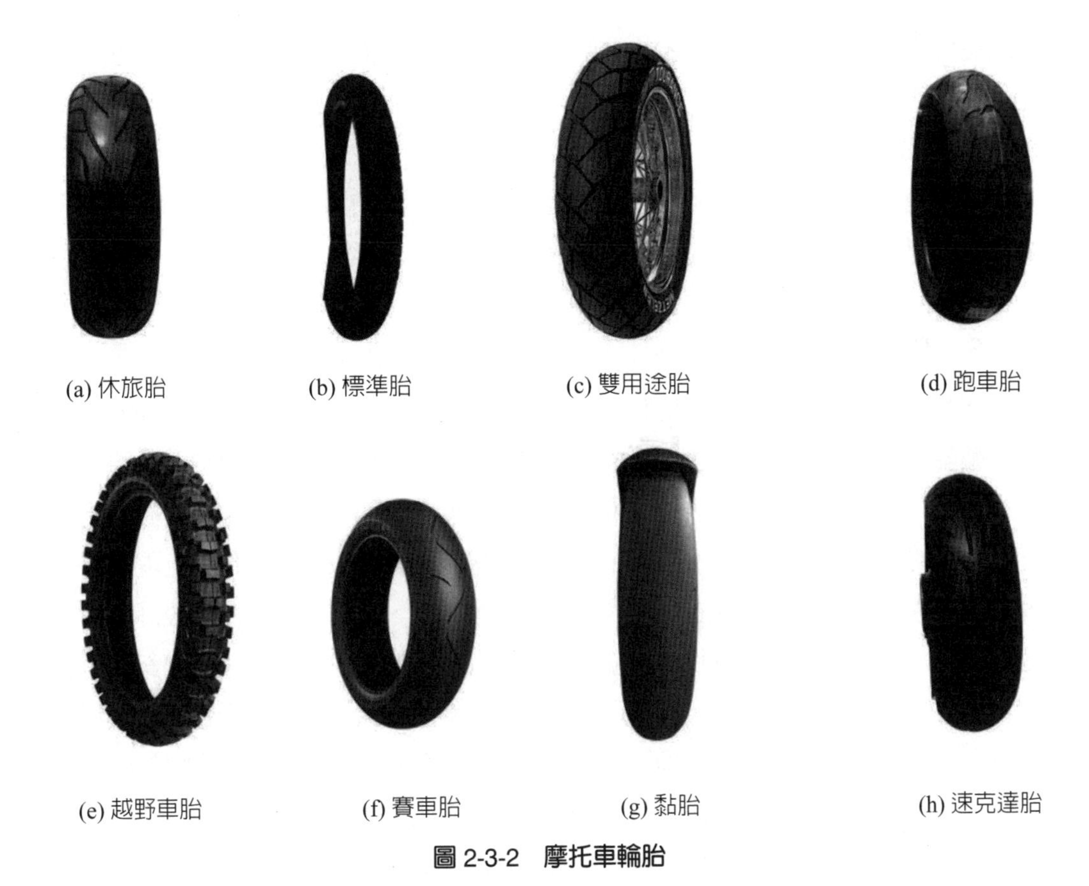

(a) 休旅胎　(b) 標準胎　(c) 雙用途胎　(d) 跑車胎

(e) 越野車胎　(f) 賽車胎　(g) 黏胎　(h) 速克達胎

圖 2-3-2　摩托車輪胎

硬質路面用的越野車胎，每一個胎塊面積較大，但胎紋的深度較淺，偏重胎塊剛性及耐磨耗性。至於適用於軟質路面的越野車胎，胎塊較小但較高，胎紋較深，這類輪胎的咬土性或撥土性較硬質路面用輪胎來得重要。而任何路面都適用的輪胎，性質較接近硬質路面用輪胎，只是溝槽面積比介於前面兩者之間。

6. 賽車胎

賽車胎（Race tire）（見圖 2-3-2(f)）比跑車胎具有更少的溝槽，並由軟材質製成，具有很強的抓地力及快速變向能力，轉彎靈敏並且反饋精確。但賽車胎需要先暖胎到達一定溫度後才會有良好的抓地力，因此不適合在一般街道使用。

7. 黏胎

黏胎（Slick tire）（俗稱光頭胎）的表面光滑沒有溝槽（見圖 2-3-2(g)），因此具有較大的接觸面積。經暖胎後輪胎溫度上升因而表面如同黏膠，具有很強的抓地力，它比賽車胎具有更高的極限速度，常用於 Motor GP 等高速競賽車上。

8. 速克達胎

速克達胎（Scooter tire）用於速克達型摩托車上，如圖 2-3-2(h) 所示。它的尺寸較一般摩托車胎小，常用的有 10 英寸與 12 英寸。

2-3-3 依有無內胎分類

摩托車輪胎可分爲有內胎輪胎（Tube tire）與無內胎輪胎（Tubeless tire）。有內胎輪胎是使用彈性甚佳的橡皮製成中空密封圓管，由內胎充氣使之擴張，將外胎擴充。當外胎受釘刺導致空氣外洩時，漏氣的速度非常快。無內胎輪胎沒有內胎，而改用薄的橡膠膜附在輪胎內壁上，這種薄的橡膠膜具有較好的延伸性，能保持良好的氣密性，但是輪胎與輪圈之間的摩擦會引起漏氣，這需要在輪圈的設計上利用適當的倒角加以補償。無內胎的車輪，因內部有良好的氣密性，即使受到釘刺，胎內氣體也只是慢慢洩漏，騎士有充足的時間發現輪胎洩氣，所以安全性較高。無內胎輪胎的修補亦較有內胎者方便，因爲可輕易的從外面直接使用補胎膠將洞孔封住。有內胎輪胎則必須拆下整個外胎，取出內胎並使用補胎片進行貼補。

有內胎輪胎滾動時內外胎會發生輕微的摩擦，所以溫度上升非常快，而溫度的升高對氣壓的改變及橡膠的耐久性等，均有不良的影響。無內胎輪胎的最大優點是運動時生成的熱量較低，所以輪胎的壽命較長，安全性、經濟性及方便性均較有內胎者佳。目前，摩托車幾乎都採用無內胎輪胎。

2-4 輪胎的花紋

摩托車輪胎的胎面上有各式各樣按規則排列的溝槽，稱爲輪胎花紋（Pattern），用來排水。胎面的溝槽比例和溝槽排列方式對輪胎的抓地力與操控穩定性等有很大影響，是輪胎設計的要點。良好路面上使用的輪胎重視輪胎的貼地性，一般多採用溝槽少的花紋；良好路面與崎嶇路面上兼用的輪胎則重視在不良路面上的通過性能，因此，採用溝槽較多的塊狀輪胎花紋。此外，還有對輪胎特殊處理的比賽專用輪胎。例如，在乾燥路面賽事中，使用有溝槽胎花的孔穴輪胎；在越野賽事中，使用溝槽比例大呈塊狀排列的越野輪胎。

由於花紋的溝槽未與地面接觸，溝槽的面積與輪胎環周邊面積之比稱爲未接地面積比，此值越小，輪胎接地面積越大，可提高抓地性。通常摩托車的輪胎設計成直線行駛時，未接地面積比值較小，而在轉彎時比值變大。不過轉彎時輪胎的有效接地面積亦變大，因此仍可維持良好的抓地性。

摩托車輪胎花紋大致可分爲四種基本類型：

1. 橫向花紋

橫向花紋的溝槽位於輪胎橫斷面上，因此花紋與地面接觸而增大抓地力，相應的驅動力與制動力較大，並且耐磨性能佳，特別適合在驅動輪（後輪）上使用。

2. 縱向花紋

此種花紋的溝槽沿輪胎滾動方向（縱向），其特性爲滾動阻力小，噪音低，導向性佳，操控穩定性良好，排水性能優和抗側滑能力強，一般使用在作爲轉向的前輪上。

3. 縱橫向混合花紋

此種花紋又稱混合花紋，它同時具有縱向花紋和橫向花紋的優點，應用最爲廣泛。

4. 塊狀花紋

塊狀花紋以塊狀形式規則地排在輪胎表面，凸塊面積小，溝槽寬且深，路面附著力良好，驅動力和制動力大，並且易清除溝槽中的泥土和碎石，廣泛應用於越野摩托車上，因此又稱越野花紋。

2-5　摩托車輪胎規格的表示法

摩托車輪胎規格的表示法有很多種，以下介紹較常用的公制與英制表示法：

1. 公制

其形式爲：xxx/yyRzz M/C nnH，其中各符號意義如下（見圖 2-5-1）：

xxx = 輪胎寬度（Section width）

yy = 高寬比或扁平比（Aspect ratio）

R = 代表輻射胎（Radial-ply tire）；若爲 B 則代表帶束斜紋胎（Bias belt tire）；若爲 D 則代表斜紋胎（Bias-ply tire）

zz = 輪胎內直徑（輪圈直徑）

M/C = 摩托車輪胎

nn = 荷重指數（Load rating）

H = 速度記號（Speed rating），代表速率極限。例如 V 代表輪胎最高速率 240 km/h。

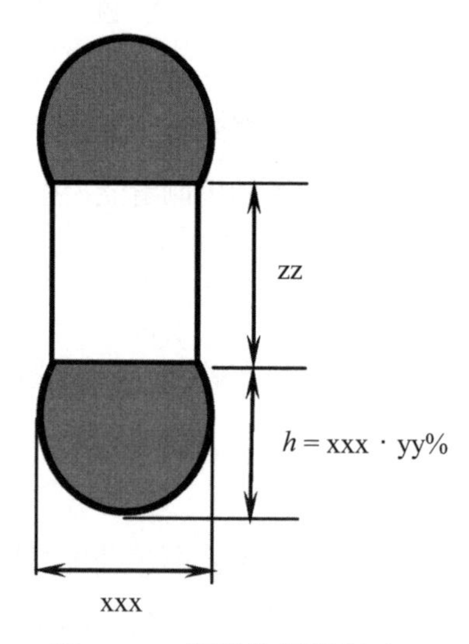

圖 2-5-1　輪胎的規格尺寸

例如摩托車輪胎 125/80R16 M/C 52S，代表輪胎寬度 125 mm；扁平比爲 80%，即輪胎沿半徑方向的高度爲 125×80% = 100 mm；R 代表輻射胎；16 代表輪胎的內徑（即輪圈的直徑）爲 16 英寸；荷重指數 52 代表最高安全荷重 200 kgw；速度記號 S 代表速率極限爲 180 km/h。

另一種常見輪胎的規格形式爲：xxx/yySRzz M/C，例如 170/60ZR17 M/C，其中 S 代表速度記號，其餘各符號意義同上。

輪胎的有效半徑可表示為

$$R = w\left(\frac{h}{w}\right) + \frac{d}{2} = (\text{xxx})\frac{\text{yy}}{100} + \frac{\text{zz}}{2}(25.4)\text{（mm）} \qquad \text{（2-5-1）}$$

2. 英制

英制規格的單位是 in（英寸），其形式為：x.xx–S–zz–nPR，其中各符號意義如下：

x.xx = 輪胎寬度（英寸）

S = 代表速率極限

zz = 輪胎內直徑（英寸）

nPR = 輪胎強度等級相當於 n 層廉布層

例如摩托車輪胎 5.00-S-17-4PR，代表輪胎寬度 5 英寸；速率極限 S = 180 km/h；輪胎的內徑（即輪圈的直徑）為 17 英寸；輪胎強度等級相當於 4 層廉布層。

除了公制與英制外，還有很多摩托車輪胎規格表示法，例如圖 2-5-2 輪胎所示的輪胎規格 110/80-17M/C 57H，表示：輪胎寬 110 mm、扁平比百分之八十、內徑 17 英寸、荷重指數 57（230 kg）、速度記號 H（210 km/h）。

圖 2-5-2　輪胎規格其他表示法

有關輪胎的荷重指數、速度記號及扁平比簡單說明如下：

3. 荷重指數

荷重指數爲輪胎可承受的最大荷重，其數值越大代表能承受的最大荷重越大。

4. 速度記號

速度記號代表輪胎在最大荷重狀態下，所能安全行駛的最高車速，以英文字母表示，字母越後面，容許的速度也越高，例如，S：表示適用 180 km/h 以下；V：表示適用 240 km/h 以下；Z：表示適用 240 km/h 以上。我們只要看到「S」字母以後的速度記號，均可視爲「高速胎」。通常若低於 S 速度記號以下的輪胎，大都未打上速度記號，這是因輪胎品質較差，不便打上速度記號。常用的速度記號，如圖 2-5-3 所示。

速度記號	速度
E	70km/h
F	80km/h
G	90km/h
J	100km/h
K	110km/h
L	120km/h
M	130km/h
N	140km/h
P	150km/h
Q	160km/h
R	170km/h
S	180km/h
T	190km/h
U	200km/h
H	210km/h
V	240km/h
Z	>240km/h
W	270km/h
(W)	>270km/h
Y	300km/h

圖 2-5-3　輪胎速度記號

5. 扁平比

扁平比又稱高寬比，是輪胎沿半徑方向的高度與輪胎斷面的最大寬度的比值，以百分比表示，即扁平比 = 輪胎的高度 / 輪胎的寬度 ×100，也就是輪胎高度占寬度的百分數。摩托車輪胎的扁平比大多爲 100 至 80，高性能的跑車有採用 70～55 扁平比的輪胎。扁平比低的輪胎，胎壁較短，所以在相同的直徑下，胎面較寬闊，接地面積變大，輪胎可承受的壓力亦大，具有較高的耐磨性，對路面的反應靈敏，操控穩定性較好。而高扁平比輪胎，緩衝厚度大，較舒適；但路感較差，轉彎時的側向抵抗力較弱，穩定性較差。

2-6　摩托車輪胎的斷面

摩托車爲了保持彎道行駛時側向的平衡，轉彎時車身傾斜度較大，爲了增加與路面接觸面積，輪胎的截面形狀具有圓形和近似三角形兩種，胎面花紋也幾乎延伸到輪胎的側面，這點與四輪車輪胎的斷面不同，如圖 2-6-1 所示。圓形斷面輪胎的優點是直線行駛時接地面積廣，並且斷面較爲平坦，所以有利於加減速，直行穩定性極佳。三角形斷面輪胎，則大部分用於前輪，具有輕快的轉向性，傾斜過彎時，由於接地面積的增加，抓地力較大，容易發揮穩定的過彎性能。但是由直線前進到傾斜過彎接觸面的改變大，騎士必須具有一定的轉向技巧。因此，三角形斷面輪胎對於新手而言，會顯得較不易控制。

現今摩托車輪胎設計的趨勢是，在斷面上採用不同曲線輪廓，以便當輪胎傾斜角度加大時可獲得較大的接地面積，從而得到較大的側向抓地力，如圖 2-6-2 所示。

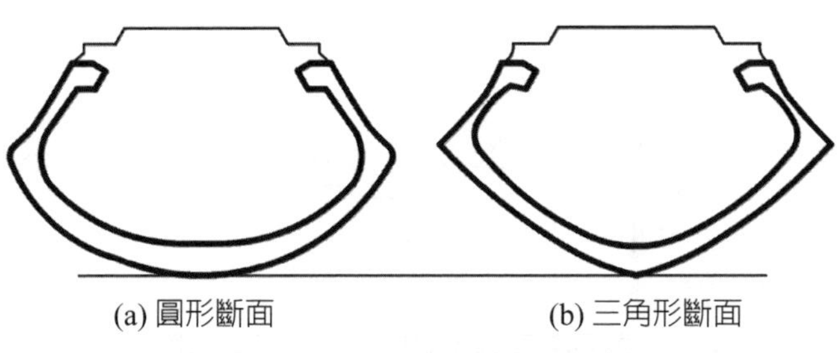

圖 2-6-1　摩托車輪胎的斷面形狀 [38]

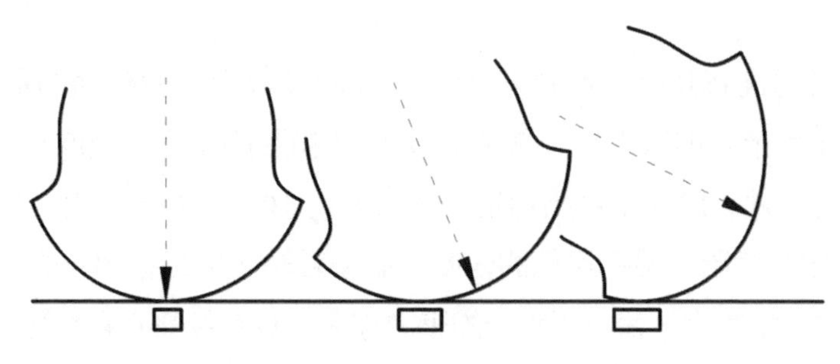

圖 2-6-2　採用不同曲線輪廓的輪胎 [38]

2-7　輪胎外徑的影響

2-7-1　對騎乘舒適性的影響

輪胎尺寸對摩托車的騎乘舒適性影響很大，摩托車輪胎的外徑越大，越適合在較差的路面行駛。圖 2-7-1 所示為兩個不同外徑的車輪通過路面坑洞的情形。從圖中可知，外徑越大，下陷量越小（下陷量相差 Δh），車輪高度變化較小，路面傳遞的振動力也較小，因此所受的影響較小。

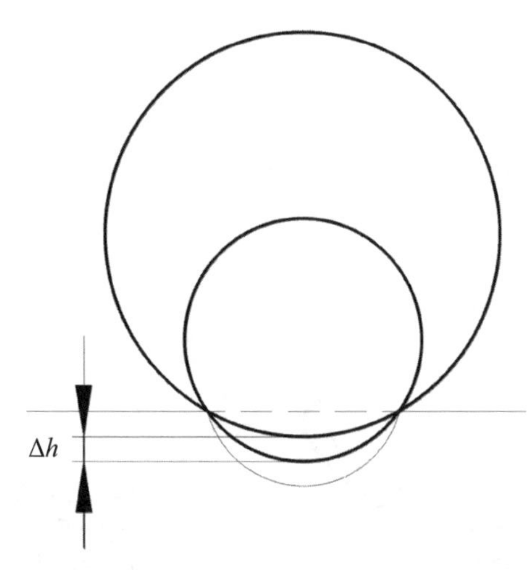

圖 2-7-1　兩個不同外徑的車輪通過路面坑洞的情形

圖 2-7-2 所示爲兩個不同外徑的車輪以同樣的速度，行駛過路面上一個高度爲 h 的小突起路面，從圖中可知外徑較大的車輪需移動的水平距離爲 d_1，而外徑較小的車輪需移動的水平距離爲 d_2，因兩車速度相同，外徑較大的車輪通過障礙的時間較長，故其向上的加速度較小，也就是振動較小。

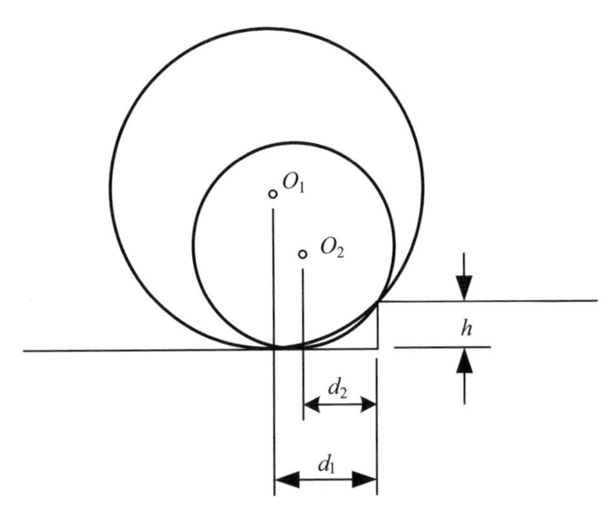

圖 2-7-2 兩個不同外徑的車輪通過突起路面的情形

2-7-2 對操控性的影響

摩托車前後輪外徑有時是不同的，一般前輪直徑較小，這樣煞車效果及靈敏度較佳，並可增加摩托車在轉彎行駛時的穩定度。但若前輪直徑太小，陀螺效應減小，穩定性變差。輪胎外徑越大，輪胎與地面的接觸面積也會越大，車輛的穩定性會提升，但相對的也會造成摩托車的反應較爲遲鈍。此外，摩托車前輪窄後輪寬，這樣後輪會有較大的驅動力，並能保持車子的行駛穩定性。

2-8 輪胎的受力分析

2-8-1 輪胎座標系

爲了清楚地描述輪胎與地面接觸時產生的力、力矩與側滑角的關係，需要引入輪胎座標系。摩托車輪胎座標系的原點選在輪胎與地面接觸點的中心，沿輪胎平面與地面的交線方向爲 x 軸，z 軸與地面垂直方向朝上（SAE 向下），y 軸由 x、z 軸確定，即 y 軸沿地面向左（SAE 向右），如圖 2-8-1 所示，其中 OA 代表車輪滾動前進的方向；OB 位於輪胎平面內並通過其中心；λ 稱爲側滑角（Sideslip angle）或側偏角；γ 稱爲外傾角（Camber）。

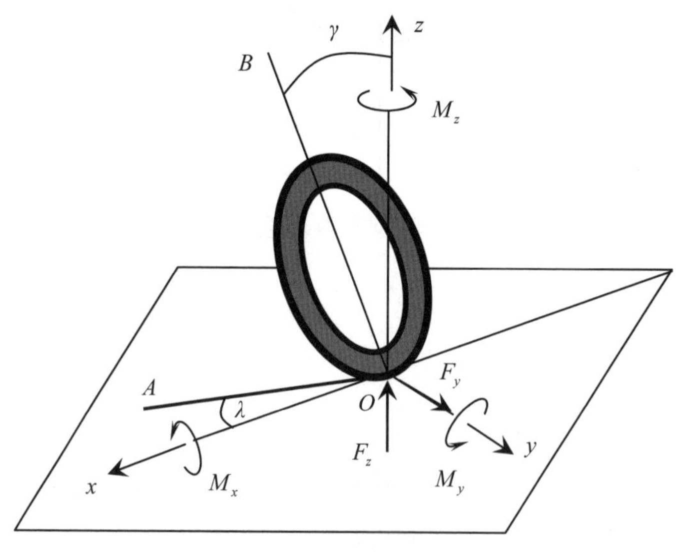

圖 2-8-1 輪胎座標系與受力

2-8-2 輪胎與路面的接觸力與力矩

摩托車輪胎與地面的接觸所產生的三個力和三個力矩，如圖 2-8-1 所示，即：

沿 x 軸的縱向力包含驅動力或制動力 F_x；

在道路平面上沿 y 軸的側向力（Lateral force）F_y；

沿 z 軸與道路垂直的正向力（Normal force）F_z；

繞 x 軸的側傾彎矩（Overturning moment）M_x；

繞 y 軸的滾動阻力矩（Rolling resistance moment）M_y；

繞 z 軸的橫擺力矩（Yaw moment）M_z。

2-9 車輪的側向特性

車輪受到側向力時輪胎會發生側向變形，產生側滑角與側偏力（Cornering force）。摩托車轉彎時，摩托車車輪必須向內側傾斜，此時會產生外傾角與外傾推力（Camber thrust）。本節主要討論側滑角與側偏力的關係，以及外傾角與外傾推力的關係。

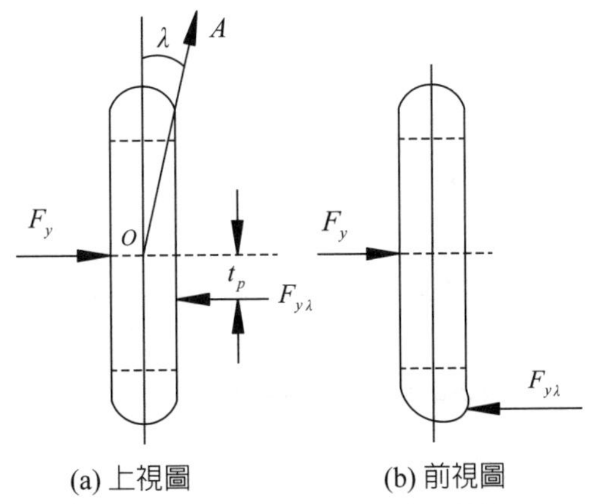

圖 2-9-1　側滑角、側偏力和輪胎拖距

2-9-1　側滑角與側偏力

一般都以為車輪平面方向就是車輪前進的的方向，其實不然。因輪胎是彈性體而不是剛體，因此當輪胎受到側向力 F_y 時，無論其大小，車輪將沿斜 OA 方向滾動，車輪滾動方向與車輪平面形成的夾角 λ 稱爲側滑角（Sideslip angle），有的書將側滑角稱爲側偏角，如圖 2-9-1 所示。此時地面會產生一個側向反力 $F_{y\lambda}$ 稱爲側偏力（Cornering force）。由上視圖（見圖 2-9-1）可知，$F_{y\lambda}$ 與 F_y 不在同一直線上，二力相隔的距離 t_p 稱爲輪胎拖距（Pneumatic trail）。側偏力與輪胎拖距構成的力矩 $F_{y\lambda}t_p$，試圖使車輪平面向 OA 方向轉動，因此稱爲回正力矩（Aligning moment）。側偏力 $F_{y\lambda}$ 與測滑角 λ 的關係，如圖 2-9-2 中曲線所示，定義側偏力 $F_{y\lambda}$ 對側滑角 $\lambda=0$ 時的變化率爲側偏剛度（Cornering stiffness）k_λ，即

$$k_\lambda = \frac{\partial F_{y\lambda}}{\partial \lambda}\Big|_{\lambda=0} \qquad (2\text{-}9\text{-}1)$$

側偏剛度的單位爲（N/rad）或（N/°）。

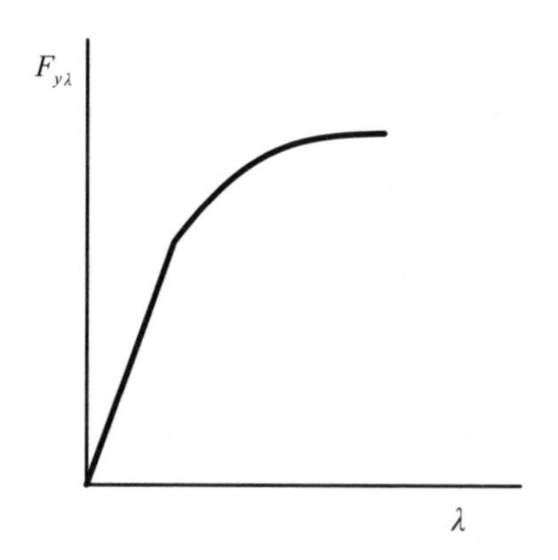

圖 2-9-2　側偏力與側滑角的關係

如圖 2-9-2 所示，當側滑角較小時，側偏力與側偏剛度成近似線性關係，即 $F_{y\lambda} = k_\lambda\lambda$。隨著側滑角的增大，側偏力增大的速度變緩慢，但側滑角卻快速增大，此時輪胎接地面已部分側滑，最後當側偏力達到輪胎的附著極限時，整個輪胎發生側滑。最大側偏力與輪胎的結構形式有關。此外，輪胎的垂直載荷、充氣壓力對側偏特性也有明顯的影響：側偏力隨垂直載荷的增加而非線性的變大；輪胎的充氣壓力增大，輪胎變得較硬，側偏剛度亦加大。

2-9-2　外傾角與外傾推力

車輪的外傾角（Camber）是指從摩托車正面看，車輪平面與鉛垂線的夾角 γ，也就是車輪偏離垂直方向的角度，如圖 2-9-3 所示。摩托車轉彎或曲線運動時，摩托車必須向內側傾斜（傾倒）以獲得足夠的向心力。和汽車不同的是，摩托車直線行駛時，輪胎外傾角等於零，但轉彎時，摩托車的外傾角遠大於汽車的外傾角。

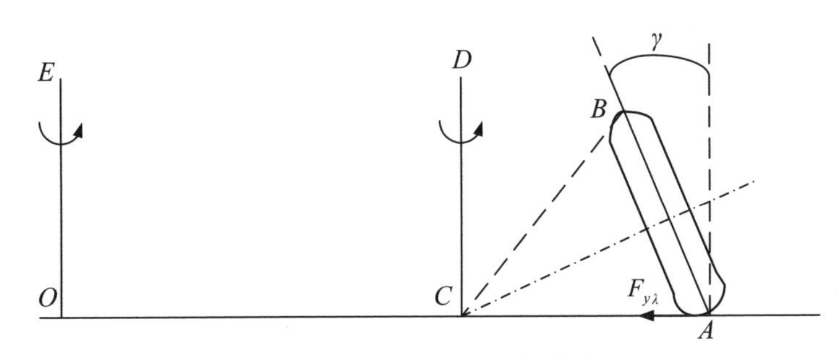

圖 2-9-3　外傾角與外傾推力

如圖 2-9-3 所示，假設摩托車以固定轉向角轉彎，當摩托車轉彎傾斜時，由於外傾角的緣故，若僅有單獨一個車輪，此時可將輪胎延伸成一個正圓錐 CAB，則車輪會繞經車輪軸線與地面的交點 C 的鉛垂軸 CD 迴轉。但實際上因摩托車的輪距大於輪半徑，摩托車不可能以圓錐半徑 CA 迴轉，摩托車被迫以較大的彎曲半徑 OA 繞經 O 點的鉛垂軸 OE 迴轉。由於車輪滾動的方向與車輛行駛的方向不一致，從而在輪胎與地面的接觸面產生一個作用於輪胎胎面的側向反作用力 $F_{y\gamma}$，稱爲外傾推力（Camber thrust）。外傾推力與車輪中心所受的側向力 F_y 方向相反，作用在車輪中心之前，對車輪中心形成外傾回正力矩。外傾回正力矩與輪胎的結構形式、車輪載荷和充氣壓力有關。和側偏剛度的定義類似，外傾剛度（Camber stiffness）定義爲

$$k_\gamma = \frac{\partial F_{y\gamma}}{\partial \gamma}\Big|_{\gamma=0} \qquad (2\text{-}9\text{-}2)$$

外傾剛度的單位爲（N/rad）或（N/°）。

摩托車輪胎的外傾推力遠大於汽車輪胎的外傾推力，如圖 2-9-4 所示。摩托車外傾角變化時，摩托車輪胎與地面接觸的形狀變化很小，這樣可確保足夠的抓地力。爲此，摩托車輪胎的胎面寬度比截面寬度大，並採用圓形或三角形斷面。

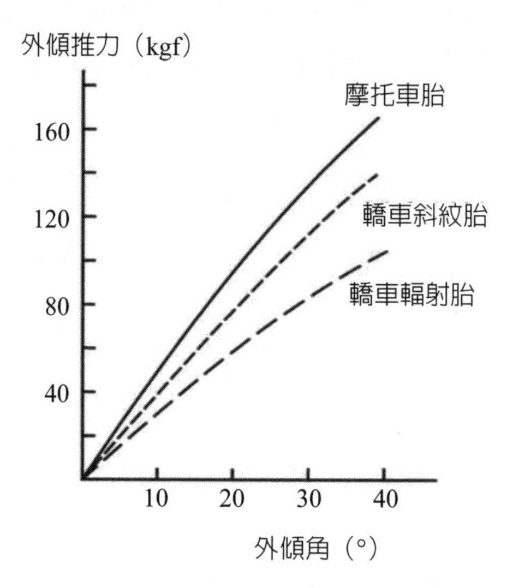

圖 2-9-4　不同輪胎的外傾角與外傾推力 [20]

輪胎在同時有側滑角與外傾角下工作，輪胎所受的總側向力 F_s 爲側偏力與外傾推力之合力，即

$$F_s = F_{y\lambda} \pm F_{y\gamma} \qquad (2\text{-}9\text{-}3)$$

當側滑角和外傾角較小時，側偏力與側滑角之間，外傾推力和外傾角之間都近似爲線性關係，於是總側向力 F_s 可按下式計算

$$F_s = k_\lambda \lambda \pm k_\gamma \gamma \qquad (2\text{-}9\text{-}4)$$

側偏力與外傾推力同向時用加號，方向相反時用減號。

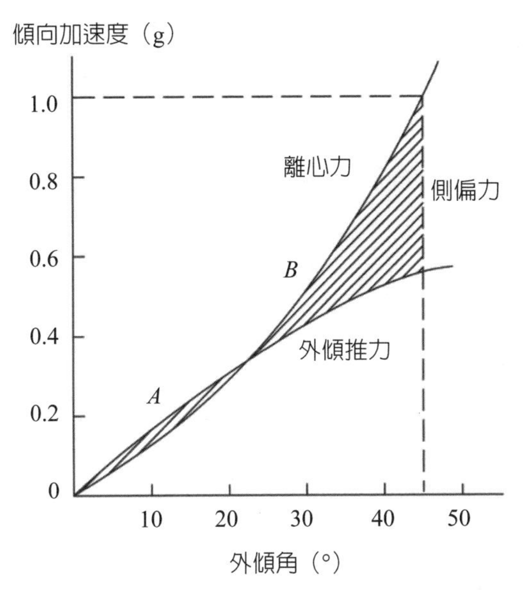

圖 2-9-5　不同外傾角的外傾推力與側偏力 [85]

值得注意的是，對四輪車而言，其轉彎是將方向盤往想轉彎的方向轉，讓路面產生足夠的側向力來進行轉彎，其中側偏力占有的成分較大，也就是說，四輪車主要是藉著側偏力來進行轉彎。但是對於摩托車而言，除了轉動把手外，還必須藉著車身傾斜讓摩托車轉彎。因爲轉彎時外傾角較大，故摩托車主要是藉助於外傾推力來完成轉彎的動作。如圖 2-9-5 所示，摩托車轉彎時，當外傾角較小時，摩托車的離心力由外傾推力來平衡，此時外傾推力甚至大於離心力，造成負的側偏力（圖中之陰影區 *A*），也就是側偏力的方向與外傾推力的方向相反；當外傾角較大時，側偏力才與外傾推力同向，變成正值（圖中之陰影區 *B*）。

2-10　車輪的縱向特性

2-10-1　驅動輪特性

當驅動力矩作用於驅動輪時，會在車輪與路面的接觸面產生驅動力（細節請參考 3-4 節）。輪胎與地面開始接觸時被壓縮，輪胎的滾動半徑 R_e 小於無驅動力矩作用時的滾動半徑 R。設輪胎的滾動角速度為 ω，則輪胎中心在驅動力作用下前進的速度 $v = R_e\omega$，比輪胎作自由滾動時的速度 $R\omega$ 要小，這種現象稱為縱向滑轉（Longitudinal slip），簡稱滑轉。滑轉的程度用滑轉率 s_d 表示，可按下式計算：

$$s_d = \frac{R\omega - v}{R\omega} \times 100\% = (1 - \frac{v}{R\omega}) \times 100\% = (1 - \frac{R_e}{R}) \times 100\% \tag{2-10-1}$$

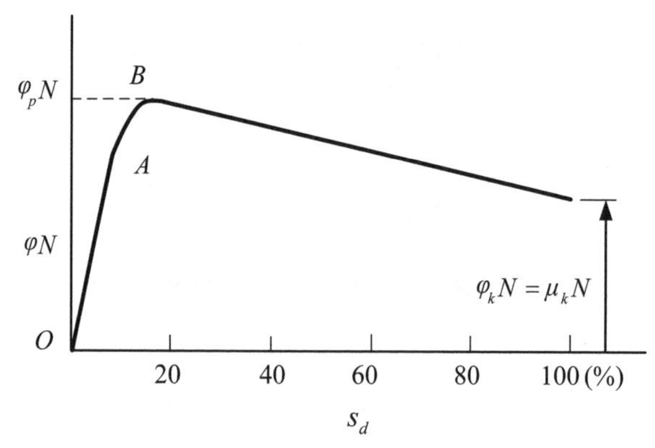

圖 2-10-1　牽引附著力與滑轉率的關係

路面能夠提供給輪胎的驅動力稱為牽引附著力 φN，其大小隨滑轉率而變，牽引附著力與滑轉率之間的關係，如圖 2-10-1 所示。牽引附著力係數 φ 定義為牽引附著力與車輪正向載荷 N 之比。在初始階段，滑轉的主要原因是輪胎的彈性變形，牽引附著力與滑轉率呈線性關係，如圖 OA 段所示。隨著牽引力的增加，輪胎部分胎面相對於地面出現滑動，牽引附著力與滑轉率的關係變成非線性，如圖中 AB 段所示。在滑轉率約 15% 至 20% 的 B 點，牽引附著力達到最大值 $\varphi_p N$，也就是附著力係數達到最大值 φ_p，接著牽引附著力隨著滑轉率的增加而下降。當輪胎滑轉率達到 100% 時，輪胎發生完全滑轉，此時附著力 $\varphi_k N$ 等於動摩擦力 $\mu_k N$，也就是附著力係數 φ_k 等於動摩擦係數 μ_k。

2-10-2　制動輪特性

當制動力矩施加在車輪上時，輪胎與地面接觸區前面的胎面將發生拉伸變形。因此，車輪運行的距離比自由滾動時要長，車輪發生滑動。滑動的嚴重程度用滑動率（Skid）s_b 表示，其定義爲

$$s_b = \frac{v - R\omega}{v} \times 100\% = (1 - \frac{R\omega}{v}) \times 100\% = (1 - \frac{R}{R_e}) \times 100\% \qquad (2\text{-}10\text{-}2)$$

其中 v 爲車輪中心速度，R_e 爲制動力矩作用時輪胎的滾動半徑，R 爲無制動力矩作用時輪胎的滾動半徑。制動時車輪的運動有三種情況：純滾動時，$s_b = 0$；邊滾動邊滑動時，$0 < s_b < 100\%$；純滑動時，$s_b = 100\%$。滑動率代表車輪運動中滑動所占的比例，滑動率越高，滑動成分越多。

路面能提供的最大制動力稱爲制動附著力，制動附著力隨滑動率的變化關係和牽引附著力隨滑轉率的變化關係類似（見圖 2-10-1）。

2-10-3　附著力與摩擦力的區別

研究車輛動力學或摩托車動力學時，用摩擦力或附著力來描述輪胎與路面間的接觸性質，本小節敘述這兩個力的異同處 [80]。

摩托車界常把附著力稱爲「抓地力」。輪胎與路面之間的附著力與兩個互相接觸的剛體之間的摩擦力是不同的，附著力與作用於輪胎的正向力之關係並不像摩擦力與正向力之間成線性關係。爲什麼輪胎的附著力並不隨荷重增加而成正比的變大，這是因爲輪胎是由屬於黏彈性材料的橡膠製成，爲了獲得較大的附著力，輪胎與路面必須有較大的接觸面積，而荷重的增加，接觸面積並不成比例增加。因此，附著力並不遵循庫倫摩擦定律，也就是附著力並不等於車輪上所受正向力乘以摩擦係數。剛體滑動後摩擦力大小固定，而附著力的大小並不固定，它是隨輪胎的滑轉率及滑動率的增大，從零值往上升再下降，如圖 2-10-1 所示。只有輪胎完全原地打滑或完全滑動時，附著力才等於摩擦力。

2-11 輪胎的魔術公式

前已述及，輪胎和路面之間的相互作用會產生三種力和三種力矩。實驗證明，這些力和力矩是輪胎載荷、側滑角、縱向滑轉率、外傾角等的複雜函數。舉例來說，如果將縱向力作爲縱座標，而將縱向滑轉率作爲橫座標，則縱向力和縱向滑轉率之間的關係可用一條曲線來表示。有了這樣的曲線，對於任何給定的縱向滑轉率，我們都能計算出相應的縱向力。問題在於，輪胎的種類繁多，規格各異，實驗的條件又千變萬化，如果以列表或畫圖的方式來整理和儲存實驗數據，顯然是極不方便的。特別是用電腦對摩托車的動力學特性進行模擬計算時，更需要有一種解析式（而不是以列表的方式）來表示地面對輪胎產生的力和力矩。總之，人們希望找到一種「萬能公式」，用以擬合各種輪胎的實驗結果。

這樣的「萬能公式」終於被荷蘭學者帕舍卡（Pacejka）[37] 發現，人們稱之爲魔術公式（Magic formula），目前已被廣泛使用。之所以稱之爲魔術公式，是因爲這個公式的結構本身並沒有明確的物理意義，但它卻能相當精確的模擬各種輪胎的實驗結果。有了這樣的公式，我們就可用它來計算輪胎在不同輸入情形下的縱向力、側偏力、回正力矩、翻轉力矩等。魔術公式的一般形式如下：

$$
\begin{aligned}
&y(x) = D \sin\{C \arctan [Bx - E(Bx - \arctan Bx)]\} \\
&x = X + S_h \\
&Y(X) = y(x) + S_v
\end{aligned}
\qquad (2\text{-}11\text{-}1)
$$

式中

Y = 輸出變數（縱向力、側偏力或回正力矩等）

X = 輸入變數（側滑角、縱向滑轉率、外傾角等）

B = 剛度因數（Stiffness factor），決定於曲線在原點的斜率

C = 形狀因數（Shape factor），控制漸近線值 y_a

D = 峰值（Peak value）

E = 曲率因數（Curvature factor），決定峰值附近的曲率

S_h = 水平偏移（Horizontal shift）

S_v = 垂直偏移（Vertical shift）

例如，若以縱向滑轉率作為輸入變數 X，則由魔術公式計算出的 $Y(X)$ 就代表縱向力；同理，若以側滑角作為輸入變數 X，則由魔術公式計算出的 $Y(X)$ 就代表側偏力或回正力矩；餘此類推。

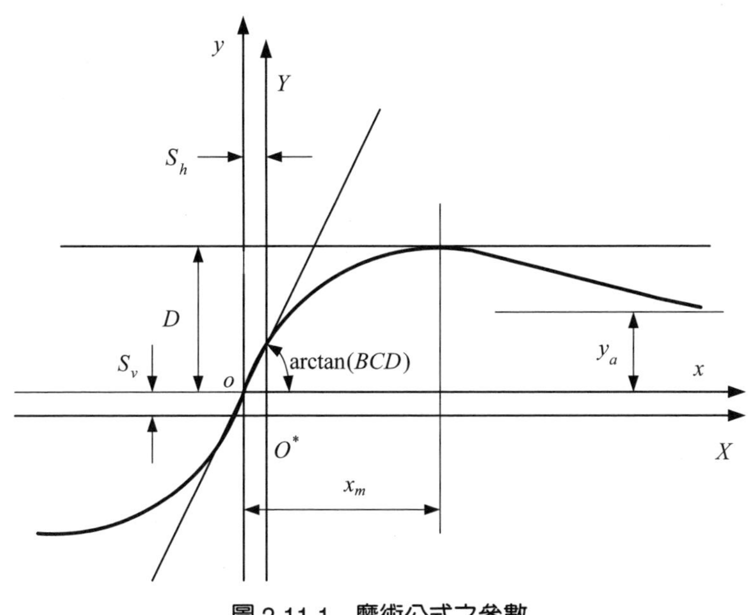

圖 2-11-1　魔術公式之參數

用魔術公式畫出的曲線和一些參數，如圖 2-11-1 所示。曲線經過座標系 oxy 的原點 $(x = 0, y = 0)$，在 $x = x_m$ 有最大值 D，然後趨近於漸近線 $y = y_a$。曲線對原點 $(x = 0, y = 0)$ 是反對稱的。引入偏移量 S_h 與 S_v 而形成一新座標系 O^*XY。在這個新座標系中，Y 座標代表側偏力、回正力矩、制動力等，而 X 座標則代表側滑率、側滑角、滑動率等。

參考圖 2-11-1，魔術公式中的某些參數可解釋如下：

$D + S_v$ = 輪胎產生的最大力

BCD = 輪胎的縱向剛度

$\arctan(BCD)$ = 曲線通 oxy 座標系原點的角度

$D\sin(\pi C/2)$ = 曲線漸近線在 oxy 座標系中的高度（即圖中的 y_a）

使用魔術公式的關鍵步驟是確定 B、C、D、E 等參數。它們是輪胎載荷、側滑角、滑轉率和外傾角的函數，最終要由實驗確定。下面以計算側偏力、縱向力和回正力矩爲例來說明確定這些參數的方法。

2-11-1　側偏力的計算

此時由魔術公式計算出的 $Y(X)$ 代表側偏力 $F_{y\lambda}$，而輸入變數 X 則是側滑角 λ。參數 B、C、D、E 等由 a_0 到 a_{17} 等 18 個常數表示如下：

$$C = a_0$$

$$D = (a_1N^2 + a_2N)(1 - a_{15}\gamma^2)$$

$$BCD = a_3\sin[2\arctan(N/a_4)](1 - a_{15}|\gamma|)$$

$$B = BCD/CD$$

$$E = (a_6N + a_7)[1 - (a_{16}\gamma + a_{14})\mathrm{sgn}(\lambda + S_h)]$$

$$S_h = a_8N + a_9 + a_{10}\gamma$$

$$S_v = a_{11}N + a_{12} + (\mathrm{a}_{13}N^2 + a_{14}N)\gamma$$

其中 N 是輪胎載荷，λ 是側滑角，γ 是外傾角，a_0 至 a_{17} 等 18 個常數由實驗確定。遺憾的是，這樣的實驗數據都受到知識財產權的保護，很少公開發表。

2-11-2　縱向力的計算

此時由魔術公式計算出的 $Y(X)$ 代表縱向力 F_x，而輸入變數 X 則是縱向滑轉率 s_d。參數 B、C、D、E 等由 b_0 至 b_{13} 等 14 個常數表示如下：

$$C = b_0$$

$$D = (b_1 N + b_2)N$$

$$BCD = (b_3 N^2 + b_4 N)\exp(-b_5 N)$$

$$B = BCD/(CD)$$

$$E = (b_6 N^2 + b_7 N + b_8)[1 - b_{13}\,\mathrm{sgn}(\gamma + S_h)]$$

$$S_h = b_9 N + b_{10}$$

$$S_v = b_{11} + b_{12}$$

如果輪胎只受制動力矩作用，則

$$b_{11} = b_{12} = b_{13} = 0$$

其中 N 是輪胎載荷，γ 是外傾角，b_0 至 b_{13} 等 14 個常數由實驗確定。

2-11-3　回正力矩的計算

此時由魔術公式計算出的 $Y(X)$ 代表回正力矩 M_z，而輸入變數 X 是側滑角 λ。而參數 B、C、D、E 等由 c_0 至 c_{20} 等 21 個常數表示如下：

$$C = c_0$$

$$D = (c_1 N^2 + c_2 N)(1 - c_{18}\gamma^2)$$

$$BCD = (c_3 N^2 + c_4 N)(1 - c_6|\gamma|)\exp(-c_5 N)$$

$$E = (c_7 N^2 + c_8 N + c_9)\eta$$

$$\eta = [1 - (c_{19}\gamma + c_{20})\mathrm{sgn}(\lambda + S_h)]/(1 - c_{10}|\gamma|)$$

$$B = BCD/CD$$

$$S_h = c_{11}N + c_{12} + c_{13}\gamma$$

$$S_v = c_{14}N + c_{15} + (c_{16} N^2 + c_{17} N)\gamma$$

其中 N 是輪胎載荷，λ 是側滑角，γ 是外傾角；c_0 至 c_{20} 等 21 個常數由實驗確定。

總之，對輪胎的輸入變數有縱向滑轉率、滑動率、側滑角、外傾角、車輪垂直載荷等。採用不同的輸入變數和參數組合經由魔術公式可獲得輪胎的輸出變數，如縱向力、側偏力、回正力矩等。例如，若圖中曲線代表輪胎側偏力與側滑角的關係，則 BCD 代表曲線在原點的斜率也就是側偏剛度，$D + S_v$ 代表最大側偏力。不同的輪胎模型和輸出變數，所使用的輸入變數和參數組合也不同。此外，摩托車快速轉彎時外傾角相當大，方程（2-11-1）中的參數，摩托車輪胎比汽車輪胎更複雜，有興趣的讀者可參考帕舍卡的著作 [34]。

例 2-11-1

已知某轎車轉彎制動時，一個輪胎承受路面的正向負荷 4 kN，輪胎滑動率爲 25%，而此輪胎有關魔術方程的參數如表 2-11-1 所示。試用魔術公式估計此輪胎的側偏力。

表 2-11-1　魔術方程的參數 [52]

B	C	D	E	S_h	S_v
0.239	1.19	3650	–0.678	–0.049	–156

解：

魔術公式中的 X、Y 在此題分別代表滑動率 s_b 和側偏力 $F_{y\lambda}$。同時要注意的是，在魔術公式中滑動率 s_b 是用百分比表示，對制動時應取負的數値。因此，$X = s_b = -25$，此時魔術公式可寫成

$$x = X + S_h = s_b + S_h$$

$$F_{y\lambda} = Y = y(x) + S_v = S \sin\{C \arctan[Bx - E(Bx - \arctan Bx)]\} + S_v$$

代入相關數據得

$$x = -25 + (-0.049) = -25.049$$

及側偏力

$$F_{y\lambda} = 3650 \sin\{1.19\arctan[0.239\times(-25.049) - (-0.678)\times(0.239\times(-25.049) - \arctan(0.239\times(-25.049)))]\} - 156 = 3360\ \mathrm{N}$$

2-12　摩托車輪胎附著橢圓

摩托車直線行駛時輪胎只受到縱向力，轉彎時輪胎則同時受到縱向力和側向力。輪胎在縱向和側向的抓地力都有極限值，分別稱爲最大縱向抓地力 $F_{x\max}$ 及最大側向抓地力 $F_{y\max}$。以 $F_{x\max}$ 和 $F_{y\max}$ 爲長短半軸所作的橢圓稱爲附著橢圓或摩擦橢圓（Friction ellipse），如圖 2-12-1 所示。以 x 表示縱向力，y 代表側向力，附著橢圓的方程式可寫成

$$\frac{x^2}{F_{x\max}^2} + \frac{y^2}{F_{y\max}^2} = 1 \qquad (2\text{-}12\text{-}1)$$

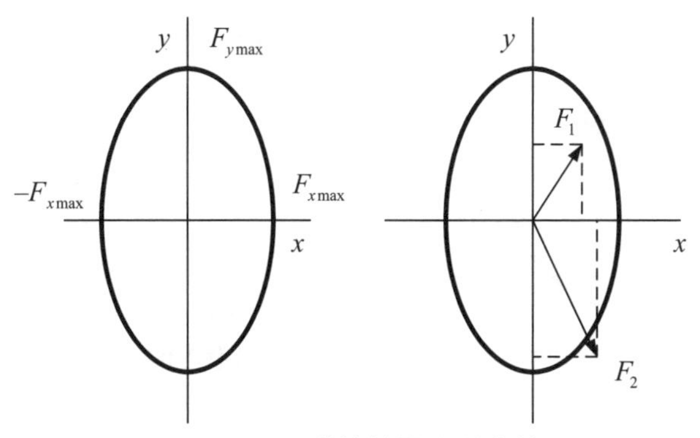

圖 2-12-1　附著橢圓和穩定性

附著橢圓的邊界代表輪胎在各種不同方向所能提供的最大抓地力，當輪胎受到的縱向力與側向力的合力位於橢圓內時（例如圖中之力 F_1），表示輪胎能提供

足夠的抓地力，因此摩托車是穩定的；若合力位於附著橢圓之外（例如圖中之力 F_2），表示輪胎無法提供這麼多的抓地力，因此摩托車會失控。

爲防止輪胎與路面的接地印痕的形狀隨側滑角改變而發生明顯變化，造成側向抓地力改變過大，並適應摩托車騎乘時因外傾角的大幅變化，產生側向力的突然變化，摩托車輪胎的側偏剛度都較高。因此，摩托車的側向抓地力比縱向抓地力大，附著橢圓的長半徑在側向（y 方向）。與摩托車輪胎不同的是，汽車輪胎附著橢圓的長半徑則沿 x 軸，故汽車輪胎的縱向抓地力比側向抓地力大。

2-13 輪胎不平衡度和不均勻度的實驗測量

2-13-1 輪胎的不平衡度

如果輪胎的質心不在其轉軸上，如圖 2-13-1(a) 所示，則當輪胎滾動時，偏心的質量會產生離心慣性力，如圖 2-13-1(b) 所示。設偏心質量爲 m，偏心距爲 e，則乘積 me 稱爲不平衡度（Imbalance），單位是克 - 毫米（g · mm）。

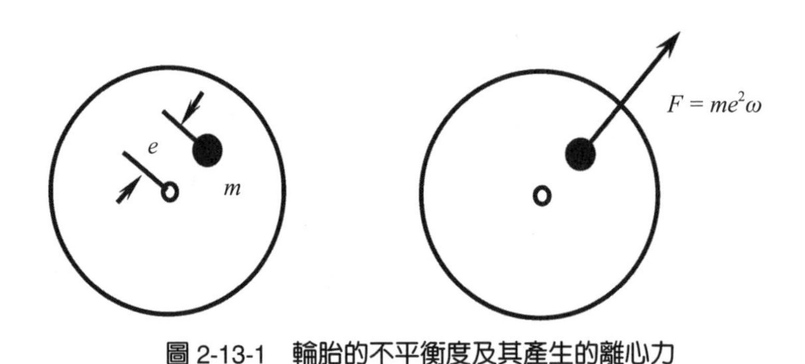

圖 2-13-1 輪胎的不平衡度及其產生的離心力

當摩托車前進時，輪胎每轉動一轉，由輪胎偏心質量產生的離心慣性力就對摩托車產生一次衝擊，使車身發生振動。爲了減少這種振動，輪胎必須經過平衡後方能交付使用。方法是，由平衡機（Balance machine）測出輪胎的不平衡度，然後在偏心質量和輪胎軸心相對的相反方向加上一定的質量（配重）來抵消原有的不平衡度。

2-13-2　輪胎的不均勻度

輪胎在加工過程中往往會引起圓周部分的尺寸變化、剛度變化及非對稱性等。輪胎的不均勻性不論是由何種原因引起，通稱爲不均勻度（Un-uniformity）。當輪胎滾動時，不均勻度會引起來自路面的週期性變化的反作用力。這些反作用力的變化分別稱爲徑向力變化（Radial Force Variation，簡稱 RFV），側向力變化（Lateral Force Variation，簡稱 LFV），和切向力變化（Tangential Force Variation，簡稱 TFV），如圖 2-13-2 所示。所謂輪胎的不均勻度，就是由這些值的大小來表示。

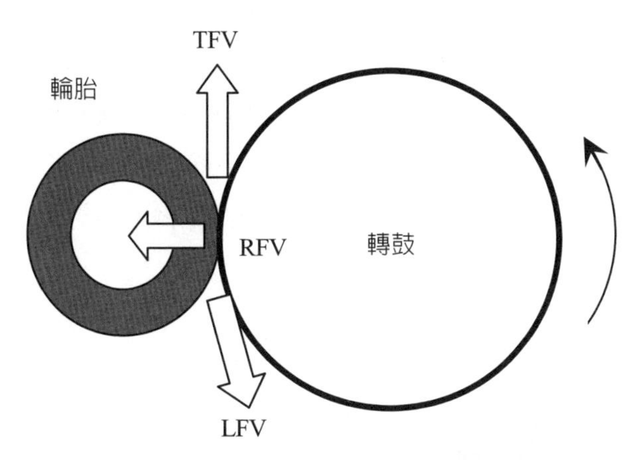

圖 2-13-2　用轉鼓台測量輪胎的不均勻度

輪胎不均勻度引起路面反作用力的變化，可用圖 2-13-2 所示的底盤動力計（Chassis dynamometer），又稱轉鼓試驗台測定。將輪胎壓向轉鼓台並以 60 rpm 的低速轉動，同時用安裝在轉鼓台一側的測力計測出輪胎轉動時力的變化。測力計測出的力是時間的函數。設輪胎的角速度爲 ω，輪胎經過時間 t 滾動的距離爲 x，我們有

$$t=\frac{x}{\omega R}=\frac{2\pi x}{2\pi R\omega}=\frac{2\pi x}{L} \qquad (2\text{-}13\text{-}1)$$

其中 $L = 2\pi R\omega$。

應用方程（2-13-1）中 t 與 x 的關係，我們可將隨時間變化的力 $f(t)$ 轉換成 x 的函數 $f(x)$，並且用傅立葉級數分解成振幅、頻率、相位大小不等的無數個正弦波之組合：

$$f(x) = a_0 + \sum_{n=1}^{\infty} a_n \sin(2\pi nx / L + \phi_n) \quad (2\text{-}13\text{-}2)$$

其中 a_0 爲 $f(x)$ 的平均值；x 爲輪胎前進的距離；$L = 2\pi R\omega$；n 爲輪胎每轉一轉之間的振動成分，$n = 2$ 以上稱爲高階成分；ϕ_n 爲 n 階成分的相位角。由於電腦數位化的關係，輪胎不均勻度的分析過程都由快速傅立葉變換（FFT）來完成。

圖 2-13-3 是某輪胎前 8 階徑向不均勻度的實驗結果，縱座標力的單位是牛頓，橫坐標爲階（Order）。值得注意的是，輪胎的不均勻度不能像不平衡度那樣可以應用平衡方法消除。因此，轉鼓試驗台只能用來測量輪胎均勻度的好壞，但卻不能消除輪胎的不均勻度。

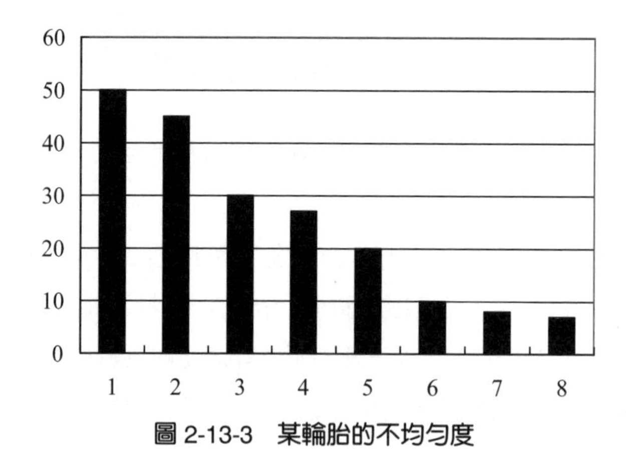

圖 2-13-3　某輪胎的不均勻度

第 3 章

摩托車直線行駛動力學

本章研究摩托車直線行駛的動力學。首先介紹摩托車的傳動系統、摩托車引擎型式、車速與引擎轉速、頻率及引擎輸出功率與扭矩的關係，接著說明摩托車行駛阻力，導出行駛方程與功率方程，最後介紹求最高車速的方法和變速器傳動比設計的注意事項。

3-1 摩托車的傳動系統

3-1-1 檔車傳動系統

摩托車引擎怠速的轉速約為 1500 rpm 至 2000 rpm 左右，在這種轉速下引擎輸出的扭矩，無法將靜止的摩托車驅動。為了讓摩托車順利起步，在引擎和後輪間裝設了動力傳動系統（Power train），將曲軸高轉速、低扭矩的輸出逐級減速增矩，讓後輪獲得足夠的驅動力。摩托車的動力傳動系統主要由一次傳動機構、離合器、變速器和二次傳動機構組成，其動力傳動流程如圖 3-1-1 所示。圖 3-1-2 為摩托車傳動系統的示意圖。

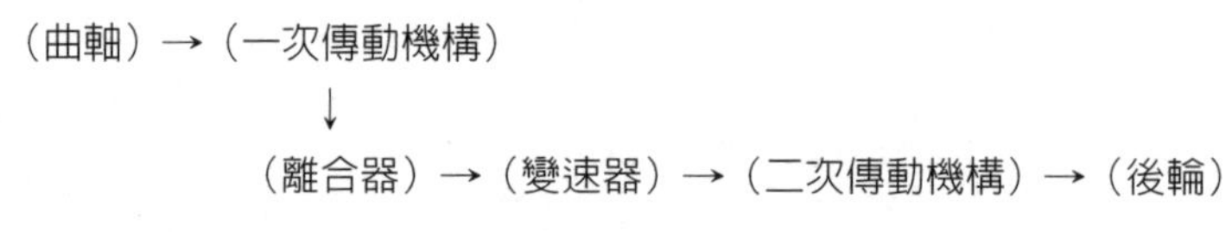

圖 3-1-1　摩托車傳動系統動力傳動流程圖

一次傳動機構的主要作用是，對引擎曲軸高轉速運動，進行減速與增加扭矩後將動力傳給變速器。若無一次減速機構，則變速器將因轉速太快，易導致變速機構操作不良，離合器也會因轉速過高，導致潤滑油效果降低，離合器總成耐久性下降。一次傳動的傳動比（Primary reduction）i_1 的大小是根據摩托車引擎轉速、機構安裝空間尺寸、變速器、二次傳動比（Final reduction）等綜合考慮而定的，取值範圍一般為：$2 \le i_1 \le 4$。i_1 大些可使變速器結構縮小，操作簡便，但會加大一次傳動機構尺寸，造成布置困難，噪音增大。一般設計的原則為：(1) 排氣量小的摩托車，i_1 大些；(2) 跑車型摩托車，i_1 小些；(3) 高轉速引擎，i_1 大些；(4) 摩托車最高車速大時，i_1 小些。

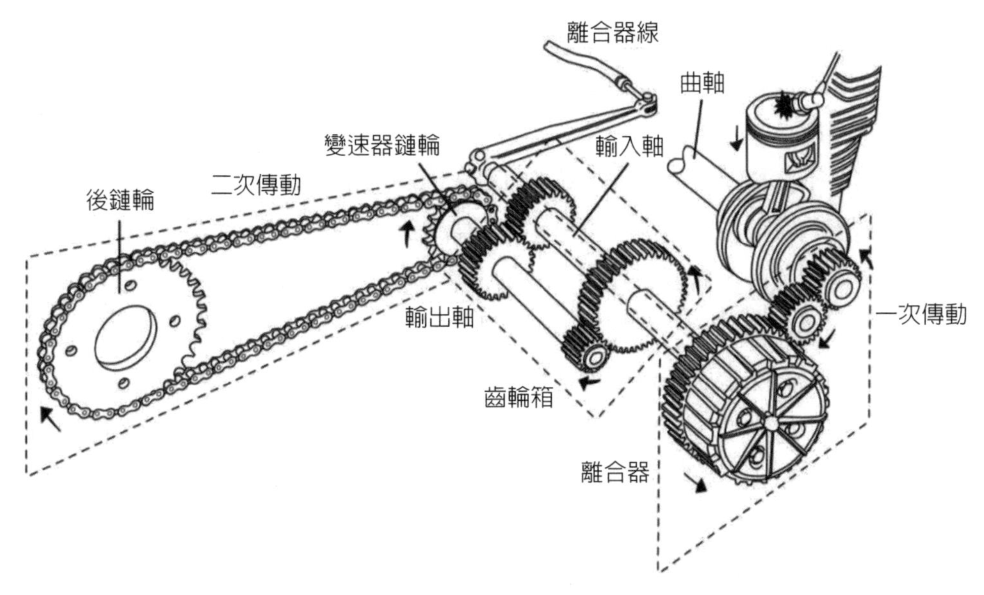

圖 3-1-2　摩托車檔車的傳動系統 [14]

變速器的功能是，根據摩托車的起步、負荷、路面狀況及車速等，應用不同的傳動比改變傳到驅動輪上的扭矩和轉速，以適應各種不同道路和車速行駛的需求。變速器傳動比之值是根據引擎的各種參數、騎士和車的總質量及摩托車的使用要求而設計的。最大的傳動比要符合摩托車最大爬坡度的要求；最小傳動比則除應使摩托車能夠達到最高設計車速外，還須考慮摩托車動力性和燃油經濟性，既不能過大而影響油耗，也不宜過小而影響引擎動力的發揮。變速器的檔位數是根據這些要求來決定的。檔數多些會改善摩托車的動力性和燃油經濟性。因爲，檔數多會增加引擎發揮最大功率的機會，提高摩托車的加速和爬坡能力。同時，檔數多會增加引擎在低耗油區工作的可能性，從而降低摩托車的油耗。

摩托車的變速器可分爲有段變速（有檔位變速）和無段變速（無級變速）兩類。所謂有段變速就是根據車型及車的大小將變速器分成不同檔位，如表 3-1 所示。

表 3-1　摩托車變速器檔位

車型	小型車	中型車	跑車	賽車
檔位	2～4	4～5	5～6	6～12

有檔位變速器具有傳遞扭矩大、傳動效率高的優點。檔位越多，越能改善摩托車動力性和燃油經濟性，但結構複雜，成本高。檔位的變換通常有國際檔和循環檔兩類。國際檔是從空檔，先踩踏一下後變一檔，用力倒勾換檔踏板跨越空檔後變二檔，再勾一下換檔踏板變三檔，依次至最高檔，便再也勾不下換檔踏板。退檔時踩踏換檔踏板依次退檔。循環檔則是從空檔踩下換檔踏板後變一檔，再踩下去變二檔，依序至最高檔後，再踩下去變成空檔，然後重複循環變檔。

換檔過程中，進檔時必須縮短握放離合器的時間，好讓齒輪組在轉速相近的狀況下以最短的時間嚙合，嚙合後再加油拉高轉速。退檔時則必須緩和的進行。此外退檔時要一檔一檔的退，不要一下子退超過兩檔以免傷及變速器齒輪。國際檔可避免從高速檔突然打入低速檔，造成慣性阻力瞬間突然過大。

圖 3-1-3 所示爲某五檔摩托車的傳動系統。圖 3-1-4 顯示這部車如何運用撥桿移動輸入軸（主軸）與從動軸（次軸）上的齒輪來換檔，圖中的 M1 至 M5 爲變速器的輸入軸之齒輪 1 至 5，C1 至 C5 爲變速器的輸出軸之齒輪 1 至 5。圖 3-1-4 中的黑色線代表各檔的動力傳遞路線。

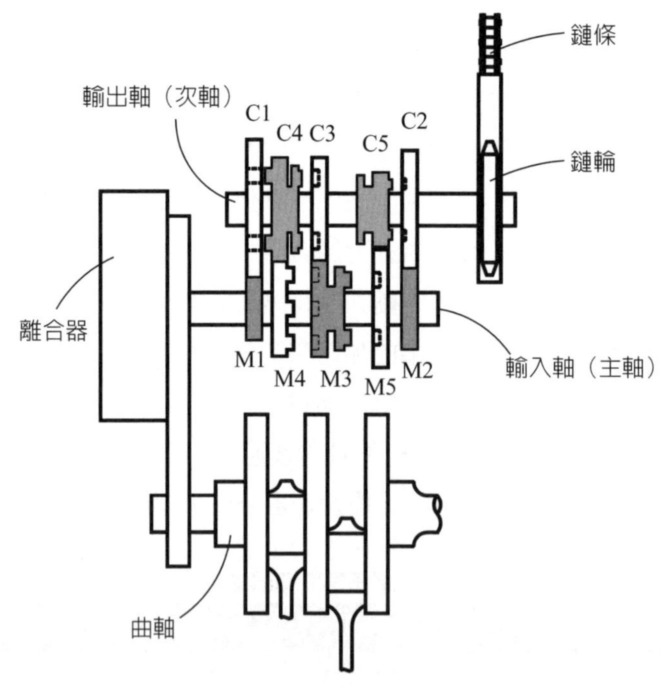

圖 3-1-3　某五檔摩托車的傳動系統 [29]

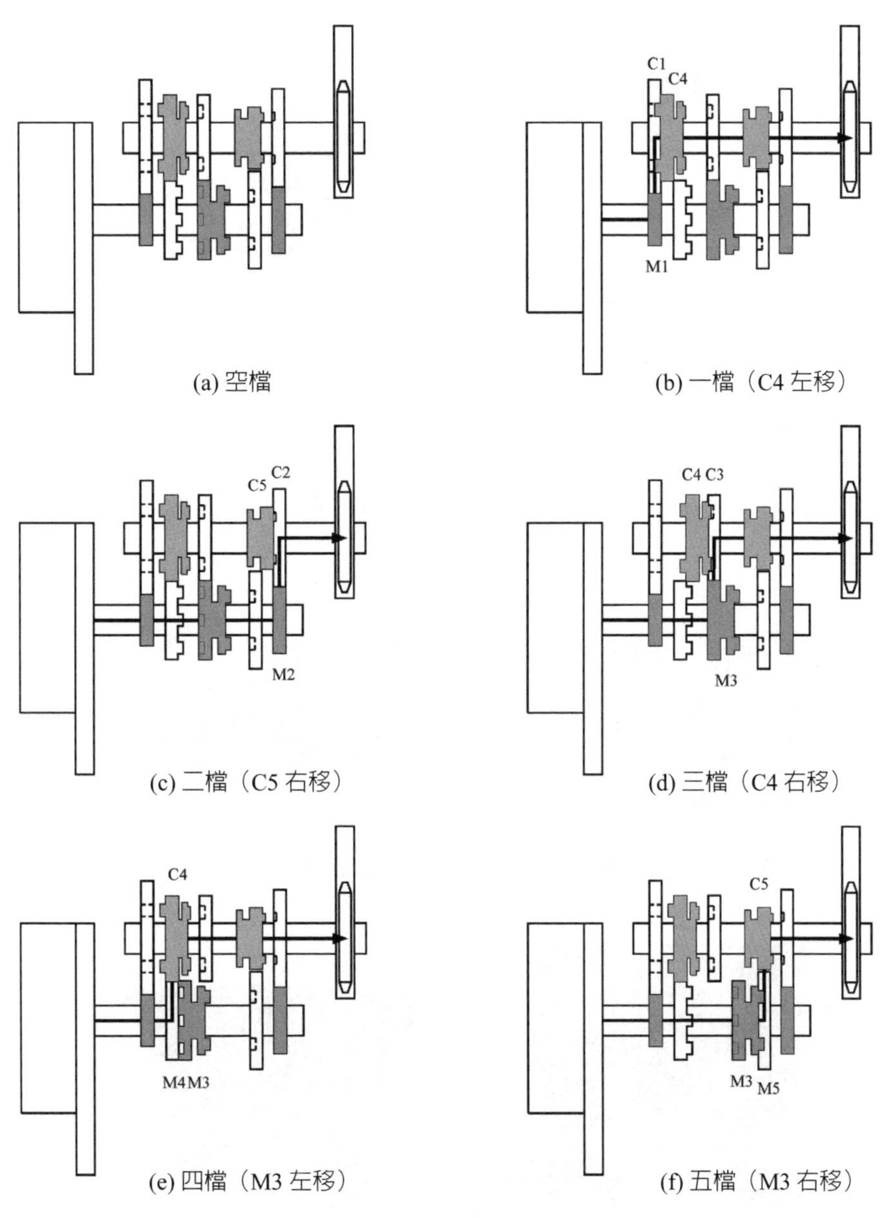

(a) 空檔　(b) 一檔（C4 左移）
(c) 二檔（C5 右移）　(d) 三檔（C4 右移）
(e) 四檔（M3 左移）　(f) 五檔（M3 右移）

圖 3-1-4　各檔的動力傳動路線圖 [29]

圖 3-1-5　三陽野狼摩托車傳動系統所製作之教具

圖 3-1-5 所示為用三陽野狼摩托車傳動系統所製作的變速器教具。圖 3-1-6 所示為該變速器一檔至四檔的齒輪動力傳遞路線圖，圖中的白色線代表各檔的動力傳遞路線。

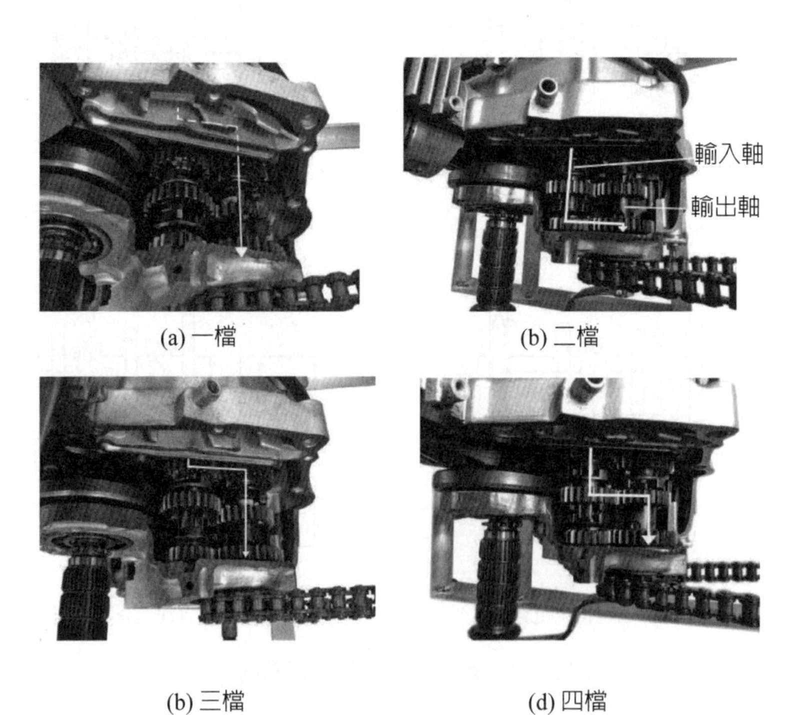

圖 3-1-6　各檔的動力傳動路線圖（三陽野狼）

摩托車離合器以是否浸泡在機油內，區分爲濕式離合器和乾式離合器。乾式離合器傳動效率較濕式離合器高，但因失去機油的潤滑，噪音及磨耗都較濕式離合器大。因此，大部分市售車使用濕式離合器。圖 3-1-7 所示爲三陽野狼摩托車的離合器及其分解圖。

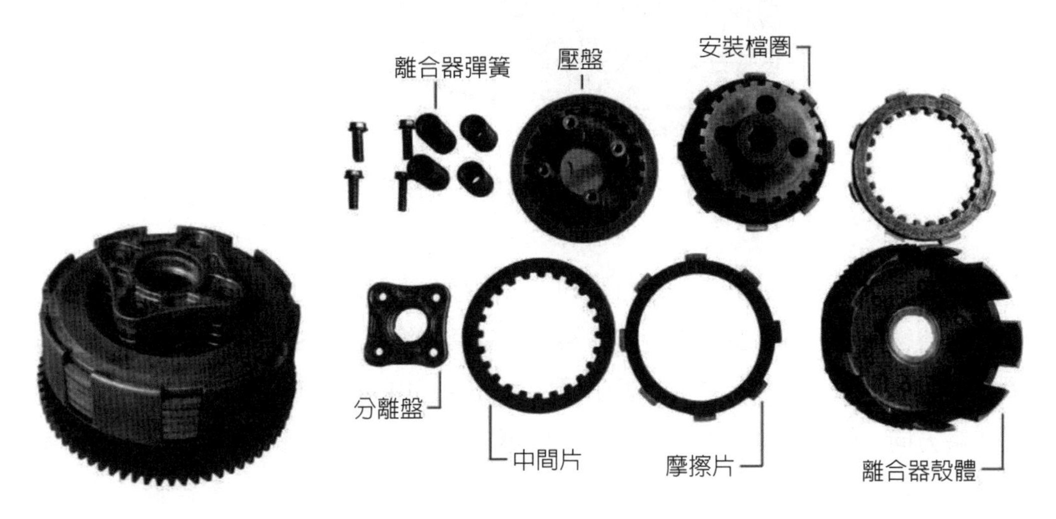

圖 3-1-7　離合器及其分解圖（三陽野狼）

摩托車的二次傳動機構的主要作用是，將變速器傳來的動力經降低轉速、提高扭矩後傳給後輪。常見的二次傳動機構有鏈條傳動、皮帶傳動及軸傳動。

鏈條傳動效率高、成本低，使用最廣。此外，採用鏈條傳動還可更換後輪齒盤（改變齒數），以調整二次傳動比。因此，競賽車幾乎都使用鏈條傳動。但其缺點爲噪音大、需要潤滑保養和清除泥沙灰塵，若懸吊系統行程大易造成鏈條鬆弛。

皮帶傳動（見圖 3-1-8）可藉皮帶撓性作用而降低噪音與振動，並具有重量輕、傳動效率高且不需作潤滑保養的優點，但因摩擦會使皮帶有折斷之顧慮，並需定期更換。無段變速的速克達和許多巡航車都使用皮帶傳動。

圖 3-1-8 使用皮帶傳動的摩托車

軸傳動常使用在設計爲長途行駛的一些高級重型摩托車上。使用軸傳動的摩托車動力傳輸平順，適合長途舒適地騎乘，同時具有維修簡單的優點。但其缺點爲傳動軸的體積和重量大，且需用萬向接頭（Universal joint）連接。此外傳動軸平行於車身方向，轉動時產生的陀螺效應會影響車身左右平衡。圖 3-1-9 爲某部使用軸傳動的摩托車。

圖 3-1-9 使用軸傳動的摩托車

不論引擎是橫向或縱向布置，皆可使用軸傳動。橫向引擎須在傳動軸的前後端都使用錐齒輪對，改變傳動方向兩次，才能將動力傳至後輪，如圖 3-1-10 所示。

而縱向引擎則只須使用一對錐齒輪，改變一次傳動方向即可，因此效率較高。

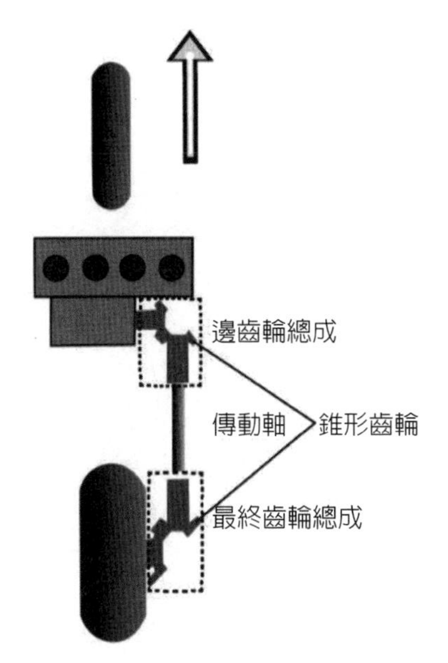

圖 3-1-10　橫向引擎之軸傳動摩托車

二次傳動比 i_2 值之設計，應先滿足摩托車最高速度的要求，並受齒輪齒數及摩托車外部空間的限制。一般二次傳動比之值，鏈條傳動為 2.5～4，軸傳動為 2～4.5[62]。

3-1-2　連續無段變速系統

連續無段變速系統（Continuously Variable Transmission，簡稱 CVT），也有人稱之為連續無級變速系統，能連續無檔位變速。此種變速系統廣泛地應用於速克達（Scooter）上。速克達連續無段變速系統分為用 V 型皮帶連接的前後兩個子系統。前子系統主要由普利盤、普利珠（Roller set）或稱配重滾子（Weight roller）、普利壓板（Pressure plate）或稱風葉盤、滑件、套管、普利風葉（Pulley fan）所組成；後子系統則由開閉盤下座、開閉盤上座、彈簧、離合器、離合器外蓋（Clutch outer）俗稱碗公所組成，如圖 3-1-11 至圖 3-1-13 所示。

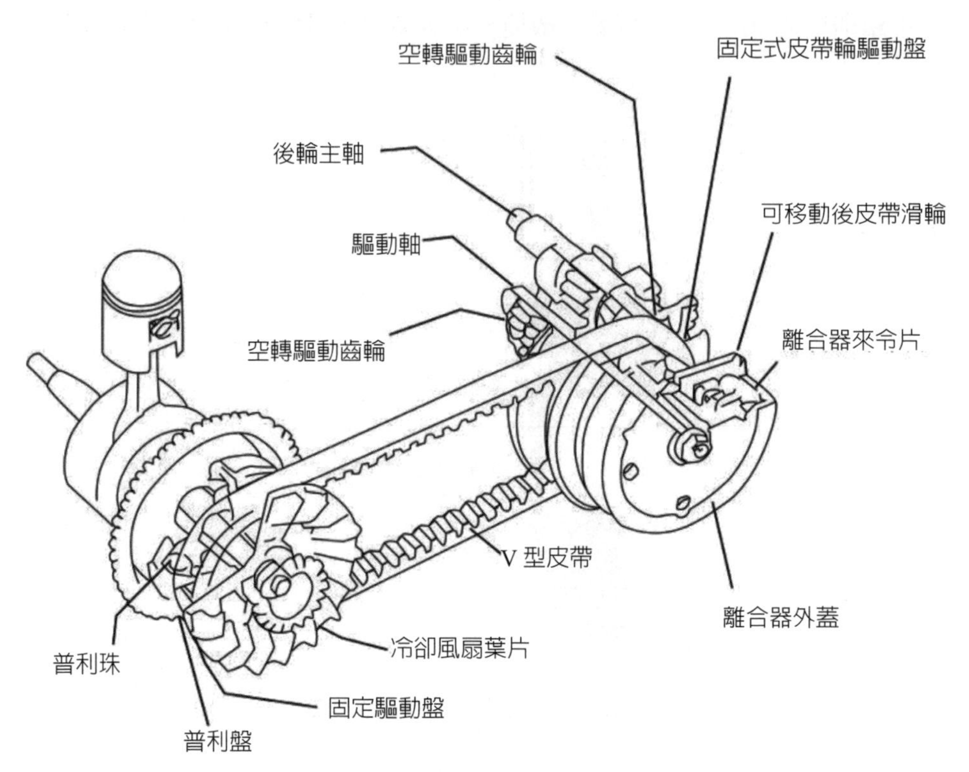

圖 3-1-11　速克達的連續無段變速系統 [76]

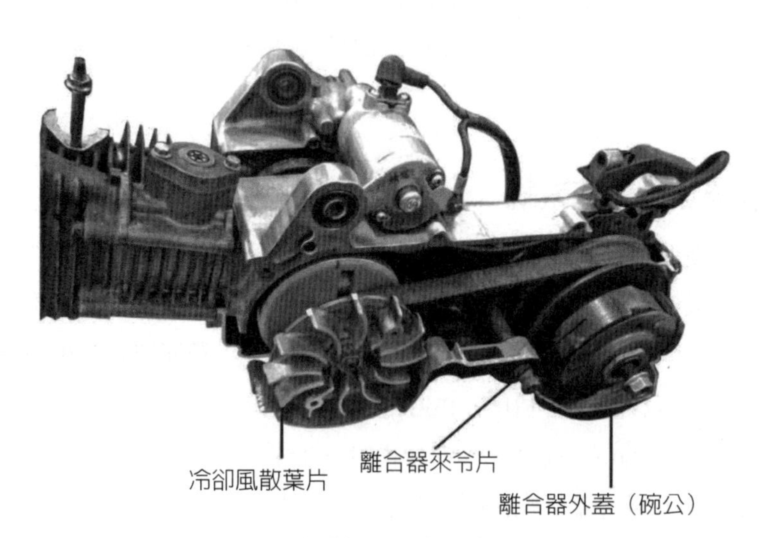

圖 3-1-12　連續無段變速系統之示教圖

圖 3-1-13　連續無段變速系統主要零組件圖

傳動皮帶前端夾於普利盤與壓板（風葉盤）中間，而皮帶後端則夾在上下開閉盤中，開閉盤靠變速彈簧（俗稱大彈簧）將皮帶夾住。當引擎轉動時，普利盤裡的配重滾子因離心力的牽動，而滑動於普利盤的溝槽間。溝槽樣式爲經過特別設計的圓錐狀斜面，因而推擠皮帶向外擴張。因爲皮帶長度固定，故皮帶前端受到普利盤擠壓而向外滑動時，後端開閉盤便會被皮帶撐開，皮帶往開閉盤內側滑動。當動力傳到後子系統離合器時，因離合器旋轉產生的離心力使離合器之摩擦片向外甩開，使之貼於離合器外蓋上並同時帶動外蓋旋轉。而離合器外蓋與軸由多個鍵固定在一起，所以外蓋與軸同時被帶動，再經一個固定變速比之齒輪組傳動到後輪軸，使摩托車向前行駛。

起步與低速時，皮帶位於普利盤內側、開閉盤外側，前子系統皮帶旋轉半徑小，後子系統皮帶旋轉半徑大，可產生較大扭矩，易於推動摩托車前進，如圖 3-1-14(a) 所示。隨著車速的增加，皮帶位置會連續的變化，在前子系統皮帶會往普利盤的外側運動，在後子系統的皮帶會往開閉盤內側運動，在中速時前後子系統皮帶旋轉半徑大小幾乎相同，如圖 3-1-14(b) 所示。而在高速時前子系統皮帶旋轉半徑大，後子系統皮帶旋轉半徑小，普利盤轉一圈，可讓開閉盤旋轉更多圈，摩托車便可高速行駛，如圖 3-1-14(c) 所示。皮帶在圓錐狀斜面的連續滑動便連續無段地改變了傳動比，因此，稱爲連續無段變速系統。

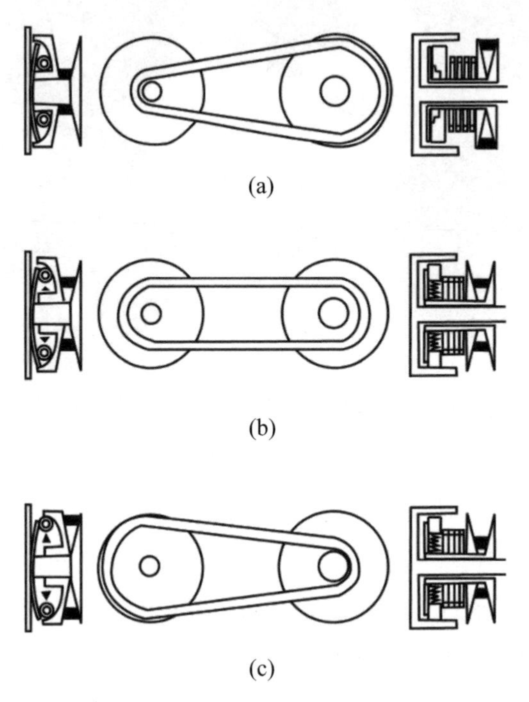

圖 3-1-14　速克達的連續無段變速系統之皮帶位置

連續無段變速系統與我們常見的有檔位變速系統相比，主要有以下優缺點：

1. 操作簡單、平穩舒適。CVT 系統只需用油門控制引擎轉速就可以達成傳動比的連續變化與順暢的騎乘，不需作檔車變速系統的拉離合器線、踩檔等換檔動作，因此沒有檔車換檔頓挫的感覺。

2. 由於 CVT 系統傳動比連續變化，可應用引擎與傳動系統匹配的最佳化設計，使摩托車在運轉時，引擎轉速保持在比較理想的範圍內，有利於降低油耗，減少廢氣汙染。

3. 由於皮帶在傳遞動力時採用摩擦變速方式，所以會產生打滑的現象，傳動效率較檔車低。當傳動系統溫度升高時，傳動效率會更低。

3-2　摩托車引擎扭矩和功率

一般摩托車只有 1 至 2 個汽缸，排氣量較大的有 4 個汽缸，少數有 6 個汽缸，而現在汽車幾乎都是 4 汽缸以上。車輛想要得到高扭矩和高功率，引擎必須獲得足夠的燃燒爆炸次數和速度，從而給予曲軸連續不斷的動力來帶動驅動輪。普通的 1、2 缸摩托車與 4 缸汽車相比，雖然摩托車引擎汽缸數量較少，但其引擎的活塞行程較短，所以較容易透過提升引擎的轉速產生足夠的動力行程，來獲得最大功率。此外，汽車引擎不易做到高轉速，除了設計上的限制，汽車引擎還必須經過相當的強化，在成本上又會較高。因此，摩托車引擎轉速普遍比汽車引擎轉速高。

速克達的引擎曲軸直接帶動前普利盤，因此速克達不具有一次傳動比，而速克達的變速是連續無段的。皮帶盤之傳動比 i_g 等於皮帶在後盤（開閉盤）有效直徑 D_r 與皮帶在前盤（普利盤）的有效直徑 D_f 之比，即 $i_g = D_r/D_f$。參考圖 3-1-11 可知後子系統至驅動輪之間還有一組固定傳動比 i_o 的齒輪組。因此，對速克達而言，由引擎至驅動輪的總傳動比爲 $i_T = i_g i_o$。

3-2-1　引擎扭矩和功率的關係

圖 3-2-1 所示爲某摩托車引擎的扭矩和功率圖，這兩條曲線並不是獨立的，根據動力學理論，扭矩 T 與功率 P 之間的關係爲

$$P = T\omega = T\frac{2\pi n}{60} \qquad (3\text{-}2\text{-}1)$$

其中 P 的單位爲 W（瓦），T 的單位爲 N · m，角速度 ω 的單位爲 rad/s，轉速 n 的單位爲 rpm。

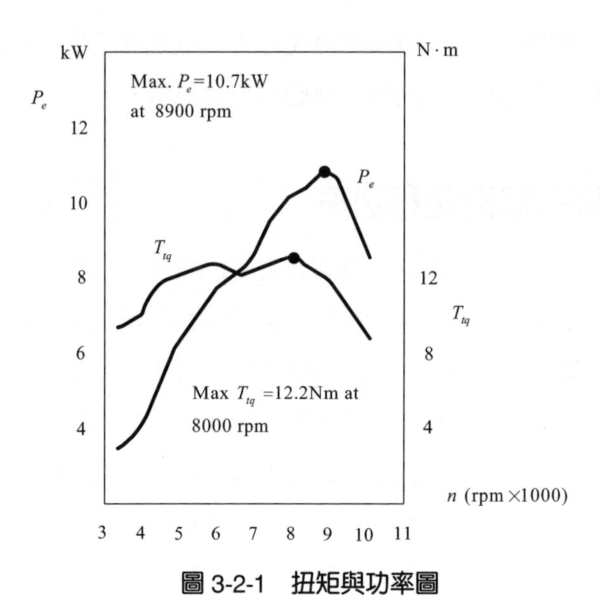

圖 3-2-1　扭矩與功率圖

因摩托車引擎扭矩 T_{tq}，一般採用 N · m 爲單位，但市售車常以 kg · m 爲單位，1 kg · m = 9.81 N · m。輸出功率 P_e 常以仟瓦（kW）表示，此時功率與扭矩 T_{tg} (N · m) 的關係爲

$$P_e = \frac{2\pi}{60\times1000}T_{tq}n = \frac{T_{tq}n}{9550} \quad (\text{kW}) \tag{3-2-2}$$

若功率 P_e 採用公制馬力 PS 爲單位，因爲 1 PS = 0.735 kW，則上式變成

$$P_e = \frac{T_{tq}n}{7023} \quad (\text{PS}) \tag{3-2-3}$$

對英制系統，功率 P_e 採用馬力 hp 爲單位，扭矩 T_{tq} 採用 ℓb · ft 爲單位，則

$$P_e = \frac{T_{tq}n}{5252} \quad (\text{hp}) \tag{3-2-4}$$

常見的功率單位有仟瓦 kW，馬力 hp，公制馬力 PS，它們之間的關係為

$$1\ \text{hp} = 0.746\ \text{kW}$$

$$1\ \text{PS} = 0.735\ \text{kW} = 0.986\ \text{hp}$$

這三種單位的換算可作成表格，如表 3-2-1 所示。

表 3-2-1　功率單位的換算表

由	換算成	乘以
kW	hp	1.340
kW	PS	1.360
hp	kW	0.746
hp	PS	1.014
PS	kW	0.735
PS	hp	0.986

例 3-2-1

參考圖 3-2-1，某部摩托車的引擎峰值功率為 10.7 kW，轉速為 8900 rpm，求此轉速時引擎的輸出扭矩。

解：

已知 $P_e = 10.7$ kW，$n = 8900$ rpm，代入方程（3-2-2）得

$$10.7 = \frac{T_{tq}(8900)}{9550}$$

解得扭矩

$$T_{tq} = 11.48\ \text{N} \cdot \text{m}$$

3-2-2 功率與扭矩的觀念

功率等於扭矩乘以角速度。因此，如果引擎扭矩曲線在中、高轉速區域還能維持只有微幅下降的高平狀態，因轉速（角速度）仍然在上升，功率仍可繼續攀高（但趨於平緩）。相同的扭矩在不同的轉速下其功率是不同的。例如在 4000 rpm 轉速下輸出 60 N．m 的扭矩與在 8000 rpm 轉速下輸出 60 N．m 的扭矩，兩者輸出的功率相差一倍。好比兩位拳手皆可打出 20 公斤重的拳力，但甲選手可在一分鐘內連續出十五拳，而乙選手可在一分鐘內連續出三十拳，比較之下，乙選手的攻擊力（Power）較強。

在摩托車引擎設計中，究竟要將高扭矩設計於哪個轉速區域，需依引擎的形式（V 型雙缸、L 型雙缸或是直列四缸等）和用途而定。若要求高功率輸出，則通常將高扭矩設計於高轉速區域，使高轉速時能輸出高馬力。

提高引擎扭矩的作法有提高動力行程的混合氣燃燒爆發力或是增加連桿長度。因為連桿長度越大，活塞的行程越長，扭矩會提高，但一循環所需的時間變長，並且曲軸迴轉慣性較大，引擎轉速較不易達到高轉速，性能趨向於低轉速引擎，在低轉速就能輸出大扭矩。如果活塞行程短，則同樣的爆發力，其轉速會較高，性能趨向於高轉速引擎，對這類引擎若能提高燃燒爆發力的話，也可提升引擎扭矩。由於高轉速引擎能提供較大功率，有利於高速行駛，所以一般摩托車大都採用活塞行程較短的高轉速引擎。

從摩托車引擎扭矩與功率曲線圖可看出，在整個引擎轉速範圍內，扭矩曲線的變化不大，這種特性對摩托車的操控很重要。如果扭矩曲線變化很大，則騎士只要稍微改變油門，扭矩也隨之有很大的變化，摩托車也就不易操控了。

從引擎扭矩功率圖可知，最大功率與最大扭矩的轉速不同。其原因是，最大扭矩時引擎燃燒的容積效率（Volumetric efficiency）處於最佳狀態，因此能夠產生最大的爆發壓力，而輸出最大的扭矩。隨著引擎轉速增加，混合氣進入汽缸的時間變短，容積效率和爆發壓力也隨之降低，在此情況下扭矩會下降，因此產生最大扭矩的轉速並不是很高。而引擎功率為扭矩與轉速的乘積，通常會隨轉速升高而上升，當達到極大值後，因扭矩降低的值大於轉速上升的值，功率會下降。

對同樣缸數與排氣量的引擎，若缸徑大、活塞行程短，可獲得較高的轉速，再由功率＝扭矩 × 轉速可知，這種引擎的最大馬力通常較大。反之，對於缸徑小、行程長的引擎，扭矩＝力 × 力臂，可知這類引擎通常在低轉速就可獲得較大的扭矩，因此低轉速時加速性較佳。

3-2-3　摩托車引擎型式

摩托車引擎依汽缸的數目與排列形式通常分成下列幾種（見圖 3-2-2），簡介如下：

1. 單汽缸

單汽缸（Single cylinder）引擎一般都用於小型摩托車。其最大優點就是結構簡單，製造成本低，維修容易。缺點是引擎轉速範圍無法像多汽缸引擎那麼廣，振動程度也較大。

2. V 型雙汽缸

V 型雙汽缸（V-Twin or V-2）引擎的扭矩曲線在很大的轉速範圍維持高平型，並能發出特殊的聲浪，吸引許多愛好者。通常高排氣量的 V 型雙汽缸引擎，在

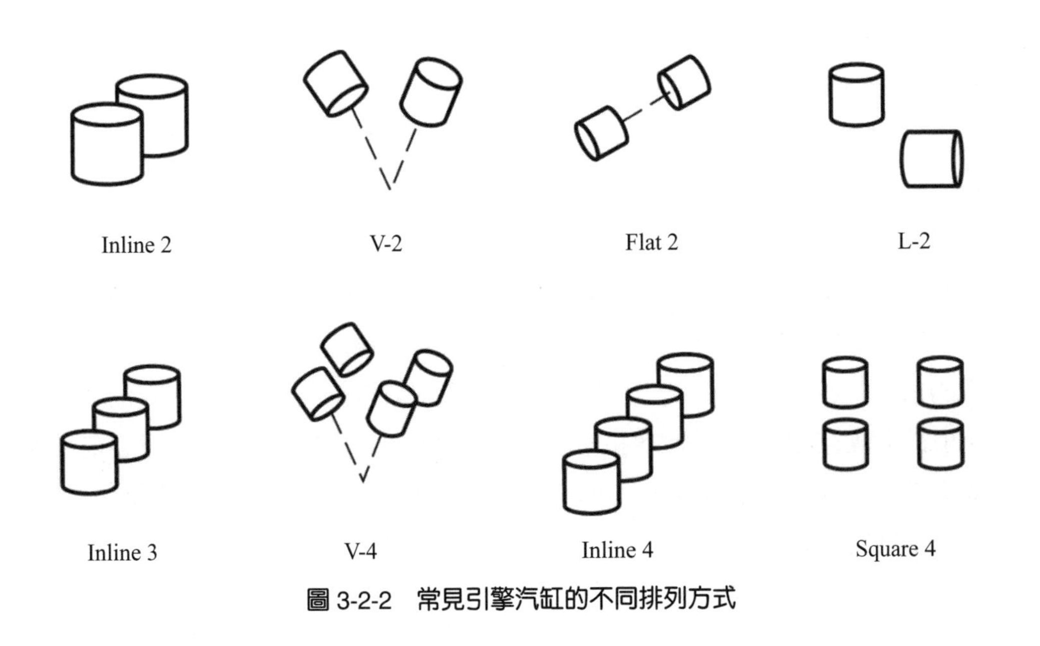

圖 3-2-2　常見引擎汽缸的不同排列方式

3000 rpm 之後便可維持穩定的扭矩輸出。著名的哈雷（Harley-Davidson）品牌的許多車型便是使用 V 型雙汽缸引擎。

3. L 型雙汽缸

L 型雙汽缸是義大利杜卡迪（Ducati）車廠所開發的引擎，兩汽缸成 90 度，具有大口徑、短衝程與較窄曲軸的設計，能提供足夠的扭矩和功率，陀螺效應較低，彎道行駛時較輕快。

4. 水平對臥雙汽缸

水平對臥雙汽缸（Flat Twin or Flat 2）引擎具有低轉速、大扭矩輸出的特性及特殊的引擎振動與聲浪。此類摩托車的重心較低，對操控性有利。但因其汽缸爲橫置，潤滑油在流動時可能會積於一側，且汽缸頭由車側向外伸出，引擎較寬，左右兩缸中心不在一條線上，轉彎時側傾角不能過大。BMW 車廠的某些摩托車採用此類引擎。

5. 並列雙汽缸

若採用雙汽缸同步點火，並列雙汽缸（Parallel twin or Inline two）引擎能產生節奏極爲緩慢而渾厚的特殊聲浪。但雙汽缸同步點火，引擎平衡較差，會發生明顯的振動。現行的並列雙汽缸車款大都改採 270 度的點火間隔，使引擎能夠較爲平穩的運轉。

6. 橫置 V 型雙汽缸

橫置 V 型雙汽缸引擎的輸出特性和 90 度的 V 型雙汽缸類似，注重中、低轉速的扭矩輸出，並且具有類似水平對臥雙汽缸的平衡效果。

7. 直列三汽缸

直列三汽缸（Inline three）引擎的性能介於雙汽缸與四汽缸之間。目前使用直列三汽缸引擎的主力車種，皆注重中、低轉速的扭矩輸出，扭矩曲線飽和，不會有暴增的情形。通常，直列三汽缸引擎在高轉速區域的功率輸出表現不如直列四汽缸，但從中轉速區域開始的穩定扭矩輸出，相對地讓長途騎乘較爲輕鬆。目前世界上歷史最悠久的英國凱旋車廠（Triumph）的主力摩托車大都採用此類引擎。

8. 直立並列四汽缸

直立並列四汽缸（Inline four）引擎具有高轉速、高功率輸出的特性。雖然直立並列四汽缸引擎是市售跑車的主流，但低轉速時扭矩較低，引擎寬度較大為其缺點。

9. 方型四汽缸

方型四汽缸（Square four）可視為兩個並列雙汽缸組合而成的，兩曲軸用齒輪或鏈條連接。它具有直列四汽缸的優點，但與直列四汽缸相比，方型四汽缸可大幅降低引擎寬度。其主要缺點為散熱問題不好解決，採用氣冷時後面汽缸散熱不良，易造成過熱；採用水冷又需增加額外的重量與複雜度。

10. V 型四汽缸

V 型四汽缸（V-four）經過適當的安排，各缸的相對位置可大幅降低引擎的振動。其缺點為製造與維修成本較高。

當然還有其他型式的引擎排列，讀者有興趣可參閱相關書籍。

圖 3-2-3 為三種不同引擎的功率和扭矩曲線圖，其中 P1 與 T1 為 BMW K1600GTLE 1600cc 直列四行程六汽缸頂上雙凸輪軸（DOHC）24 氣門引擎的功

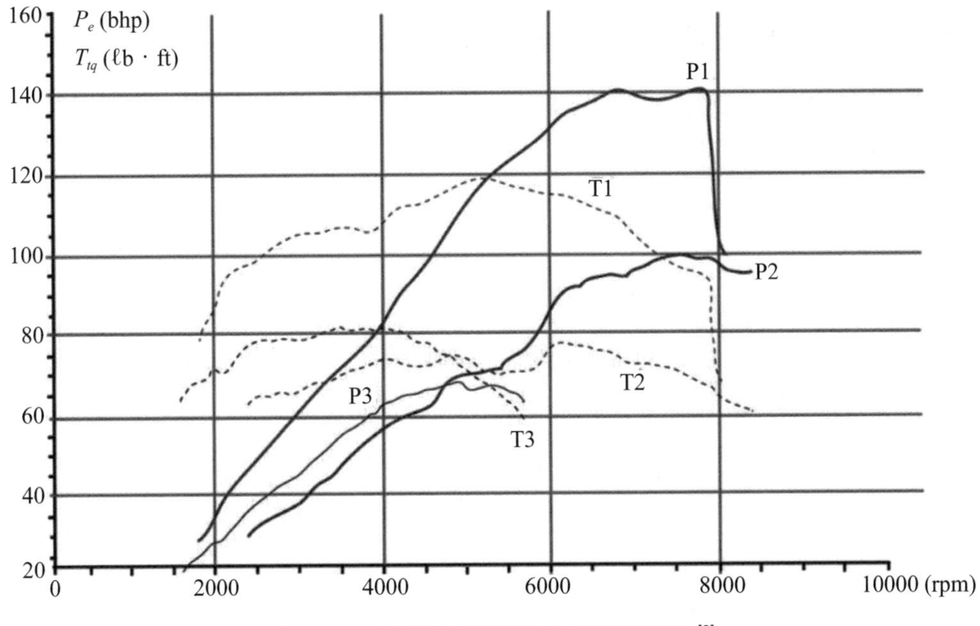

圖 3-2-3　三種不同引擎的功率和扭矩圖 [2]

率和扭矩曲線。最大功率為 141bhp@6800 rpm，最大扭矩為 118.8 ℓb · ft@5200 rpm，在 7900 rpm 附近為了安全而斷油，扭矩和功率急速下降。此引擎在中轉速區域，具有高平的扭矩曲線，最高車速可達 137.39 mph。

P2 與 T2 為 BMW R1200GS（1170 cc）四行程水平對臥雙汽缸 8 氣門引擎的功率和扭矩曲線，這裡 bhp 代表制動馬力（Brake horse power）。最大功率為 99.6bhp@7500rpm，最大扭矩為 81.3 ℓb · ft@4000 rpm。相對於 BMW K1600GTLE 而言，此引擎在低轉速下也能提供足夠大的扭矩，並且能在整個轉速範圍內輸出高平的扭矩，最高車速可達 134.1 mph。

P3 與 T3 為 Harley-Davidson Street Glide 1690cc V 型雙汽缸（V-Twin）OHV 四氣門引擎的功率和扭矩曲線。最大功率為 67.4bhp@4900rpm，最大扭矩為 81.3 ℓb · ft@4000 rpm，最高車速可達 115.31 mph。該引擎從低轉速開始直至整個轉速範圍都能提供較大扭矩。但因引擎的活塞行程長，並且使用舉桿（Pushrods）來推動汽門開閉，這就使得引擎轉速無法太高，也就限制了引擎的最大的輸出功率及車子的最高車速。

3-3 摩托車引擎轉速和車速的關係

摩托車後輪中心的速度就是車速，若將車輪的運動視為純滾動，則車速 v 和車輪的角速度 ω 之間的關係為

$$v = R_r \omega \quad (3\text{-}3\text{-}1)$$

其中 R_r 為後輪半徑。引擎的轉速 n 經一次傳動機構、變速器、二次傳動機構變換後，傳至後輪的轉速為

$$n^* = \frac{n}{i_1 i_g i_2} \quad (3\text{-}3\text{-}2)$$

於是後輪角速度為

$$\omega = \frac{2\pi n^*}{60} = \frac{2\pi n}{60 i_1 i_g i_2} \qquad (3\text{-}3\text{-}3)$$

將（3-3-3）式代入（3-3-1）式得速度 v 與引擎的轉速 n 的關係爲

$$v = \frac{2\pi R_r n}{60 i_1 i_g i_2} = 0.105 \frac{R_r n}{i_1 i_g i_2} \quad \text{(m/s)} \qquad (3\text{-}3\text{-}4)$$

上式中 v 的單位爲 m/s，換成以 km/h 表示的車速 v_a：

$$\begin{aligned} v_a &= \frac{2\pi R_r n}{60 i_1 i_g i_2} \cdot \frac{\text{m}}{\text{s}} \cdot \frac{\text{km}}{1000\,\text{m}} \cdot \frac{3600\,\text{s}}{\text{h}} \\ &= 0.377 \frac{R_r n}{i_1 i_g i_2} \quad \text{(km/h)} \end{aligned} \qquad (3\text{-}3\text{-}5)$$

方程（3-3-5）爲摩托車車速與引擎轉速的重要關係式。

圖 3-3-1 爲應用公式（3-3-5）計算某部摩托車 1 至 5 檔車速隨引擎轉速變化的情形。

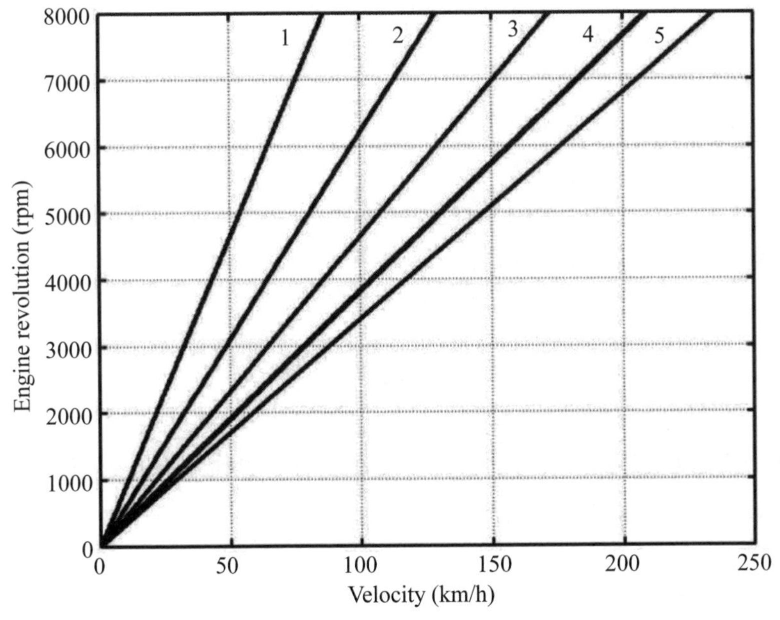

圖 3-3-1　某部摩托車 1 至 5 檔車速隨引擎轉速變化的情形

例 3-3-1

某摩托車以三檔行駛其傳動比爲 1.545，一次傳動機構的傳動比爲 1.652，二次傳動機構的傳動比爲 2.166，後輪胎規格爲 180/55ZR17 M/C，車速 80 km/h，求此時引擎的轉速。

解：

由後輪胎規格 180/55ZR17 M/C，得其半徑

$$R_r = \frac{180 \times 0.55 + 17/2 \times 25.4}{1000} = 0.3149\,\mathrm{m}$$

由題意知 $i_1 = 1.652, i_g = i_{g3} = 1.545, i_2 = 2.166, R_r = 0.3149, v_a = 80$，代入公式（3-3-5），得

$$80 = 0.377 \frac{0.3149n}{1.652 \times 1.545 \times 2.166}$$

解得引擎轉速 $n = 3725$ rpm。

3-4 驅動力

如圖 3-4-1 所示，摩托車引擎產生的扭矩 T_{tq} 經過一次傳動機構、變速器、二次傳動機構後傳至後輪的扭矩 T_t 爲

$$T_t = T_{tq} i_1 \eta_1 i_g \eta_g i_2 \eta_2 = T_{tq} i_1 i_g i_2 \eta_T \tag{3-4-1}$$

其中 η_1 爲一次傳動機構的傳動效率，η_g 爲變速器的傳動效率，η_2 爲二次傳動機構的傳動效率，$\eta_T = \eta_1 \eta_g \eta_2$ 爲傳動效率。

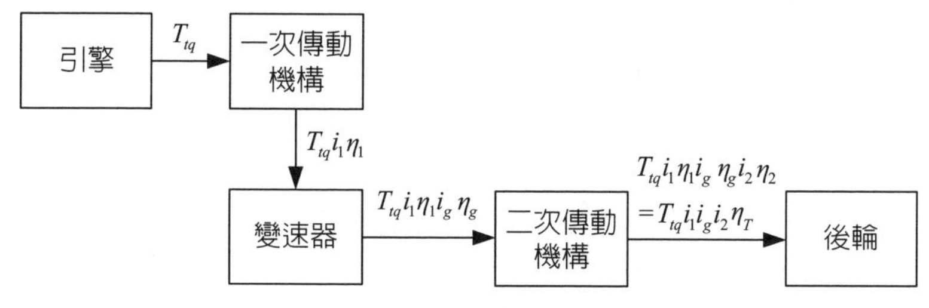

圖 3-4-1　摩托車傳動系統的扭矩

在扭矩 T_t 的作用下，車輪和地面的接觸點相對於地面有向後滑的趨勢，此時地面給予車輪向前的驅動力（Tractive effort）F_t 爲

$$F_t = \frac{T_t}{R_r} = \frac{T_{tq}i_1i_gi_2\eta_T}{R_r} \tag{3-4-2}$$

其中 i_1 爲一次傳動機構傳動比，i_g 爲變速器傳動比，i_2 爲二次傳動機構傳動比，η_T 爲傳動效率，R_r 爲車輪半徑（m）。

應用前述之功率與扭矩的公式（3-2-2），驅動力也可以用引擎輸出功率 P_e（kW）和引擎轉速 n（rpm）寫成

$$F_t = \frac{9550P_ei_1i_gi_2\eta_T}{nR_r} \tag{3-4-3}$$

實際上，由於輪胎的變形，地面對輪胎有反向的滾動阻力 F_f 和垂直反力 N。作用於驅動輪上的地面切向力 F_x 是驅動力 F_t 和滾動阻力 F_f 之差，如圖 3-4-2 所示。（關於滾動阻力，見 3-5 節。）

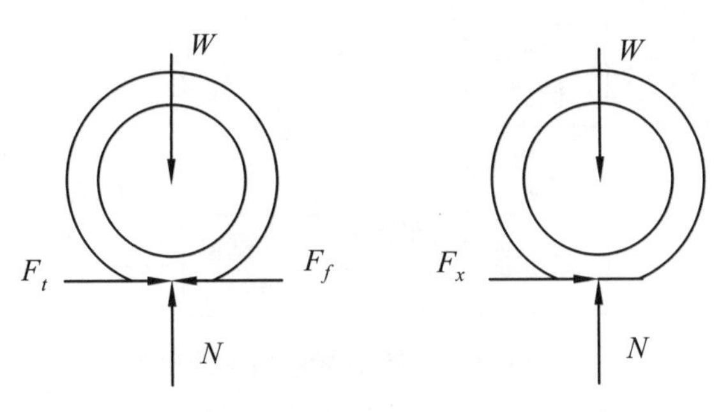

圖 3-4-2　作用於驅動輪的切向力（$F_x = F_t - F_f$）

3-5　摩托車的行駛阻力

摩托車直線行駛時所受到的行駛阻力有滾動阻力、空氣阻力、坡度阻力、加速阻力。

3-5-1　滾動阻力

輪胎滾動時其形狀並非是眞圓形，因此產生阻礙輪胎向前滾動的阻力，稱爲滾動阻力（Rolling resistance）。因爲輪胎滾動時會產生遲滯現象（Hysteresis），造成地面對輪胎的正向反力的分布不均，中心線前半部的反力較後半部大，如圖 3-5-1(a) 所示。用一個集中力 N 來取代這分布的正向力時，其作用線會從中心向前偏移距離 d，如圖 3-5-1(b) 所示。此時 N 和車輪所承受的重力 W 形成一個力偶，阻礙車輪滾動，這個力偶稱爲滾動阻力偶 T_f。我們可將正向反力 N 的作用線移回中心線上，並加上力偶 T_f 來等效表示，如圖 3-5-1(c) 所示。車輪滾動有三種工況：(1) 自由滾動；(2) 驅動滾動；(3) 從動滾動。很明顯，不論是哪種工況，要使車輪等速滾動，必須克服滾動阻力偶。以自由滾動爲例，這時加在車輪上的力偶正好等於滾動阻力偶，同時地面加在車輪上的切向力 F_x 就等於滾動阻力 F_f（見圖 3-4-2）。爲了分析方便，我們用滾動阻力 F_f 來表示滾動阻力偶 T_f 的阻礙效果，如圖 3-5-1(d) 所示。設車輪半徑爲 R，此時滾動阻力 F_f 的大小按下式計算：

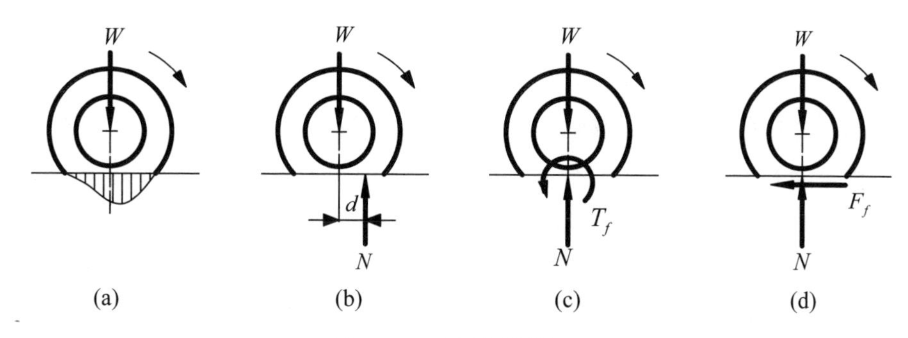

圖 3-5-1　輪胎滾動阻力

$$T_f = Nd = F_f \cdot R \qquad (3\text{-}5\text{-}1)$$

$$F_f = N \cdot \frac{d}{R} \qquad (3\text{-}5\text{-}2)$$

其中

$$f = \frac{d}{R} \qquad (3\text{-}5\text{-}3)$$

稱為滾動阻力係數（Coefficient of rolling resistance），它代表了滾動阻力 F_f 和正向力 N 之比。

類似的分析可得其他工況下的滾動阻力係數 [71]，其結果是在（3-5-3）式的基礎上分別加上不同的修正項。因差別不大，今後我們不加區別而只籠統的說滾動阻力係數。

若前後輪的滾動阻力係數相同皆為 f，則整車的滾動阻力 F_f 可寫成

$$\begin{aligned} F_f &= F_{f1} + F_{f2} \\ &= N_1 f + N_2 f \\ &= (N_1 + N_2) f \\ &= Wf \end{aligned} \qquad (3\text{-}5\text{-}4)$$

其中 F_{f1}、F_{f2} 分別爲前後輪的滾動阻力；N_1、N_2 分別爲前後輪所受的垂直路面的正向反力，W 爲人 - 車系統的總重量。

滾動阻力係數之值由實驗確定，它與路面的形式，輪胎的結構、材質、氣壓以及行駛車速有關。在凹凸不平或鬆軟的路面上，輪胎和地面的接觸面積變大，需克服的阻力增大，滾動阻力係數會變大。輻射胎因胎紋變形小，其滾動阻力係數比斜紋胎的滾動阻力係數小。輪胎的氣壓對滾動阻力係數影響很大，氣壓低時，輪胎變形大，滾動阻力係數大；反之，氣壓高時變形小，滾動阻力係數小。當車速小於 50 km/h 時，滾動阻力係數可視爲定值；當車速超過 50 km/h 時，則滾動阻力係數隨車速增加而加大。根據研究，摩托車輪胎的滾動阻力係數 f 與胎壓 p 及車速 v_a 的關係爲 [12]

$$f = 0.0085 + \frac{0.018}{p} + \frac{1.59 \times 10^{-6}}{p} v_a^2 \qquad (v_a < 165 \text{ km/h})$$

$$f = \frac{0.018}{p} + \frac{2.91 \times 10^{-6}}{p} v_a^2 \qquad (v_a > 165 \text{ km/h})$$

式中胎壓 p 的單位爲巴（bar），1 bar = 100×10^3 Pa = 10^5 N/m^2 = 0.987 atm，車速 v_a 的單位爲 km/h。因爲 1 bar = 14.5038 psi，所以上式可轉換成胎壓 p 以 psi 爲單位的經驗式如下：

$$f = 0.0085 + \frac{0.261}{p} + \frac{2.306 \times 10^{-5}}{p} v_a^2 \qquad (v_a < 165 \text{ km/h})$$

$$f = \frac{0.261}{p} + \frac{4.221 \times 10^{-5}}{p} v_a^2 \qquad (v_a > 165 \text{ km/h})$$

畫出滾動阻力係數 f 與胎壓 p 和車速 v_a 的關係，如圖 3-5-2 所示。

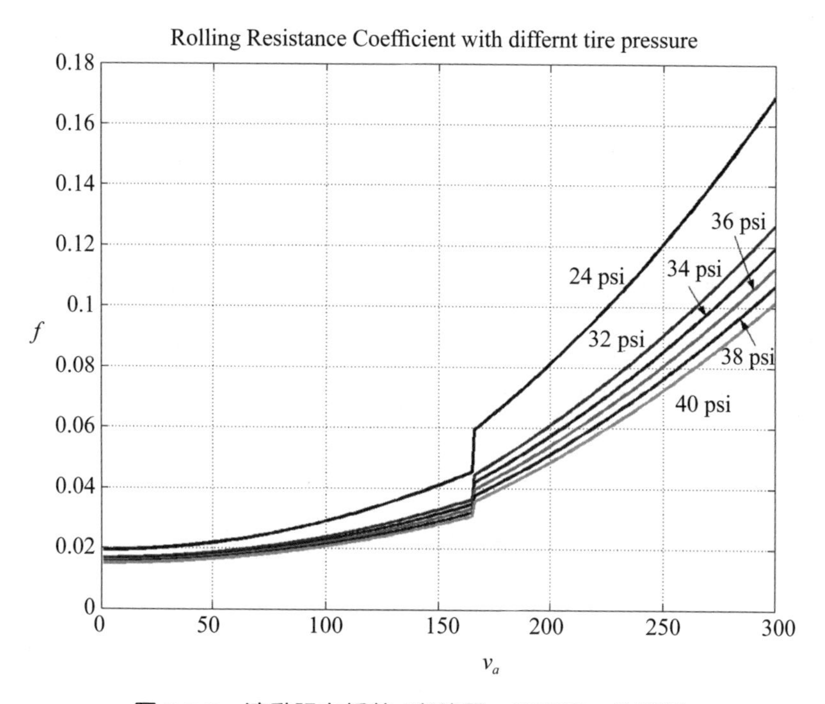

圖 3-5-2　滾動阻力係數 f 與胎壓 p 和車速 v_a 的關係

3-5-2　空氣阻力

騎乘摩托車時會感覺氣流打在車和人上，這就是空氣阻力（Aerodynamic resistance）俗稱風阻。摩托車行駛時的空氣阻力可寫成

$$F_w = \frac{1}{2}\rho A C_D v_r^2 \tag{3-5-5}$$

式中

F_w = 空氣阻力（N）

ρ = 空氣密度，在 25℃ 海平面 $\rho \cong 1.2258\ \text{kg/m}^3$

A = 人 - 摩托車正向面積，即在摩托車行駛方向的投影面積（m^2）

C_D = 空氣阻力係數

v_r = 摩托車相對於風的速度（m/s），即

$$v_r = v - v_{air}\cos\theta \tag{3-5-6}$$

其中 v_{air} 爲空氣的速度，θ 爲 v 與 v_{air} 的夾角，$v_{air}\cos\theta$ 爲空氣在摩托車行駛方向的速度分量。順風時 v_{air} 取正值；逆風時 v_{air} 取負值；無風時 v_r 等於摩托車速度 v。由於摩托車正向投影面積 A（Projected area）較難測量。因此，經常使用阻力面積（Drag area）C_DA 代表摩托車空氣阻力的性質。測得空氣阻力和車速後，阻力面積很容易由方程（3-5-5）求得。

空氣阻力公式（3-5-5）中之車速也可改用以 km/h 爲單位，F_w 改寫成

$$F_w = \frac{C_D A v_{air}^2}{21.15} \tag{3-5-7}$$

式中 v_{air}（km/h）爲車相對於空氣的速度。

從空氣阻力公式可知，空氣阻力係數和人 - 車系統正向面積是空氣阻力大小的關鍵。爲了降低空氣阻力係數和正向面積，從而減少空氣阻力，跑車的後照鏡、整流罩等都設計成流線型。由於空氣阻力和速度平方成正比，行駛速度增爲兩倍，風阻就會增爲原本的四倍。因此，在高速行駛時，絕大部分阻力是空氣阻力。

普通摩托車、速克達人 - 車系統的空氣阻力係數 C_D = 0.56～0.9，跑車型摩托車、賽車的空氣阻力係數 C_D = 0.3～0.4。騎士的騎乘姿勢對投影面積 A 的值影響很大，採用競賽姿勢和人體直立相比，可減少阻力面積 C_DA 值 5%～20%。前整流罩可降低 C_DA 值 0.02～0.08 m^2；側整流罩可降低 C_DA 值約 0.15 m^2 [3]。

採取如圖 3-5-3 所示摩托車的設計和騎士的騎乘姿勢，可降低空氣阻力 [3]，說明如下：(1) 騎士的背部盡可能地水平；(2) 後座位與騎士的姿態看起來平順；(3) 截短座位長度；(4) 腹底部整流罩（Belly pan）盡可能伸長；(5) 盡可能保持表面光滑；(6) 擋泥板盡可能分散氣流至整流罩；(7) 前端氣流盡可能是自由氣流；(8) 整

流罩順利遮蔽騎士肩部；(9) 擋風板須與騎士上肩部配合。

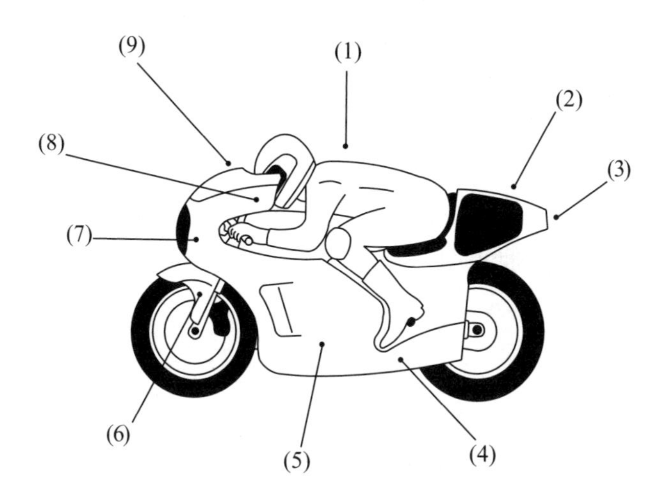

圖 3-5-3　降低空氣阻力的可能措施 [3]

空氣除了造成摩托車行駛時的空氣阻力外，還會造成摩托車向上提升的揚升力（Lift force）F_L：

$$F_L = \frac{1}{2}\rho A C_L v_r^2 \tag{3-5-8}$$

式中的符號除了 C_L 代表揚升係數（Lift coefficient）外，其餘與空氣阻力公式用的符號相同。空氣揚升力可用整流罩（Fairings）來降低。

空氣揚升力是如何產生的呢？由於摩托車外型及風向的影響，使車體上面的氣流速度加大，壓力減小，而車下面的氣流速度減少，壓力增大，因上下壓力差而形成揚升力。此揚升力會降低地面對輪胎的正向反力，滾動阻力因而減少，對摩托車的動力性和燃油消耗量有利。但是，空氣揚升力也會造成前、後輪的抓地力下降，摩托車的操控性和穩定性降低，也容易引起後輪打滑。

摩托車所受的空氣阻力和揚升力並不是作用在其重心上而是作用在壓力中心（Pressure center）上，它通常是在重心的前上方。

研究摩托車空氣動力學最可靠的方法就是進行風洞試驗，但成本高。隨著電腦技術和計算流體力學（CFD）技術的發展，對摩托車空氣動力學的研究，採用CFD具有開發週期短、成本低等優勢。

3-5-3　坡度阻力

摩托車爬坡時，重力 mg 在斜面上的分量 F_i 稱爲坡度阻力（Grade resistance），如圖 3-5-4 所示。坡度阻力的大小爲

$$F_i = mg \sin \theta \tag{3-5-9}$$

其中 θ 爲斜面與水平面的夾角，稱爲坡度角。

圖 3-5-4　坡度阻力

3-5-4　加速阻力

根據達蘭伯原理（D'Alembert's principle），摩托車在加速過程中會受到一個與加速度 a 方向相反的力，稱爲加速阻力或慣性阻力，它和作用於摩托車的所有外力構成平衡力系。由於摩托車在加速過程中除了整部車以加速度 a 加速前進外，車

的轉動件如前輪、後輪、引擎內的曲軸、變速器的輸入與輸出軸等也會越轉越快，從而形成阻力偶。爲了將這些轉動件的旋轉慣性換成等效的平移慣性，人們引入了旋轉質量換算係數（Mass factor）δ [52、61]，使整部摩托車的加速阻力可寫成

$$F_j = \delta m a \tag{3-5-10}$$

F_j 的方向與 a 方向相反，δ 的求法將在下一節中介紹。

3-5-5　等效質量

加速阻力也可用等效質量（Equivalent mass）m^* [12] 寫成

$$F_j = m^* a \tag{3-5-11}$$

所謂等效質量就是除了人 - 車系統質量外，也將轉動件的質量慣性矩轉換成等效的平移運動的質量。將旋轉動能用等效的平移動能代替，便可得旋轉件的等效質量。例如，前車輪的等效質量 m_{wf}，可根據

$$\frac{1}{2} m_{wf} v^2 = \frac{1}{2} I_{wf} \omega_f^2 \tag{3-5-12}$$

而求得

$$m_{wf} = I_{wf} \left(\frac{\omega_f}{v}\right)^2 = I_{wf} \tau_f^2 \tag{3-5-13}$$

式中 L_{wf} 爲前輪的質心慣性矩，τ_f 爲前輪角速度 ω_f 與摩托車前進速度 v 的比值：

$$\tau_f = \frac{\omega_f}{v} = \frac{\omega_f}{R_f \omega_f} = \frac{1}{R_f} \tag{3-5-14}$$

式中 R_f 爲前輪半徑。

類似地可得各部件的等效質量，爲此引入以下符號：

ω_{sh} = 引擎曲軸角速度

ω_p = 主軸角速度

ω_s = 次軸角速度

ω_r = 摩托車後輪角速度

$i_1 = \omega_{sh}/\omega_p$：一次傳動比

$i_g = \omega_p/\omega_s$：變速器傳動比

$i_2 = \omega_s/\omega_r$：二次傳動比

所謂的主軸（Primary shaft）就是變速器的輸入軸，次軸（Secondary shaft）就是變速器的輸出軸，如圖 3-1-2 所示。

後車輪的等效質量 m_{wr}：

$$m_{wr} = I_{wr}(\frac{\omega_r}{v})^2 = I_{wr}\tau_r^2 \qquad (3\text{-}5\text{-}15)$$

$$\tau_r = \frac{\omega_r}{v} = \frac{\omega_r}{R_r\omega_r} = \frac{1}{R_r} \qquad (3\text{-}5\text{-}16)$$

式中 I_{wr} 爲後輪的質心慣性矩，τ_r 爲後輪角速度 ω_r 與摩托車前進速度 v 的比值，R_r 爲後輪半徑。

假設引擎曲軸至後輪的傳動效率爲 η_T，這表示只有 η_T 倍的曲軸旋轉動能轉換爲平移動能，即

$$\eta_T \frac{1}{2} I_{sh}\omega_{sh}^2 = \frac{1}{2} m_{sh} v^2 \qquad (3\text{-}5\text{-}17)$$

由（3-5-17）式得引擎曲軸的等效質量 m_{sh}：

$$m_{sh} = \eta_T I_{sh} (\frac{\omega_{sh}}{v})^2 = \eta_T I_{sh} (\frac{\omega_{sh}}{\omega_p} \frac{\omega_p}{\omega_s} \frac{\omega_s}{\omega_r} \frac{\omega_r}{v})^2$$
$$= \eta_T I_{sh} (i_1 i_g i_2 \frac{1}{R_r})^2 = \eta_T I_{sh} \tau_{sh}^2 \quad (3\text{-}5\text{-}18)$$

式中 τ_{sh} 爲引擎曲軸角速度 ω_{sh} 與摩托車前進速度 v 的比值：

$$\tau_{sh} = \frac{\omega_{sh}}{v} = \frac{\omega_{sh}}{\omega_p} \frac{\omega_p}{\omega_s} \frac{\omega_s}{\omega_r} \frac{\omega_r}{v} = i_1 i_g i_2 \frac{1}{R_r} \quad (3\text{-}5\text{-}19)$$

同理，假設主軸至後輪的傳動效率爲 η_P，這表示只有 η_P 倍的主軸旋轉動能轉換爲平移動能，即

$$\eta_P \frac{1}{2} I_p \omega_p^2 = \frac{1}{2} m_p v^2 \quad (3\text{-}5\text{-}20)$$

由（3-5-20）式得主軸的等效質量 m_p：

$$m_p = \eta_T I_p (\frac{\omega_p}{v})^2 = \eta_P I_p (\frac{\omega_p}{\omega_s} \frac{\omega_s}{\omega_r} \frac{\omega_r}{v})^2 = \eta_P I_p (i_g i_2 \frac{1}{R_r})^2 = \eta_P I_p \tau_p^2 \quad (3\text{-}5\text{-}21)$$

式中 τ_p 爲主軸角速度 ω_p 與摩托車前進速度 v 的比值：

$$\tau_p = \frac{\omega_p}{v} = \frac{\omega_p}{\omega_s} \frac{\omega_s}{\omega_r} \frac{\omega_r}{v} = i_g i_2 \frac{1}{R_r} \quad (3\text{-}5\text{-}22)$$

類似地，假設次軸至後輪的傳動效率爲 η_S，這表示只有 η_S 倍的次軸旋轉動能轉換爲平移動能，即

$$\eta_S \frac{1}{2} I_s \omega_s^2 = \frac{1}{2} m_s v^2 \quad (3\text{-}5\text{-}23)$$

由上式得次軸的等效質量 m_s：

$$m_s = \eta_S I_s (\frac{\omega_s}{v})^2 = \eta_S I_s (\frac{\omega_s}{\omega_r}\frac{\omega_r}{v})^2 = \eta_S I_s (i_2 \frac{1}{R_r})^2 = \eta_S I_s \tau_s^2 \quad (3\text{-}5\text{-}24)$$

式中 τ_s 為次軸角速度 ω_s 與摩托車前進速度 v 的比值：

$$\tau_s = \frac{\omega_s}{v} = \frac{\omega_s}{\omega_r}\frac{\omega_r}{v} = i_2 \frac{1}{R_r} \quad (3\text{-}5\text{-}25)$$

應用（3-5-12）至（3-5-25）式，整部摩托車的等效質量可寫成：

$$\begin{aligned} m^* &= m + m_{wf} + m_{wr} + m_{sh} + m_p + m_s \\ &= m + I_{wf}\tau_f^2 + I_{wr}\tau_r^2 + \eta_T I_{sh}\tau_{sh}^2 + \eta_P I_p \tau_p^2 + \eta_S I_s \tau_s^2 \\ &= m + I_{wf}(\frac{1}{R_f})^2 + I_{wr}(\frac{1}{R_r})^2 + \eta_T I_{sh}(i_1 i_g i_2 \frac{1}{R_r})^2 \\ &\quad + \eta_P I_P (i_g i_2 \frac{1}{R_r})^2 + \eta_S I_s (i_2 \frac{1}{R_r})^2 \\ &= m(1 + \frac{I_{wf}}{mR_f^2} + \frac{I_{wr}}{mR_r^2} + \frac{I_{sh} i_1^2 i_g^2 i_2^2 \eta_T}{mR_r^2} + \frac{I_p i_g^2 i_2^2 \eta_P}{mR_r^2} + \frac{I_s i_2^2 \eta_S}{mR_r^2}) \end{aligned} \quad (3\text{-}5\text{-}26)$$

例 3-5-1

已知某部競賽摩托車的人和車質量 m = 200 kg，前輪半徑 R_f = 0.3 m，後輪半徑 R_r = 0.32 m，前輪質量慣性矩 I_{wf} = 0.6 kg · m^2，後輪質量慣性矩 I_{wr} = 0.8 kg · m^2，引擎曲軸質量慣性矩 I_{sh} = 0.05 kg · m^2，主軸質量慣性矩 I_p = 0.005 kg · m^2，次軸質量慣性矩 I_s = 0.007 kg · m^2，一次傳動比 i_1 = 2.1，二次傳動比 i_2 = 2.5，變速器傳動比（四檔）$i_g = i_{g4}$ = 0.9，曲軸至後輪的傳動效率為 η_T = 0.9，主軸至後輪的傳動效率為 η_P = 0.95，次軸至後輪的傳動效率為 η_S = 0.98，求等效質量。

解：

應用方程（3-5-14）、（3-5-16）、（3-5-19）、（3-5-22）、（3-5-25），得相關轉動件角速度與摩托車前進速度的比值如下：

$$\tau_f = \frac{1}{R_f} = \frac{1}{0.3} = 3.333$$

$$\tau_r = \frac{1}{R_r} = \frac{1}{0.32} = 3.125$$

$$\tau_{sh} = i_1 i_g i_2 \frac{1}{R_r} = 2.1 \times 0.9 \times 2.5 \times \frac{1}{0.32} = 14.766$$

$$\tau_p = i_g i_2 \frac{1}{R_r} = 0.9 \times 2.5 \times \frac{1}{0.32} = 7.031$$

$$\tau_s = i_2 \frac{1}{R_r} = 2.5 \times \frac{1}{0.32} = 7.813$$

代入方程（3-5-26），得等效質量

$$\begin{aligned} m^* &= m + I_{wf}\tau_f^2 + I_{wr}\tau_r^2 + \eta_T I_{sh}\tau_{sh}^2 + \eta_P I_p \tau_p^2 + \eta_S I_s \tau_s^2 \\ &= 200 + 0.6 \times 3.333^2 + 0.8 \times 3.125^2 + 0.9 \times 0.05 \times 14.766^2 \\ &\quad + 0.95 \times 0.005 \times 7.031^2 + 0.98 \times 0.007 \times 7.813^2 \\ &= 224.9\,\mathrm{kg} \end{aligned}$$

3-6　摩托車直線行駛方程及其推導

摩托車直線行駛的運動方程可用牛頓第二定律 $\Sigma \boldsymbol{F} = m\boldsymbol{a}$ 獲得；首先畫出整部摩托車的自由體圖和有效力圖（Free-body diagram and Effective force diagram），如圖 3-6-1 所示。再將兩邊的力投影到 x 軸，便得到摩托車直線行駛方程。上述方法在研究車輛動力學時並不總是方便的。我們可以應用達蘭伯原理（D’Alembert’s principle）[78]，將牛頓第二定律改寫成 $\Sigma \boldsymbol{F} + (-m\boldsymbol{a}) = 0$，而將圖 3-6-1 畫成如圖 3-6-2

所示。這樣可少畫一個圖，並將動力學問題簡化成靜力學問題來處理。

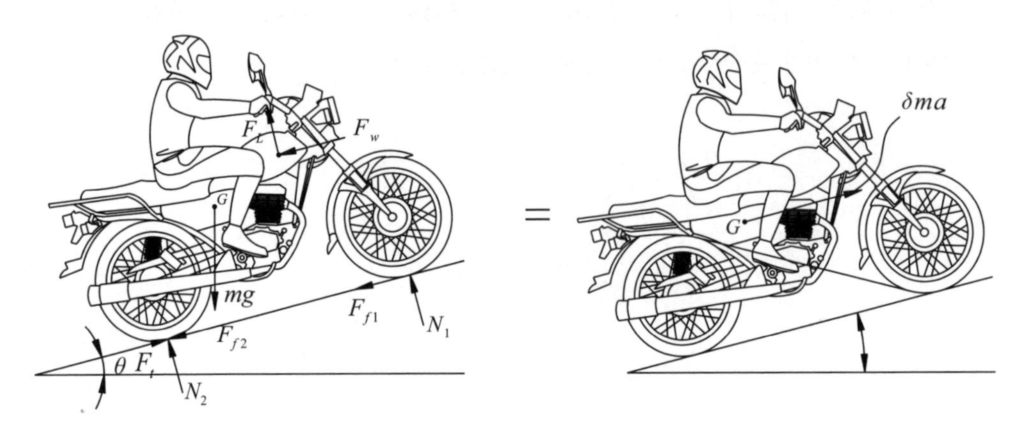

圖 3-6-1　摩托車的自由體圖和有效力圖

圖 3-6-2　達蘭柏原理用於摩托車的受力分析

將圖 3-6-2 的力投影到摩托車的前進方向（縱向、x 方向），可得摩托車直線行駛的運動方程

$$F_t-(F_{f1}+F_{f2})-F_w-mg\sin\theta-\delta ma=0 \qquad (3\text{-}6\text{-}1)$$

代入相關的公式，方程（3-6-1）可寫成

$$F_t = F_f + F_w + F_i + F_j \tag{3-6-2}$$

式中 F_t 爲驅動力，F_{f1} 爲前輪滾動阻力，F_{f2} 爲後輪滾動阻力，$F_f = F_{f1} + F_{f2}$ 爲滾動阻力，F_w 爲空氣阻力，$F_i = mg\sin\theta$ 爲坡度阻力，$F_j = \delta ma$ 爲加速阻力。

方程（3-6-2）稱爲摩托車行駛方程。在此應強調，摩托車由多個剛體組成，牛頓第二定律雖不能直接用於多剛體系統，但如果我們以各剛體爲研究對象，最終仍可得到上述方程。下面是我們針對摩托車多剛體系統的組成部件：前輪（剛體4）、後輪（剛體1）、前組合部件（剛體3）和後組合部件（剛體2）（見圖3-6-3）所作的分析。

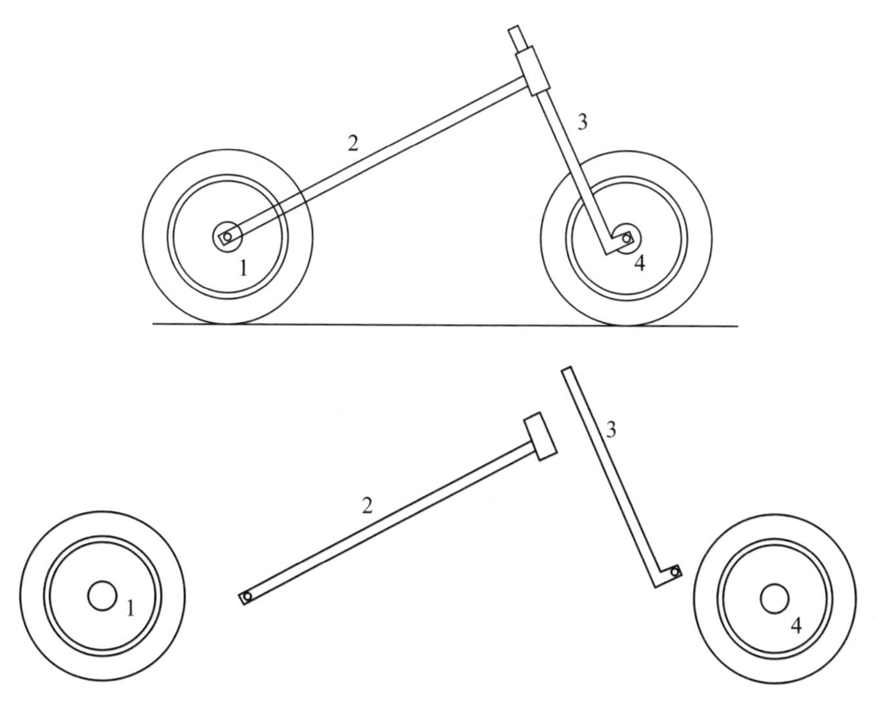

圖 3-6-3　摩托車多剛體系統

3-6-1 用牛頓法推導行駛方程

我們先假設摩托車在平地行駛，根據第一章 1-3 節之說明，將摩托車分成後輪、後組合部件、前組合部件、前輪四個剛體。摩托車直線行駛時，輪心的速度等於車速。此外與摩托車以加速度 $a = dv/dt$ 直線行駛時，車輪還有角加速度 $\alpha = a/R$。因此前後輪心分別承受 m_1a 和 m_2a 的慣性力。同時，前後車輪分別承受慣性力偶 $I_{wf}\alpha_f$ 和 $I_{wr}\alpha_r$。

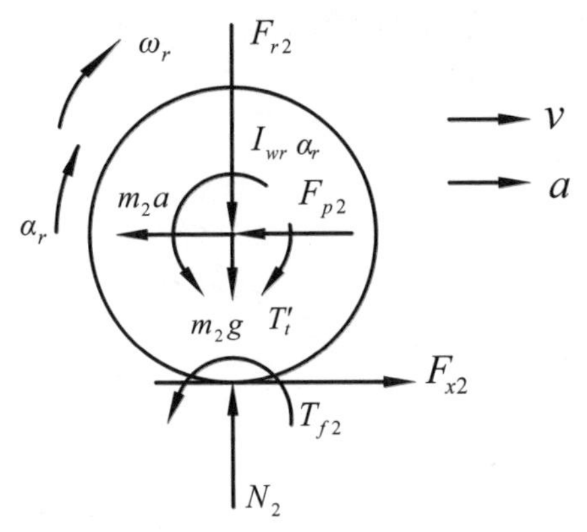

圖 3-6-4 後輪的受力圖

我們先畫出後輪的受力圖，如圖 3-6-4 所示，圖中 F_{x2} 爲路面作用於後輪的切向力，N_2 爲路面作用於後輪的正向反力，F_{p2} 爲後組合部件作用於後輪的縱向反力，F_{r2} 爲後組合部件作用於後輪的垂向反力，m_2a 爲作用於後輪的慣性力，$I_{wr}a_r$ 爲作用於後輪的慣性力偶，T_t' 爲考慮曲軸、主軸、次軸旋轉慣性後作用於後輪的驅動扭矩，T_{f2} 爲作用於後輪的滾動阻力偶，m_2g 爲後輪的重力。考慮後輪於 x 方向（水平方向）的力平衡，得

$$F_{x2} = F_{p2} + m_2a \tag{3-6-3}$$

式中 m_2 爲後輪質量。對輪心取矩得

$$F_{x2}R_r = T_t' - I_{wr}\alpha_r - T_{f2} \quad (3\text{-}6\text{-}4)$$

式中 R_r 爲後輪半徑，α_r 爲後輪角加速度，I_{wr} 爲後輪質量慣性矩。作用於後輪的驅動扭矩可寫成 $T_t' = F_t'R_r$，式中 F_t' 爲作用於後輪的驅動力。其次，作用於後輪的滾動阻力偶可寫成 $T_{f2} = F_{f2}R_r$，式中 F_{f2} 爲後輪的滾動阻力。此外，$\alpha_r = a/R_r$。將這些關係代入（3-6-4）式，並應用（3-6-3）式得

$$F_t' = F_{p2} + (m_2 + \frac{I_{wr}}{R_r^2})a + F_{f2} \quad (3\text{-}6\text{-}5)$$

應用牛頓第三定律畫出後組合部件的受力圖，如圖 3-6-5 所示，圖中 F_w 爲作用於摩托車的空氣阻力（設作用於重心 G 上），$m_b a$ 爲作用於後組合部件的慣性力，$m_b g$ 爲後組合部件的重力，F_{pb} 爲前組合部件作用於後組合部件的縱向反力，F_{rb} 爲前組合部件作用於後組合部件的垂向反力。由水平方向的力平衡，得

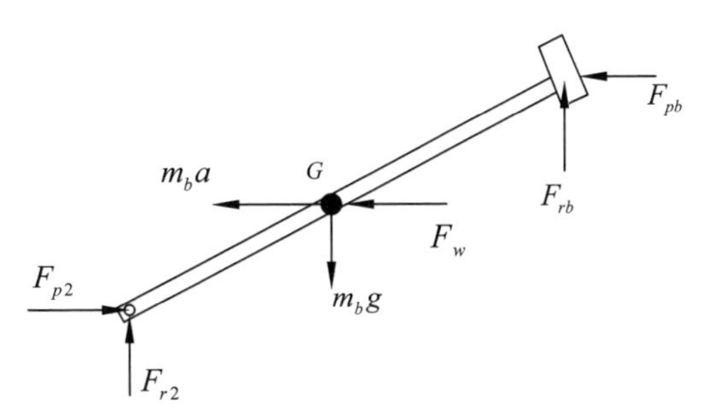

圖 3-6-5　後組合部件的受力圖

$$F_{p2} = F_p b + m_b a + F_w \quad (3\text{-}6\text{-}6)$$

式中 m_b 爲後組合部件（含引擎、傳動系統、騎士等）的質量。

畫出前組合部件的受力圖，如圖 3-6-6 所示，由水平方向的力平衡，得

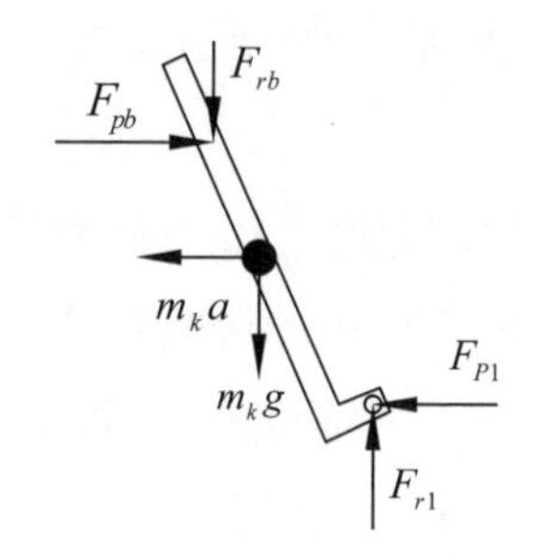

圖 3-6-6　前組合部件的受力圖

$$F_{pb} = m_k a + F_{p1} \tag{3-6-7}$$

式中 m_k 爲前組合部件的質量，F_{pb} 爲後組合部件作用於前組合部件的水平力，F_{p1} 爲前輪作用於前組合部件的水平反力，F_{r1} 爲前輪作用於前組合部件的垂直反力，$m_k a$ 爲作用於前組合部件的慣性力。

畫出前輪的受力圖，如圖 3-6-7 所示，由水平方向的力平衡得

$$F_{p1} = m_1 a + F_{x1} \tag{3-6-8}$$

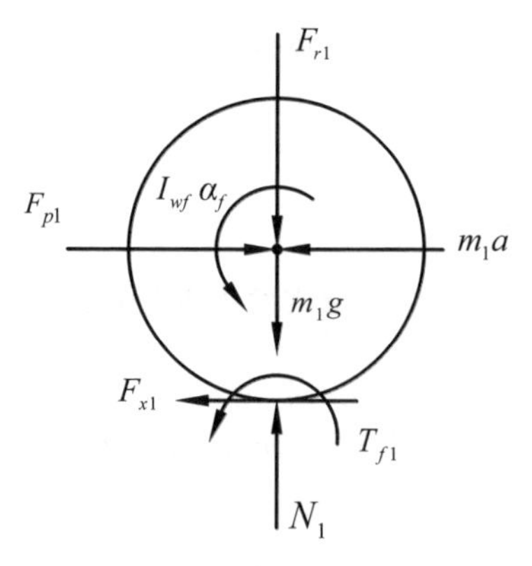

圖 3-6-7　前輪的受力圖

式中 m_1 爲前輪的質量，F_{p1} 爲前組合部件作用於前輪的水平力，F_{x1} 爲地面作用於

前輪的切向力，N_1 爲路面作用於前輪的正向反力，F_{r1} 爲前組合部件作用於前輪的垂向力，m_1g 爲前輪的重力，m_1a 爲作用於前輪的慣性力，$I_{wf}\alpha_f$ 爲作用於前輪的慣性力偶。對前輪心取矩得

$$F_{x1}R_f = T_{f1} + I_{wf}\alpha_f \quad (3\text{-}6\text{-}9)$$

式中 R_f 爲前輪的半徑，T_{f1} 爲地面作用於前輪的滾動阻力偶。利用 $T_{f1} = F_{f1} \cdot R_f$ 及 $\alpha_f = a/R_f$，並將（3-6-8）式代入（3-6-9）式得

$$F_{p1} = F_{f1} + m_1 a + \frac{I_{wf}}{R_f^2} a \quad (3\text{-}6\text{-}10)$$

引擎的扭矩 T_{tq} 經過曲軸、主軸、次軸傳至驅動輪。而曲軸、主軸、次軸都會產生慣性阻力偶。令後輪的角加速度爲 α_r，用傳動比關係可得

$$\alpha_{sh} = i_1 i_g i_2 \alpha_r = i_1 i_g i_2 a/R_r \quad (3\text{-}6\text{-}11)$$

$$\alpha_p = i_g i_2 \alpha_r = i_g i_2 a/R_r \quad (3\text{-}6\text{-}12)$$

$$\alpha_s = i_2 \alpha_r = i_2 a/R_r \quad (3\text{-}6\text{-}13)$$

其中 α_{sh} 爲曲軸角加速度，α_p 爲主軸角加速度，α_s 爲次軸角加速度，i_1、i_2、i_g 分別爲一次傳動比、二次傳動比、變速器的傳動比。

設曲軸至後輪的傳動效率爲 η_T，主軸至後輪的傳動效率爲 η_P，次軸至後輪的傳動效率爲 η_S。考慮到一次傳動比、二次傳動比、變速器傳動比及傳動效率，傳至後輪的扭矩可表示成

$$T_t' = T_{tq} i_1 i_g i_2 \eta_T - I_{sh}\alpha_{sh} i_1 i_g i_2 \eta_T - I_p \alpha_p i_g i_2 \eta_P - I_s \alpha_s i_2 \eta_S \quad (3\text{-}6\text{-}14)$$

將（3-6-14）式除以 R_r 並應用（3-6-11）至式（3-6-13）式，得

$$F_t' = \frac{T_t'}{R_r} = \frac{T_{tq} i_1 i_g i_2 \eta_T}{R_r} - \left(\frac{I_{sh} i_1^2 i_g^2 i_2^2 \eta_T}{R_r^2} + \frac{I_p i_g^2 i_2^2 \eta_P}{R_r^2} + \frac{I_s i_2^2 \eta_S}{R_r^2}\right) a \qquad (3\text{-}6\text{-}15)$$

將（3-6-10）式代入（3-6-7）式，得

$$F_{pb} = (m_k + m_1) a + F_{f1} + \frac{I_{wf}}{R_f^2} a \qquad (3\text{-}6\text{-}16)$$

將（3-6-16）式代入（3-6-6）式，得

$$F_{p2} = (m_b + m_k + m_1) a + F_{f1} + F_w + \frac{I_{wf}}{R_f^2} a \qquad (3\text{-}6\text{-}17)$$

將（3-6-17）代入（3-6-5）式，得

$$\begin{aligned} F_t' &= (m_2 + m_b + m_k + m_1) a + (F_{f1} + F_{f2}) + F_w + \left(\frac{I_{wf}}{R_f^2} + \frac{I_{wr}}{R_r^2}\right) a \\ &= ma + F_f + F_w + \left(\frac{I_{wf}}{R_f^2} + \frac{I_{wr}}{R_r^2}\right) a \end{aligned} \qquad (3\text{-}6\text{-}18)$$

式中 $m = m_2 + m_b + m_k + m_1$ 爲摩托車及騎士的總質量，$F_f = F_{f1} + F_{f2}$ 爲摩托車的總滾動阻力。將（3-6-15）式代入（3-6-18）式，整理後得

$$\frac{T_{tq} i_1 i_g i_2 \eta_T}{R_r} = \left(1 + \frac{I_{wf}}{mR_f^2} + \frac{I_{wr}}{mR_r^2} + \frac{I_{sh} i_1^2 i_g^2 i_2^2 \eta_T}{mR_r^2} + \frac{I_p i_g^2 i_2^2 \eta_P}{mR_r^2} + \frac{I_s i_2^2 \eta_S}{mR_r^2}\right) ma + F_f + F_w \qquad (3\text{-}6\text{-}19)$$

應用（3-4-2）式驅動力之定義，和（3-5-9）式旋轉質量換算係數（Mass factor）δ，（3-6-19）式可寫成

$$F_t = F_f + F_w + \delta ma \tag{3-6-20}$$

比較（3-6-19）與（3-6-20）式，得旋轉質量換算係數

$$\delta = 1 + \frac{I_{wf}}{mR_f^2} + \frac{I_{wr}}{mR_r^2} + \frac{I_{sh} i_1^2 i_g^2 i_2^2 \eta_T}{mR_r^2} + \frac{I_p i_g^2 i_2^2 \eta_P}{mR_r^2} + \frac{I_s i_2^2 \eta_S}{mR_r^2} \tag{3-6-21}$$

最後，再考慮摩托車斜坡行駛時的坡度阻力 F_i，可將（3-6-20）式寫成

$$F_t = F_f + F_w + F_i + \delta ma = F_f + F_w + F_i + F_j \tag{3-6-22}$$

方程（3-6-22）就是摩托車直線行駛方程。應強調，在推導方程（3-6-21）時，我們假設前後輪都作純滾動而沒有滑動。

3-6-2　用功率方程推導行駛方程

摩托車行駛方程和旋轉質量換算係數也可根據動力學的功率方程[57]推導出來，即摩托車的動能對時間的變化率等於作用於摩托車的所有內外力的功率之和。動能包括平移動能及旋轉動能，摩托車旋轉件主要有車輪、曲軸、主軸（含離合器）、次軸，其他轉動件的動能則忽略，於是摩托車的總動能爲

$$T = \frac{1}{2}mv^2 + \frac{1}{2}I_{w_f}\omega_f^2 + \frac{1}{2}I_{wr}\omega_r^2 + \frac{1}{2}I_{sh}\omega_{sh}^2 + \frac{1}{2}I_p\omega_p^2 + \frac{1}{2}I_s\omega_s^2 \tag{3-6-23}$$

利用車速 $v = R_r\omega$ 及傳動比的關係可得前輪、後輪、曲軸、主軸、次軸的角速度如下：

$$\omega_f = \frac{v}{R_f},\ \omega_r = \frac{v}{R_r},\ \omega_{sh} = \frac{i_1 i_g i_2 v}{R_r},\ \omega_p = \frac{i_g i_2 v}{R_r},\ \omega_s = \frac{i_2 v}{R_r} \tag{3-6-24}$$

式中 R_f 爲前輪半徑，R_r 爲後輪半徑，ω_f 爲前輪角速度，ω_r 爲後輪角速度，ω_{sh} 爲曲軸角速度，ω_p 爲主軸角速度，ω_s 爲次軸角速度，i_1、i_2、i_g 分別爲一次傳動比、二次傳動比、變速器傳動比。

將（3-6-24）式代入（3-6-23）式，動能可改寫成

$$T = \frac{1}{2}mv^2 + \frac{1}{2}I_{wf}\left(\frac{v}{R_f}\right)^2 + \frac{1}{2}I_{wr}\left(\frac{v}{R_r}\right)^2 + \frac{1}{2}I_{sh}\left(\frac{i_1 i_g i_2 v}{R_r}\right)^2 + \frac{1}{2}I_p\left(\frac{i_g i_2 v}{R_r}\right)^2 + \frac{1}{2}I_s\left(\frac{i_2 v}{R_r}\right)^2 \quad (3\text{-}6\text{-}25)$$

摩托車所受外力所作的功的功率爲

$$P = -(F_f + F_w + F_i)v \quad (3\text{-}6\text{-}26)$$

式中 F_f 爲滾動阻力，F_w 爲空氣阻力，F_i 爲坡度阻力，v 爲車速。這裡未列出驅動力 F_t，原因是我們將在後面考慮引擎扭矩的功率。

摩托車內力的功率，主要是引擎氣體推動活塞與連桿而形成扭矩的功率。因曲軸角速度 $\omega_{sh} = i_1 i_g i_2 v/R_r$，故引擎的功率 P_e 可寫成

$$P_e = T_{tq}\omega_{sh} = T_{tq}\frac{i_1 i_g i_2}{R_r}v \quad (3\text{-}6\text{-}27)$$

其次是傳動系統中摩擦損耗的功率，設 F_r 表示傳動系統內各零組件摩擦阻力轉換到車輪周緣的總阻力，則傳動系統摩擦阻力所作的功率爲

$$P_r = -F_r v \quad (3\text{-}6\text{-}28)$$

摩托車加速或連續無段變速系統（CVT）的轉速比改變時，曲軸、主軸、次軸

也會有角加速度。對連續無段變速系統，引擎曲軸、主軸、次軸的角加速度可經由微分（3-6-24）式而得到

$$\frac{d\omega_{sh}}{dt}=\frac{i_1 i_2}{R_r}(i_g\frac{dv}{dt}+v\frac{di_g}{dt}) \tag{3-6-29}$$

$$\frac{d\omega_p}{dt}=\frac{i_2}{R_r}(i_g\frac{dv}{dt}+v\frac{di_g}{dt}) \tag{3-6-30}$$

$$\frac{d\omega_s}{dt}=\frac{i_2}{R_r}\frac{dv}{dt} \tag{3-6-31}$$

施於後輪的扭矩爲

$$T_t^{'}=(T_{tq}-I_{sh}\frac{d\omega_{sh}}{dt})i_1 i_g i_2\eta_T-\eta_P i_g i_2 I_p\frac{d\omega_p}{dt}-\eta_S i_2 I_s\frac{d\omega_s}{dt} \tag{3-6-32}$$

其中 η_T 爲曲軸至後輪的傳動效率，η_P 爲主軸至後輪的傳動效率，η_S 爲次軸至後輪的傳動效率。若無任何摩擦阻力，傳動效率 $\eta_T=\eta_P=\eta_S=1$，則施於後輪的扭矩（3-6-32）式變爲

$$T_t^{''}=(T_{tq}-I_{sh}\frac{d\omega_{sh}}{dt})i_1 i_g i_2-i_g i_2 I_p\frac{d\omega_p}{dt}-i_2 I_s\frac{d\omega_s}{dt} \tag{3-6-33}$$

因此，傳動系統中各處摩擦轉換到後輪的摩擦阻力矩 T_r 爲

$$\begin{aligned}T_r&=T_t^{''}-T_t^{'}\\&=(T_{tq}-I_{sh}\frac{d\omega_{sh}}{dt})i_1 i_g i_2(1-\eta_T)-I_p\frac{d\omega_p}{dt}i_g i_2(1-\eta_P)-I_s\frac{d\omega_s}{dt}i_2(1-\eta_S)\end{aligned} \tag{3-6-34}$$

應用（3-6-29）至（3-6-34）式，轉換到車輪周緣的總阻力爲

$$F_r = \frac{T_r}{R_r} = \frac{T_{tq} i_1 i_g i_2 (1-\eta_T)}{R_r} - \frac{I_{sh} i_1^2 i_g^2 i_2^2 (1-\eta_T)}{R_r^2}\frac{dv}{dt} - \frac{I_{sh} i_1^2 i_2^2 i_g v (1-\eta_T)}{R_r^2}\frac{di_g}{dt} - \frac{I_p i_2^2 i_g^2 (1-\eta_P)}{R_r^2}\frac{dv}{dt} - \frac{I_p i_2^2 i_g v (1-\eta_P)}{R_r^2}\frac{di_g}{dt} - \frac{I_s i_2^2 (1-\eta_S)}{R_r^2}\frac{dv}{dt} \tag{3-6-35}$$

代入（3-6-28）式中可得傳動系中摩擦損耗的功率 P_r。

根據動力學的功率方程我們有

$$\frac{dT}{dt} = P_e + P + P_r \tag{3-6-36}$$

代入相關式子並應用驅動力之定義，整理後得

$$\begin{aligned}&(m + \frac{I_{wf}}{R_f^2} + \frac{I_{wr}}{R_r^2} + \frac{I_{sh} i_1^2 i_g^2 i_2^2}{R_r^2} + \frac{I_p i_g^2 i_2^2}{R_r^2} + \frac{I_s i_2^2}{R_r^2})v\frac{dv}{dt} + \frac{I_{sh} i_1^2 i_2^2 i_g v^2}{R_r^2}\frac{di_g}{dt} + \frac{I_p i_2^2 i_g v^2}{R_r^2}\frac{di_g}{dt} \\ &= [(F_t - F_f - F_w - F_i) + \frac{I_{sh} i_1^2 i_g^2 i_2^2 (1-\eta_T)}{R_r^2}\frac{dv}{dt} + \frac{I_{sh} i_1^2 i_2^2 i_g v (1-\eta_T)}{R_r^2}\frac{di_g}{dt} \\ &+ \frac{I_p i_2^2 i_g^2 (1-\eta_P)}{R_r^2}\frac{dv}{dt} + \frac{I_p i_2^2 i_g v (1-\eta_P)}{R_r^2}\frac{di_g}{dt} + \frac{I_s i_2^2 (1-\eta_S)}{R_r^2}\frac{dv}{dt}]v\end{aligned} \tag{3-6-37}$$

整理後得摩托車行駛方程

$$F_t = F_f + F_w + F_i + (m + \frac{I_{wf}}{R_f^2} + \frac{I_{wr}}{R_r^2} + \frac{I_{sh} i_1^2 i_g^2 i_2^2 \eta_T}{R_r^2} + \frac{I_p i_g^2 i_2^2 \eta_P}{R_r^2} + \frac{I_s i_2^2 \eta_S}{R_r^2})\frac{dv}{dt} + \frac{I_{sh} i_1^2 i_2^2 i_g \eta_T v}{R_r^2}\frac{di_g}{dt} + \frac{I_p i_2^2 i_g \eta_P v}{R_r^2}\frac{di_g}{dt} \tag{3-6-38}$$

比較（3-6-38）式和汽車行駛方程，可知摩托車的加速阻力為

$$F_j = (m + \frac{I_{wf}}{R_f^2} + \frac{I_{wr}}{R_r^2} + \frac{I_{sh} i_1^2 i_g^2 i_2^2 \eta_T}{R_r^2} + \frac{I_p i_g^2 i_2^2 \eta_P}{R_r^2} + \frac{I_s i_2^2 \eta_S}{R_r^2}) \frac{dv}{dt}$$

$$+ \frac{I_{sh} i_1^2 i_2^2 i_g \eta_T v}{R_r^2} \frac{di_g}{dt} + \frac{I_p i_2^2 i_g \eta_P v}{R_r^2} \frac{di_g}{dt} \tag{3-6-39}$$

$$= \delta ma + \frac{I_{sh} i_1^2 i_2^2 i_g \eta_T v}{R_r^2} \frac{di_g}{dt} + \frac{I_p i_2^2 i_g \eta_P v}{R_r^2} \frac{di_g}{dt}$$

對於裝有固定傳動比變速器的有檔位摩托車，$di_g/dt = 0$，加速阻力只有方程（3-6-39）中右邊的第一項；對連續無段變速的速克達，因爲它沒有一次傳動比 i_1，故加速阻力還包括方程（3-6-39）中右邊的第三項。比較（3-5-10）式與（3-6-39）式，得旋轉質量換算係數：

$$\delta = 1 + \frac{I_{wf}}{mR_f^2} + \frac{I_{wr}}{mR_r^2} + \frac{I_{sh} i_1^2 i_g^2 i_2^2 \eta_T}{mR_r^2} + \frac{I_p i_g^2 i_2^2 \eta_P}{mR_r^2} + \frac{I_s i_2^2 \eta_S}{mR_r^2} \tag{3-6-40}$$

再比較方程（3-6-40）與方程（3-5-26），驗證了等效質量 m^* 與旋轉質量換算係數 δ 的關係爲 $m^* = \delta m$。

例 3-6-1

某摩托車連騎士質量爲 320 kg，摩托車一次傳動比爲 1.65，二次傳動比爲 2.16，二檔傳動比爲 2.06，傳動效率爲 90%，在傾斜角爲 15° 的斜坡上行駛。引擎轉速爲 5000 rpm、輸出扭矩爲 80 N · m，空氣密度 1.2258 kg/m^3，空氣阻力係數爲 0.4，迎風面積爲 0.7 m^2。後輪胎規格爲 180/55ZR17 M/C，旋轉質量換算係數爲 1.08，滾動阻力係數爲 0.02。求：(1) 後車輪半徑；(2) 驅動力；(3) 車速；(4) 滾動阻力；(5) 空氣阻力；(6) 坡度阻力；(7) 加速阻力；(8) 加速度。

解：

已知 $m = 320$ kg, $i_1 = 1.65$, $i_g = i_{g2} = 2.06$, $i_2 = 2.16$, $\eta_T = 0.9$, $\theta = 15°$, $T_{tq} = 80$ N · m, $n = 5000$ rpm, $C_D = 0.4$, $A = 0.7$ m^2, $f = 0.02$, $\delta = 1.08$。

(1) 車輪胎規格 180/55ZR17 M/C，其半徑：

$$R_r = \frac{180 \times 0.55 + \frac{17}{2} \times 25.4}{1000} = 0.315 \text{ m}$$

(2) 驅動力 F_t：

$$F_t = \frac{T_{tq} i_1 i_g i_2 \eta_T}{R_r} = \frac{80 \times 1.65 \times 2.06 \times 2.16 \times 0.9}{0.315} = 1678.4 \text{ N}$$

(3) 車速：

$$v_a = 0.377 \frac{R_r n}{i_1 i_g i_2} = 0.377 \times \frac{0.315 \times 5000}{1.65 \times 2.06 \times 2.16} = 80.9 \text{ km/h}$$
$$v = 22.47 \text{ m/s}$$

(4) 滾動阻力 F_f：

$$F_f = W \cos 15° f = mg \cos 15° f = 320 \times 9.81 \times \cos 15° \times 0.02 = 60.64 \text{ N}$$

(5) 空氣阻力 F_w（設無風狀態 $v_r = v$）：

$$F_w = \frac{1}{2} \rho C_D A v_r^2 = \frac{1}{2}(1.2258)(0.4)(0.7)(22.47)^2 = 86.65 \text{ N}$$

(6) 坡度阻力 F_i：

$$F_i = W \sin\theta = mg \sin\theta = 320 \times 9.81 \times \sin 15° = 812.48 \text{ N}$$

(7) 摩托車行駛方程 $F_t = F_f + F_w + F_i + F_j$：

$$1678.4 = 60.64 + 86.65 + 812.48 + F_j$$

得加速阻力

$$F_j = 718.63 \text{ N}$$

(8) $F_j = \delta ma$

$$718.63 = 1.08(320)a$$
$$a = 2.08 \text{ m/s}^2$$

3-7 摩托車行駛的驅動—附著條件

從前述分析可知，驅動力是決定摩托車動力性的重要因素，驅動力大，加速快，爬坡能力強，但這只有輪胎與路面間有足夠附著力（抓地力）時才成立。在濕滑路面上輪胎抓地力差，驅動力過大可能引起輪胎滑轉。可見摩托車的動力性不只受限於驅動力的大小，它還受到輪胎與地面間附著力條件的制約。因此摩托車行駛時須同時滿足下面兩個條件：

1. 驅動條件：$F_t \geq F_f + F_w + F_i$

摩托車起步時，車子由靜止到有速度，加速度不等於零，因此加速阻力也不等於零。由摩托車行駛方程知，此時

$$F_t \geq F_f + F_w + F_i \tag{3-7-1}$$

即驅動力須大於或等於滾動阻力、空氣阻力及坡度阻力之和，此稱爲驅動條件，它

是摩托車行駛的必要條件。

2. 附著條件：$F_t \le N_2\varphi$

地面對輪胎切向反作用力的極限值稱爲附著力 F_φ，在硬路面上 F_φ 與地面作用於車輪的正向（垂直）反力 N 成正比，即

$$F_\varphi = N\varphi \tag{3-7-2}$$

式中 φ 稱爲附著係數，其值由輪胎與地面性質決定。地面作用於後輪切線方向的作用力 F_{x_2} 若大於附著力，則車輪將會發生滑轉現象。爲避免滑轉，作用於摩托車後輪的驅動力減掉滾動阻力後需小於附著力，即

$$F_{x_2} = F_t - F_{f_2} \le N_2\varphi \tag{3-7-3}$$

通常 F_{f_2} 遠小於 F_t，上式可近似地寫成

$$F_t \le N_2\varphi \tag{3-7-4}$$

即驅動力 F_t 應小於或等於後輪附著力 $N_2\varphi$。

上述兩條件合起來得 $(F_t + F_w + F_i) \le F_t \le N_2\varphi$，稱爲摩托車行駛的驅動附著條件。如果不滿足驅動條件 (1)，則摩托車不能行駛；如果不滿足附著條件 (2)，則車輪會滑轉，摩托車也不能穩定行駛。

摩托車輪胎的抓地力（附著力）大小取決於輪胎與地面之附著係數和正向力。

(1) 附著係數

附著係數依輪胎與地面的種類而定，一般摩托車胎在良好潮濕路面的附著係數爲 0.5～0.6。在良好乾燥路面的附著係數約爲 0.85。賽車時使用的光頭胎可大大地提高附著係數。

(2) 地面垂直反力

考慮圖 3-6-2 所示的爬坡加速行駛的摩托車，分別對後輪和前輪與地面接觸面

的中心取力矩，可得路面作用於前後輪的正向力：

$$N_1 = \frac{mg\cos\theta\ell_2 - mg\sin\theta h - F_w h_w - F_j h - F_L p_2}{L} \quad (3\text{-}7\text{-}5)$$

$$N_2 = \frac{mg\cos\theta\ell_1 + mg\sin\theta h + F_w h_w + F_j h - F_L p_1}{L} \quad (3\text{-}7\text{-}6)$$

式中 p_1 與 p_2 分別爲壓力中心 P 和前後輪中心的水平距離。爲了簡化分析，我們可忽略空氣揚升力 F_L，並假設壓力中心 P 與重心高度相同，即 $h_w \approx h$。此外，假設坡度角不大，$\cos\theta \approx 1$，則正向力可簡化成

$$N_1 = mg\frac{\ell_2}{L} - \frac{h}{L}(mg\sin\theta + F_j + F_w) \quad (3\text{-}7\text{-}7)$$

$$N_2 = mg\frac{\ell_1}{L} + \frac{h}{L}(mg\sin\theta + F_j + F_w) \quad (3\text{-}7\text{-}8)$$

上兩式右邊第一項爲摩托車靜止時，作用於前後輪的靜載荷；第二項爲行駛中產生的動載荷，由此項可見摩托車加速時，後輪的正向力增加而前車輪的正向力減少。有趣的是，增加和減少的動載荷量正好相等。

3-8　摩托車行駛功率方程

根據功率的定義，將摩托車行駛方程（3-6-2）中各項乘以速度，得摩托車功率平衡方程，即驅動力的功率與行駛阻力的功率平衡：

$$F_t v = F_f v + F_w v + F_i v + F_j v \quad (3\text{-}8\text{-}1)$$

$$P_t = P_f + P_w + P_i + P_j \quad (3\text{-}8\text{-}2)$$

式中 P_t 爲驅動力功率，P_f 爲滾動阻力功率，P_w 爲空氣阻力功率，P_i 爲坡度阻力功

率，P_j 爲加速阻力功率。而驅動力功率 P_t 與引擎輸出功率 P_e 之關係爲 $P_t = \eta_T P_e$，所以（3-8-2）式也可用傳動效率 η_T 表示成

$$\eta_T P_e = P_f + P_w + P_i + P_j \qquad (3\text{-}8\text{-}3)$$

$$P_e = \frac{1}{\eta_T}(P_f + P_w + P_i + P_j) \qquad (3\text{-}8\text{-}4)$$

方程（3-8-4）稱爲摩托車行駛功率方程。應用各種行駛阻力的公式，並經單位換算，摩托車功率平衡方程可用車速 v_a（km/h）表示成

$$P_e = \frac{1}{\eta_T}\left(\frac{mgfv_a}{3600} + \frac{C_D A v_a^3}{76140} + \frac{mg\sin\theta v_a}{3600} + \frac{\delta m a v_a}{3600}\right) \qquad (3\text{-}8\text{-}5)$$

3-9 摩托車的動力性指標

摩托車直線行駛的動力性指標有：(1)最高車速；(2)加速性能；(3)最大爬坡度。

3-9-1 摩托車最高車速的計算

1. 用摩托車行駛方程求最高車速

當摩托車行駛到最高車速時，加速度等於零，故其加速阻力 $F_j = 0$。設摩托車在平地直線行駛，因此坡度阻力 $F_i = 0$。於是摩托車行駛方程（3-6-2）簡化成

$$F_t = F_g + F_w \qquad (3\text{-}9\text{-}1)$$

我們只要畫出驅動力 F_t 與車速 v_a 的關係曲線，及滾動阻力與空氣阻力之和 $F_f + F_w$ 與車速 v_a 的關係曲線圖，應用這兩條曲線的交點，便可求出最高車速。畫 $F_t - v_a$ 圖的步驟簡述如下：

(1) 先在摩托車引擎的扭矩與轉速圖曲線上選取點 A、B、C、…、H 等點，如

圖 3-9-1 所示。

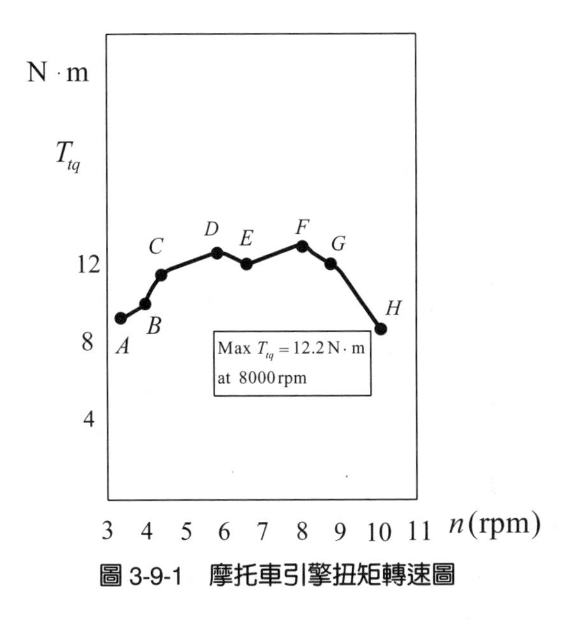

圖 3-9-1　摩托車引擎扭矩轉速圖

(2) 應用驅動力公式及車速與引擎轉速關係公式

$$F_t = \frac{T_{tq} i_1 i_g i_2 \eta_T}{R_r} \tag{3-9-2}$$

$$v_a = 0.377 \frac{R_r n}{i_1 i_g i_2} \quad (\text{km/h}) \tag{3-9-3}$$

(3) 求 $F_t - v_a$ 圖之一檔曲線

對一檔在方程（3-9-2）中取變速器傳動比 $i_g = i_{g1}$，先取圖 3-9-1 中扭矩曲線的起始點 A 點所對應的扭矩值 T_A 代入方程（3-9-2）中，可得 $F_t - v_a$ 圖中一檔曲線起始點的縱座標值。再用圖 3-9-1 中 A 點所對應的轉速值 n_A 代入車速與引擎轉速關係公式（3-9-3），即可求出 $F_t - v_a$ 圖中一檔曲線起始點的橫座標值，再應用前面求出之縱座標值，便可確定 $F_t - v_a$ 圖中之一檔車曲線起始點 A。對圖 3-9-1 中的 B、C、D、E、F、G、H 各點重複前述的步驟，即可求出 $F_t - v_a$ 圖中對應的點，然後連接對應的點便可得到 $F_t - v_a$ 圖中的一檔曲線，如圖 3-9-2 所示。

(4) 求 $F_t - v_a$ 圖之二至六檔曲線

將步驟 (c) 的 i_g 改為二至六檔的傳動比，重複步驟 (a) 至 (c)，便可畫出二至六檔的 $F_t - v_a$ 的曲線，如圖 3-9-2 所示。

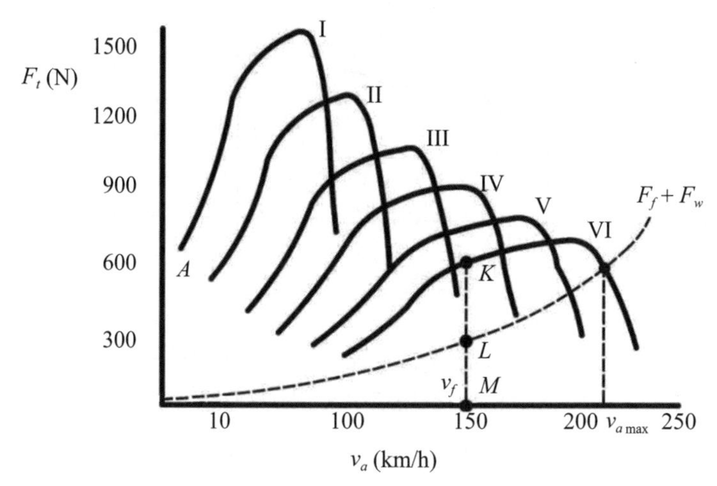

圖 3-9-2　用摩托車行駛方程求最高車速

應用空氣阻力公式（3-5-7）與滾動阻力公式（3-5-4），將各種不同的車速代入公式中，便可求得 $F_f + F_w$ 與車速 v_a 的關係曲線。這條曲線與驅動力曲線的交點所對應的車速，就是摩托車可行駛的最高車速 $v_{a\max}$，如圖 3-9-2 所示。當摩托車以車速 v_f 在水平路面上等速直線行駛時，摩托車的阻力為 $F_f + F_w = \overline{LM}$，而節氣門全開六檔行駛時，引擎所能提供的驅動力為 $\overline{KM}$，這表示節氣門不用全開便能保持以車速 v_f 等速行駛，而兩者之差 $\overline{KL}$ 稱為後備驅動力，可用來加速或爬坡。

2. 用摩托車行駛功率方程求最高車速

摩托車功率方程也可用來求摩托車直線行駛的最高車速。設摩托車在平地行駛，則 $P_i = 0$，最高車速時加速度等於 0，故 $P_j = 0$，於是功率方程（3-8-4）簡化成

$$P_e = \frac{1}{\eta_T}(P_f + P_w) \tag{3-9-4}$$

與用行駛方程求最高車速類似，先畫出引擎輸出功率 P_e 與車速 v_a 在各種不同檔位的曲線圖。然後根據方程（3-9-4）中右邊兩項的公式，改變車速畫出 $(P_f + P_w)/\eta_T$ 與 v_a 的關係曲線，這條曲線與前述 $P_e - v_a$ 曲線的交點所對應的車速便是最高車速 $v_{a\,\max}$，如圖 3-9-4 所示。畫 $P_e - v_a$ 圖的步驟簡述如下：

(1) 先在摩托車引擎的功率與轉速圖曲線上選取點 A、B、C、…、J 等點，如圖 3-9-3 所示。

(2) 對一檔取 $i_g = i_{g1}$，先取圖 3-9-3 中 A 點所對應的轉速值 n_A 代入車速與引擎轉速關係公式（3-9-3），即可求出 $P_e - v_a$ 圖中一檔曲線起始點的橫座標值；再由圖 3-9-3 中 A 點所對應的功率值，可得 $P_e - v_a$ 圖中一檔曲線起始點的縱座標值。再應用前面求出之橫座標值，便可確定 $P_e - v_a$ 圖中之一檔曲線起始點 A。對圖 3-9-3 中 B、C、…、J 各點重複前述的步驟，即可求出 $P_e - v_a$ 圖中對應的點，然後連接對應的點便可得到 $F_t - v_a$ 圖中之一檔曲線。

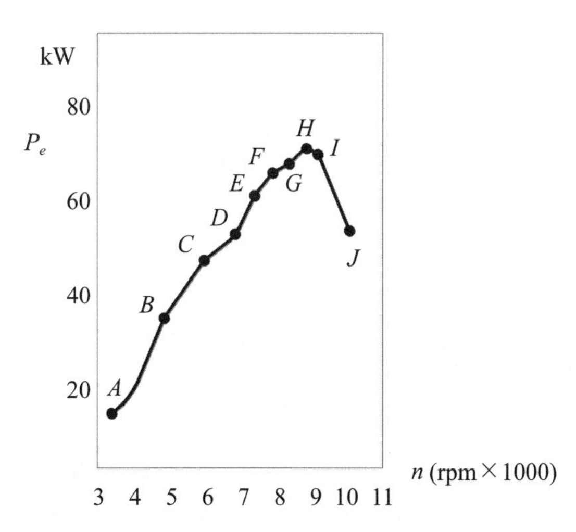

圖 3-9-3 摩托車引擎功率轉速圖

(3) 求 $P_e - v_a$ 圖之二至六檔曲線

將步驟 (b) 的 i_g 改爲二至六檔的傳動比，重複步驟 (a) 和 (b)，便可畫出二至六檔的 $P_e - v_a$ 的曲線，如圖 3-9-4 所示。

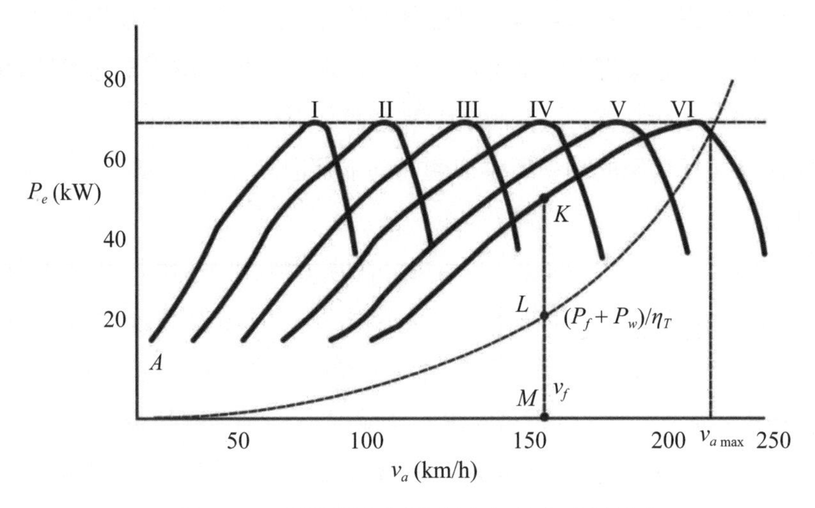

圖 3-9-4　用摩托車行駛功率方程求最高車速

如圖 3-9-4 所示，當摩托車以車速 v_f 在水平路面上等速直線行駛時，摩托車的阻力功率爲 $(P_f + P_w)/\eta_T = \overline{LM}$，而節氣門全開六檔行駛時，引擎所能提供的功率爲 $\overline{LM}$，這表示節氣門不用全開便能保持以車速 v_f 等速行駛，而兩者之差 $\overline{KL} = P_e - (P_f + P_w)/\eta_T$ 稱爲後備功率，可用來加速或爬坡。當兩部不同的摩托車以同樣的速率等速行駛時，後備功率較大的車，其節汽門開度較小即可，故其動力性較佳，但通常也比較耗油。

3. 用摩托車動力因數求最高車速

我們也可以採用摩托車的動力因數來計算最高車速。摩托車的動力因數 D 定義爲驅動力 F_t 與空氣阻力 0_w 之差除以人 - 車系統總重量 mg，即

$$D = \frac{F_t - F_w}{mg} \tag{3-9-5}$$

設摩托車於坡度角爲 θ 的斜坡行駛，應用摩托車行駛方程，（3-9-5）式可改寫成

$$D=\frac{F_f+F_i+F_j}{mg}=\frac{mg\cos\theta f+mg\sin\theta+\delta ma}{mg}$$
$$=f\cos\theta+\sin\theta+\frac{\delta}{g}a \tag{3-9-6}$$

上式代表若動力因數相同，則單位人 - 車重能夠克服的滾動阻力、坡度阻力與加速阻力的能力相同。因此，動力因數可作爲反映摩托車動力特徵的一個參數。若設不同摩托車的滾動阻力係數 f 與旋轉質量換算係數 δ 差別不大，從方程（3-9-5）和（3-9-6）可知無論驅動力、人 - 車重、空氣阻力如何變化，摩托車在平地上行駛，$\cos\theta=1$、$\sin\theta=0$，因此只要動力因數相同，就有相同的加速度。

類似驅動力 F_t- 車速 v_a 曲線，對於每一個變速器的檔位，由方程（3-9-5）可知都有一條與之相對應的動力因數 D 曲線，檔位越低傳動比越大，其動力因數 D 也越大，如圖 3-9-5 所示。

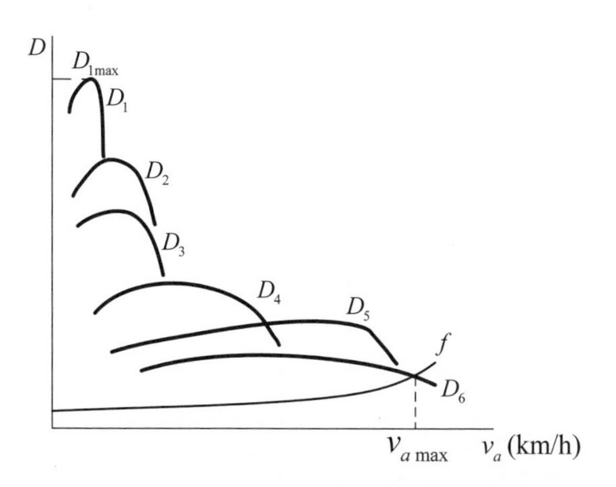

圖 3-9-5　用摩托車動力因數求最高車速

當摩托車行駛到最高車速時，加速度等於零，並設摩托車在平地直線行駛，

$\cos\theta = 1$、$\sin\theta = 0$，於是方程（3-9-6）變成

$$D = f \qquad (3\text{-}9\text{-}7)$$

應用（3-9-5）式與（3-9-7）式，可畫出各檔的動力因數和滾動阻力係數 f 與車速 v_a 的關係曲線，如圖 3-9-5 所示。圖中滾動阻力係數 f 與六檔動力因數 D_6 相交點所對應的車速 $v_{a\max}$ 即爲最高車速。

爲使摩托車具有一定的加速度及爬坡能力，摩托車需具有較大的動力因數，也就是具備較大的傳動比。因此，摩托車變速器最低檔的傳動比要夠大，才能滿足摩托車的爬坡能力和加速能力。因爲摩托車行駛最大坡度和最大加速度發生在動力因數曲線的最大值 $D_{1\max}$ 處。因此，我們可以用最大動力因數 $D_{1\max}$ 作爲摩托車行駛最大坡度與產生加速能力的參數。摩托車最低檔的最大動力因數，一般在 0.3～0.5 之間 [62]。

摩托車最高檔傳動比的設計理念爲充分發揮引擎的動力性，以滿足摩托車對最高車速的設定要求。此外，摩托車經常以最高檔行駛，以獲得較佳的燃油經濟性，但仍需具有一定的爬坡和加速能力，以滿足在不同的路況行駛，避免騎士爲了獲得足夠的加速度或爬坡能力而經常使用低一檔的檔位，造成油耗的增加。因此，摩托車最高檔的動力因數，一般介於 0.08～0.12 之間 [62]。

3-9-2　加速性能

摩托車的加速性能可分起步加速與超車加速。

1. 起步加速性能

摩托車在規定的行駛測試條件下，用一檔起步，油門全開，依序換檔加速行駛通過指定的距離 s，用這段距離行駛所需的時間來表示摩托車的起步加速性能。例如用直線行駛 400 m 所需的時間或從靜止加速至時速 100 km/h 所需的時間，都可用來表示摩托車的起步加速性能。應用公式

$$s = v_0 t + \frac{1}{2}at^2, \quad v = v_0 + at \tag{3-9-8}$$

其中 v_0 爲初速度（m/s），v 爲終點的速度（m/s），若改用 km/h 爲單位，並以 v_{a0} 和 v_a 表示初車速與車速，則

$$v_0 = \frac{v_{a0}}{3.6}, \quad v = \frac{v_a}{3.6} \tag{3-9-9}$$

將（3-9-9）式代入（3-9-8）式，得平均加速度表達式：

$$a = \frac{2\left(s - \dfrac{v_{a0}t}{3.6}\right)}{t^2} \quad (\text{m/s}^2) \tag{3-9-10}$$

$$a = \frac{v_a - v_{a0}}{3.6t} \quad (\text{m/s}^2) \tag{3-9-11}$$

對起步加速性能只要令（3-9-10）和（3-9-11）式之 $v_{a0} = 0$，即可計算出。

圖 3-9-6 爲應用 GPS 定位實測與軟體分析得到某部速克達，從靜止起步加速直線行駛 400 m 的速度與加速度圖。從圖可知行駛 400 m 需 21.67 秒，車速爲 88.89 km/h，代入（3-9-11）式得平均加速度 a = 1.139 m/s^2。從圖可知速克達在時刻 t = 1.83 sec 時行駛了 8.32 m，車速爲 30 km/h；在時刻 t = 4.42 sec 時行駛了 37.84 m，車速爲 50 km/h；在時刻 t = 13.65 sec 時行駛了 211.56 m，車速爲 80 km/h。

圖 3-9-7 和圖 3-9-8 爲用摩托車動力學軟體 BikeSim 模擬某部 600 cc 跑車型摩托車油門全開，直線加速的結果圖，圖中曲線有突變是騎士換檔造成的。圖 3-9-7 左上圖爲車速隨時間的變化圖；左下圖爲加速度（單位爲重力加速度 g，1g = 9.81 m/s^2）隨時間的變化圖，圖中加速度有劇烈變化的地方是換檔的時刻；右下圖模擬摩托車從一檔變換至五檔的時刻，圖中假設換檔是瞬間完成的；右上圖爲車身俯仰角（Pitch angle）隨時間的變化圖，圖中俯仰角爲負值的原因是，加速時前輪提升而後輪下沉，使得車身繞負 y 軸轉動。

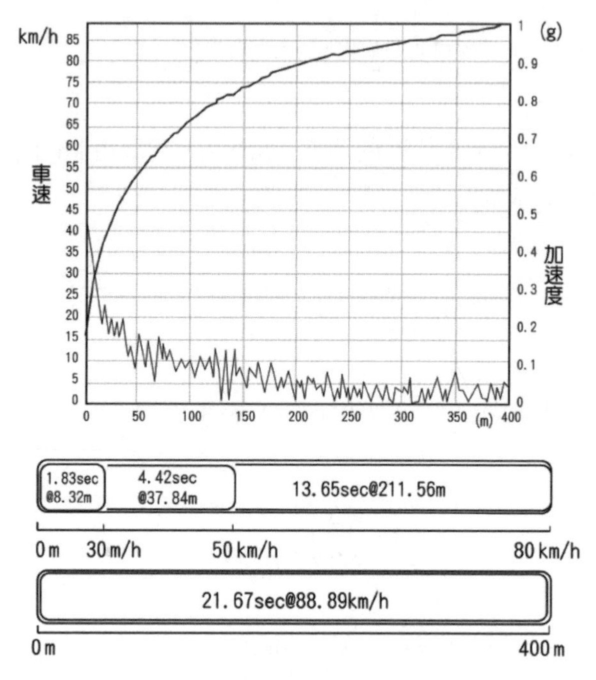

圖 3-9-6　某部速克達起步加速性能圖 [66]

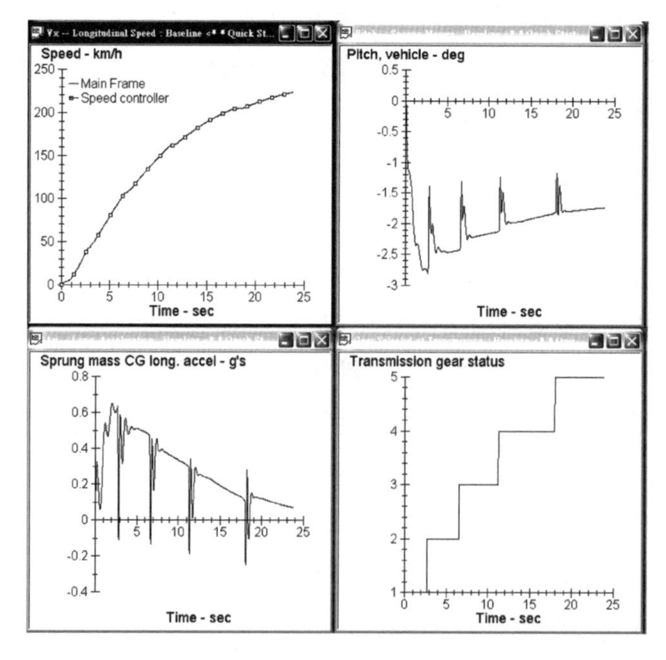

圖 3-9-7　某部 600 cc 跑車型摩托車油門全開直線加速的結果圖 (1)

圖 3-9-8 左上圖爲引擎曲軸轉速、變速器輸入軸及變速器輸出軸轉速隨時間的變化圖；根據（3-3-5）式，左下圖圖中顯示換檔時引擎轉速會降低，再催油門轉速才又上升。由圖可知經一次傳動及變速器輸出後轉速下降，而對應的扭矩則上升。圖 3-9-8 之右上圖爲前後懸吊系統的壓縮量隨時間的變化圖，圖中前懸吊系統於加速過程中長度伸長，因此壓縮量爲負值，後懸吊系統於加速過程中受壓縮變短，因此壓縮量爲正值；右下圖爲前後輪的受力隨時的間變化圖，圖中於加速過程中前輪（Tire 1）受滾動阻力的方向朝負 x 方向，因此爲負值，而加速過程中後輪（Tire 2）受驅動力的方向朝 x 方向，因此爲正值。

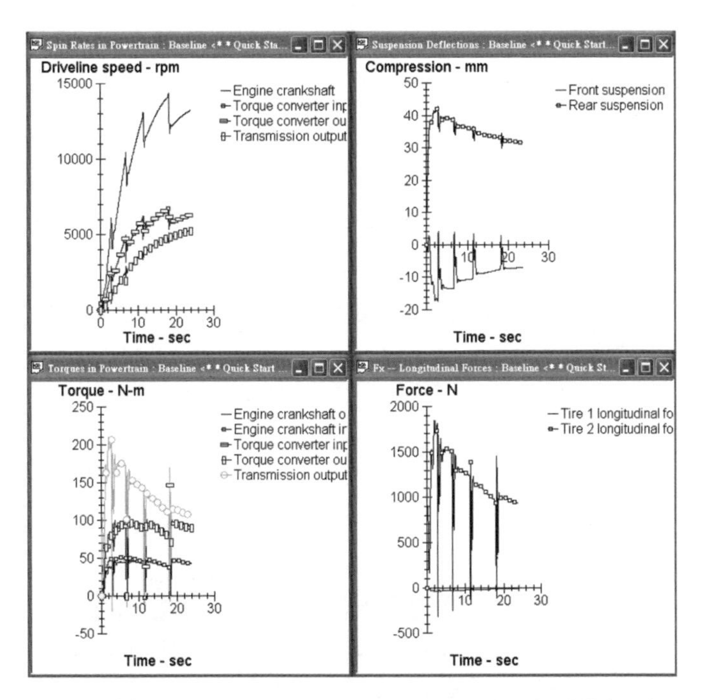

圖 3-9-8　某部 600 cc 跑車型摩托車油門全開直線加速的結果圖 (2)

圖 3-9-9 和圖 3-9-10 爲用軟體 BikeSim 模擬某部 50 cc 速克達油門全開，直線加速的結果。這兩張圖的對應位置與圖 3-9-7 和圖 3-9-8 相同。與檔車不同的是，此部速克達採用連續無段變速系統，因此圖中曲線未出現如檔車換檔時的突變。

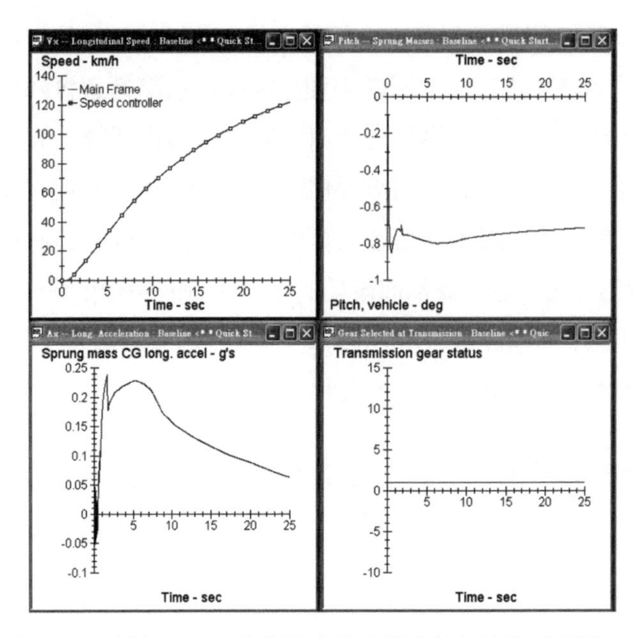

圖 3-9-9　某部 50 cc 速克達油門全開直線加速的結果圖 (1)

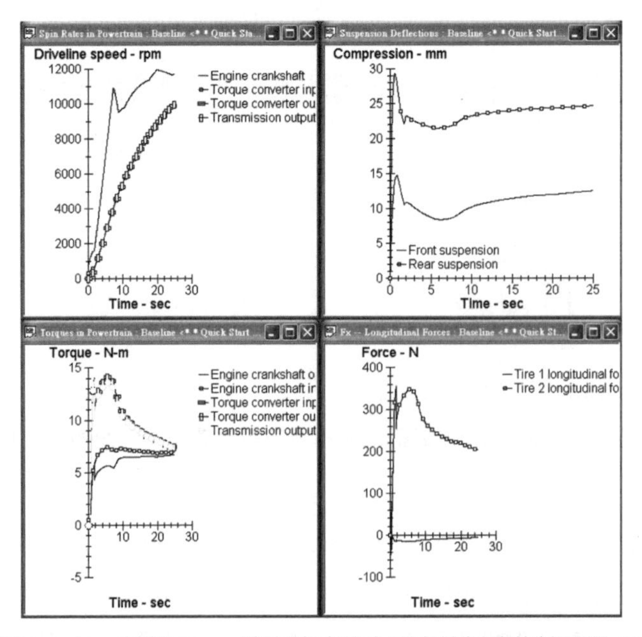

圖 3-9-10　某部 50 cc 速克達油門全開直線加速的結果圖 (2)

2. 超車加速性能

摩托車在規定的行駛條件下，用最高檔或次高檔以指定的初速度加速行駛至規定的距離，或由某初速度 v_0 加速至某速度 v，所用的時間稱爲超車加速時間，用以表示摩托車的超車加速性能。其加速度的計算如方程（3-9-10）和（3-9-11）所示。

設摩托車於平地行駛並應用摩托車行駛方程（3-6-2），可得摩托車加速度與車速的關係

$$a=\frac{dv}{dt}=\frac{1}{\delta m}[F_t-(F_f+F_w)] \tag{3-9-12}$$

再利用圖 3-9-1 可得各檔節氣門全開的加速度 a 與車速 v_a 曲線，如圖 3-9-11 所示。從圖 3-9-11 可知 I 檔行駛的加速度最大，高速檔加速能力較小。

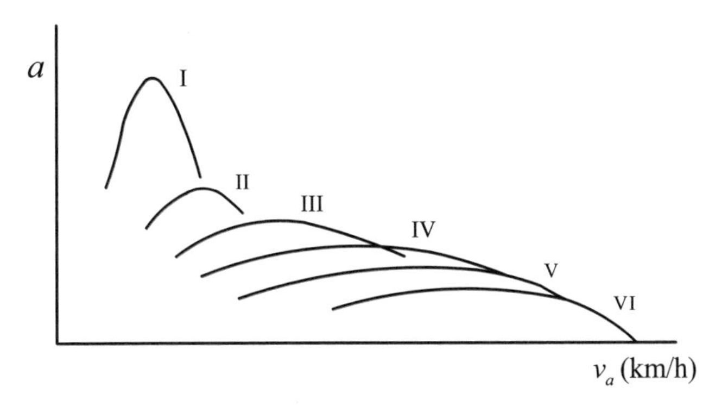

圖 3-9-11　加速度與車速曲線圖

加速度與車速圖可用來估算換檔時機。圖 3-9-12 所示爲某部摩托車的二、三檔加速度與車速圖。從圖中可知，若在較低車速 v_1 時由二檔換三檔，比在較高車速 v_2 時換檔，損失的加速度爲 AC 段與 BD 段之差。因此，若欲獲得較大的加速度，騎士應盡可能在二檔可行駛的最高車速（或最高轉速）附近換檔。

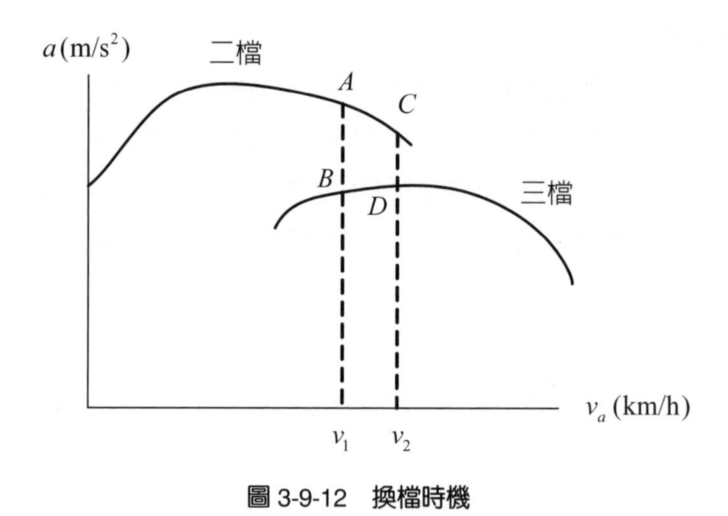

圖 3-9-12　換檔時機

根據加速度與車速圖，可進一步求得摩托車由某車速 v_1 加速至車速 v_2 所需的時間 t。分析如下：

$$a=\frac{dv}{dt}$$
$$dt=\frac{1}{a}dv \tag{3-9-13}$$
$$t=\int_{t_1}^{t_2}dt=\int_{v_1}^{v_2}\frac{1}{a}dv=A$$

式中，v_1 和 v_2 分別是摩托車在時刻 t_1 和 t_2 的車速。加速時間 t 可用電腦積分（3-9-13）式計算或用圖解法求出。

用圖解法時，將圖 3-9-11 的加速度 a 與車速 v_a 曲線轉換繪成倒加速度 $1/a$ 與車速 v_a 曲線，如圖 3-9-13 所示。將速度區間分爲若干間隔，由面積來計算加速時間，如圖 3-9-14 所示。例如曲線下面積 A_1，即爲從車速 v_1 加速至車速 v_2 所需的時間；而由車速 v_2 加速至 v_3 所需的時間爲 A_2。

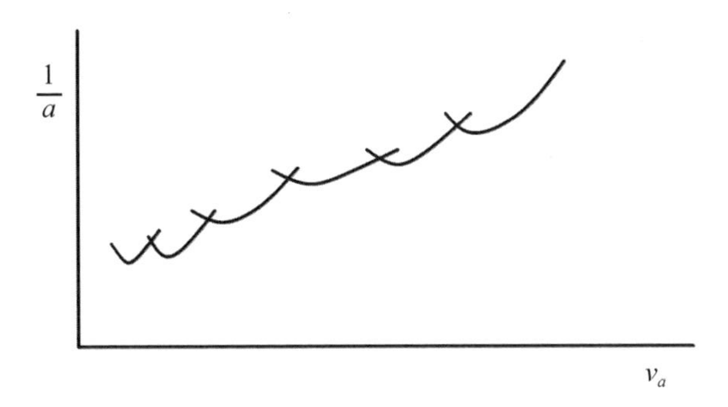

圖 3-9-13　倒加速度與車速曲線

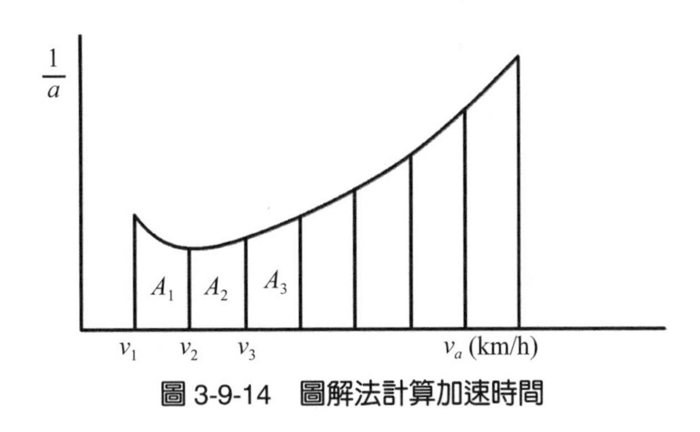

圖 3-9-14　圖解法計算加速時間

現在可用精密的衛星定位系統（GPS），藉由測試過程中摩托車的位置與時間的關係來得到精確的速度和加速度值。

3-9-3　最大爬坡度

1. 用摩托車行駛方程

摩托車的爬坡度是指摩托車的驅動力減去滾動阻力與空氣阻力後，剩下的力全都用來爬坡時，摩托車所能爬的坡度。摩托車全力爬坡時，車速可假設不變，加速阻力 $F_j = 0$，摩托車行駛方程簡化成

$$F_i = F_t - F_f - F_w \qquad (3\text{-}9\text{-}14)$$

以坡度阻力 $F_i = mg\sin\theta$，代入上式，可得坡度角

$$\theta = \sin^{-1}\left(\frac{F_t - F_f - F_w}{mg}\right) \tag{3-9-15}$$

而坡度 $i = \tan\theta$。各檔驅動力不同且空氣阻力與車速有關，我們可應用圖 3-9-2，求各檔在不同車速時的坡度 i。最大坡度角 $\theta_{\max}$ 發生在摩托車以一檔行駛，最大驅動力 $F_{t1\max}$ 時，設此時車速為 v_{a_1}，求出相應的空氣阻力 F_w 和滾動阻力 F_f 之值，代入方程（3-9-15），即可求出最大坡度角 $\theta_{\max}$：

$$\theta_{\max} = \sin^{-1}\left(\frac{F_{t1\max} - F_f - F_w}{mg}\right) \tag{3-9-16}$$

2. 用摩托車動力因數

應用摩托車動力因數可計算摩托車最大加速度與最大爬坡度，簡述如下：

(1) 最大加速度

摩托車在水平路面行駛時，坡度角 $\theta = 0$，動力因數方程（3-9-6）簡化為

$$D = f + \frac{\delta}{g}a \tag{3-9-17}$$

設一檔最大動力因數為 $D_{1\max}$，由（3-9-17）式得最大加速度 $a_{\max}$：

$$a_{\max} = \frac{g}{\delta}(D_{1\max} - f) \tag{3-9-18}$$

一般而言，旋轉質量換算係數 $\delta \approx 1$，若取 $\delta = 1$，則最大加速度約為 $(D_{1\max} - f)$ 的 g 倍（9.81 倍）。

(2) **最大爬坡度**

設在最大爬坡度時，摩托車以一檔等速行駛，則加速度 $a = 0$。設一檔最大動力因數爲 $D_{1\max}$，由方程（3-9-6）得

$$D_{1\max} = f\cos\theta_{\max} + \sin\theta_{\max} \tag{3-9-19}$$

應用 $\cos\theta_{\max} = \sqrt{1-\sin^2\theta_{\max}}$ 代入上式，整理後得最大爬坡角

$$\theta_{\max} = \sin^{-1}\frac{D_{1\max} - f\sqrt{1-D_{1\max}^2+f^2}}{1+f^2} \tag{3-9-20}$$

進而求得最大爬坡度 $i_{\max} = \tan\theta_{\max}$。

3-10　摩托車變速器傳動比

摩托車變速器傳動比的設計，主要根據人 - 車系統的總質量，引擎的各種參數及摩托車的使用要求而定。一般最小傳動比除須使摩托車能夠達到最高設計車速外，還要考慮動力性和燃油經濟性，既不能過小而影響引擎功率的發揮，也不宜過大而影響油耗。而最大傳動比，主要考慮摩托車最大爬坡度。

變速器的檔位數會直接影響摩托車的動力性和燃油經濟性，從動力性而言，檔數多增加了引擎的動力發揮最大功率的機會並可提高摩托車的加速和爬坡能力；就燃油經濟性而言，檔數多增加了引擎在低有效油耗區工作的可能性，所以也能降低摩托車的油耗。在結構允許的情況下，檔數多些會改善摩托車的動力性和燃油經濟性。

最大傳動比主要考慮設計的最大爬坡度 $\theta_{\max}$。設最大爬坡度時摩托車以一檔最大驅動力 $F_{t1\max}$ 等速行駛，加速度爲零，此時車速通常不高，可忽略空氣阻力，於是摩托車行駛方程簡化成

$$F_{t1\max} = F_f + F_i \tag{3-10-1}$$

代入上式相關表達式，得

$$\frac{T_{tq\max} i_1 i_{g1} i_2 \eta_T}{R_r} = mgf\cos\theta_{\max} + mg\sin\theta_{\max} \tag{3-10-2}$$

式中 $T_{tq\max}$ 爲引擎最大輸出扭矩，R_r 爲後輪滾動半徑，mg 爲摩托車人 - 車系統總重量，f 爲滾動阻力係數，$\theta_{\max}$ 爲最大爬坡度，i_1 爲一次傳動比，i_2 爲二次傳動比，η_T 爲傳動效率。

由方程（3-10-2）得知，需設計最大傳動比（一檔傳動比）i_{g1}：

$$i_{g1} \geq \frac{mg(f\cos\theta_{\max} + \sin\theta_{\max})R_r}{T_{tq\max} i_1 i_2 \eta_T} \tag{3-10-3}$$

摩托車變速器的最小傳動比的選擇應使摩托車能達到最高的設計車速，並充分發揮引擎的動力性，以獲得較佳的燃油經濟性，但此時摩托車仍需具有一定的爬坡和加速能力，以避免在不同的道路情況下，騎士爲了獲得足夠的加速度或爬坡能力而經常使用低一檔的檔位行駛，造成油耗的增加。摩托車在最高車速時，引擎的功率全用來克服滾動阻力和空氣阻力所消耗的功率和傳動損失。如圖 3-9-4 所示，和最大車速 $v_{a\max}$ 對應的傳動比就是理想的最小傳動比 $i_{\min}$，但車子必須要有一些後備功率，所以實用的最小傳動比 $i > i_{\min}$。

當最低檔和最高檔的傳動比確定後，設換檔過程中車速的變化可忽略，摩托車各檔傳動比的理想設計爲各檔之比成等比級數，離合器才能平順無衝擊的結合。採用等比級數確定中間各檔的傳動比時，各檔之比值爲

$$\frac{i_{g1}}{i_{g2}} = \frac{i_{g2}}{i_{g3}} = \ldots = \frac{i_{g(n-1)}}{i_{gn}} \tag{3-10-4}$$

實際上，各檔傳動比並不是恰好按等比級數分配的。這是因爲在傳動系中齒輪的齒數必須是整數，同時各齒輪中心距必須一致，故齒輪設計所得傳動比與理論計算值有差別。另外，摩托車換檔時由於外部阻力（滾動阻力與空氣阻力）的影響，速度常有降低，車速下降的幅度在低速換檔時較小，在高速換檔時則較大，這對傳動比的分配要求也有影響，故傳動比一般取

$$\frac{i_{g1}}{i_{g2}} > \frac{i_{g2}}{i_{g3}} > \ldots > \frac{i_{g(n-1)}}{i_{gn}} \tag{3-10-5}$$

3-11　摩托車二次傳動比

二次傳動比 i_2 值之設計，應先滿足摩托車最高車速的要求。可假設最高車速發生在引擎最大輸出功率時，由車速與引擎轉速關係：

$$v_{a\max} = 0.377\frac{R_r n_{p\max}}{i_1 i_g i_2} \tag{3-11-1}$$

得

$$i_2 = 0.377\frac{R_r n_{p\max}}{v_{a\max} i_g i_1} \tag{3-11-2}$$

式中 i_g 爲最高檔的傳動比，R_r 爲後輪半徑（m），$n_{p\max}$（rpm）爲引擎最大輸出功率時的轉速，$v_{a\max}$（km/h）爲最高車速，i_1 爲一次傳動比。當然所確定的二次傳動比之值，應考慮齒輪齒數及摩托車外部空間的限制。

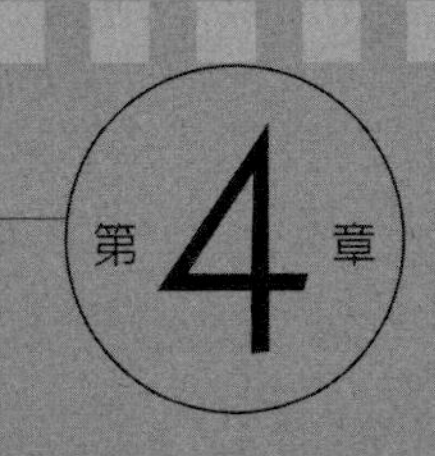

摩托車的制動性

4-1 概論

摩托車的制動俗稱煞車，使用時機大致分爲三種類型：爲停而煞車、爲減速而煞車、爲過彎而煞車。摩托車的制動性對摩托車的騎乘安全至關重要，它的研究內容包括：制動減速度、制動距離、制動的穩定性。

制動減速度的大小和制動距離取決於地面制動力，它是使摩托車制動而減速行駛的外力。地面制動力又受制於制動器內制動摩擦片與煞車鼓或煞車碟盤間之摩擦力，以及輪胎與地面間的附著力的拘束，最大制動力不會超過輪胎與地面間的抓地力（附著力）。

摩托車的煞車裝置有碟式與鼓式兩大類。碟式煞車的碟盤暴露在外，散熱良好，不會因使用頻繁而失去煞車效果，但其缺點爲行駛在泥土砂石路上或遇到雨天時，很容易受到汙染。由於碟盤外露，因此，多採用不銹鋼板製造。碟式煞車的型式有對置油缸型和右置油缸型兩種，如圖 4-1-1 所示。對置油缸型是在碟盤兩面分別配置油缸；右置油缸型是油缸利用將制動塊推向碟盤的反力拉緊對面的制動塊，結構簡單，但要注意滑動部分的防銹和防塵。鼓式煞車的來令片裝在輪鼓的內部，較不會受到外界的汙染而影響制動效果，但其缺點是散熱效果較差。基於上述原因，一般重型摩托車大多採用碟式煞車，而輕型摩托車則大都是後輪採用鼓式煞車，前輪採用碟式煞車。但對較便宜的輕型速克達，因不能猛烈的使用煞車，所以前輪大都採用鼓式煞車。

通常，摩托車前後輪各自裝有獨立的制動系統。特別是在摩托車轉彎車身側傾時，若用前輪制動，由於前輪胎與接地面的摩擦力，對轉向軸（Steering axis）產生的扭矩，易使摩托車體翻倒，而用後輪制動則不會產生此類現象。此外，與汽車制動不同，即使摩托車因制動力過大，後輪鎖死，騎士應用控制轉向角和車身的傾角（Lean angle），也能保持車子的穩定；但若前輪鎖死，則車身的穩定性會急速的下降，有時甚至會翻車。摩托車由於重心高，制動時前後輪的正向力轉移大，前後輪制動力的理想分配隨減速度而有很大變化。此外，前後輪制動力比例分配也隨摩托車的重量，乘員數目（1 名或 2 名）而有很大的變化。因此，爲了在最短距離穩定的停車，騎士必須根據車重、路況、乘員數量等合理使用前後制動力。

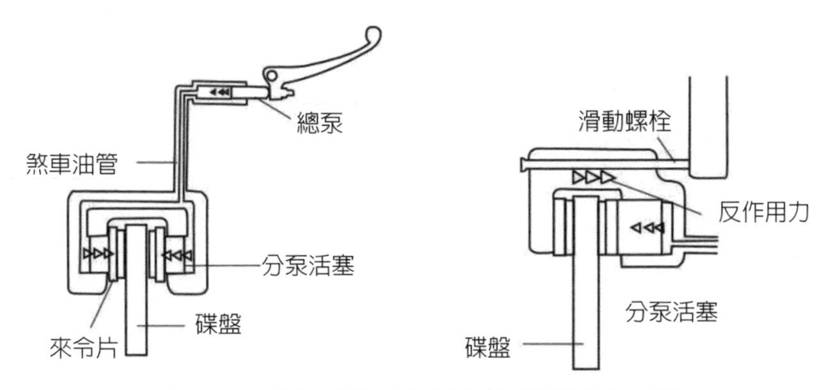

圖 4-1-1　對置油缸型和右置油缸型碟式煞車 [66]

本章研究摩托車制動力產生的機理，制動時摩托車的受力情形、制動方程、制動減速度、制動力分配及煞車使用注意事項。

4-2　制動力

當騎士煞車時，制動器產生的制動力矩經由地面產生制動力使車輪及傳動系統減速。圖 4-2-1 所示爲摩托車在水平路面上直線行駛，前輪煞車時的受力情形，圖中忽略了制動減速時的慣性力、慣性力偶。忽略滾動阻力 F_{f1}，對輪心取矩，得作用於前輪的地面制動力

$$F_{b1} = \frac{T_{\mu 1}}{R_f} \tag{4-2-1}$$

同理，可得作用於後輪的地面制動力

$$F_{b2} = \frac{T_{\mu 2}}{R_r} \tag{4-2-2}$$

以上各式及圖中符號的意義如下：

$T_{\mu 1}$：前輪制動器中的制動力矩（N · m）

$T_{\mu 2}$：後輪制動器中的制動力矩（N · m）

F_{b1}：前輪地面制動力（N）

F_{b2}：後輪地面制動力（N）

F_{f1}：前輪滾動阻力（N）

F_p：車軸對前輪的推力（N）

N_1：地面對前輪的正向反作用力（N）

W_1：前輪垂直載荷（N）

R_f：前輪半徑（m）

R_r：後輪半徑（m）

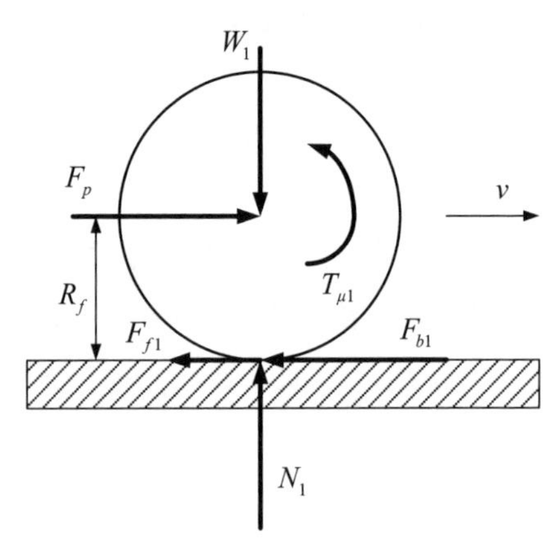

圖 4-2-1　制動時前車輪受力情形

由方程（4-2-1）與（4-2-2）可知地面制動力隨制動力矩之增加而加大，但地面制動力的大小不能無限增加，其值受到輪胎與地面間的最大附著力（摩擦力）的限制。因此，只有在摩托車的制動器能產生足夠的制動力矩，同時地面又能提供夠高的附著力時，摩托車才能獲得較大的地面制動力。

4-3 摩托車制動時的受力分析

摩托車制動時的受力情形與加速時類似，只是此時驅動力換成了制動力。應注意的是，除煞車時產生的制動力外，還有滾動阻力 F_f、空氣阻力 F_w、坡度阻力 F_i 和慣性阻力 F_j，F_j 方向與加速時方向相反且作用於質心上，這些阻力的計算公式已在前面敘述過。通常滾動阻力可提供約 0.02 g 的減速度，這是由於滾動阻力公式 $F_f = fmg$ 除以質量 m 後，得到滾動阻力可提供的減速度約爲 $fg \approx 0.02$ g。對坡度阻力 $F_i = W \sin \theta$，下坡取負值，上坡取正值，當坡度角較小時，$\sin \theta \approx \theta$，因此 5% 的坡度約產生 ±0.5 g 的減速度。

4-3-1 摩托車直線行駛的制動方程

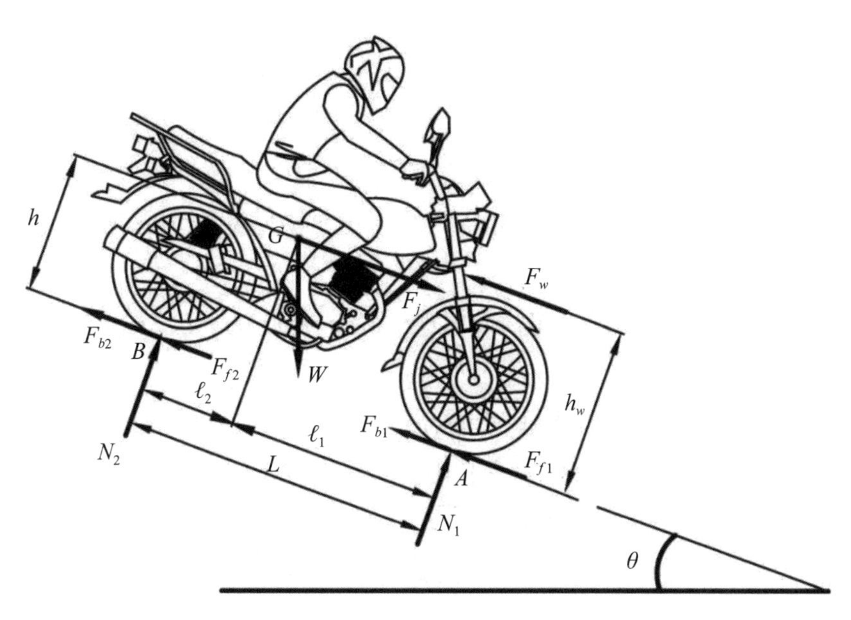

圖 4-3-1　摩托車制動時的受力圖

忽略空氣揚升力，摩托車直線行駛下坡制動的受力情形如圖 4-3-1 所示。將這些力投影到摩托車的縱向（x 方向），得摩托車制動方程

$$-(F_{b1}+F_{b2})-(F_{f1}+F_{f2})-F_w+W\sin\theta+F_j=0 \tag{4-3-1}$$

即

$$F_b+F_f+F_w=F_i+F_j \tag{4-3-2}$$

式中 $F_b=F_{b1}+F_{b2}$ 爲總制動力，F_{b1} 爲前輪制動力，F_{b2} 爲後輪制動力，$F_f=F_{f1}+F_{f2}$ 爲滾動阻力，F_w 爲空氣阻力，$F_i=W\sin\theta$ 爲坡度阻力，$F_j=\delta ma$ 爲加速阻力。

注意：上坡減速時方程（4-3-2）中的 F_i 用 $-F_i$ 代替。

例 4-3-1

某摩托車和騎士的總質量爲 320 kg，摩托車以二檔從傾斜角爲 10° 的斜坡向下行駛，踩煞車時車速爲 50 km/h，前煞車提供 120 N · m 的制動力矩，後煞車提供 50 N · m 的制動力矩。前輪胎規格爲 120/70ZR17 M/C，後輪胎規格爲 180/55ZR17 M/C，空氣阻力係數爲 0.5，空氣密度爲 1.23 kg/m³，迎風面積爲 0.7 m²，旋轉質量換算係數爲 1.08，滾動阻力係數爲 0.02。求：(1) 前後車輪半徑；(2) 制動力；(3) 滾動阻力；(4) 空氣阻力；(5) 坡度阻力；(6) 制動減速度。

解：

已知 $m=320$ kg, $\theta=10°$, $T_{\mu1}=120$ N · m, $T_{\mu2}=50$ N · m, $\rho=1.23$ kg/m³, $C_D=0.5$, $A=0.7$ m², $f=0.02$, $\delta=1.08$。

(1) 前輪胎規格爲 120/70ZR17 M/C，其半徑：

$$R_f=\frac{120\times0.70+\dfrac{17}{2}\times25.4}{1000}=0.3\text{m}$$

後輪胎規格爲 180/55ZR17 M/C，其半徑：

$$R_r=\frac{180\times0.55+\dfrac{17}{2}\times25.4}{1000}=0.315\text{m}$$

(2) 制動力：

前輪制動力

$$F_{b1} = \frac{T_{\mu 1}}{R_f} = \frac{120}{0.3} = 400 \text{ N}$$

後輪制動力

$$F_{b2} = \frac{T_{\mu 2}}{R_r} = \frac{50}{0.315} = 158.73 \text{ N}$$

總制動力

$$F_b = F_{b1} + F_{b2} = 400 + 158.73 = 558.73 \text{ N}$$

(3) 滾動阻力 F_f：

$$F_f = W\cos\theta f = mg\cos\theta f = 320 \times 9.81 \times \cos 10^0 \times 0.02 = 61.83 \text{ N}$$

(4) 空氣阻力 F_w（設無風狀態 $v_r = v$）：

$$50 \text{ km/h} = 13.89 \text{ m/s}$$

$$F_w = \frac{1}{2}\rho C_D A v_r^2 = \frac{1}{2}(1.23)(0.5)(0.7)(13.89)^2 = 41.53 \text{ N}$$

(5) 坡度阻力 F_i：

$$F_i = W\sin\theta = mg\sin\theta = 320 \times 9.81 \times \sin 10^\circ = 545.12 \text{ N}$$

(6) 摩托車制動方程：

$$F_b + F_f + F_w = F_i + F_j$$

$$400 + 158.73 + 62.83 + 41.53 = 545.12 + 1.08 \times 320 \times a$$

得制動減速度

$$a = 0.34 \text{ m/s}^2$$

4-3-2 制動時地面正向反力的變化

摩托車制動時，因慣性的關係會產生載荷轉移。為了解制動時摩托車的穩定性，本小節對前後輪制動力的分配進行探討。參考圖 4-3-1，摩托車制動時，分別對後輪與前輪路面接觸中心 B 和 A 取矩，可得地面作用於前、後輪的正向反力

$$N_1 = \frac{W\cos\theta \cdot \ell_2 + \delta mah - F_w h_w + W\sin\theta \cdot h}{L} \quad (4\text{-}3\text{-}3)$$

$$N_2 = \frac{W\cos\theta \cdot \ell_1 - \delta mah + F_w h_w - W\sin\theta \cdot h}{L} \quad (4\text{-}3\text{-}4)$$

假設空氣阻力的合力通過「人 - 車系統」的重心，此時 $h_w = h$。於是地面作用於前、後輪的正向反力變成

$$N_1 = \frac{1}{L}[W\cos\theta\ell_2 + h(\delta ma - F_w + W\sin\theta)] \quad (4\text{-}3\text{-}5)$$

$$N_2 = \frac{1}{L}[W\cos\theta\ell_1 - h(\delta ma - F_w + W\sin\theta)] \quad (4\text{-}3\text{-}6)$$

方程（4-3-5）和（4-3-6）中的第二項 $(\delta ma - F_w + W \sin\theta)h/L$，稱爲制動載荷轉移力，若摩托車在平地上行駛並忽略空氣阻力，則 $F_w = 0$, $\cos\theta = 1$, $\sin\theta = 0$，上兩式變成

$$N_1 = \frac{1}{L}[W\ell_2 + h\frac{W}{g}\delta a) = \frac{W}{L}(\ell_2 + h\frac{\delta a}{g}) \quad (4\text{-}3\text{-}7)$$

$$N_2 = \frac{1}{L}[W\ell_1 - h\frac{W}{g}\delta a) = \frac{W}{L}(\ell_1 - h\frac{\delta a}{g}) \quad (4\text{-}3\text{-}8)$$

上兩式說明，制動減速度 a 值愈大（制動力愈大），則前輪地面正向反力 N_1 越大，而後輪地面正向反力 N_2 越小。最大的可能減速度受輪胎與地面間的附著力限制。設兩輪的附著係數相同（$\varphi_1 = \varphi_2 = \varphi$），並設前後輪同時到達附著極限，此時的最大制動減速度爲 $a = \varphi g$，代入方程（4-3-7）和（4-3-8），得

$$N_1 = \frac{W}{L}(\ell_2 + h\delta\varphi) \quad (4\text{-}3\text{-}9)$$

$$N_2 = \frac{W}{L}(\ell_1 - h\delta\varphi) \quad (4\text{-}3\text{-}10)$$

上兩式說明，在最大附著力時，附著係數 φ 越大，制動時前輪地面正向反力越大，而後輪地面正向反力越小。

4-3-3　最佳制動力

由方程（4-3-2），得

$$F_j - F_w + F_i = F_b + F_f \quad (4\text{-}3\text{-}11)$$

代入相關公式，（4-3-11）式可寫成

$$\delta ma - F_w + W\sin\theta = F_b + fW \tag{4-3-12}$$

將（4-3-12）式代入方程（4-3-5）和（4-3-6），得

$$N_1 = \frac{1}{L}[W\cos\theta\ell_2 + h(F_b + fW)] \tag{4-3-13}$$

$$N_2 = \frac{1}{L}[W\cos\theta\ell_1 - h(F_b + fW)] \tag{4-3-14}$$

設兩輪的附著係數相同（$\varphi_1 = \varphi_2 = \varphi$）且前後輪同時達到最大可能制動力，此時整車的最大制動力

$$\begin{aligned} F_{b\max} &= F_{b1\max} + F_{b2\max} \\ &= \varphi_1 N_1 + \varphi_2 N_2 = \varphi(N_1 + N_2) \\ &= \varphi W\cos\theta \end{aligned} \tag{4-3-15}$$

將（4-3-15）式代入方程（4-3-13）和（4-3-14），可得前後輪最大制動力

$$F_{b1\max} = \varphi N_1 = \frac{\varphi W}{L}[\cos\theta\ell_2 + h(\varphi\cos\theta + f)] \tag{4-3-16}$$

$$F_{b2\max} = \varphi N_2 = \frac{\varphi W}{L}[\cos\theta\ell_1 - h(\varphi\cos\theta + f)] \tag{4-3-17}$$

由方程（4-3-11）至（4-3-17）可知摩托車制動時獲得最佳制動效果的條件是，前後輪最大制動力之和等於摩托車整車的附著力，並且前後輪制動器產生的制動力同時等於前後輪各自的制動附著力，即

$$\frac{K_{b1}}{K_{b2}} = \frac{F_{b1\max}}{F_{b2\max}} = \frac{N_1}{N_2} = \frac{\cos\theta\ell_2 + h(\varphi\cos\theta + f)}{\cos\theta\ell_1 - h(\varphi\cos\theta + f)} \tag{4-3-18}$$

其中 K_{b1} 與 K_{b2} 分別爲前後輪制動力所占全部制動力的百分比。

例 4-3-2

某摩托車在平地行駛，其前後輪中心距離爲 130 cm，重心距前輪中心的水平距離爲 60 cm，重心距後輪中心的水平距離爲 70 cm，重心高度爲 23 cm，前後輪與地面的附著係數皆爲 0.8，滾動阻力係數爲 0.01。求前後輪制動力的比例，使得前後輪可同時獲得最大制動力。

解：

由題意得

$$\theta = 0°, \ell_1 = 60\text{ cm}, \ell_2 = 70\text{ cm}, L = 130\text{ cm}, \varphi = 0.8, f = 0.01$$

代入方程（4-3-18），得前後輪制動力分配比例

$$\frac{K_{b1}}{K_{b2}} = \frac{70\cos 0° + 23(0.8\cos 0° + 0.01)}{60\cos 0° - 23(0.8\cos 0° + 0.01)} = \frac{68.2}{31.8}$$

也就是 68.2% 的總制動力施用前輪，31.8% 的總制動力用於後輪，可獲得最佳摩托車潛在制動力。

4-4　摩托車的前翻

當煞車時若制動力太大，摩托車後輪所受的正向力等於零時，此時前輪承受整部車的重量，容易發生前翻現象（Forward flip）。爲了簡化分析，我們忽略滾動阻力、空氣阻力，並假設摩托車在平地行駛，此時摩托車的受力圖，如圖 4-4-1 所示。對重心 G 取矩得前翻時的制動力

$$F_{b1} = N_1 \frac{L - \ell_2}{h} = mg\frac{L - \ell_2}{h} \tag{4-4-1}$$

式中 F_{b1} 爲前輪制動力，$W = mg$ 爲人 - 車系統總重量，h 爲重心高度，L 爲軸距，ℓ_2 爲重心距後輪中心的水平距離。

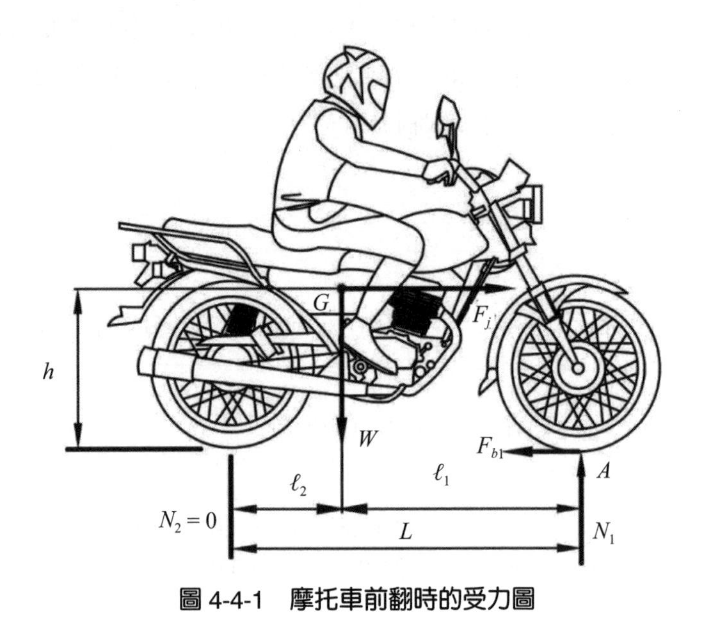

圖 4-4-1　摩托車前翻時的受力圖

從（4-4-1）式可知，若摩托車的質量越輕、重心高度越高、重心位置越前，則產生前翻的制動力就越小。參考圖 4-4-1，摩托車前翻時，若忽略空氣阻力，此時水平方向運動方程變成

$$\delta ma = -F_{b1} = -mg\frac{L-\ell_2}{h} \tag{4-4-2}$$

由此得摩托車後輪抬起時的最小制動減速度

$$a = -\frac{L-\ell_2}{\delta h}g = -\frac{\ell_1}{\delta h}g \tag{4-4-3}$$

式中的負號代表制動減速度方向與摩托車前進方向相反。從上式可知，摩托車後輪

抬起的最小制動減速度與重心至前輪中心的水平距離 ℓ_1 成正比，和重心高度 h 成反比。

4-5 滑動率對制動的影響

輪胎滑動率（滑移率）s_b 定義爲輪胎與路面接觸區域的滑移速度與輪心速度之比，即

$$s_b = \frac{v - R\omega}{v} \times 100\% \qquad (4\text{-}5\text{-}1)$$

式中 v 爲車輪中心速度，R 爲無制動力矩作用時輪胎的滾動半徑，ω 爲車輪角速度。

輪胎滑動率的表達式和制動時車輪的運動有三種情況已在第二章 2-10 節中說明。本節探討滑動率對制動的影響。

滑動率會影響輪胎的附著係數，也就影響輪胎的抓地力。路面可提供的最大制動力稱爲制動附著力。定義縱向制動附著係數爲輪胎縱向力與法向力之比，而制動側向附著係數爲輪胎側向力與法向力之比。根據大量的研究和實驗，輪胎的縱向（沿車輪旋轉平面）制動附著係數及側向（垂直車輪旋轉平面）制動附著係數隨著滑動率變化的情形，如圖 4-5-1 所示。圖中縱向附著係數從原點陡升的階段（如乾混擬土路的 *OA* 段），輪胎雖有滑動率，但輪胎並沒有與地面發生眞正的相對滑動。滑動率大於零是因爲輪胎的滾動半徑變大。當地面制動力作用於輪胎時，輪胎即將與地面接觸的胎面受到拉伸，而有微小的伸長，滾動半徑隨地面制動力而加大，故 $v > R\omega$，由公式（4-5-1）知滑動率 $s_b > 0$。因爲車輪滾動半徑與地面制動力成正比增大，故曲線近似直線。超過 *A* 點後輪胎與地面間發生局部的相對滑動，附著係數值的增大速度變慢，在 *B* 點達最大值後，因摩擦副間滑動摩擦係數小於靜摩擦係數，故附著係數值又逐漸降低 [61]。

從圖 4-5-1 中可知，側向附著係數對制動時的方向穩定性的影響：隨著滑動率的增加，側向附著係數很快地變小，也就是摩托車防止側滑的能力降低。爲了獲得較大的縱向與側向附著係數，滑動率應介於 15% 到 30% 之間。

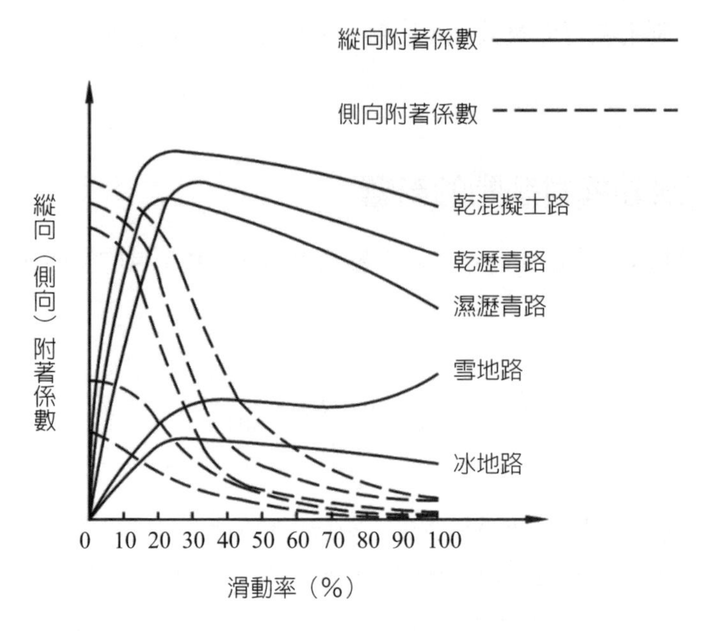

圖 4-5-1　縱向、側向附著係數與滑動率的關係圖 [62]

4-6　防鎖死煞車系統與連動式煞車系統

摩托車制動時可能產生下列三種極限情況：

1. 前輪鎖死（Lock up），但後輪未鎖死。此時後輪有側向抓地力，摩托車不至於側滑。當摩托車在良好的路面上直線行駛時，若騎士操控與平衡良好，摩托車有可能穩定至停車。但由於前輪鎖死，地面不能提供側向力，即摩托車會失去轉向能力，並且一般騎士無法控制平衡，通常會摔車甚至後輪離地而翻車。若在濕滑路面，前輪鎖死，則摩托車必滑倒。

2. 後輪先鎖死。此時前輪有轉向能力，但後輪鎖死無法獲得側向抓地力，此時在小的側向力作用下，會發生後輪側滑，摩托車處於不穩狀態，摩托車會失去平衡而導致機車倒地。若在濕滑路面，後輪鎖死，則摩托車會側滑旋轉而倒地。

3. 前後輪同時鎖死。此時摩托車會失去轉向能力，且後輪易側滑，騎士不易平衡，摩托車會倒地。

解決上述問題的方法是採用防鎖死煞車系統（Antilock Brake System），簡稱 ABS。ABS 能夠在緊急制動中防止車輪完全鎖死，並保持車輪的滑動率在 15%～30% 之間，以獲得最大的縱向和側向抓地力，來防止摩托車的側滑及翻車，並縮短煞車距離。

1988 年，BMW 首先將 ABS 運用於摩托車上，隨著技術的進步，現今大多數的車廠都將 ABS 科技應用於摩托車上，有些國家已經規定 125 cc 以上的摩托車，ABS 為必備的主動性安全配備。

由動力學理論，力矩等於轉動慣量乘以角加速度。因此，制動器制動力矩變化時，車輪角速度會變化。在摩托車的前後輪各裝一個輪速感知器（Wheel speed sensor），用來測量車輪的轉速（角速度），煞車時預選兩個角減速度作為車輪旋轉運動的上、下限值後，當測量的角減速度超過此下限值時，電子控制單元（Electronic Control Unit，簡稱 ECU）就發出指令，開始釋放制動壓力，使車輪得以加速旋轉。當角加速度達到上限值，電子控制單元發出指令，制動力開始增大，車輪作減速轉動。這樣，只用一個車輪角速度感知器作為信號輸入，同時在電子控制單元中設置合理的加、減角速度上下限值，就可以實現防鎖死煞車系統的工作。不過，這種以角減速度與角加速度作為參考量的控制方法，其精度較差。現今摩托車廠商是採用車輪角減速度、角加速度和滑動率作為參數的調整系統，可以把車輪的速度控制在一定的範圍內，也就是使車輪速度在最佳值附近上下波動 [56, 62]。

因為摩托車只有前後兩個車輪，摩托車 ABS 和汽車 ABS 的要求重點不一樣。汽車 ABS 在制動過程中可讓駕駛員保有操控性，閃避前方的障礙物；而摩托車 ABS 最重要的功能就是獲得良好的制動穩定性，防止摔車，並縮短制動距離。摩托車前輪 ABS 的設計至為重要，其原因為若前輪鎖死，摩托車很容易倒地或翻車，對乘員是非常危險的。ABS 工作時一鬆一放的特殊手感，可能會造成一些騎士的緊張甚至驚嚇，而不由自主地放開煞車反而造成危險。因此，摩托車的 ABS 要做到非常細緻，讓騎士不致因 ABS 工作而慌張 [68, 89]。

需注意的是，摩托車 ABS 的功能是有其極限的。若摩托車在彎道行駛的向心加速度較小（因而離心力較小）時，根據附著橢圓理論，摩托車 ABS 只要降低很小的制動性能，就可以獲得較大範圍的穩定性。但是，若在彎道作劇烈操控使得向心加速度變大（因而離心力較大）時，則摩托車彎道行駛的穩定性會降低，有 ABS 的摩托車也可能會失控。影響穩定性的因素有：路面摩擦係數的減小，車體的傾斜角及輪胎滑動率的增加，輪胎的側向抓地力會隨縱向滑動率的增大而急劇下降，使得輪胎所受側向力接近輪胎側向附著極限，摩托車有可能失控。

通常，摩托車 ABS 前後煞車的迴路是獨立（分開）的，需要用到手把拉桿及腳踏板來控制前後輪的煞車。最近車廠對小型與低價的摩托車採用前後輪煞車同時一起作用的系統，稱為連動式煞車系統（Combined Brake System），簡稱 CBS。CBS 主要的部件是一個機械式力量分配器，當騎士手拉速克達後煞車手把拉桿或腳踏檔車後煞車踏板時，作用力傳至力量分配器，然後分配器再按預先設定的比例將力量同時傳至前後輪，連動前後兩輪一起進行煞車。CBS 預先設定了合理的前後制動力分配，可以降低制動時前後輪間的運動差異，減少車輪鎖死的機會。

摩托車 ABS 的優點為：(1) 可縮短煞車距離；(2) 可以防止摩托車側滑；(3) 由於前輪未鎖死，故有轉向功能；(4) 當 ABS 釋放時，可自動恢復一般制動器的功能；(5) 有些摩托車可以關閉 ABS，作特技表演或在不良路面行駛。ABS 的缺點為系統較複雜，價格較貴，維修較一般制動器困難。CBS 的優點為：(1) 構造簡單，價格較便宜；(2) 減小制動時因正向載荷轉移產生的俯仰運動；(3) 減少車輪鎖死的機會，並縮短制動距離。缺點為：(1) 使用一段時間後前後輪煞車力比例可能會與廠定的不同，可能導致制動不舒服的情況；(2) 不適合用在越野摩托車與高性能的跑車；(3) 不能主動關閉 CBS 功能。

圖 4-6-1 所示為裝有 ABS 的 Honda Fireblade 摩托車從時速 100 km/h 踩煞車至停止時的減速度值變化圖，其平均制動減速度值為 9.48 m/s^2，制動距離為 40.7 m。圖 4-6-2 所示為無 ABS 的 Suzuki GSX-1000 摩托車從時速 100 km/h 踩煞車至停止時的減速度值變化圖，其平均制動減速度值為 9.57 m/s^2，制動距離為 40.31 m。從圖中可知，前者減速度的波動程度較後者大，這是因為 ABS 試圖控制輪胎的滑動率於最佳值附近，因此波動較大。

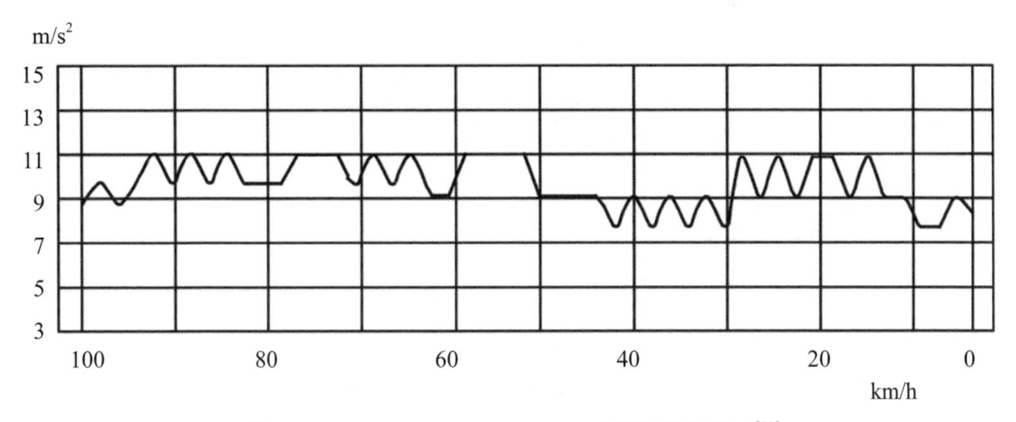

圖 4-6-1　Honda Fireblade ABS 制動減速度圖 [35]

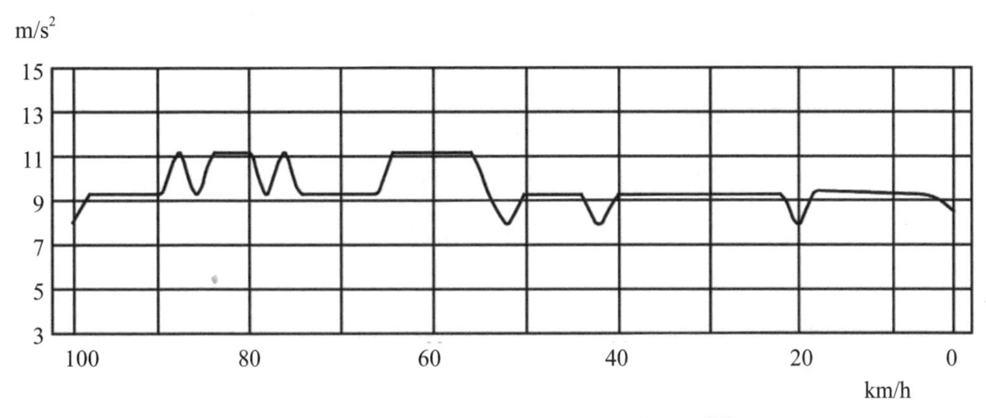

圖 4-6-2　Suzuki GSX-1000 制動減速度圖 [35]

4-7　摩托車煞車的使用

4-7-1　煞車的技巧

前已述及，摩托車的制動（煞車）大致分爲三種類型：爲停而制動、爲減速而制動、爲過彎而制動。無論是哪一類制動，我們可經由前後輪煞車的時間差來獲得較佳的制動穩定性。方法是，先踩後煞車，後煞車具有穩定摩托車身的作用。在後煞車開始工作的初期，後避震器會因慣性力的關係開始下沉，有抑制車身後半部提升的作用，可控制車身的俯仰運動（Pitch motion），接著輕拉前煞車，讓荷重轉移到前輪，加強前輪胎與路面抓地力後，此時再用力拉前煞車。

4-7-2 前煞車的使用

摩托車的前煞車能提供較大的制動力使車快速停止，這是因爲煞車時的慣性力造成載荷轉移至前輪。此時可加大前輪抓地力，但需避免急速用力拉前輪煞車把手造成載荷轉移未安全到位，抓地力未達到理論最大值時，車輪鎖死而打滑，摩托車倒地或造成後輪抬起（離地），甚至前翻。因此，騎士應該穩定漸進地使用前煞車讓前輪抓地力增大，一旦足夠的抓地力轉換至前輪後，就可以用手緊握前煞車拉柄。

4-7-3 後煞車的使用

儘管前煞車能提供較大的制動力，但是一般人還是習慣使用後煞車，這是因爲習慣使然，而且使用後煞車較爲順手。若前後煞車皆使用，可縮短煞車距離及幫助穩定摩托車。

如圖 4-7-1 所示，摩托車因轉向或路面影響而造成前後輪未在同一直線上，此時若單獨使用前煞車，則前輪制動力 F_{b1} 對質心 G 形成順時針力矩 M_G，讓車架有往左偏的趨勢，車子因而不穩定。若同時應用前後煞車，後制動力 F_{b2} 對質心的力矩爲逆時針方向，正好與前制動力 F_{b1} 形成的力矩方向相反，可幫助摩托車穩定方向，如圖 4-7-2 所示。若只使用後輪煞車，則後制動力 F_{b2} 對摩托車質心 G 的力矩 M_G 有回正效應，會加強摩托車的穩定性，如圖 4-7-3 所示。此外，在非常鬆軟的路面上，使用前輪煞車時可能煞車力太大而失控，這時應只使用後煞車。

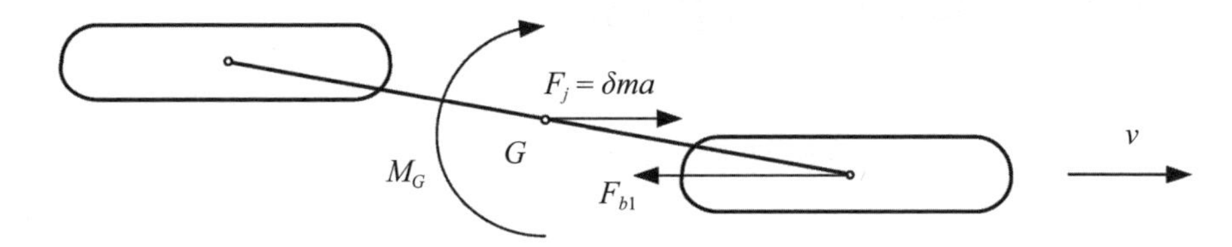

圖 4-7-1　前輪制動的不穩定作用

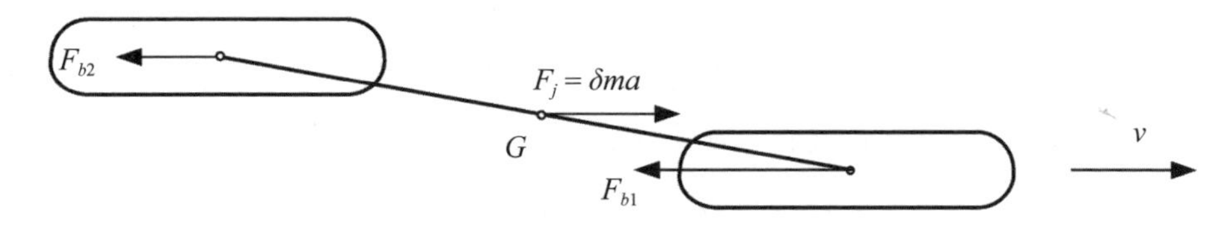

圖 4-7-2　前後輪制動可幫助摩托車穩定方向

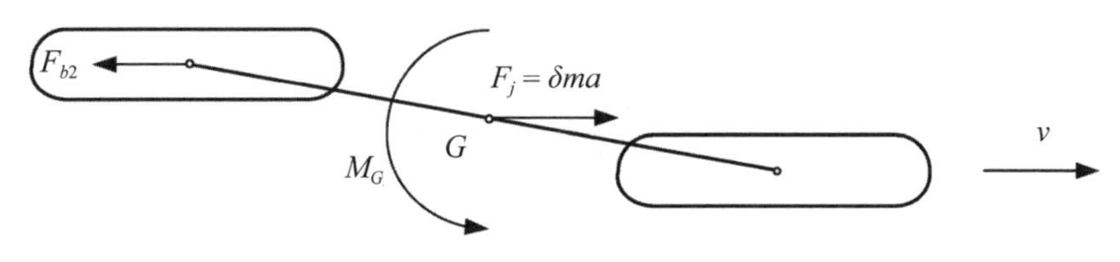

圖 4-7-3　後輪制動有穩定作用

4-7-4　緊急煞車

緊急煞車可分直線緊急煞車和過彎緊急煞車。

1. 直線緊急煞車

應讓車在最短距離內停住，這時應避免輪胎鎖死，控制滑動率在 15% 到 30% 之間以獲得最大制動力及制動穩定。

2. 過彎緊急煞車

在輪胎未失去穩定前盡量用力煞車，當車速下降或摩托車變直後可使用更大的制動力。

4-7-5 避免煞車車頭下沉現象的方法

1. 先輕踩後煞車，讓後輪先下沉一些，再使用前煞車就可降低點頭現象。
2. 腰部先行後移，增加後輪載荷，再用後煞車。

4-8 摩托車循跡控制系統

當摩托車在易滑路面上行駛時，如果加速過快（油門開啓過大），則會因地面不能提供足夠大的摩擦力來阻止車輪打滑，導致摩托車失控。循跡控制系統（Traction Control System，簡稱 TCS）或稱牽引力控制系統，可以有效地避免或減輕這類現象的發生，幫助騎士更安全有效地加速與騎乘。本節簡單介紹其工作原理。

爲此，我們先回顧一下車輪滑轉率的概念，其定義已由（2-10-2）式給出，現重寫如下：

$$s_d = \frac{R\omega - v}{R\omega} \times 100\% \qquad (4\text{-}8\text{-}1)$$

式中 R 爲車輪半徑，ω 爲車輪旋轉角速度，v 爲輪心速度。當車輪作純滾動時，$v = R\omega$，滑轉率 $s_d = 0$；當車輪轉速過大時，$R\omega > v$，車輪發生滑轉現象，$s_d > 0$。當車輪滑轉時，輪胎和路面間的縱向和側向附著係數與滑轉率的關係和圖 4-5-1 類似。

摩托車的前輪爲非驅動輪，一般不會滑轉。所以我們主要考慮後輪的滑轉率。爲此，根據（4-8-1）式，我們必須求出後輪輪心速度的運算式。參看圖 4-8-1，其中 A 和 B 分別代表摩托車的後輪和前輪。前輪輪心的速度爲 $v_f = R_f\,\omega_f$。因爲前後輪中心的距離是固定的（相當於剛體上的兩點），所以前後輪輪心的速度在 X 方向的分量應相等，於是後輪輪心的速度可表示成

$$v = R_f\,\omega_f \cos\Delta \qquad (4\text{-}8\text{-}2)$$

其中 Δ 爲前輪的轉向角。我們只考慮直線行駛或轉向角 Δ 很小的情形，這樣，後輪輪心的速度就可表示成 $v = R_f\,\omega_f$。因此，後輪的滑轉率可寫成

$$s_d = \frac{R_r\omega_r - v}{R_r\omega_r} \times 100\% = \frac{R_r\omega_r - R_f\omega_f}{R_r\omega_r} \times 100\% \qquad (4\text{-}8\text{-}3)$$

式中 R_f 和 ω_f 分別爲前車輪半徑和角速度；R_r 和 ω_r 分別爲後車輪半徑與角速度。設前後輪半徑相同皆爲 R，則（4-8-3）式可改寫成

$$s_d = \frac{R\omega_r - R\omega_f}{R\omega_r} \times 100\% = (1 - \frac{\omega_f}{\omega_r}) \times 100\% = (1 - \frac{n_f}{n_r}) \times 100\% \qquad (4\text{-}8\text{-}4)$$

式中 n_f 和 n_r 分別爲前後車輪的轉速。顯然，前後輪轉速差異越大（轉速比 n_f/n_r 越小），滑轉率越大。若車輪滑轉率超過某個百分比（稱爲「預設値」），則輪胎的側向附著係數迅速下降，側向抓地力變得很小，車輪打滑，摩托車很容易失控倒地。因此，滑轉率是決定是否起動 TCS 的最重要的參數。

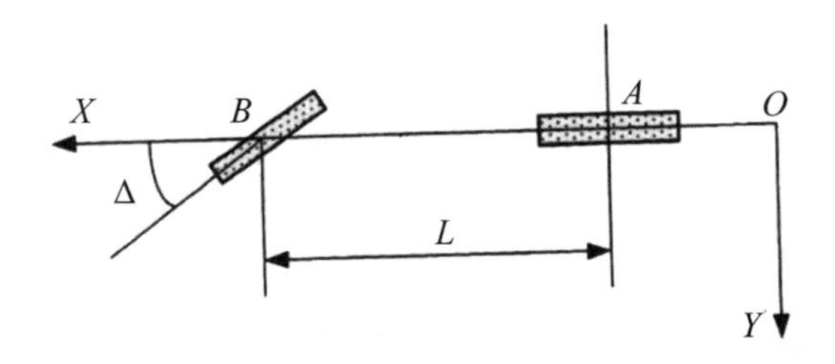

圖 4-8-1　摩托車的前後車輪

TCS 和 ABS 共用「輪速感知器」的資訊，用以判斷車輪是否會打滑。此外，TCS 還用到節氣門位置感知器、檔位感知器、傾斜角度感知器所提供的資訊，以便在調節車輪動力時，有較多選擇方案。

TCS 工作的基本原理如下：電子控制單元（Electric Control Unit，簡稱 ECU）根據以上感知器傳來的資訊，並比較前後車輪的轉速差異進行綜合分析判斷，如果輪胎有打滑趨勢，則發出調節指令，及時減少送到後輪的扭矩，以保持車子的穩定性，如圖 4-8-2 所示。調節的方法有多種，常用的方法有 [136]：(1) 延遲點火時間，

可迅速平穩地進行功率調整，但這種方法的調整範圍有限。(2) 引擎失火（Engine misfire），即對多缸引擎，可暫時關閉一個或幾個燃油噴嘴或使火星塞不點火導致該汽缸失火，以降低引擎輸出扭矩，從而使車輪的牽引力小於或等於附著力，達到避免車胎打滑的目的，但這種方法的平穩性較差。(3) 若該車配有電子節氣門，則可用電子調節來減少節氣門的開啓度。

大多數摩托車的 TCS 根據騎乘路況配備了多種騎行模式。例如，泥濘濕滑路面採用高敏感模式；一般市區道路使用中敏感模式；良好公路使用低敏感模式。所謂高敏感模式，是指滑轉率的設定「預設值」較小。TCS 系統也能預先配置多種不同騎行路況的油門響應，即使你更加催油門，引擎也能限制動力輸出，以避免人爲錯誤。如果需要，有些摩托車甚至可以關閉 TCS，讓騎士來享受更大的操控樂趣。

值得指出的是，雖然 TCS 可以幫助騎士更加安全有效地騎乘，但它防止輪胎打滑的功能，是透過及時減少輸入車輪的扭矩來實現的，它並不能額外提高輪胎的抓地力。因此，騎士絕不能認爲有了 TCS 和 ABS 就能隨意飆車，那是很不安全的。

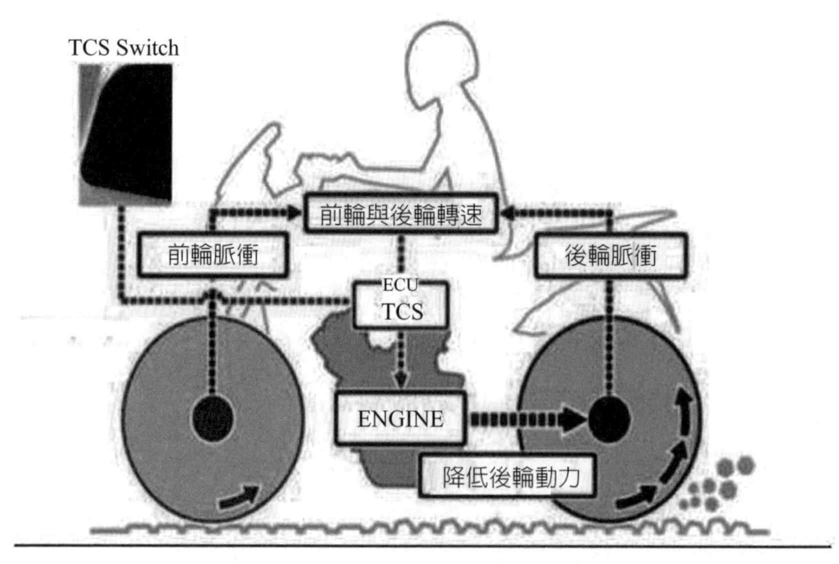

圖 4-8-2　TCS 工作原理方塊圖 [124]

4-9　彎道ABS

摩托車直線行駛緊急煞車時，ABS 可維持摩托車的穩定，使摩托車不至於因車輪鎖死而轉倒或側滑。但是，若騎士在彎道作劇烈操駕時向心加速度變大（因而離心力較大）時，則摩托車彎道行駛的穩定性會降低，有 ABS 的摩托車也可能會失控。爲了讓騎士於彎道行駛時不用害怕煞車會滑倒，廠商研發摩托車於彎道行駛之 ABS，但在彎道上煞車要做到與直線制動同樣的效果並不簡單。當摩托車傾斜到利用輪胎邊緣觸地時，其前輪和後輪的有效半徑都會變小，並且由於前後輪通常具有不同的輪廓與寬度，何時系統該介入煞車控制和摩托車車速、傾角、俯仰角、加速度、減速度、側向運動、轉向角度等有關，計算相當複雜。因此，多年前摩托車還無彎道 ABS。直到人們應用 MEMS（Micro Electro Mechanical System，微機電系統）製作出所謂的 IMU[126, 140]（Inertial Measurement Unit，慣性測量單元）和電子節氣門出現後，廠商研發出彎道 ABS（Cornering ABS）、彎道 TCS、摩托車穩定控制系統（MSC）。MEMS 是應用半導體製程技術，整合電子及機械功能製作而成的微型裝置，它同時擁有電子訊號處理和機械的運動能力。它包括有積體電路（IC）、微執行機構以及微型感測器。對 IMU 而言，它的微型感測器是加速度計（Accelerometer）和陀螺儀（Gyroscope），它們是慣性測量單元的關鍵。加速度計測量摩托車在 x、y、z 軸方向的加速度，積分後可得摩托車在前後、左右、上下方向的速度與位移。陀螺儀測量摩托車繞 x 軸側傾（Roll，左右傾斜）、繞 y 軸俯仰（Pitch，向前或向後傾斜）、繞 z 軸橫擺（Yaw）方向旋轉角度與角速度。應用 IMU 摩托車可得到三個直線方向和三個方向旋轉的六個運動信息。但有些 IMU 只使用五個運動信息。MEMS IMU 爲具有「振動結構」的陀螺儀，而不是笨重的旋轉陀螺儀。圖 4-9-1 是 Bosch IMU。

採用電腦控制的電子節氣門，可以讓電腦精細控制與管理摩托車引擎所需的燃料、氣流和點火，使其能夠快速調整所需的扭矩。

摩托車上的 IMU 會將有關摩托車加速度和旋轉的所有信息傳至電腦，結合節氣門位置、車輪速度、前後輪制動壓力、引擎轉速和扭矩、變速器檔位等信息，電腦可計算出什麼時候彎道 ABS 要作動。彎道 ABS 讓騎士於大角度傾斜騎乘時，仍可用力使用煞車，摩托車不會低轉倒也不會偏離預定的行駛路線。

圖 4-9-1　Bosch IMU[126, 140]

4-10　摩托車穩定控制系統

隨著科技的進步與人們對摩托車安全騎乘的要求越來越高，摩托車廠也發展出類似汽車電子穩定控制系統（Electronic Stability Control System）之裝置稱爲摩托車穩定控制系統（Motorcycle Stability Control System）簡稱 MSC[126, 140]。MSC 是彎道 ABS 再加上彎道 TCS，可讓騎士在彎道騎乘時制動和加速，並在危險路況和濕滑路面安全行駛。MSC 讓騎士認爲有危險時就煞車，而不必擔心會摔車，因而騎士在騎乘時可花費更少的能量，更安全地行駛更長的距離。

此外，以 MSC 作爲核心基礎，可加入許多功能如前輪抬起控制系統（Wheelie Control System）、後輪抬起控制系統（Rear-wheel Lift-up Control System）、自適應巡航控制（Adaptive Cruise Control 簡稱 ACC）、以提高騎乘摩托車的安全性、舒適性和方便性。

第 5 章

摩托車的懸吊系統與車架

5-1 概論

摩托車懸吊系統（Motorcycle suspension system）由懸吊機構、彈簧及阻尼器組成，其中阻尼器（Damper）又稱爲避震器（Shock absorber）。

摩托車懸吊系統的功能是：(1) 使車輪能夠沿著道路運動並緩和路面不平的衝擊，減少車身的振動；(2) 使車輪有足夠的抓地力，減少車輪動載的變化，以確保驅動、制動和過彎時摩托車的安全。簡言之，懸吊系統的功能是給摩托車提供一定的騎乘舒適性與操控性。一般摩托車與跑車對懸吊系統的要求不同：一般摩托車對舒適性要求高於操控性；而跑車則強調行駛時路面的循跡性，車身的穩定性及輕盈性，對舒適性的要求反而不是那麼高。

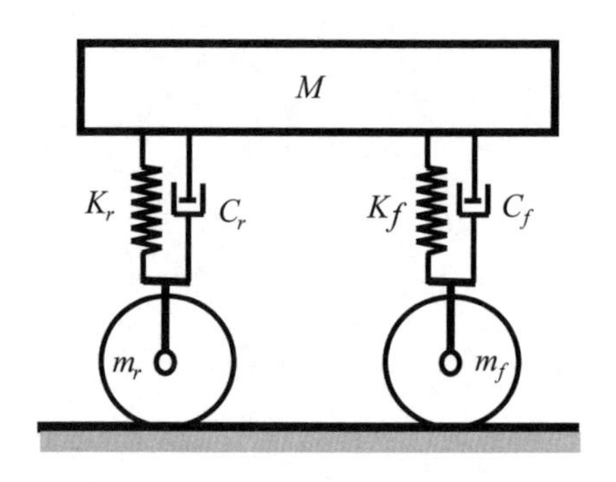

圖 5-1-1　摩托車的懸吊系統

圖 5-1-1 爲摩托車懸吊系統的簡化模型，其中 M 稱爲承載質量（Sprung mass）或稱簧上質量；m_f 和 m_r 分別爲前後非承載質量（Unsprung mass）或稱簧下質量；K_f 和 C_f 爲前避震器彈簧的等效彈簧係數和阻尼器的等效阻尼係數；K_r 和 C_r 爲後避震器彈簧的等效彈簧係數和阻尼器的等效阻尼係數。由彈簧和阻尼器所承載的質量稱爲「承載質量」，主要包括車架、引擎及其他由彈性部件所承載的質量。而自懸吊系統搖臂或者彈性元件向車輪端延伸的部件，均歸屬於「非承載質量」。也就是說，和車架保持相對靜止的部件屬於「承載質量」，而和車輪一起跳動的部件屬於「非承載質量」。例如，後搖臂會隨著車輪跳動，所以屬於非承載質量。

影響摩托車操控性與舒適性的因素，除了懸吊系統的設計與調校外，還有承載質量與非承載質量之比，以及車架的形式與剛度。當摩托車車輪碰到突起路面（Bump）時，非承載質量開始運動，若非承載質量大，則其動量大，造成懸吊系統受力增加，必須使用較硬的彈簧，但這又會增加傳至承載質量的力，降低騎乘舒適性。摩托車行駛至坑洞也有類似的效應。因此，非承載質量與承載質量之比值越小，對摩托車越有利。將輪圈及輪胎輕量化可降低非承載質量與承載質量之比，配合輪胎的升級，可以大幅提升懸吊性能，使懸吊反應更為靈敏，從而提高行駛時的穩定性及舒適性。在許多賽車上，或是昂貴的改裝品中，採用鎂合金輪圈就是為了減少非承載質量之值，以降低非承載質量與承載質量之比。當然，增加承載質量也可達到同樣的目的。騎乘高級休旅車會讓人感到十分舒適，除了懸吊系統設定較軟之外，車身重量較大也是原因之一。此外，摩托車車架的形式和剛性對摩托車的操控性亦有相當大的影響，如果車架剛性不夠，則在彎道騎乘時，易產生變形，進而影響操控穩定性。

本章介紹摩托車避震器彈簧與阻尼器的種類和性質，說明前後懸吊系統的種類、速度比和特性，簡介車架及它們對操控性和騎乘舒適性的影響。

5-2　避震器與彈簧之物理模型

摩托車避震器（Shock absorber）與彈簧有支撐車體、吸收和衰減振動的功能。避震器工作時彈簧可緩衝外部的衝擊，並帶動阻尼器內部的活塞運動，將平移運動動能轉換成熱能以消耗振動能量。較高級的避震器之阻尼器有外接或內建的氣瓶，以惰性氣體的壓縮來吸振或調整壓力。

避震器分回彈（Rebound）與壓縮（Compression）兩種行程。所謂回彈是指避震器長度變大（彈簧伸長）的過程；而所謂壓縮是指避震器的長度變短（彈簧被壓縮）的過程。圖 5-2-1(a) 與 (c) 所示之避震器長度與上一瞬間相比長度增加，屬於回彈行程；圖 5-2-1(b) 與 (d) 所示之避震器長度與上一瞬間相比長度減少，屬於壓縮行程。避震器回彈和壓縮的過程，也就是承載質量和非承載質量上下振動的過程。無論避震器是回彈還是壓縮，阻尼器所產生的阻尼力的方向總和避震器兩端運動的相對速度方向相反，由此消耗振動能量而達到減振的目的。

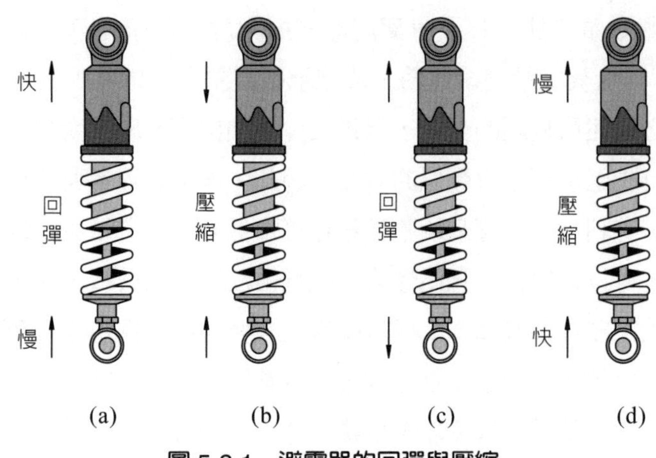

圖 5-2-1　避震器的回彈與壓縮

根據摩托車的形式和對操控性、舒適性、耐久性等性能的要求，避震器有多種不同的形式，但基本上可用圖 5-2-2(a) 所示的物理模型表示。圖中的 k 代表彈簧的剛度（Stiffness），c 爲阻尼器的阻尼係數（Damping coefficient），m 代表避震器所支撐的等效質量。若取彈簧靜止時 m 的平衡位置爲座標的原點（$x = 0$），則重力 mg 和彈簧靜變形力相互抵消而不會出現在運動方程中。圖 5-2-2(b) 爲質量 m 的自由體圖和有效力圖 [78, 84]。將圖 5-2-2(b) 的力投影到鉛垂方向並整理後得振動方程：

$$m\ddot{x} + c(\dot{x} - \dot{y}) + k(x - y) = 0 \tag{5-2-1}$$

式中 $k(x-y)$ 爲彈簧力，$c(\dot{x}-\dot{y})$ 爲阻尼力，x 爲質量 m 的位移，$\dot{x}$ 代表質量 m 的速度，$\ddot{x}$ 爲質量 m 的加速度，y 代表車輪在垂直路面方向的位移。方程（5-2-1）可改寫成

$$m\ddot{x} + c\dot{x} + kx = c\dot{y} + ky \tag{5-2-2}$$

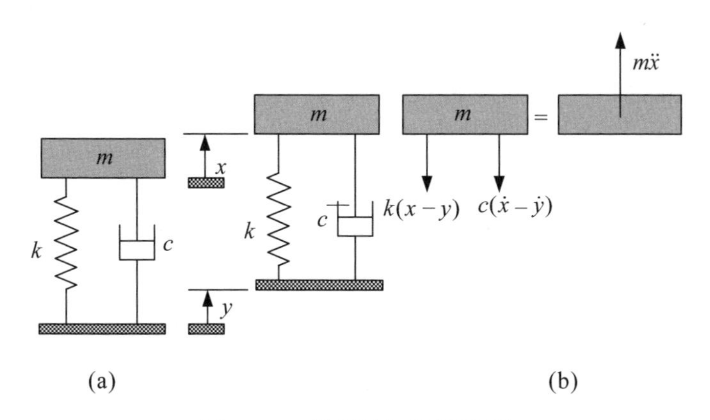

圖 5-2-2　避震器的物理模型

方程（5-2-2）在形式上等同於單自由度系統的強迫振動微分方程，其中 $c\dot{x}$ 為阻尼力，kx 為彈簧力，而 $c\dot{y}+ky$ 可視為因路面不平造成車輪上下位移進而引起避震器和彈簧運動所產生的激振力。關於摩托車的振動問題，我們將在第六章討論。

方程（5-2-2）等號右邊的外力項是騎士無法控制的，但等號左方的 m、k、c 是可以改變的。不過一般來說，對質量 m 我們也無法控制而只能作小的改變。為了降低振動，增進操控穩定性與騎乘舒適性，一般只能從調整阻尼器 c 值與彈簧 k 值著手。

5-3　避震器之彈簧

摩托車避震器彈簧的功能為支撐車體與騎士的重量，並緩衝輪胎與不平地面接觸時引起的振動或衝擊力。值得注意的是，摩托車加減速的慣性力或煞車的作用力、轉彎時的離心力皆會經由彈簧傳至車架上。因此，避震器彈簧是決定摩托車騎乘舒適性與操控性的重要零組件之一。

5-3-1　彈簧係數

彈簧係數（Spring coefficient 或 Spring rate）亦稱彈簧剛度，它表示壓縮或伸長彈簧一單位長度所需的力，常以 k 表示之，其單位為（N/m）或（kN/m）。k 值越大，彈簧越硬，反之亦然。摩托車懸吊系統所用的彈簧大都爲圈狀彈簧（Coil spring）。參考圖 5-3-1，圈狀彈簧的彈簧係數 k 的大小爲

$$k = \frac{Gd^4}{8nD^3} \tag{5-3-1}$$

式中

G：剪力模數（N/m^2）

d：線徑（m）

D：圈徑（m）

n：彈簧有效圈數

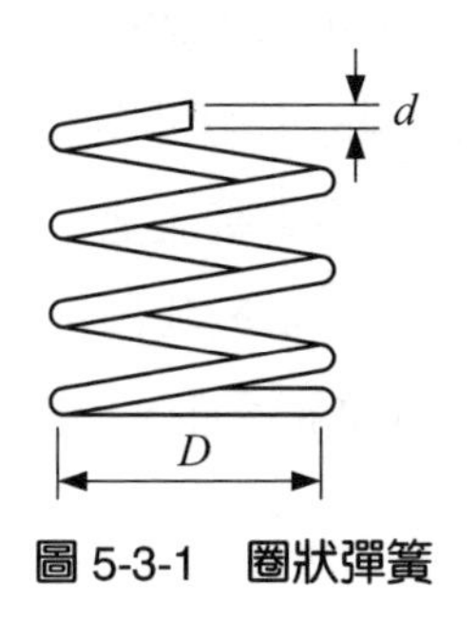

圖 5-3-1　圈狀彈簧

上式中所謂的彈簧有效圈數是指彈簧中未接觸的圈數。由公式（5-3-1）可知，彈簧有效圈數越多或圈徑越大，彈簧越軟；彈簧線徑越粗，彈簧越硬。

5-3-2　彈簧種類

摩托車避震器彈簧主要有等圈距彈簧、雙圈距彈簧、漸進式彈簧三類。等圈距均質彈簧爲等線徑、等外徑與等圈距的線性彈簧，其彈簧係數 k 爲常數，彈簧力 F_s 與變形量 δ 成正比，即 $F_s = k\delta$，如圖 5-3-2 所示。使用較軟的等圈距彈簧可提高騎乘的舒適性，但車身在運動過程中振幅較大；使用較硬的等圈距彈簧可獲得較好的行駛性，但騎乘舒適感就會變差。

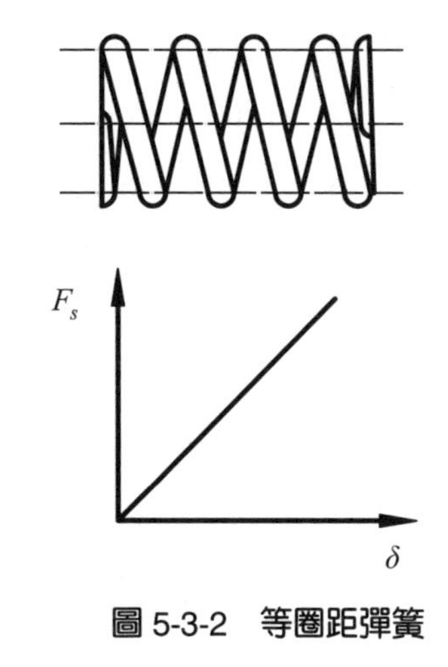

圖 5-3-2　等圈距彈簧

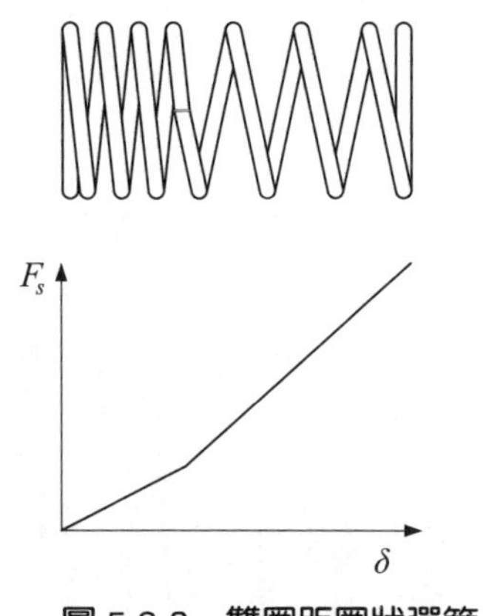

圖 5-3-3　雙圈距圈狀彈簧

目前許多摩托車的懸吊彈簧採用一個等小圈距與一個等大圈距的線性彈簧組合而成的雙圈距彈簧，具有兩種不同的彈簧係數，如圖 5-3-3 所示。對雙圈距彈簧，圈距小的彈簧，彈簧係數小；圈距大的彈簧，彈簧係數大。當摩托車行駛在起伏小的路面時，由圈距較密的軟彈簧來循路面運動。當遇到大的突起路面（Bump）時，圈距較密的軟彈簧壓縮互相接觸後，由圈距較疏的硬彈簧來控制運動。良好的設計可滿足一定的騎乘舒適性與行駛操控性的要求。

非線性的漸進式彈簧（Progressive spring）具有可變彈簧係數，其構成的形式有：(1) 等圈距不等外徑（見圖 5-3-4）；(2) 等外徑不等圈距（見圖 5-3-5）；(3) 或前兩者之組合。摩托車使用的漸進式彈簧以等外徑不等圈距爲主。漸進式彈簧的特點在於，隨著載荷加大，彈簧係數跟著增大，因此彈簧力也隨之增大。當來自路面的衝擊較小時，先由圈距較密的軟彈簧吸收路面的小振動，此時彈簧係數小可獲得較佳騎乘舒適性；當衝擊力變大時，則由較疏的硬彈簧承擔（此時彈簧係數大），在重載或沿不良路面行駛時，既能緩衝減振，也可在激烈操控時，提供足夠的支撐力。與雙圈距彈簧相比，漸進式彈簧的彈簧係數是連續變化的，而雙圈距彈簧的彈簧係數在軟、硬彈簧轉換時變化較大。和等圈距彈簧相比，漸進式彈簧承受側向力的能力較弱，所以一般跑車多使用等圈距彈簧。

圖 5-3-4　等圈距不等外徑漸進式彈簧

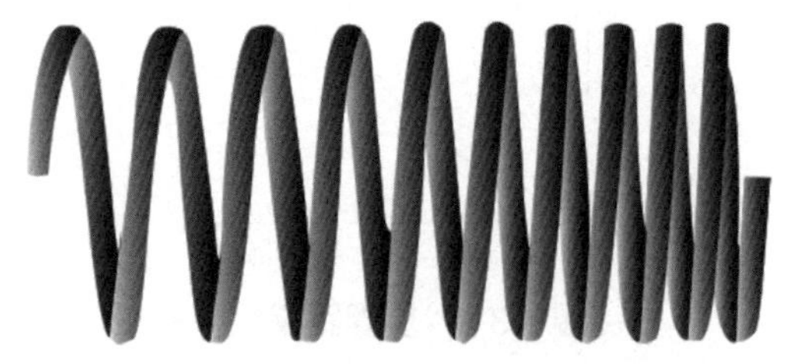

圖 5-3-5　等外徑不等圈距漸進式彈簧

例 5-3-1

某圈狀彈簧如圖 5-3-2 所示。已知彈簧材質的剪力模數為 7.928×10^{10} N/m^2、線徑為 10 mm、圈徑為 60 mm，求其有效圈數和彈簧係數。

解：

已知線的直徑 $d = 10$ mm $= 0.01$ m，圈徑 $D = 60$ mm $= 0.06$m。圖 5-3-2 所示的圈狀彈簧總圈數為 5，但左右兩端皆為接觸閉端（Closed end），因此有效圈數 $n = 5 - 2 = 3$，代入公式（5-3-1），得彈簧係數

$$k = \frac{7.928 \times 10^{10} \times (0.01)^4}{8 \times 3 \times (0.06)^3} = 152932 \text{ N/m}$$

5-3-3　彈簧對騎乘舒適性與操控性的影響

彈簧係數的大小直接影響懸吊系統的運動位移量及騎士在不平路面騎乘的路感。因彈簧儲存的能量 $E = (1/2)k\delta^2$，故對同樣的彈簧變形量 δ，彈簧係數 k 越大，能儲存的能量越大。對同樣的能量，彈簧係數越大，彈簧的變形量越小，騎士的路感較佳；若彈簧係數較小，則彈簧變形較大，避震器的位移量較大，緩和振動的效果較佳。一般而言，強調操控性的摩托車多採用較硬的彈簧，以減少車身振動的振幅。但若彈簧太硬（k 值過大），則避震器很難被壓縮，阻尼器難以實現減振的功能。注重騎乘舒適性的車種，則會使用較軟的彈簧。但若彈簧過軟，摩托車制動、加速或彎道行駛時彈簧變形量大，易造成車身晃動，甚至避震器會發生觸底現象（Bottom out），即避震器壓縮已到極限，無法再繼續壓縮。

摩托車加速時，會因慣性力的作用造成後懸吊系統後蹲（Squat），而制動時會造成前懸吊系統俯衝（Dive），由此產生俯仰運動（Pitch）。若彈簧係數較小，則下沉量較大，對操控不利。另外，前後懸吊系統的彈簧係數必須互相搭配協調，如果兩者軟硬相差太大，則加速或制動的慣性力會引起很大的俯仰運動，對操控性不利。

避震器彈簧的重要參數除彈簧係數外，還有彈簧的預載（Preload）。有關彈

簧預載的功能與調整，我們會在後面探討。

例 5-3-2

速克達後避震器使用的彈簧有上疏下密型與上密下疏型，如圖 5-3-6 所示，試分析其作用。

圖 5-3-6　例 5-3-2 之圖

解：

圖 5-3-6 所示的雙圈距彈簧可視為兩個不同彈簧係數的彈簧的串接，可用如圖 5-3-7 所示的模型來說明，其中 k_1 和 k_2 分別為兩彈簧的彈簧係數。當外力 F 作用於避震器時，因兩彈簧為串接，每個彈簧所受力均為 F，兩彈簧的變形量可分別表示為 $\delta_1 = F/k_1$ 和 $\delta_2 = F/k_2$。由於兩彈簧的彈性係數不同（較密時彈簧係數小，較疏時彈簧係數大），其變形量大小也就不同。因此，後避震器彈簧上疏下密時，下面的彈簧較軟，車輪較易循路面的起伏而上下運動，直到密部彈簧都接觸後，才會有較大的振動由彈簧係數較大的上部彈簧來承受，因而上部較易保持平穩。採用上密下疏彈簧時，彈簧下部作用於搖臂的力較大，會使車輪有較佳的貼地性，路感較佳；當轉彎時油門開度增加車速變快，避震器瞬間下沉，騎士會感覺有較佳的支撐性。

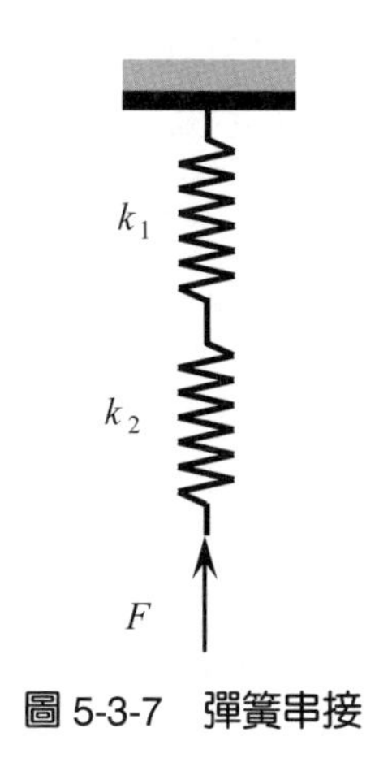

圖 5-3-7　彈簧串接

5-3-4　速度比

速度比（Velocity ratio）也稱運動比（Motion ratio）定義爲車輪在垂直於路面方向的速度與懸吊彈簧壓縮速度之比 [20]。圖 5-3-8 爲摩托車後懸吊系統的幾何示意圖，其速度比 VR 可寫成

$$VR = \frac{v_{wh}}{v_s} = \frac{\delta_{wh}}{\delta_s} \tag{5-3-2}$$

式中 v_s 爲彈簧壓縮速度，v_{wh} 爲車輪在垂直於路面方向的速度，δ_s 爲彈簧壓縮量，δ_{wh} 爲車輪在垂直於路面方向的位移上升量。

速度比和輪率（Wheel rate）（車輪受力 / 車輪運動量）有關，參考圖 5-3-9，我們比較避震器在兩個不同位置的彈簧係數。爲說明方便，我們假設後承載質量 M 固定不動，後搖臂 OB 未運動時呈水平狀態。

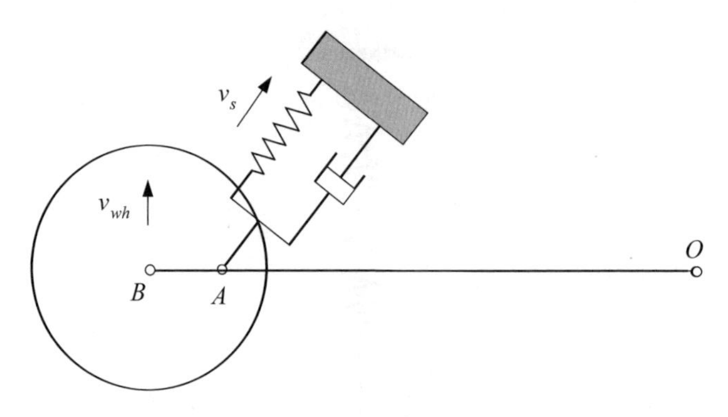

圖 5-3-8 速度比

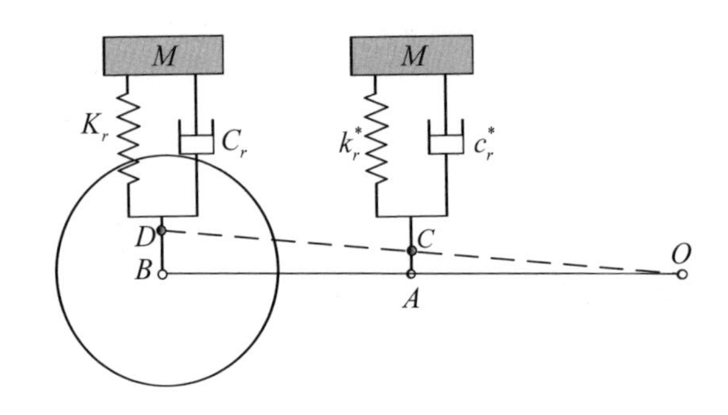

圖 5-3-9 速度比

情況 1：將避震器直接垂直安裝在後輪中心上，則後輪中心上升量和避震器彈簧的壓縮量同爲 $\overline{BD}$，因此速度比 $VR = 1$。

情況 2：將避震器垂直安裝在後搖臂 OB 中間位置，則車輪中心上升量 $\overline{BD}$ 是懸吊彈簧壓縮量 $\overline{AC}$ 的兩倍，故速度比 VR=2，此時後搖臂就像 2：1 的槓桿一樣，使得作用在彈簧的力是作用在車輪的力的兩倍。也就是情況 2 中彈簧的位移量只有車輪位移量的一半，但彈簧力卻是車輪力的兩倍。因此，彈簧係數是輪率的四倍。由上述分析得知輪率 WR、彈簧係數 k 和速度比 VR 的關係爲

$$k = WR \times (VR)^2 \tag{5-3-3}$$

$$WR = k/(VR)^2 \tag{5-3-4}$$

將（5-3-2）式代入方程（5-3-4），得

$$\frac{F_{wh}}{\delta_{wh}} = \frac{F_s}{\delta_s} / (\frac{\delta_{wh}}{\delta_s})^2 \quad (5\text{-}3\text{-}5)$$

整理後可得車輪力（Wheel force）F_{wh} 與彈簧力 F_s 的關係為

$$F_{wh} = F_s / (VR) \quad (5\text{-}3\text{-}6)$$

因爲情況 (2) 的彈簧壓縮量只有情況 (1) 的一半，因此，在設計後懸吊系統時，若避震器安裝點越靠近樞點（Pivot）O，則速度比越大。速度比的大小會影響摩托車的性能。根據方程（5-3-3），若車輪行程相同，速度比越大，所需的彈簧係數就越大。或者說，若車輪行程相同，則速度比越大的設計，可使用行程較短的彈簧，如此可降低摩托車高度，有利於操控。跑車型摩托車的後懸吊系統便是採用此設計理念，讓避震器安裝點盡量靠近樞點（速度比大），這樣便可使用較短的彈簧，操控性較佳。

速度比的計算也可以使用於前懸吊系統，我們將在後面的小節中討論。

注意：有的書籍將速度比定義爲懸吊彈簧壓縮速度與車輪垂直速度的比值。

5-4　阻尼器

前已述及，阻尼器產生的阻尼力的方向始終和避震器兩端運動的相對速度方向相反，因此阻尼器能調節避震器的壓縮及回彈速度。

避震器工作時，阻尼器內的活塞迫使阻尼油通過小孔徑的閥門而產生阻尼力，改變閥門的孔徑就可以改變阻尼力的大小。阻尼器的阻尼可分爲壓縮阻尼和回彈阻尼。避震器受壓縮時的壓縮阻尼力和彈簧力可減少壓縮行程。而在彈簧受壓縮後的回彈行程中，回彈阻尼力會降低彈簧受壓縮後將車輪彈回地面的力量，減緩回彈的衝擊使摩托車保持平穩。一般避震器的壓縮阻尼力通常都設計成小於回彈阻尼力，否則若壓縮行程的阻力太大，會影響騎乘舒適性。

5-4-1 阻尼力

一般避震器中阻尼器的阻尼力 F_c 的大小與速度 v 的關係為

$$F_c = cv^n \tag{5-4-1}$$

c：阻尼係數（N · s/m）

v：阻尼器中活塞的運動速度（m/s）

n：阻尼器阻尼特性指數

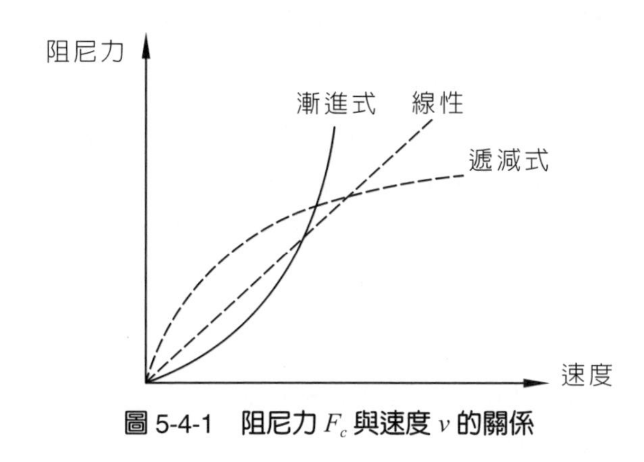

圖 5-4-1 阻尼力 F_c 與速度 v 的關係

圖 5-4-1 表示一般摩托車阻尼器的三種阻尼力 - 速度特性曲線，圖中的漸進式阻尼（Progressive damping）曲線的阻尼特性指數 $n = 2$，阻尼器內採用固定流通面積的節流孔，阻尼器的阻尼力完全由液體的亂流阻尼決定；遞減式阻尼（Degressive damping）曲線，$n = 2/3$，阻尼力主要由限壓閥的開閉系統控制，並且流通面積與閥的開啓度成正比；若阻尼是上述兩種情況的組合，即同時具有節流孔與限壓閥系統，低速時主要是節流孔系統起作用，此時稱為線性阻尼（Linear damping）曲線，$n = 1$。

由圖 5-4-1 中的漸進式曲線可知，在速度低時阻尼力小，速度高時阻尼力大，阻尼力的變化較大。漸進式阻尼器的構造較簡單，價格較便宜。由線性與遞減式阻尼器特性曲線可觀察出，從低速到高速阻尼力變化較小，阻尼力較穩定，因此在較大的振動速度範圍內，阻尼器有足夠的阻尼力來滿足車輪抓地力的要求，這對行駛的穩定性有利。

阻尼器的阻尼值可用阻尼器測試儀測量，如圖 5-4-2 所示。方法是，對阻尼器施加一系列振幅相同但頻率不同的正弦波力，同時用力傳感器（Force transducer）量測阻尼力。力和位移的關係可畫出一條封閉的曲線，多次測試後就形成多條封閉曲線，如圖 5-4-3 所示，圖中水平軸和垂直軸分別代表位移和阻尼力。避震器中

圖 5-4-2　阻尼器測試儀

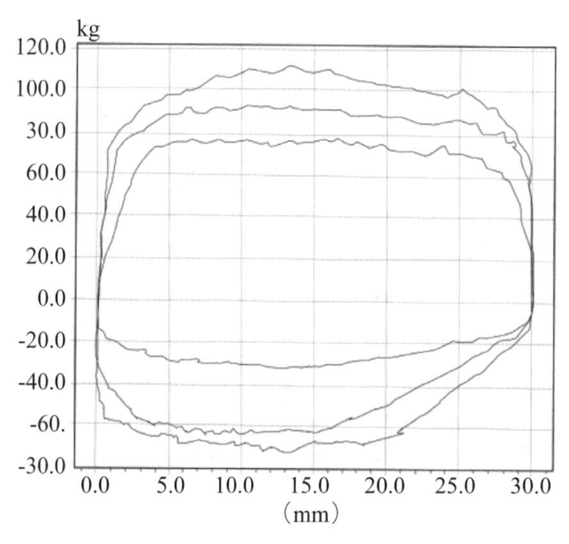

圖 5-4-3　阻尼器示功圖

阻尼器特性也可用阻尼力和速度的關係曲線來表示，如圖 5-4-4 所示。圖中的水平線以上的曲線表示阻尼器回彈行程中阻尼力的變化特性；水平線以下的曲線表示壓縮行程阻尼力的變化特性。此封閉曲線內的面積代表阻尼器在一個壓縮行程和一個回彈行程（工作循環）中所消耗的能量，這種曲線圖稱為示功圖（Indicator diagram）。根據示功圖，由方程 $F = cv^n$ 可求得在壓縮及回彈行程中的最大阻尼值。此外，經由檢視示功圖曲線是否圓滑和變形程度，可以判斷阻尼器功能是否正常。

圖 5-4-5 所示為線性阻尼器運動過程中的示功圖、力與速度關係圖及速度與時間關係圖。圖中阻尼器從底點 B 回彈至有最大速度的行程中點 N，接著速度漸減至頂點 T，然後阻尼器被壓縮至速度最大的中點 N，最後運動至底部 B。由於壓縮阻尼係數和回彈阻尼係數不同，因此壓縮阻尼力與回彈阻尼力大小也不等。

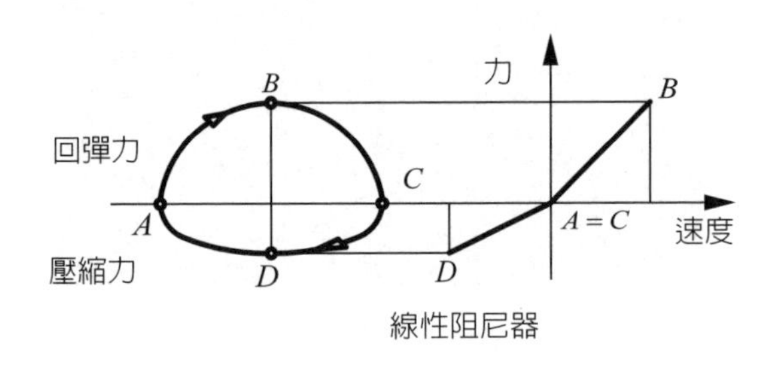

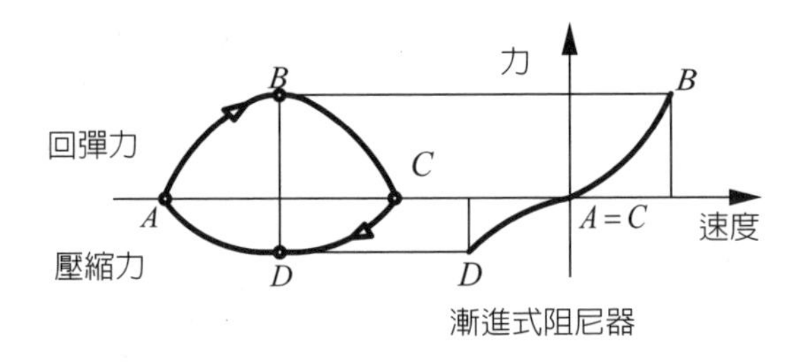

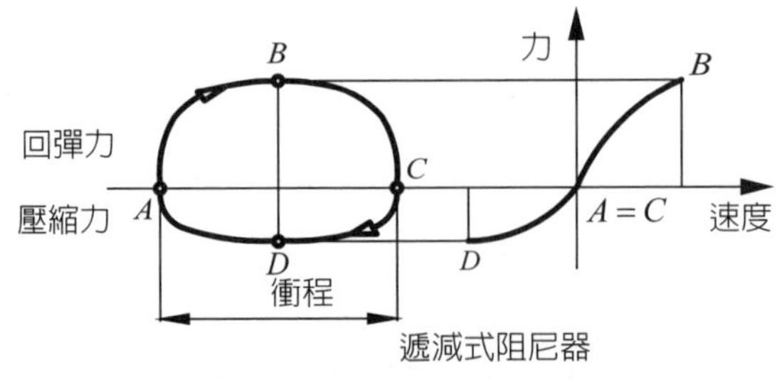

圖 5-4-4　阻尼器三種阻尼的型式

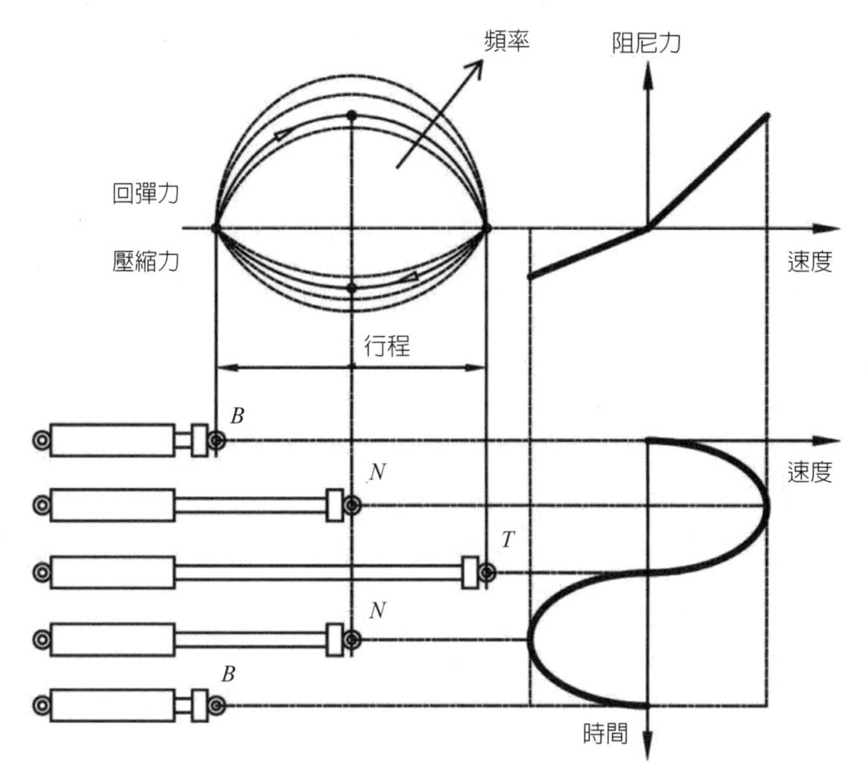

圖 5-4-5　線性阻尼器的力學性質 [12]

一般阻尼器的示功圖都是在速度 0.3～0.5 m/s 條件下在專業測試台上量測的，測得的最大阻尼值稱為阻尼器的額定阻尼值。

阻尼係數大小與阻尼油的黏度有關，常見的標示單位為 WT，號數則從 5、10、20 至 70，數字越大代表油的黏度越高，阻尼係數越大，阻尼效果也越佳。阻尼器工作的能量，經由阻尼油在管內的摩擦轉變成油的熱能。隨著摩托車的行駛，熱量慢慢的累積，油溫會升高，黏度也會下降，阻尼效果將變差。因此，在經過長途騎乘後，阻尼器性能會有所下降。此外，阻尼油經過長期的反覆升溫變熱與降溫變冷，油的品質會變差，最好定期更換。

5-4-2　阻尼對騎乘舒適性與操控性的影響

良好的阻尼器能緩和車身振動，改善車輪的接地性，提高摩托車的平順性、制動性、操控性等重要性能。而阻尼係數的大小是阻尼器設計中的一個重要參數。若阻尼係數太大，則振動衰減的時間太短，騎士會感到不舒適。阻尼過大則變成過阻尼振動系統（Overdamped vibration system）[74]，雖然能夠消耗較大的振動能，但同時也會造成回彈或壓縮過慢，不利於連續激烈彎道與不平路面行駛；阻尼值越小，則摩托車振動衰減越慢，騎乘較舒適但操控性較差。但若避震器的阻尼力不存在或太小，則系統將作無阻尼或低阻尼振動（Underdamped vibration）[84]，理論上，這種振動將持續不停或持續很久才會停止，使得操控困難，這種情況應該避免。

對於一般行駛於平坦柏油路面的摩托車，爲了獲得較佳的操控性，避震器阻尼值設定通常較大。但當路面有很多起伏時，若阻尼值設定太大，則會使避震器壓縮與回彈不夠快，輪胎可能無法一直貼緊地面，甚至有可能發生輪胎跳離路面的情形。因此，爲獲得最佳的騎乘樂趣，避震器彈簧及阻尼值都必須隨著路況的不同加以調整。有關彈簧與阻尼的調整與設定，我們將在後面章節說明。

5-4-3　阻尼器的分類與特性

摩托車後懸吊系統阻尼器從外觀上可分爲：無氣瓶式阻尼器、固定式氣瓶阻尼器及外掛式氣瓶阻尼器。阻尼器內部除了裝阻尼油外，還必須有氣體。這是因爲，阻尼油本身無法壓縮及膨脹，因此阻尼器內必須加入可以壓縮且穩定性較高的氣體（如純氮氣）以調節空間與壓力。同時，當阻尼器高速工作時，加壓的氣體可以避免阻尼油瞬間產生氣泡而影響避震器的正常工作。

無氣瓶式阻尼器可分兩類：第一類如圖 5-4-6(a) 所示，氮氣與阻尼油直接接觸混合。氣體的壓力對於阻尼油有加壓的效果。當阻尼器壓縮時，氣體隨之壓縮，達到調整空間的效果。第二類如圖 5-4-6(b) 所示，氮氣與阻尼油之間有活塞相隔，防止在高壓下兩者互相混合，其效果較第一類佳，但成本較高。

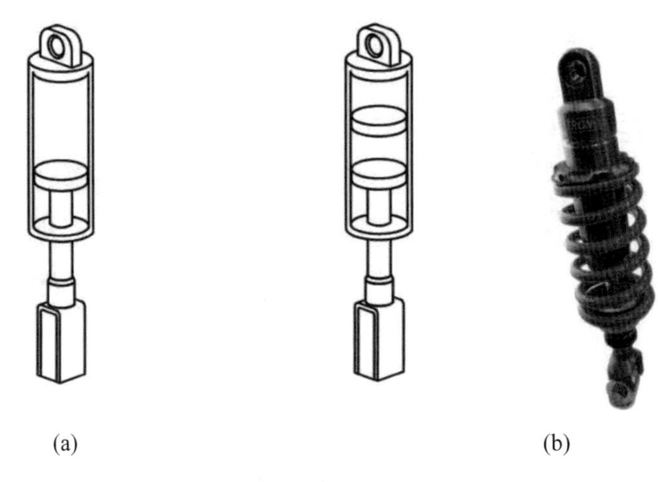
(a) (b)

圖 5-4-6　無氣瓶式阻尼器

固定式氣瓶阻尼器，氣瓶本身與阻尼器結合為一體，內部有油路通道，如圖 5-4-7(a) 所示。在氣瓶中也有阻尼油，將油和氣以活塞隔開，以防二者相互混合，是高階避震器中常見的設計。外掛式氣瓶阻尼器（見圖 5-4-7(b)）的設計概念與固定式氣瓶阻尼器相同，但氣瓶並不固定在阻尼器的筒身上，而是通過油管採用分離的方式安裝，在空間有限的情況下，外掛式氣瓶在安裝上有更大的靈活性。

採用氣瓶式阻尼器的避震器，可用較軟的彈簧，使之反應迅速。因氣體容易壓縮，所以摩托車行駛時，大部分的小振動很容易先被阻尼器吸收；當較大的振動發生時，阻尼器裡充填的液壓油便發揮作用，使騎乘舒適性得以改善。相比之下，若採用無氣瓶式阻尼器，則小振動的感覺較為明顯。

最後我們來看看阻尼器的內部結構。阻尼器內部主要由軸心、活塞及阻尼油所組成。避震器工作時，軸心和活塞一起上下運動，阻尼油則經由軸心內的中空管路及活塞上的小孔流動。阻尼油受活塞的阻力及油在孔中流動的阻力，便是阻尼器產生阻尼效果的原因。阻尼軸心是一支中空的軸，活塞上有許多小孔，上面有墊片及簧片。當阻尼器以低速運動時，阻尼油會透過軸心及活塞上的小孔在筒身中來回流動。但當阻尼器快速運動時（例如避震器受到衝擊運動時），活塞上的簧片會被油的壓力推開，阻尼油穿越阻尼活塞，流至筒身的另一邊。當壓力過大時，活塞上

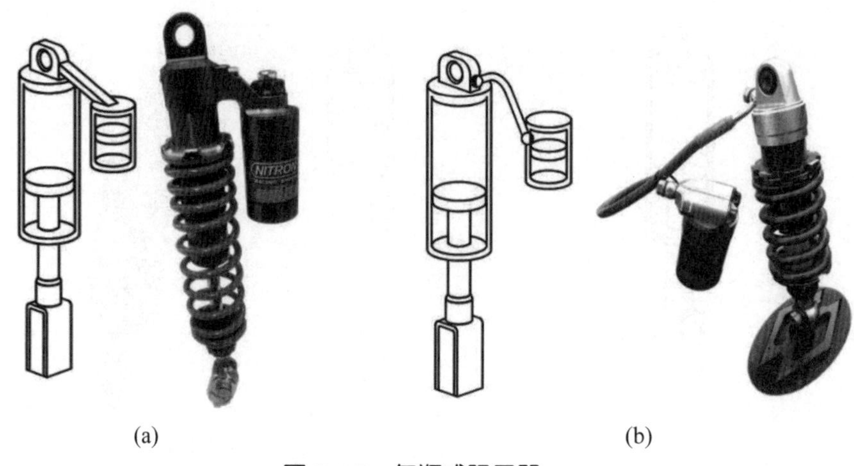

(a) (b)

圖 5-4-7　氣瓶式阻尼器

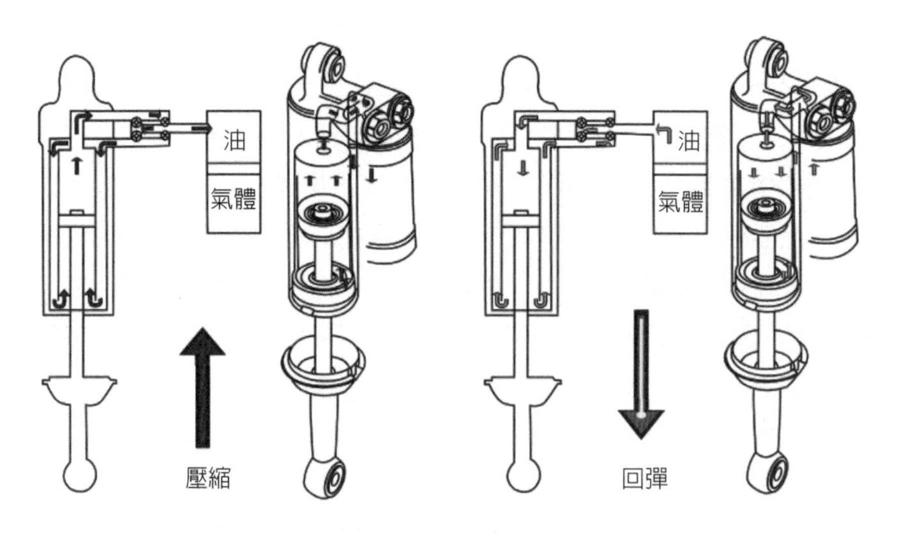

圖 5-4-8　氣瓶式阻尼器的壓縮與回彈行程之阻尼油流動路線圖

的簧片會產生變形，改變阻尼油流量，因此可以控制避震器在壓縮及回彈時的阻尼力。

氣瓶式阻尼器主要由活塞、桿組件及一個裝惰性氣體的氣室組合而成。氣瓶相當於剛度可變的彈性體。在壓縮行程中，受壓的氣體直接作用在活塞上，強迫阻尼油流經活塞上的通孔及節流閥，而形成壓縮阻力；回彈行程時上、下工作腔的容積不同，上腔多出的容積由氣瓶自行調整填補，可平順而靈敏地完成行程。

氣瓶式阻尼器的特點爲活塞較大、工作腔較長，這表示油的流量較無氣瓶式阻尼器大，洩漏損失較小，具有較準確的液壓。另外，這類阻尼器散熱面積大，減振效果良好，在激烈操縱的情況下可提高車輪與路面間的抓地力，進而獲得較佳的操控性。

無氣瓶式阻尼器的活塞面上開有數個阻尼孔，活塞桿上另有一個與上、下腔連接的通孔，活塞與活塞桿的接合處設有閥片，在壓縮行程時阻尼油經由二條路線進入上腔，一條是阻尼油經由活塞上數個阻尼小通孔，經單向閥片流入上腔，另一條是經由活塞桿通道流入上腔；回彈行程時阻尼油只流經活塞桿上的通孔回到下腔，另一條路徑則因單向閥而封閉，使得阻尼油流量大爲減少。因此，回彈行程的阻尼力遠大於壓縮行程的阻尼力，這樣可迅速衰減車體的振動。

圖 5-4-8 爲氣瓶式阻尼器的壓縮與回彈行程之阻尼油流動路線圖，壓縮行程時油流入氣瓶，回彈行程時油流出氣瓶。

前面介紹後避震器的阻尼器，現簡介最常見的前懸吊系統前叉之阻尼器。參考圖 5-4-9，前叉依內部阻尼器的構造主要可分爲傳統用的阻尼桿式前叉（Damping-rod fork）和內部含有卡匣管的卡匣式前叉（Cartridge-type fork）。

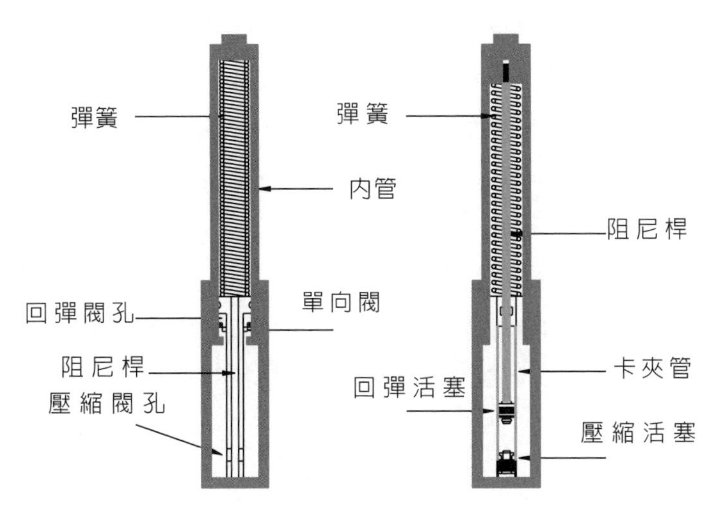

圖 5-4-9　阻尼桿式前叉與卡匣式前叉 [11]

阻尼桿式前叉透過閥孔來限制阻尼油的流動產生阻尼力，前叉內外管相對運動愈快，愈多油流經閥孔，阻尼力和避震器運動速度平方成正比。若車輪垂直移動速度加倍，阻尼力變成原來的四倍。就算摩托車以低車速通過突起路面（Bump），只要車輪垂直速度大，阻尼力就很大。當車輪垂直速度很小時，阻尼力又很小。因爲阻尼力變化太大，以致騎乘較不舒適。

因爲阻尼桿式前叉的阻尼力對垂直速度較敏感，阻尼力變化很大，爲解決這種問題，可採用卡匣式前叉（Cartridge fork）。它採用多片墊片（Shim）疊在活塞上，當油流經活塞時迫使墊片離開活塞面，這樣就產生了阻尼力。當車輪垂直速度變大時，墊片離開活塞面更遠，產生更大阻尼力，但不像阻尼桿式前叉阻尼力變化那麼大。所以，卡匣式前叉阻尼力對車輪垂直移動速度的變化較不敏感，對騎乘舒適性與操控性有利。另外，卡匣式前叉可以較精確的調整阻尼曲線，以適合不同路況和騎乘要求。

總之，阻尼桿式前叉優點爲製造容易，價格較便宜；缺點爲只能作有限的調整，阻尼力變化大。卡匣式前叉的優點爲容易調整，阻尼力變化較小；缺點爲價格較貴。

5-4-4 轉向阻尼器

轉向阻尼器（Steering damper）俗稱防甩頭，用以增進摩托車彎道行駛的穩定性。當摩托車沿一般彎道行駛時，轉向阻尼器提供轉向阻尼力以防止轉向角度過大而發生危險。當車輪碰到凹槽而引起前輪擺動時，轉向阻尼可使車輪快速停止擺動。轉向阻尼器有線性轉向阻尼器（Linear steering damper）和旋轉式轉向阻尼器（Rotary steering damper）兩類。

線性轉向阻尼器的細長圓柱體固定於車架上，圓柱體內有油壓伸縮細桿，桿端固定於前叉上，如圖 5-4-10(a) 之 A 所示。或者，阻尼器圓柱體固定於車架的轉向頭而伸縮桿端接在把手上，如圖 5-4-10(b) 之 B 所示。

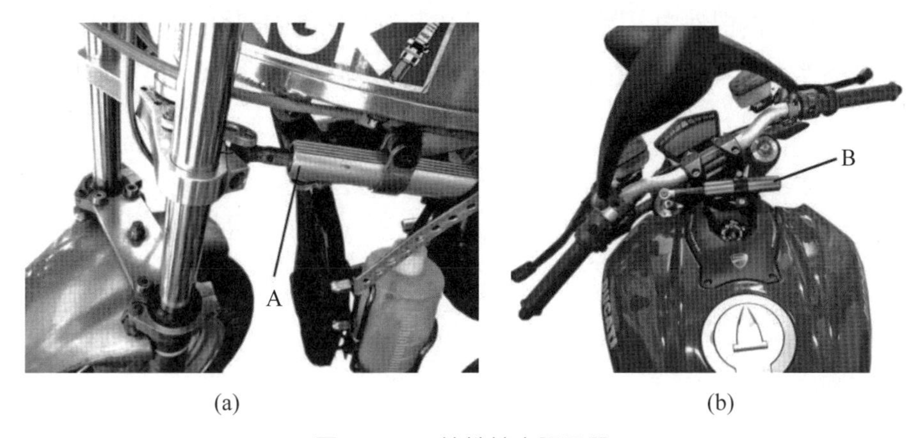

圖 5-4-10　線性轉向阻尼器

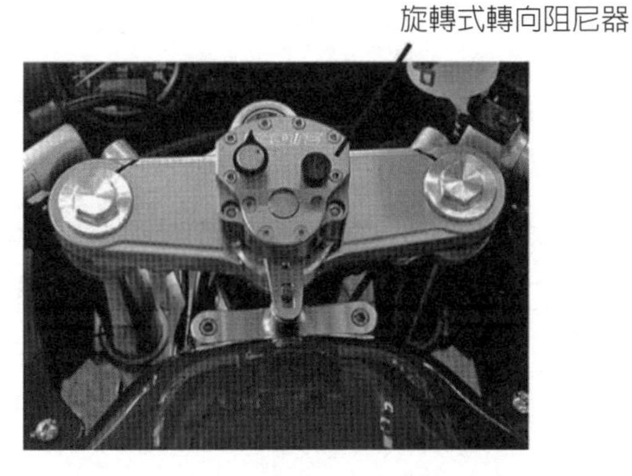

圖 5-4-11　旋轉式轉向阻尼器 [101]

旋轉式阻尼器裝在轉向軸承上，位於把手軛的上方或下方。它應用橡膠摩擦軸承或油壓系統產生阻尼作用。阻尼器的外部阻件裝在車架上，其內部組件有一個含鍵槽的孔，讓轉向頭軸通過，如圖 5-4-11 所示。

5-5　摩托車前懸吊系統

摩托車前懸吊系統的功能在於，使前輪能夠穩定的直線行駛並在不平的路面及彎道中維持前輪貼地以獲得足夠抓地力。在摩托車重煞車或高速轉彎時，前懸吊系統將承受相當大的慣性力，因此前懸吊系統必須有足夠的剛性。圖 5-5-1 顯示因前懸吊系統剛性不足，摩托車在高速轉彎時發生的變形量 s。

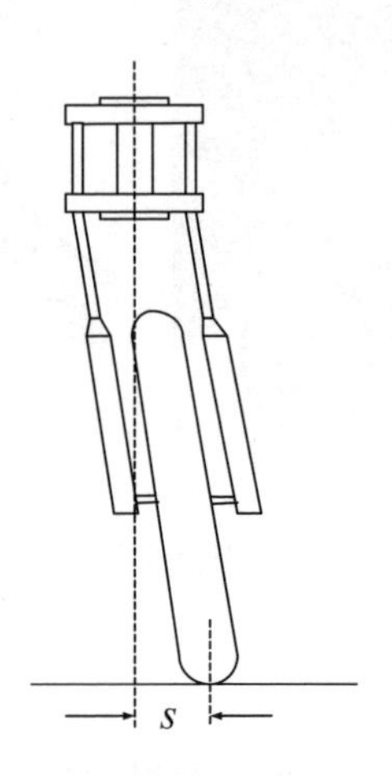

圖 5-5-1　前懸吊系統剛性不足高速轉彎時產生的變形

目前多數摩托車前懸吊系統採用伸縮直筒式懸吊系統（也就是常稱的前叉）。此外，還有許多其他形式的前懸吊系統，但較少使用。以下簡介一些較常見的摩托車前懸吊系統。

5-5-1　伸縮直筒式

伸縮直筒式懸吊系統又稱潛望叉（Telescopic forks），可分爲正叉（Upright forks）與倒叉（Upside down or Inverted forks），兩者通稱爲前叉（Front forks），是摩托車的一個重要部件，它固定前輪，提供轉向和避震的功能。前叉需有足夠的剛度與強度，讓車輪和路面保持接觸以提供足夠的抓地力，平穩的減振和控制摩托車姿態。前叉具有構造簡單，節省空間的優點，因此是摩托車前懸吊系統的主流。其缺點爲：(1) 伸縮直筒式懸吊系統採用兩支內、外管組，左右兩側是兩支獨立的避震器，因此有可能會因調校的關係造成運動不同步；(2) 內、外管能承受與其垂直方向的作用力較小，當摩托車加減速或過彎的操控過於激烈時，前叉易產生高摩擦力和微小彎曲變形，進而影響到內、外管的工作及懸吊性能；(3) 制動時因慣性力的作用，前叉後傾角與前伸距與軸距會隨壓縮量的增加而減少，車頭會產生俯衝現象（點頭現象）（Dive），如圖 5-5-2 所示。圖中 F_j 爲制動時作用在前叉的慣性力，F_D 爲 F_j 沿前叉 AO 方向的分量，它使得前叉與車頭產生俯衝現象。

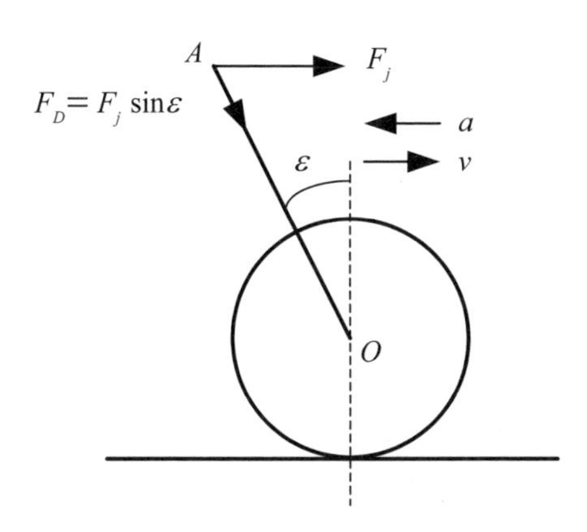

圖 5-5-2　制動時伸縮直筒式懸吊系統的受力與俯衝現象

辨識正叉與倒叉的方法如下：若前叉內管在外管上方，則爲正叉；反之，則爲倒叉。不過，有些倒叉的內管部分裝有保護外殼，得仔細端詳。圖 5-5-3 所示爲某正叉的分解圖（Exploded drawing），顯示前叉內部的各種零件。

1. 正叉

正伸縮直筒式懸吊系統又稱正立式潛望叉，俗稱正叉，由上、下三角台（Triple clamps）和避震器總成構成，如圖 5-5-4 所示。（註：避震器總成含外管、內管、彈簧、阻尼器及阻尼油。）上、下三角台用組裝軸承和車架的轉向頭（Steering head）結合，使得三角台可以對車架作轉向運動；上、下三角台的另一端則分別鎖住兩支內管的上端。內管下端連接外管，由外管鎖住前輪。內、外管之間裝著阻尼器、阻尼油及彈簧。內管直徑及工作行程是正叉的兩個重要參數。內管越粗，剛性越大，可承受的力越大，但成本及重量也跟著增加。正叉的工作行程是指其內、外管可以有效運動的範圍。越野車前懸吊系統的工作行程通常比一般街車或跑車大。

1. 頂螺栓
2. O 型環
3. 隔離器
4. 彈簧座
5. 彈簧
6. 活塞環
7. 阻尼桿
8. 回彈彈簧
9. 前叉內管（Fork tube）
10. 底緩衝（Bottom bush）
11. 防圈塵封
12. 定位夾（Retaining clip）
13. 油封
14. 墊片
15. 頂緩衝（Top bush）
16. 阻尼桿座
17. 外管（Fork slider）
18. 墊片封
19. 阻尼桿螺栓
20. 軸夾持螺栓

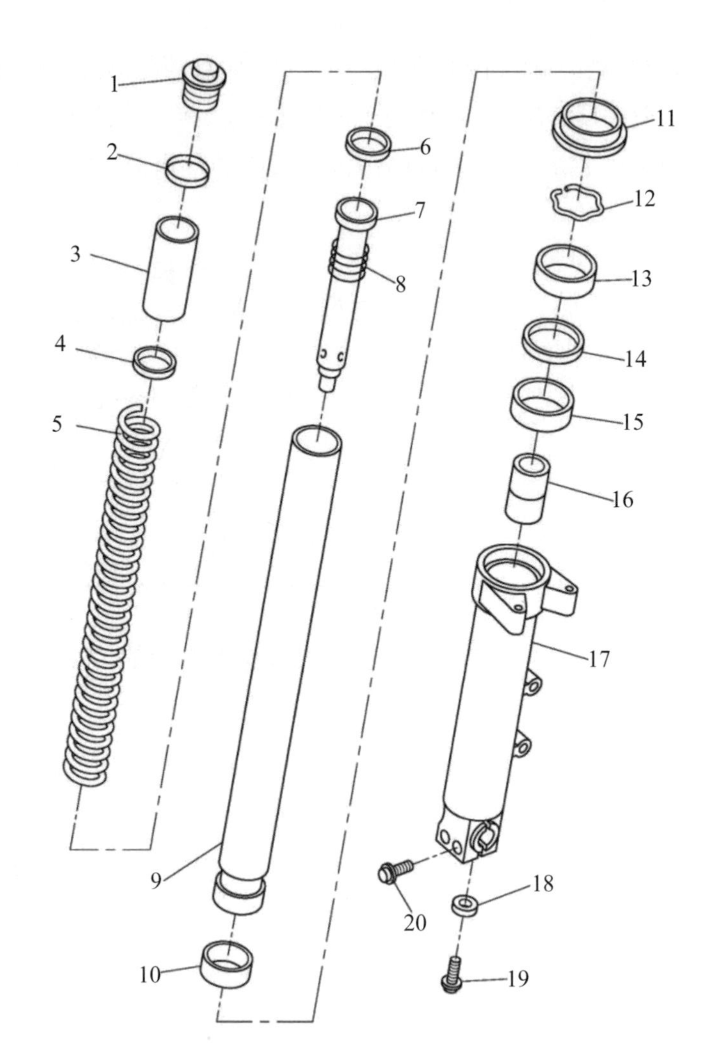

圖 5-5-3 前叉的分解圖 [11]

圖 5-5-4　正伸縮直筒式避震器

2. 倒叉

倒叉將正叉下端的外管及上端的內管整組顛倒過來，變成外管在上而內管在下，由外管與上、下三角台連結，用內管鎖住輪胎。前叉是靠內外管的相對滑動來產生上下運動，也靠內外管的接觸面來承受側向力。因此，若內外管接觸長度不夠，受力較大時，容易產生變形。想要增加內、外管的接觸長度，在不改變整體前叉長度的要求下，只好增加外管的長度。但這受到下三角台的限制，增加範圍有限制，而且外管增長過多則有可能會在工作時撞到下三角台。

如圖 5-5-5 所示，將正叉改爲倒叉後，在三角台位置不變及可用行程不變的條件下，內、外管可接觸的長度會明顯增加，這樣可以增強前叉的剛度。在倒叉中，內管本身直徑較小，相對於較粗大的外管，質量也較輕，因此降低非承載質量。此外，因爲越接近固定端，所受到扭轉力矩越大，將口徑較大的外管放置於接近三角台端，是有利的。因爲倒叉比正叉有較強的彎曲剛度（Bending stiffness）及扭轉剛度（Torsional stiffness），故常用在跑車上。

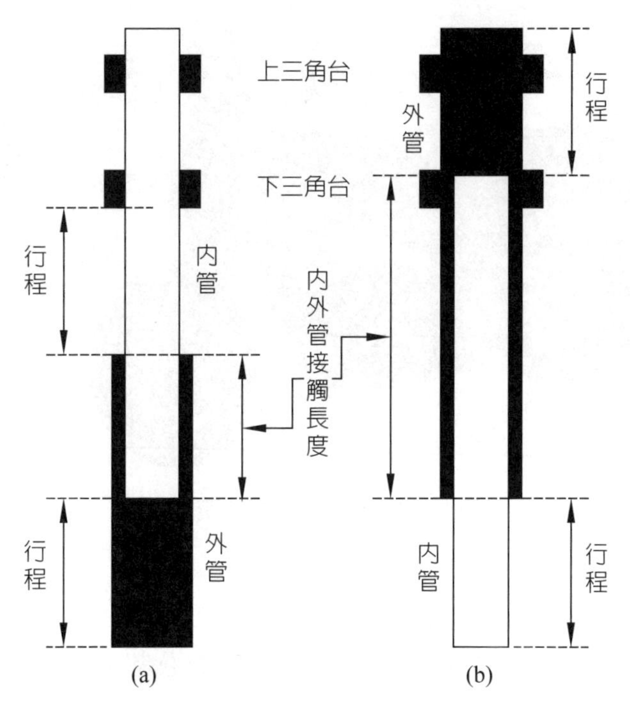

圖 5-5-5　正叉 (a) 與倒叉 (b) 內外管接觸長度的比較 [54]

圖 5-5-6 所示爲伸縮直筒式前懸吊系統的幾何關係圖和速度圖，圖中 v_w 代表車輪遇到突起路面垂直上升的速度，在速度圖上用 $\overrightarrow{ow}$ 向量表示。避震器在垂直方向的速度分量爲 v_w，因此避震器運動方向的速度大小 $v_d = v_w/\cos\varepsilon = \overline{od}$，$\varepsilon$ 爲前叉後傾角。從速度圖可知，當車輪垂直上升 z 時，避震器位移 $z_d = z/\cos\varepsilon$。爲了研究懸吊系統對車輪運動的影響，引入速度比或運動比。車輪在垂直路面方向上的速度與避震器速度之比稱爲速度比（Velocity ratio）或運動比（Motion ratio），以 VR 表示，依定義前叉的速度比爲

$$VR = \frac{v_w}{v_w/\cos\varepsilon} = \frac{z}{z/\cos\varepsilon} = \cos\varepsilon \qquad (5\text{-}5\text{-}1)$$

一般前叉後傾角約 20°～35°，代入上式得避震器與車輪的速度比約爲 0.819～0.940。

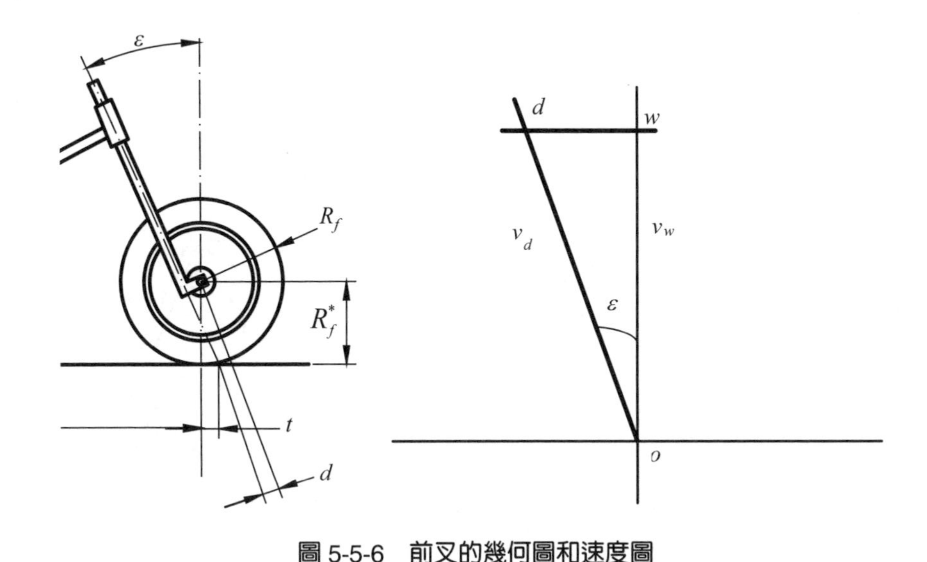

圖 5-5-6　前叉的幾何圖和速度圖

爲避免伸縮直筒式懸吊系統的缺點，人們採用其他形式的前懸吊系統，現將常見的簡述如下。

5-5-2　前領連桿式和後拖曳連桿式懸吊系統

前領連桿式（引導下連桿式）（Leading link）和後拖曳連桿式（從動下連桿式）（Trailing link）懸吊系統大都使用在便宜、重量輕的速克達的前懸吊系統及一些電動摩托車上。前領連桿式懸吊系統的連桿位於樞點（Pivot）之前，如圖 5-5-7(a) 所示；而後拖曳連桿式懸吊系統的連桿位於樞點之後，如圖 5-5-7(b) 所示。在制動時，前領連桿式懸吊系統對前輪有很好的反俯衝作用（Anti-dive effect）；而後拖曳連桿式懸吊系統制動時，反而會加大前輪俯衝（Pro-dive），但遇到大的衝擊力時，它具有較好的緩衝與減振效果。因爲速克達重量輕，爲了降低成本，這類懸吊系統的彈簧與阻尼器設計都較簡單。

另一種類似前領連桿式懸吊系統，具有較長的連桿且樞點位於前輪的後方，稱爲爾利式前領連桿式（Earles type leading link）懸吊系統，如圖 5-5-7(c) 所示。這種懸吊系統具有很好的轉向剛度（Steering stiffness）及較大的轉動慣性，雖然用於一般摩托車不太理想，但卻非常適合於有邊車（Sidecar）的摩托車或三輪車，它可改善轉向或制動時的操控性。此外利用前領連桿式前叉可降低前伸距（Trail），讓有邊車的摩托車易於轉彎。

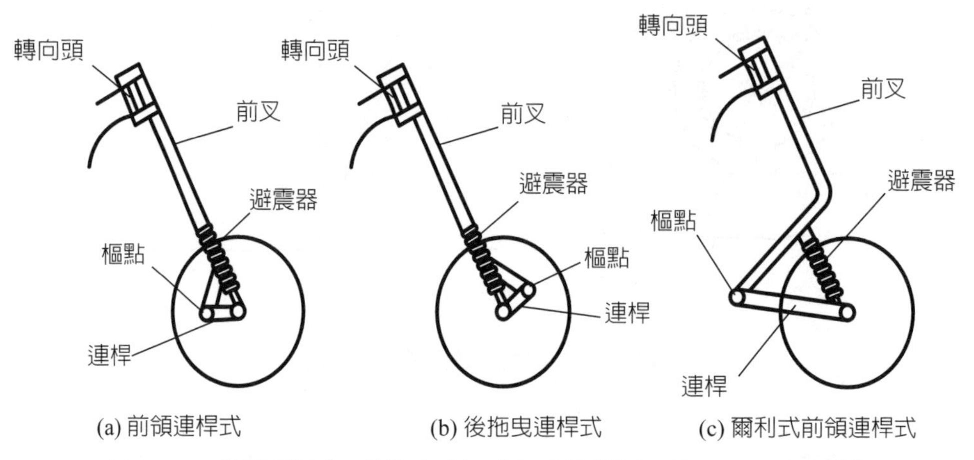

圖 5-5-7　前領連桿式、後拖曳連桿式和爾利式前領連桿式懸吊系統 [14]

作爲例子，圖 5-5-8(a) 和 (b) 顯示了用於速克達的前領連桿式懸吊系統和後拖曳連桿式懸吊系統。圖 5-5-9 爲使用爾利式前領連桿式懸吊系統的摩托車。

圖 5-5-8　用於速克達的 (a) 前領連桿式和 (b) 後拖曳連桿式懸吊系統

圖 5-5-9　使用爾利式前領連桿式懸吊系統的摩托車

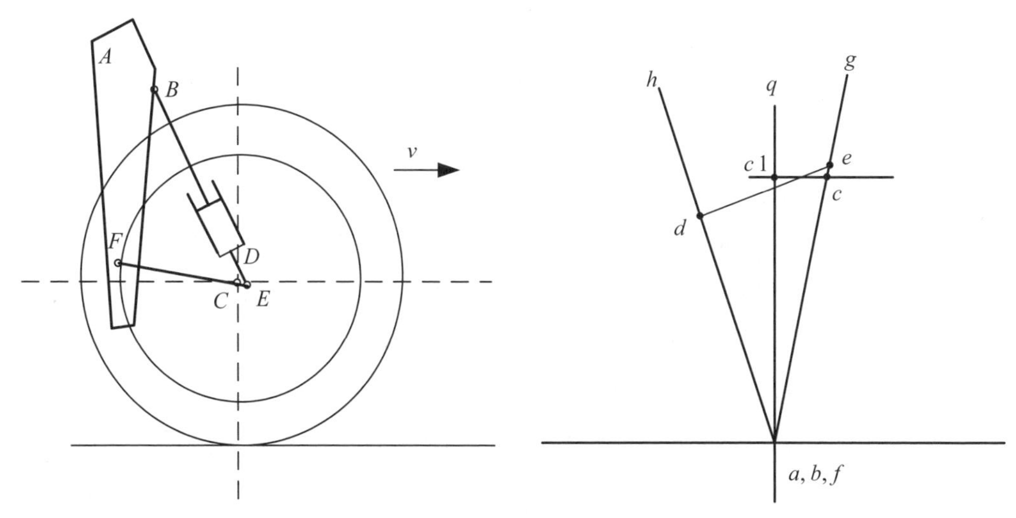

圖 5-5-10　前領連桿式懸吊系統幾何圖和速度圖

圖 5-5-10 所示爲前領連桿式懸吊系統的幾何圖和速度圖。可用機構學（Mechanism）中的圖解法畫出速度圖，方法如下：

參考圖 5-5-10，設機件 *ABF* 相對於車架固定不動，則 *A*、*B*、*F* 點的速度爲零（$v_A = v_B = v_F = 0$），在速度圖中以位於座標原點的 *a*、*b*、*f* 表示之，如圖 5-5-10

所示。當車輪上升時，C 點繞固定點 F 轉動，其速度方向垂直於 $\overline{FC}$，在速度圖上以垂直於 $\overline{FC}$ 的直線段 fg 表示之。E 點也是前領連桿上的一點，其速度方向垂直於 $\overline{FE}$，設前領連桿的角速度爲 ω，則 C 和 E 點的速度分別爲 $v_C = \ell_{FC}\omega$ 和 $v_E = \ell_{FE}\omega$，其中 ℓ_{FC} 與 ℓ_{FE} 分別爲 $\overline{FC}$ 和 $\overline{FE}$ 的實際長度。設速度比例尺爲 μ_v，在速度圖上沿 fg 取線段 $\overline{fe} = v_E/\mu_v$，則 $\overline{fe}$ 代表 E 點速度大小，而速度的方向沿 $\overrightarrow{fe}$。依相同方式可得 C 點的速度 $\mathbf{v}_C = \overrightarrow{fc}$。從 c 點作鉛垂軸 aq 的垂線並使之和鉛垂軸交於 $c1$，則 $\overline{fc1}$ 代表車輪中心點在鉛垂方向的速度。D 點屬於阻尼器的一點，其運動方向沿 $\overline{BD}$，因此從速度圖的 b 點畫線 $\overline{bh}$ 平行於 $\overline{BD}$。D 點相對於 E 點的速度垂直於 DE，從速度圖的 e 點畫和 DE 相垂直的直線並使之和 bh 交於 d，則 D 點的速度 $\mathbf{v}_D = \overrightarrow{bd}$。

從速度圖可知前領連桿式懸吊系統的速度比

$$VR = \frac{\overline{fc1}}{\overline{bd}} \tag{5-5-2}$$

圖 5-5-11 所示爲後拖曳連桿式懸吊系統的幾何圖和速度圖，其速度圖畫法和前領連桿式懸吊系統類似，步驟如下（見圖 5-5-11）：

1.A、B、F 點相對車輪固定不動，其速度爲零，故將 a、b、f 畫於原點。

2.C、E 點繞 F 點轉動，其速度方向垂直於 $\overline{FC}$，故從 f 點作與 $\overline{FC}$ 垂直的直線 fg。設後拖曳連桿的角速度爲 ω，則 C 和 E 點的速度分別爲 $v_C = \ell_{FC}\omega$ 和 $v_E = \ell_{FE}\omega$，其中 ℓ_{FC} 與 ℓ_{FE} 分別爲 $\overline{FC}$ 和 $\overline{FE}$ 的實際長度。設速度比例尺爲 μ_v，在速度圖上沿 fg 線取 $\overline{fe} = v_E/\mu_v$ 代表 E 點速度大小。同樣，按比例尺畫出 $\overline{fc}$ 代表 C 點速度大小。

3.D 點屬於阻尼器的一點，其速度沿 $\overline{BD}$ 方向，因此從 b 點作線 bh 平行於 $\overline{BD}$。

4.D 點和 E 點的相對速度垂直 $\overline{DE}$，因此從 e 點畫和 $\overline{DE}$ 相垂直的直線並使之和 bh 交於 d，則 $\overline{bd}$ 代表 D 點速度大小。

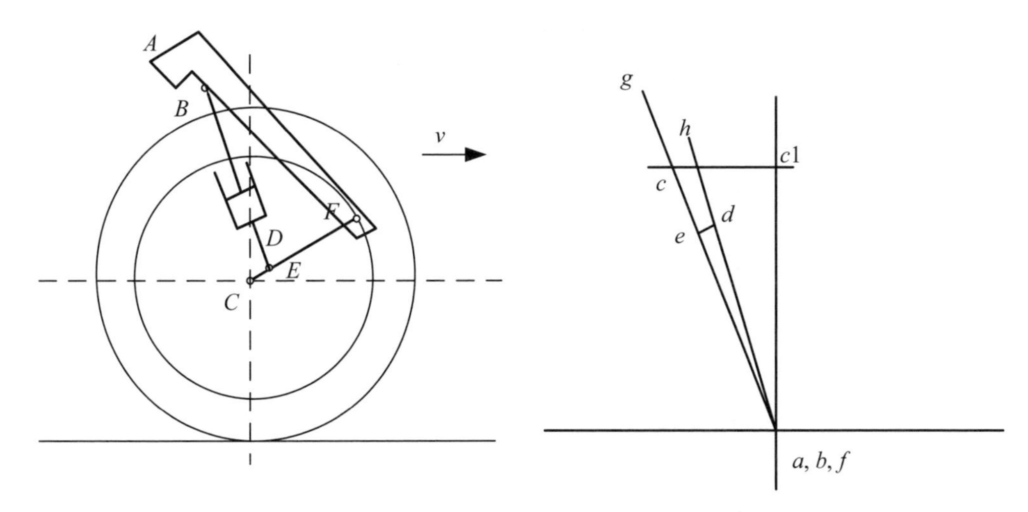

圖 5-5-11　後拖曳連桿式懸吊系統幾何圖和速度圖

從速度圖可知後拖曳連桿式懸吊系統的速度比

$$VR = \frac{\overline{fc1}}{\overline{bd}} \quad (5\text{-}5\text{-}3)$$

前領連桿式懸吊系統在制動時有很好的反俯衝作用（反點頭作用）（Anti-dive effect）。前領連桿式懸吊系統在制動時，前輪制動力 F_{b1} 與制動時前輪正向的載荷轉移力 N_{t1}，如圖 5-5-12 所示，這兩力對轉動中心 O 點的力矩爲

$$M = N_{t1}d - F_{b1}b \quad (5\text{-}5\text{-}4)$$

若 $M>0$，則懸吊系統被壓縮；若 $M<0$，則懸吊系統會伸長，可產生反俯衝現象。

如圖 5-5-13 所示，對後拖曳連桿式懸吊系統，制動時制動力 F_{b1} 和制動時前輪正向的載荷轉移力 N_{t1} 對轉動中心 O 點的力矩方向相同，懸吊系統被壓縮，有加大車頭俯衝（Pro-dive）的作用。

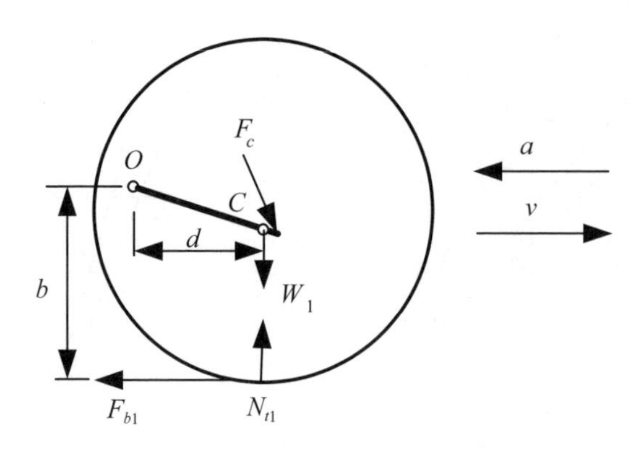

圖 5-5-12　前領連桿式懸吊系統制動受力圖

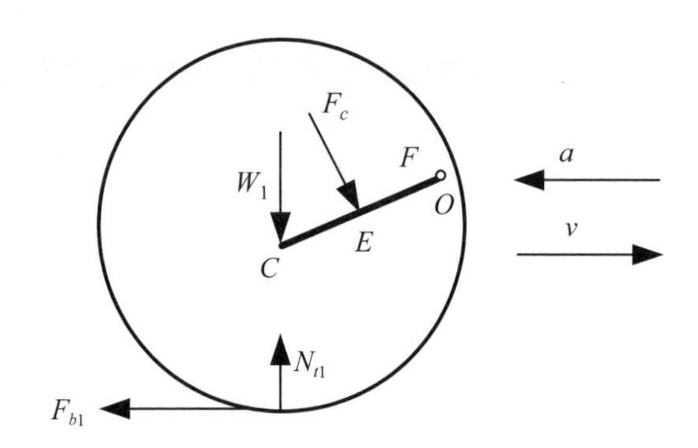

圖 5-5-13　後拖曳連桿式懸吊系統制動受力圖

5-5-3　彈簧叉

如圖 5-5-14 所示，彈簧叉（Springer fork）具有兩組平行叉，其一稱爲固定叉（Fixed fork）裝於車架上；其二稱爲活動叉（Active fork），經由前導連桿接至車輪與固定叉（支柱）。活動叉的上端用彈簧或避震器接至與固定叉相連的固定座。活動叉可降低前輪的振動。彈簧叉適合使用在前叉需要很長，並且可用在前叉後傾角超過 35 度的場合。因此，大多用在手工改裝車上（例如 Chopper）。彈簧叉具有重量輕、美觀、容易維修等優點。彈簧叉懸吊系統可具有阻尼器或無阻尼器。彈簧叉使用的彈簧分上下部兩種，下部的彈簧剛性較大，上部的彈簧剛性較小，兩者相位相反用以減振，如圖 5-5-15 所示。

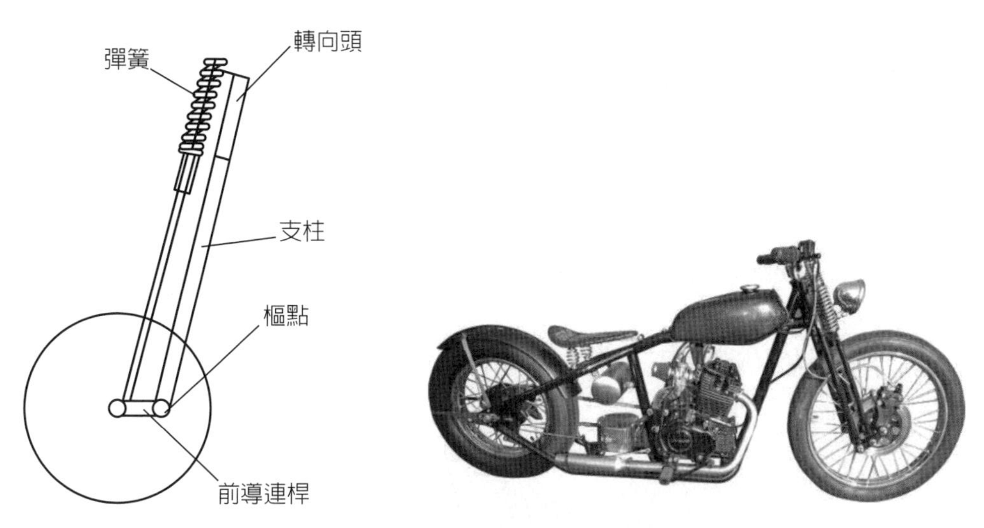

圖 5-5-14　彈簧叉懸吊系統和採用彈簧叉前懸吊系統的摩托車

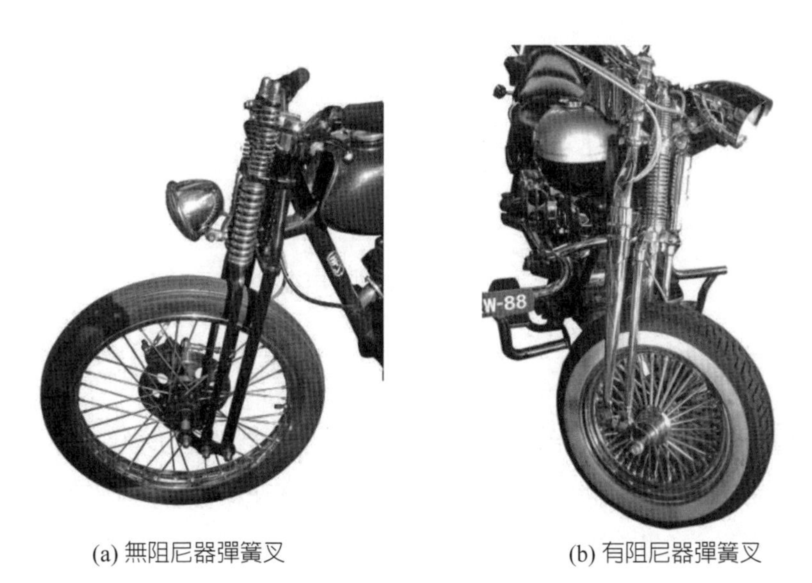

(a) 無阻尼器彈簧叉　　(b) 有阻尼器彈簧叉

圖 5-5-15　彈簧叉前懸吊系統

5-5-4 葛德叉

葛德叉（梁叉）（Girder fork），如圖 5-5-16 所示，兩支柱（Strut）的一端固定於車輪上，支柱的另一端連至平行的連桿，適合使用在前叉長，後傾角大的場合。葛德叉的兩支柱無相對運動，屬於同一機件。因此兩支柱也可用較寬的板來替代（見圖 5-5-17）。許多較古老的摩托車使用葛德叉，其缺點爲非承載質量及轉動慣量大。此外，葛德叉的彈簧上端接於車架，下端接於橫梁，遇到路面不平或凸起物引起車輪上下振動時，前後輪距的改變量較大，易影響操控穩定性。

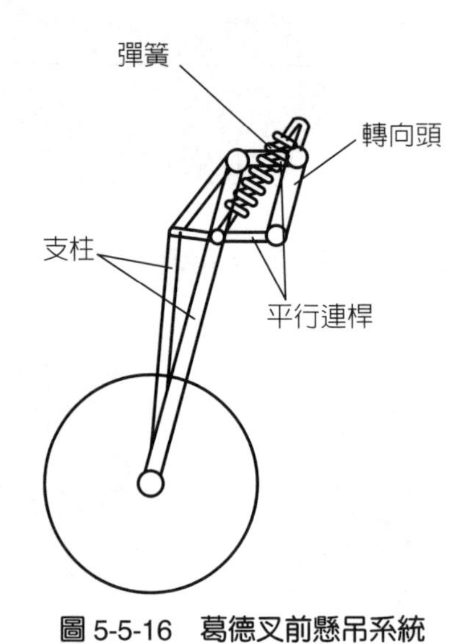

圖 5-5-16 葛德叉前懸吊系統

5-5-5 潛望槓桿式懸吊系統

潛望式前叉作用在車頭的力會幾乎全部傳至把手上。爲解決這個問題，BMW 研發出潛望槓桿式懸吊系統（Telelever suspension system），如圖 5-5-18 所示 [91]，它用一個三角形搖臂連接車架，再用球接頭（Ball and socket joint）將搖臂和潛望叉的下三角台連結，而避震器連接於搖臂與車架之間，可降低制動的慣性力與行駛不平路面時的振動力傳至把手上。潛望槓桿是搖臂與潛望叉的組合，用單隻的避震

(a) 前視圖

(b) 側視圖

圖 5-5-17　葛德叉

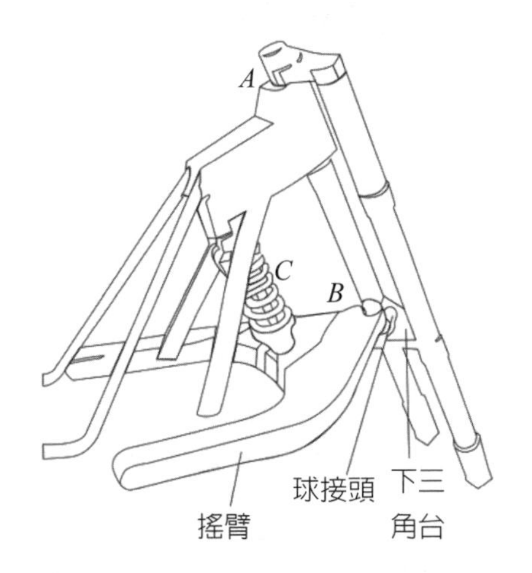

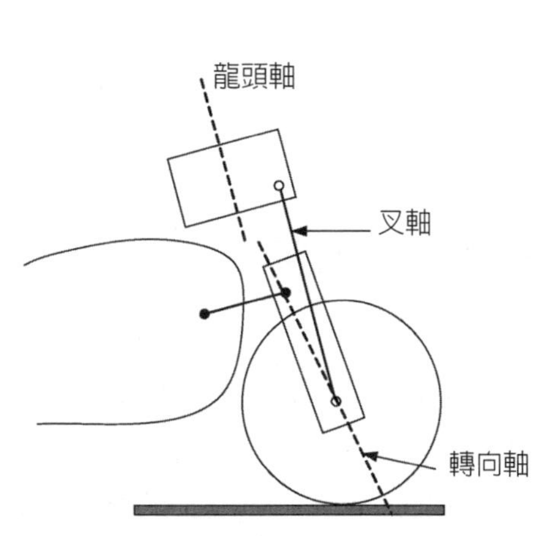

圖 5-5-18　潛望槓桿式懸吊系統

器取代了傳統兩支前叉的避震功能。兩隻潛望叉在這裡只作導引和控制前輪的功能。潛望槓桿式懸吊系統具有兩個自由度。第一個自由度爲整個懸吊系統機構的運動；第二個自由度相當於轉向運動，而轉向軸經過上下兩個球接頭 *A* 和 *B*。這種懸吊系統防止摩托車前後彈性變形的能力較前叉佳，並有較大的運動行程。在制動時懸吊被壓縮，後傾角和前伸距會隨壓縮量增加而加大，軸距變化很小，可增加行駛穩定度，也可降低俯衝現象及轉向系統的軸承所受的力，但此種懸吊系統結構較伸縮直筒式懸吊系統複雜。圖 5-5-19 爲採用潛望槓桿式懸吊系統的摩托車。

圖 5-5-19　採用潛望槓桿式懸吊系統的摩托車

5-5-6　雙槓桿式懸吊系統

雙槓桿式懸吊系統（Duolever suspension system）是爲改善伸縮直筒式懸吊系統的缺點而設計的，如圖 5-5-20 及 5-5-21 所示 [93, 101]。它由兩 A 字形的上、下控制臂分別和前輪架連接，搖臂和另一縱向 A 字形連桿銷接固定車輪，避震器安裝在下控制臂及車架之間，使得前叉後傾角略爲降低，但軸距增長。前懸吊的剛性主要由上下控制臂及夾持輪胎的叉型結構提供，而避震器不必因爲同時要提供剛性、彈簧力、阻尼力而影響工作。雙槓桿式懸吊系統改進了伸縮直筒式懸吊系統的許多缺點，但卻加大結構上的複雜度。若是各桿件之間因零件老化或碰撞產生了間隙，則懸吊性能會受到很大影響。在實際騎乘中，雙槓桿式懸吊系統雖然反應不如伸縮直筒式懸吊系統靈敏，但因前輪架搭載縱向控制臂，使摩托車對於路面的反應更爲細膩沉穩，可提升騎乘的舒適性和穩定度。

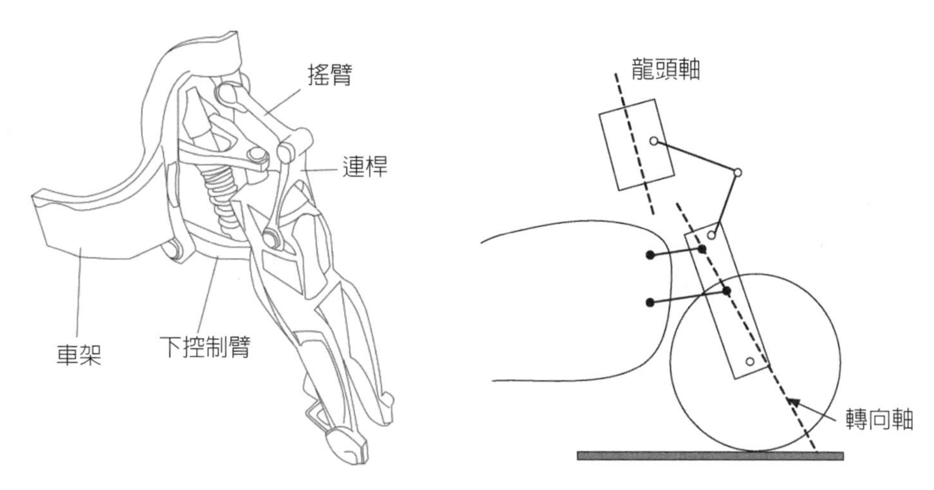

圖 5-5-20　雙槓桿式懸吊系統和幾何示意圖

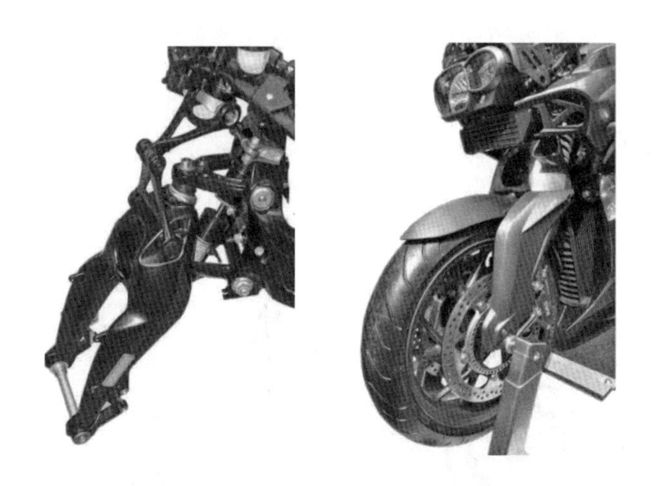

圖 5-5-21　雙槓桿式懸吊系統 [93]

5-5-7　前懸吊系統的重要參數

摩托車前懸吊系統最常見的爲伸縮直筒式的正叉或倒叉，其主要結構參數如圖 5-5-22 所示，這些參數已在第一章提過，這裡從運動的角度再強調幾點如下：

1. 前叉後傾角

前叉後傾角（Rake angle）對於摩托車直線行駛的穩定性和入彎側傾速度的影響相當大，一般跑車的前叉後傾角設定約為 23 度左右，小於 23 度會使摩托車操控變得非常敏感，例如直線行駛時，前叉受到路面起伏的激勵易產生晃動，入彎、側傾反應也會更快。若前叉後傾角遠大於 23 度，如美式巡航車，回正能力大，直線行駛的穩定性佳，但入彎反應會變得較為遲鈍。

2. 前伸距

轉向軸線與地面交點至車輪與地面接觸中心點的距離稱為前伸距（Trail）。前伸距較大時，前輪的回正能力加強。但過大時，轉彎阻力大，較不靈活。

3. 偏位

轉向軸與經前輪軸中心且平行於轉向軸之線的距離 d 稱為偏位（Offset）。偏位的功能為改變前伸距的值。參考 1-8 節可知，當轉向角為 δ、前叉角為 ε、前輪半徑為 R_f、偏位為 d 時，前伸距 $a_t = R_f \tan\varepsilon\cos\delta - d\sqrt{1-\sin^2\delta\sin^2\varepsilon}/\cos\varepsilon$；當轉向角 $\delta = 0$ 時，前伸距 $a_t = R_f \tan\varepsilon - d/\cos\varepsilon$。

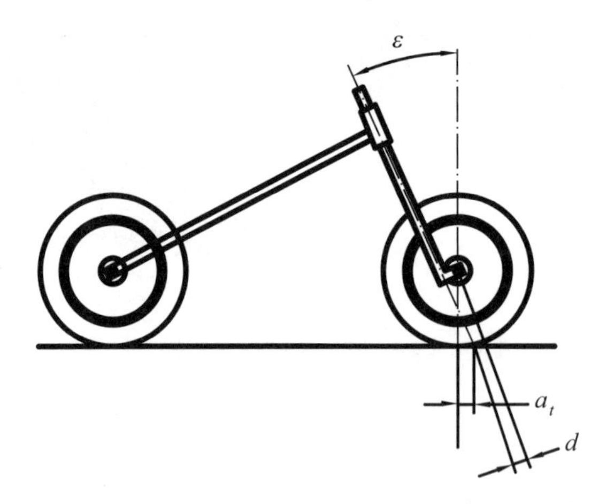

圖 5-5-22　前懸吊系統的主要結構參數：ε- 前叉角；a_t- 前伸距；d- 偏位

5-6　摩托車後懸吊系統

摩托車後懸吊系統的主要功能爲提供足夠的正向力讓後輪和地面保持接觸並獲得足夠的抓地力，當後輪行駛於不平路面時，後懸吊系統可讓後輪上下振動並由避震器吸收振動能量，減少路面的衝擊力和振動傳至人體，並盡量保持車身的平穩。因此，後懸吊系統的好壞、調校適當與否，都會影響摩托車的騎乘舒適性和操控性。調校良好的後懸吊系統可以快速且平順地吸收振動，並於彎道中提供足夠的抓地力。否則，除了舒適性及操控性較差外，摩托車還可能於彎道行駛時轉倒。

摩托車後懸吊系統由後搖臂（Swing arm）與避震器等組成。後搖臂一端用樞軸（Pivot axis）連接至車架，另一端連接至後車輪，兩端之間有避震器下鎖點，用以連接避震器下端。所謂的樞軸是指經過兩個樞點（Pivot point）將後搖臂與車架連接起來的軸。後搖臂必須有足夠的剛性，通常採用中空形式的鋼或鋁合金材質製成，除了能增加搖臂剛性外還可降低其重量。後懸吊系統搖臂形式可分雙搖臂式、單搖臂式與整體式三類。

雙搖臂式具有對稱性、容易製造的優點，傳統摩托車大多採用雙搖臂式。單搖臂式爲非對稱性結構，其優點是可快速更換後輪，對縱軸極慣性矩較小，其缺點是在直線行駛時也受扭轉力矩作用，爲避免輪胎因扭轉而傾斜，單搖臂必須作得非常堅固，從而加大了重量。整體式則是引擎和搖臂合爲一體並兼作變速器，因而剛度大。

後避震器主要採用倒立設計，其主要原因是爲了省空間，讓氣瓶便於和阻尼器本體連結。不管是單避震器還是雙避震器，只要是有掛氣瓶的幾乎都是採用倒立設計。

常見的摩托車後懸吊系統可分爲：雙避震器後懸吊系統、單避震器後懸吊系統、單搖臂後懸吊系統、漸進連桿式後懸吊系統和整體式後懸吊系統等；現分述如下：

5-6-1　雙避震器後懸吊系統

雙避震器後懸吊系統又稱傳統搖臂式（Classic swing arm）懸吊系統，是最常見的摩托車後懸吊系統。當車輪遇到突起路面時，避震器受壓縮吸收能量，搖臂繞樞軸轉動，降低了對車架的衝擊力。此種懸吊系統構造簡單，成本低，維修容易，具有良好的平衡性和減振性。其避震器散熱較快，行程較長，傳至車架的力較小。此外，採用雙避震的後懸吊還可以減少空間浪費，使騎士座位下降，整體重心降低，廠商可作較佳的內部設計。其缺點是：(1) 在和路面垂直的方向，車輪的位移受到限制，因此難以用在越野車上；(2) 由於避震器靠近車輪，這會加大有效的非承載質量，造成操控較不靈敏；(3) 若左右兩側避震器彈簧預載不相同或調校不一致，則後搖臂會受到扭矩作用；(4) 避震器上端常與副車架相連，而通常副車架的剛性較差，因此在彎道激烈操控時，摩托車會產生較大的晃動。

圖 5-6-1 和圖 5-6-2 分別爲雙避震器後懸吊系統的幾何圖和速度圖。速度圖的作法如下：

1. A、E 點固定於車架，這兩點相對車架爲固定不動點，其速度爲零，畫 a、e 於速度圖的原點，代表速度爲零。

2. 設後搖臂 CDE 的角速度爲 ω，C 點繞 E 點轉動，則輪心 C 點的速度大小爲 $v_C = \ell_{EC}\omega$，方向垂直於 EC。設速度比例尺爲 μ_v，則在速度圖上畫出長度 $\overline{ec} = v_C/\mu_v$，其方向垂直於 EC，則 C 點的速度爲 $\mathbf{v}_C = \overrightarrow{ec}$。

3. 同理，避震器下端點 D 也繞 E 點轉動，D 點的速度大小爲 $v_D = \ell_{ED}\omega$，方向垂直於 ED。在速度圖上從 e 點畫出線段 $\overline{ed} = v_D/\mu_v$，使其方向垂直於 ED，則 D 點的速度爲 $\mathbf{v}_D = \overrightarrow{ed}$。

4. B 點繞 A 點轉動，其速度 $\mathbf{v}_B$ 的方向垂直於 AB，故從速度圖的 b 點作線 bd 垂直於 AB。

5. B 點相對於 D 點的速度垂直於 BD，所以從速度圖上 d 點作線 dh 垂直於 BD，交 af 線於 b 點，則 B 點的速度爲 $\mathbf{v}_B = \overrightarrow{ab}$。

6. 從速度圖上 c 點作線 ch 垂直於鉛垂線，交鉛垂線於 h 點，則車輪在垂直路面方向的速度大小爲 $\overline{ah}$。

從速度圖可知雙避震器後懸吊系統的速度比：

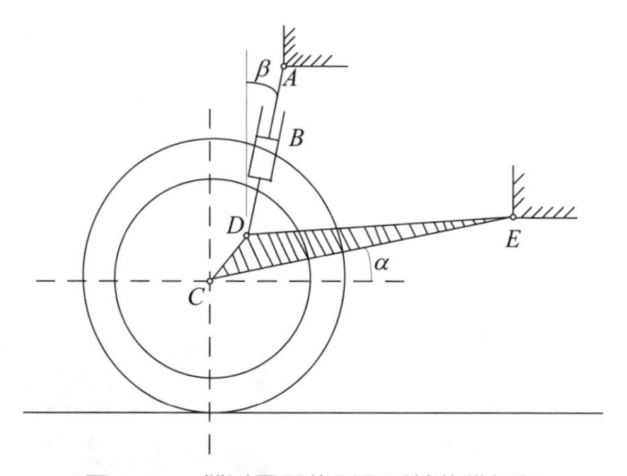

圖 5-6-1　雙避震器後懸吊系統的幾何圖

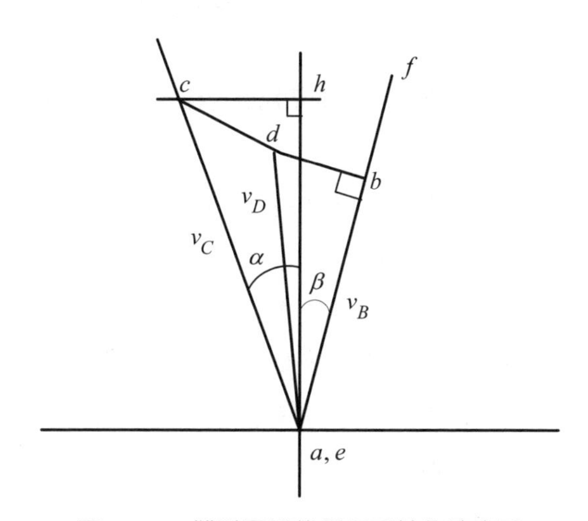

圖 5-6-2　雙避震器後懸吊系統的速度圖

$$VR = \frac{\overline{ah}}{\overline{ab}} \qquad (5\text{-}6\text{-}1)$$

5-6-2　單避震器後懸吊系統

單避震器後懸吊系統只有一個避震器，因此避震器通常需配置於車體的中心線上，置於坐墊下之主車架與後搖臂之間，才能平均地承受後輪傳遞上來的力量。單避震器後懸吊系統可分為：(1) 懸臂梁式後懸吊系統（Cantilever rear suspension）（見圖 5-6-3）；(2) 漸進連桿式後懸吊系統（見 5-6-4 節）。

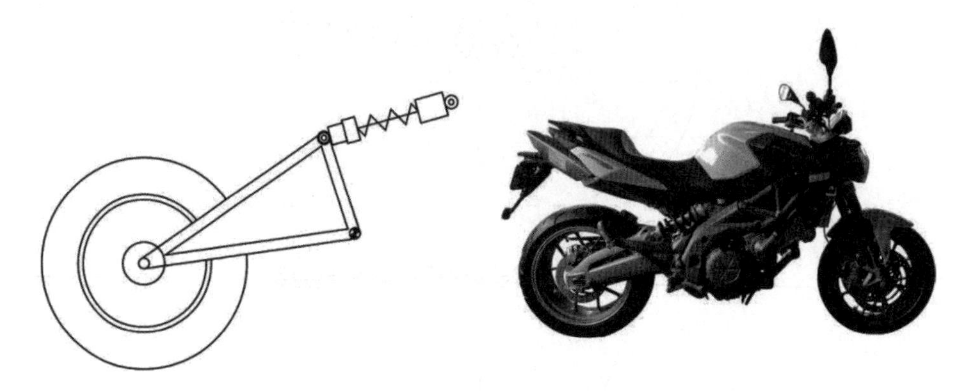

圖 5-6-3　懸臂梁式後懸吊系統與使用懸臂樑式後懸吊系統的摩托車

單避震器後懸吊系統的優點為：機構相對簡單；車輪較雙避震器系統有較大的行程；因採用單一避震器，所以調校較容易，不會像雙避震器系統那樣有可能產生左右不一致的情形；避震器上端通常與主車架相連，剛性較夠，行駛時較穩定。其缺點是：為了將避震器放入後搖臂及主車架之間，所以車子的座位及重心通常都較高；避震器通風散熱較差；較大的力量會作用在車架上；因為後部力量由單一避震器承擔，所以需用較好的避震器。

5-6-3　單搖臂式後懸吊系統

單搖臂式後懸吊系統主要由單後搖臂、後避震器和連桿等所組成，如圖 5-6-4 所示。這種懸吊系統主要是為了縮短賽車換車輪的時間而開發的，因此可迅速地拆裝車輪。另外，在未裝後搖臂的另一側具有較大的空間，可供設計安裝排氣系統，讓外型更美觀。此種懸吊系統的缺點是搖臂需要較粗壯才能有足夠的剛性，造成質量大，製造成本高。此外搖臂扭轉變形時產生的陀螺力矩也會影響操控性。

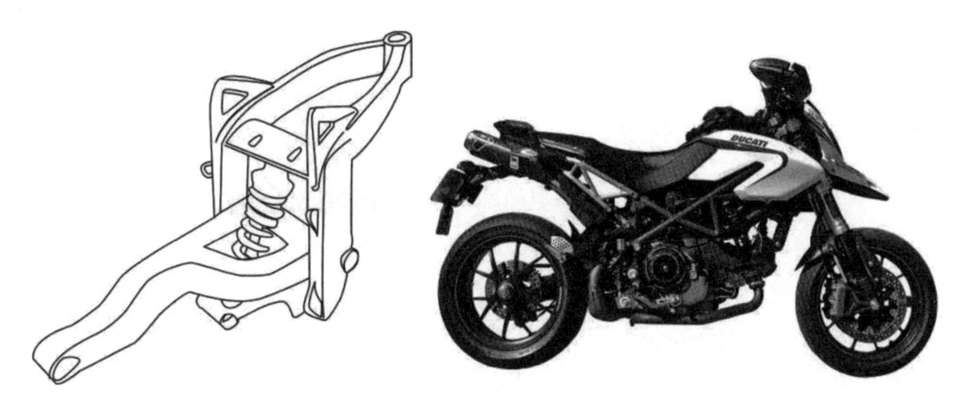

圖 5-6-4　單搖臂式後懸吊系統及採用單搖臂後懸吊系統的摩托車

5-6-4　漸進連桿式後懸吊系統

爲解決後避震器放置空間的問題和改善單避震器後懸吊系統的性能，人們在前述的單避震器後懸吊系統上加了連桿組，稱爲漸進連桿式（Progressive link）後懸吊系統。其避震器的上鎖點通常經由連桿裝在摩托車的主車架上，而避震器的下鎖點則經由連桿組件與搖臂鉸接。下鎖點可低於後搖臂，也就是說，不必爲了放置避震器而加高主車架，而摩托車重心也可降低。整個懸吊系統的運動簡述如下：

避震器的壓縮行程能根據車輪的垂直位移而改變，當垂直位移小時，避震器壓縮量 d_1 小，此時感覺避震器較軟，如圖 5-6-5 上圖所示；當垂直位移加大時，避震器壓縮量 d_2 成倍增加，如圖 5-6-5 下圖所示。這表示車輪的垂直位移量越大，壓縮阻力愈大，此現象如同彈簧變硬一樣。因此，這種懸吊系統在凹凸不平的路面行駛時有相當好的減振效果；遇到劇烈的振動或摩托車載荷加大時，又有足夠的剛度，以獲得較佳的操控穩定性。這種懸吊系統廣泛應用於重型摩托車，尤其是跑車上。

漸進連桿式後懸吊系統的優點是：(1) 組件集中於車的重心附近，可減小車架受到路面傳來的衝擊（力臂較短，力矩較小）；(2) 車身後部空間變大，便於其他構件的配置；(3) 避震器阻力隨位移而變化，較易獲得不同的減振速率，並有較大的彈性功能。缺點是：(1) 避震器靠近引擎，溫度升高時減振力下降；(2) 必須設計裝配非常精確以避免過度的摩擦；(3) 機構中可能在某處會受到很大的力，很小的

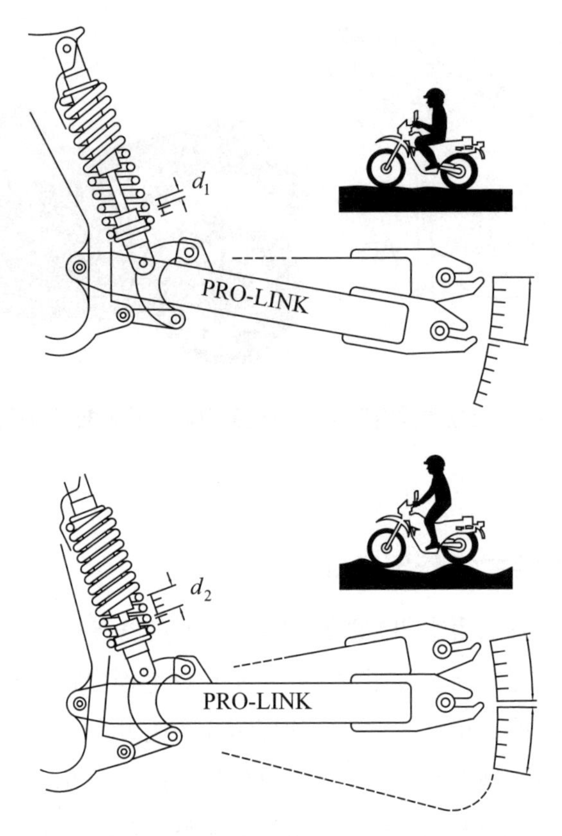

圖 5-6-5　漸進連桿式後懸吊系統的運動 [7]

尺寸改變有時會造成很大的特定功能改變，要設計一個新的連桿系統以產生特定的功能是很困難的，大部分廠商只從現存的系統加以改變；(4) 價格較貴。

漸進連桿式懸吊系統可視爲四連桿懸吊系統，但避震器的安裝位置可能有所不同。例如本田（Honda）的 Pro-Link 避震器裝在連桿和車架之間；鈴木（Suzuki）的 Full Floater 是安裝在搖桿與後搖臂之間；川崎（Kawasaki）的 Unitrak 避震器安裝在搖桿與車架之間，如圖 5-6-6 所示。圖 5-6-7 爲某部摩托車的漸進連桿式後懸吊系統之連桿圖。

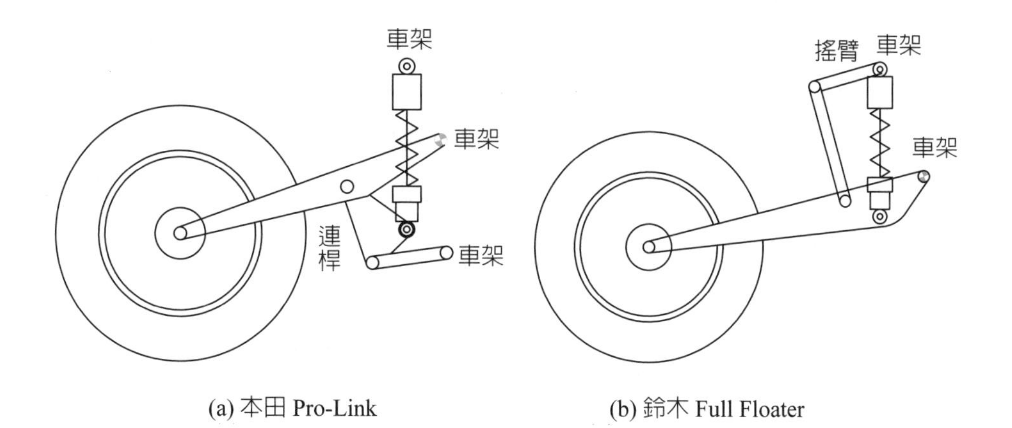

(a) 本田 Pro-Link　　(b) 鈴木 Full Floater

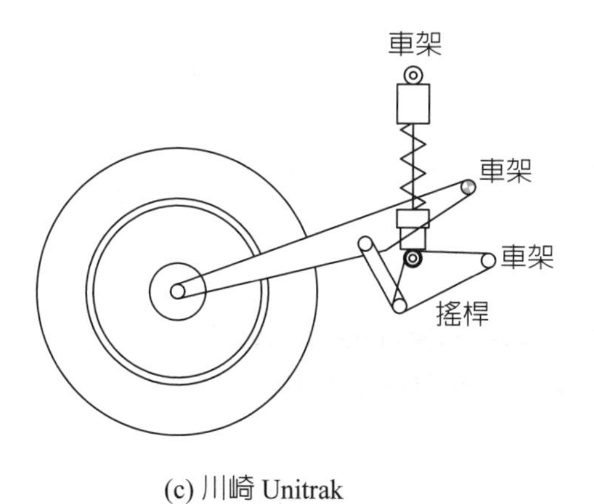

(c) 川崎 Unitrak

圖 5-6-6　漸進連桿式後懸吊系統 [12]

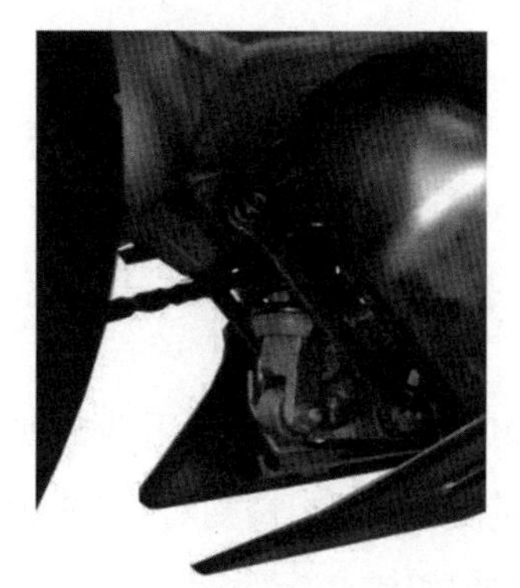

圖 5-6-7　漸進連桿式後懸吊系統

如前所述，漸進連桿式後懸吊系統爲四連桿機構，例如本田的 Pro-Link 懸吊系統（見圖 5-6-6(a)），可畫成如圖 5-6-8 所示。圖中點 *A* 和點 *D* 銷接（Pin jointed）至車架（相當於機構學中之機架）1，*AB* 桿爲連桿 2，三角形機件 *BCJ* 是連桿 3，後搖臂 *DH* 爲連桿 4，*D* 點爲後搖臂樞點，避震器上鎖點 *E* 銷接到車架，避震器下鎖點 *J* 銷接到連桿 3，*H* 點是車輪中心。

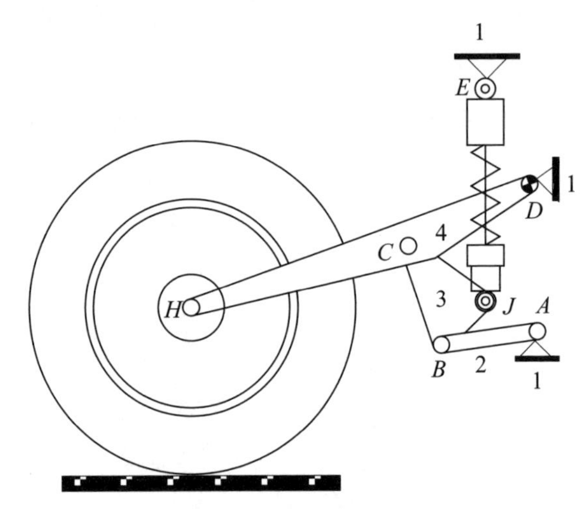

圖 5-6-8　漸進連桿式後懸吊系統可視為四連桿機構

分析這懸吊系統的運動可採用直角座標法，定座標原點於 *A* 點，設 *B*、*C*、*D*、*J* 點的座標分別爲 (x_B, z_B)、(x_C, z_C)、(x_D, z_D)、(x_J, z_J)，則 *BJ* 和 *CJ* 的長度 ℓ_{BJ} 和 ℓ_{CJ} 可表示成

$$
\begin{aligned}
\ell_{BJ} &= \sqrt{(x_B - x_J)^2 + (z_B - z_J)^2} \\
\ell_{CJ} &= \sqrt{(x_C - x_J)^2 + (z_C - z_J)^2}
\end{aligned}
\qquad (5\text{-}6\text{-}2)
$$

B、*C* 點在運動過程中的位置（座標）可用機構軌跡分析法求出，代入上式後 *J* 點的座標便可確定，進而避震器 *EJ* 的長度 ℓ_{EJ} 也能確定。最後，經過計算後，桿 *AB* 的角度和桿 *CD* 的角度也能確定。

在作速度分析時，先由車輪中心 H 點的上升速度，求得同爲連桿 4 上 C 點的速度。再將 C 點視爲連桿 3 上的一點，可用速度有效分量法 [70]，即同一機件上的 B 點和 C 點的速度在 BC 連線方向的分量要相同，以及 B 點繞 A 點轉動，求出 B 點速度，再用速度有效分量求出 J 點速度 $\mathbf{v}_J$，進而求出連桿 3 的角速度。並可算出避震器的速度 $v_{sh} = \dot{\ell}_{EJ} = v_J^* - v_E^*$，其中 v_J^* 和 v_E^* 分別爲 J 點速度 $\mathbf{v}_J$ 和 E 點速度 $\mathbf{v}_E$ 在 EJ 方向的分量。E 點銷接於車架，其相對於車架的速度爲零，即 $v_E = 0$。假設避震器內的彈簧和阻尼都是線性的，於是避震器作用在後搖臂的作用力 F_{sh} 可寫成

$$F_{sh} = k_s(\ell_{EJ} - \ell_{EJ}^0) + c_s\dot{\ell}_{EJ} \tag{5-6-3}$$

式中 k_s 爲彈簧係數，c_s 爲阻尼係數，ℓ_{EJ}^0 是彈簧未變形時避震器的長度。

5-6-5　平行桿懸吊系統

平行桿懸吊系統（Paralevel suspension system）由 BMW 公司所開發，它是在傳動軸上與搖臂近似平行的方向加上一隻桿，並且多一個樞點，使得系統類似於汽車的雙 A 臂式的四連桿機構，如圖 5-6-9 所示。平行桿懸吊系統可加強側向剛度，當後輪上升與下降時，搖臂的旋轉角度降低，可減輕傳動軸負荷的變化，如圖 5-6-10 所示。在圖中可知在同樣的輪胎升程時，平行桿傳動軸旋轉的角度 α 只有傳統傳動軸旋轉角度 θ 的一半左右。

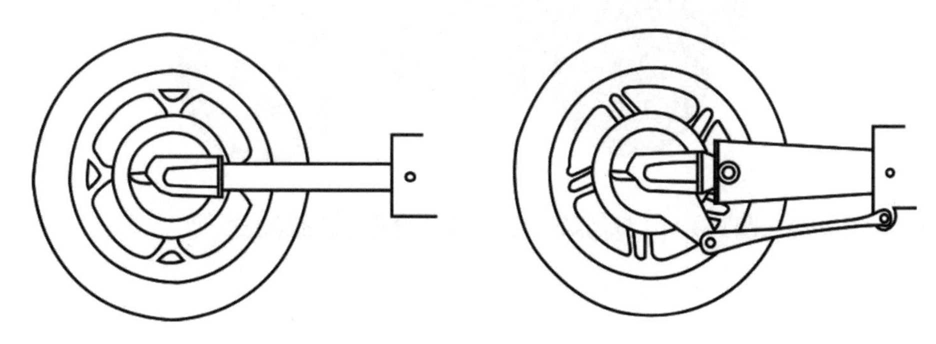

圖 5-6-9　傳統傳動軸與平行桿傳動軸

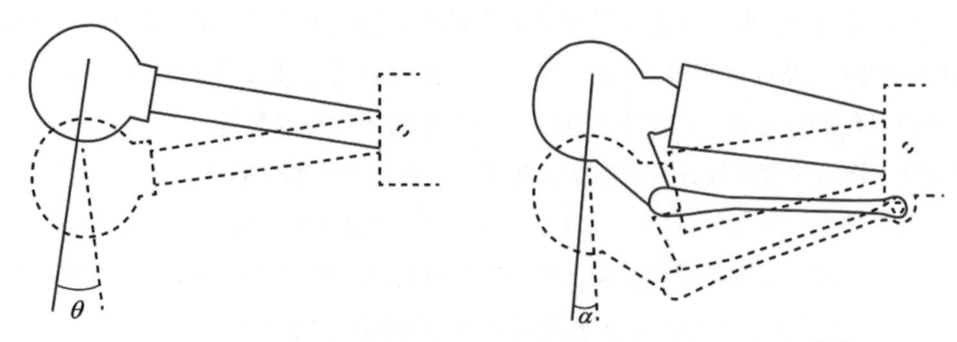

圖 5-6-10　平行桿傳動軸旋轉的角度只有傳統傳動軸的一半左右 [107]

平行桿懸吊系統至今已發展至第三代，第一代的平行桿位於搖臂下方，避震器連接在輪軸上方，但避震器爲偏置的，不在車縱軸中心線上，如圖 5-6-11 所示。第二代平行桿懸吊系統（Paralevel II）是將第一代的避震器改成中置於車縱軸中心線，縮短避震器的長度，增進操控性，如圖 5-6-12 所示。第三代平行桿懸吊系統（Paralevel III），平行桿位於搖臂上方，並在後搖臂接後輪的中心鏤空以減輕非承載質量，增進騎乘操控性與舒適性，如圖 5-6-13 所示。

圖 5-6-11　採用第一代平行桿後懸吊系統的摩托車 [99]

圖 5-6-12　採用第二代平行桿後懸吊系統的摩托車

圖 5-6-13　採用第三代平行桿後懸吊系統的摩托車

5-6-6　整體式後懸吊系統

此類懸吊系統的特點是引擎和搖臂成爲一體並兼作變速器，因而剛度大、成本低，但因後避震器彈簧承受引擎和傳動系統的大部分質量，故僅適用於小型低速摩托車，臺灣常見的速克達的後懸吊系統便屬於此類，如圖 5-6-14 所示。

速克達採用整體式後懸吊系統，造成後非承載質量與承載質量之比遠大於傳統的摩托車。

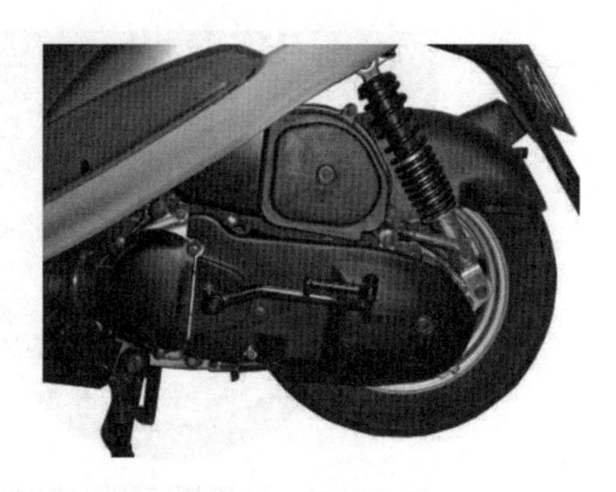

圖 5-6-14　採用整體式後懸吊系統的速克達

採用單避震器（俗稱單槍），具有結構簡單、降低車重及製造成本的優點，故一般輕型速克達的後避震器大多採用單避震器。其缺點爲速克達後避震器的擺放位置並不是位於縱向中心線上，而是上下鎖點均位在車身的左後側，若是原廠的車架剛性不足，劇烈操控時，容易出現車身的扭轉振動，降低騎乘的平衡性，長期使用後易造成輪胎單邊磨耗。至於使用雙後避震器（俗稱雙槍）的速克達大都體型較大與車較重，若採用單後避震器設計，後懸吊系統承受很大的力，容易發生故障。

5-6-7　後懸吊系統的重要參數

參考圖 5-6-1 後懸吊系統的重要參數簡述如下：

1. 後避震器安裝傾角

避震器中心軸與後輪軸垂線之間的夾角 β，稱爲後避震器安裝傾角，一般摩托車的 β 值在 15°～25° 之間。β 過小，摩托車受振動衝擊時，後避震器的垂直位移較大，水平位移較小，摩托車在垂直方向穩定性減弱，並且容易使前懸吊系統產生俯衝現象（Dive）；β 過大，會提高整車的緩衝能力，但會降低避震器的本身減振能力。越野車爲了加強抗衝擊的能力，β 值約爲 40°。

2. 後搖臂安裝傾角

後搖臂兩端固定點連線與水平線的夾角 α，稱爲後搖臂安裝傾角，一般摩托車的 α 值介於 4°～8° 之間。後搖臂安裝傾角影響後輪垂直於路面方向的位移，當 α

值小時，後輪遇到不平路面或坑洞的衝擊力作用時，向上的垂直位移會增加。因此，可根據不同的需求，選擇適當的後搖臂安裝傾角，例如，越野車的 α 值大，可加大後輪垂直位移行程；當 α 值小時，可讓摩托車滿載騎乘時後搖臂傾角在水平方向附近變化，使車架獲得足夠水平向前的推力。

3. 後搖臂的槓桿比

一般來說，後避震器安裝在車架與後搖臂之間，摩托車振動時後輪在垂直於路面方向的位移與後避震器沿中心軸方向的位移之比稱爲槓桿比（Leverage ratio），也就是本書 5-3-4 節所講的速度比。高槓桿比的設計可縮短避震器的長度，降低車身高度，改進操控性，但避震器也承受較大的力。現今許多高性能的摩托車採用漸進連桿式後懸吊系統，能夠經由避震器的位置的變化改變槓桿比，以獲得較佳的性能。

5-6-8　反後蹲與讓後蹲現象

當摩托車加速時，慣性力造成載荷轉移，使得後懸吊系統受壓縮，車尾會往下沉，這種現象稱爲後蹲（Squat）。爲了減少後蹲現象，必須合理設計後搖臂及鏈條傳動系統，使得當摩托車發生後蹲時，鏈條拉力能往上拉後懸吊系統，起到「反後蹲」（Anti-squat）的作用。理想的情況爲後蹲和反後蹲作用互相抵消，讓前輪轉向與後輪加速都有足夠的抓地力。反之，如果後搖臂及鏈條傳動系統設計不合理，不但達不到反後蹲的效果，反而會讓後蹲繼續發生，此種情形稱爲「讓後蹲」（Pro-squat）。

現在我們來考察摩托車加速時前後輪的載荷轉移和載荷轉移角。如圖 5-6-15 所示，設摩托車軸距爲 L，重心 G 與前輪中心線的水平距離爲 ℓ_1，重心 G 與後輪中心線的水平距離爲 ℓ_2。當摩托車靜止時，路面作用於前後輪的正向反力分別爲

$$N_{S1} = \frac{mg\ell_2}{L},\ N_{S2} = \frac{mg\ell_1}{L} \qquad (5\text{-}6\text{-}4)$$

爲簡化分析，忽略滾動阻力，並設空氣阻力 F_w 的作用線也與加速阻力 F_j 一樣

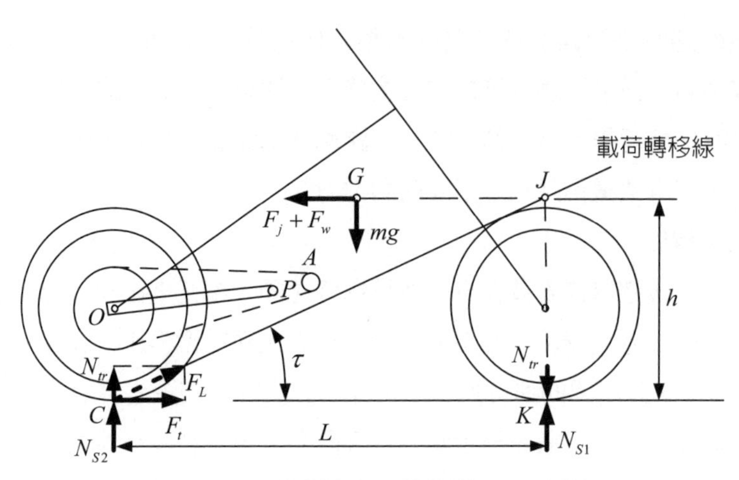

圖 5-6-15　載荷轉移和載荷轉移角之計算

經過人 - 車系統的重心 G，設摩托車加速時的前後輪載荷轉移力（重力轉移量）爲 N_{tr}，摩托車的受力圖，如圖 5-6-15 所示。對重心 G 取矩，得

$$(N_{S2}+N_{tr})\cdot \ell_2 - F_t \cdot h - (N_{S1}-N_{tr})\cdot \ell_1 = 0 \tag{5-6-5}$$

將（5-6-4）式代入方程（5-6-5），得

$$(\frac{mg\ell_1}{L}+N_{tr})\cdot \ell_2 - F_t \cdot h - (\frac{mg\ell_2}{L}-N_{tr})\cdot \ell_1 = 0 \tag{5-6-6}$$

整理後得載荷轉移力

$$N_{tr} = \frac{h}{L}F_t \tag{5-6-7}$$

式中 h 爲重心高度，F_t 爲後輪驅動力。

後輪載荷轉移力 N_{tr} 與驅動力 F_t 的合力 F_L 的作用線稱爲載荷轉移線（Load transfer line），它與水平面的夾角 τ 稱爲載荷轉移角（Angle of load transfer）。從

圖 5-6-15 可知載荷轉移角

$$\tau = \tan^{-1}\frac{N_{tr}}{F_t} = \tan^{-1}\frac{h}{L} \quad (5\text{-}6\text{-}8)$$

由（5-6-8）式可知，我們可以不用計算載荷轉移力 N_{tr}，便可求出載荷轉移角 τ。步驟爲先畫經重心 G 的水平線與經前輪中心 K 的鉛垂線，兩條線的交點爲 J，然後從後輪與路面接觸中心點 C 畫連接 J 之線就是載荷轉移線，此線與路面的夾角就是載荷轉移角 τ（見圖 5-6-15 和圖 5-6-16）。

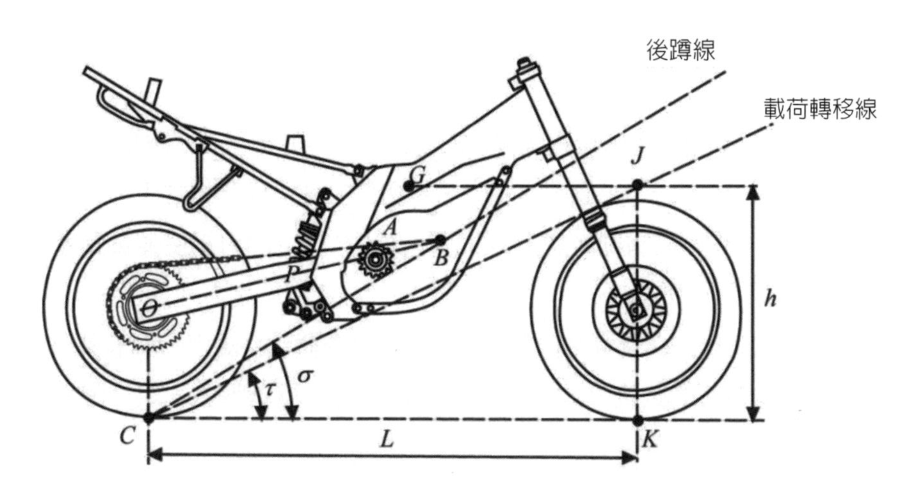

圖 5-6-16　載荷轉移角、載荷轉移線、後蹲角與後蹲線

如圖 5-6-16 與圖 5-6-17 所示，後搖臂前端經樞點（Pivot point）P 連接於車架上，後端連接於後輪中心 O 上。圖中的 B 點爲鏈條上半部的延長線與後輪中心 O 至後搖臂樞點 P 線之交點。從後輪接地中心點 C 至 B 點的連線稱爲後蹲線（Squat line）。後蹲線與水平面的夾角 σ 稱爲後蹲角（Squat angle）。後蹲比（Squat ratio）R_{sq} 定義爲載荷轉移角 τ 與後蹲角 σ 正切值之比 [10]，即

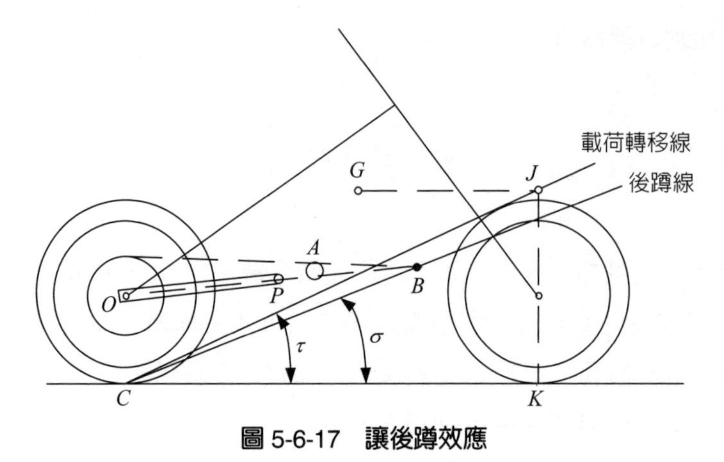

圖 5-6-17　讓後蹲效應

$$R_{sq} = \frac{\tan \tau}{\tan \sigma} \quad (5\text{-}6\text{-}9)$$

懸吊系統之彈簧長度會依後蹲比 R_{sq} 之值而改變，可分下列三種情況：

1. $R_{sq} > 1$：此時 $\sigma < \tau$（見圖 5-6-17），B 點位於載荷轉移線之下方，與靜載荷相比，此時載荷轉移力與驅動力之合力 F_L 對樞點 P 產生的力矩使彈簧長度縮短。因此，$R_{sq} > 1$ 爲「讓後蹲」。

2. $R_{sq} = 1$：此時 $\sigma = \tau$（見圖 5-6-18），B 點位於載荷轉移線上，與靜載荷相比，合力 F_L 不會改變彈簧的長度。因此，$R_{sq} = 1$ 爲中性，既不發生「讓後蹲」，也不發生「反後蹲」。

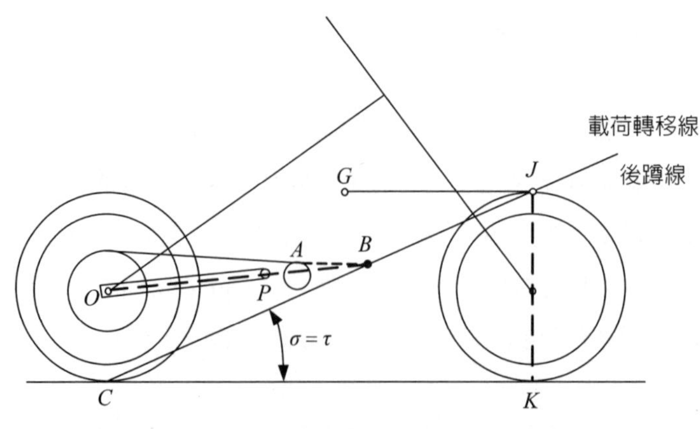

圖 5-6-18　既不「讓後蹲」，也不「反後蹲」

3. $R_{sq} < 1$：此時 $\sigma > \tau$（見圖 5-6-19），B 點位於載荷轉移線的上方，與靜載荷相比，此時合力 F_L 產生的力矩會使彈簧長度變長。因此，$R_{sq} < 1$ 有反後蹲作用。

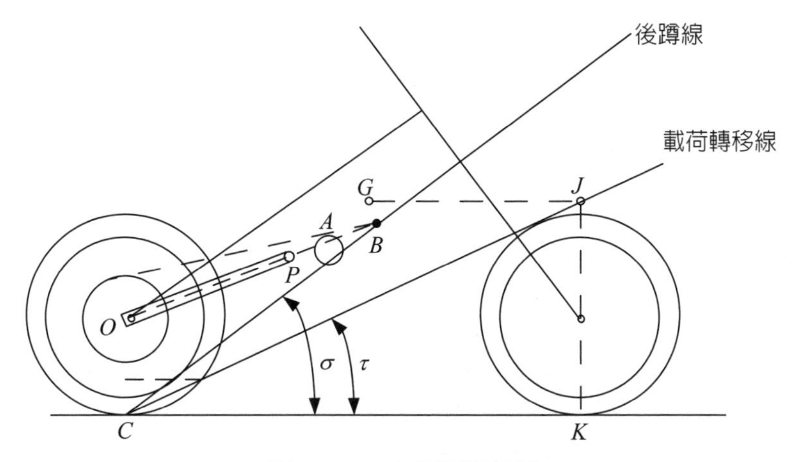

圖 5-6-19　有反後蹲效應

軸傳動摩托車與速克達也有同樣的「反後蹲」與「讓後蹲」現象。圖 5-6-20 所示爲以傳動軸爲驅動系統或速克達的後蹲線與載荷轉移線，圖中的 B 點與樞點 P 重合。

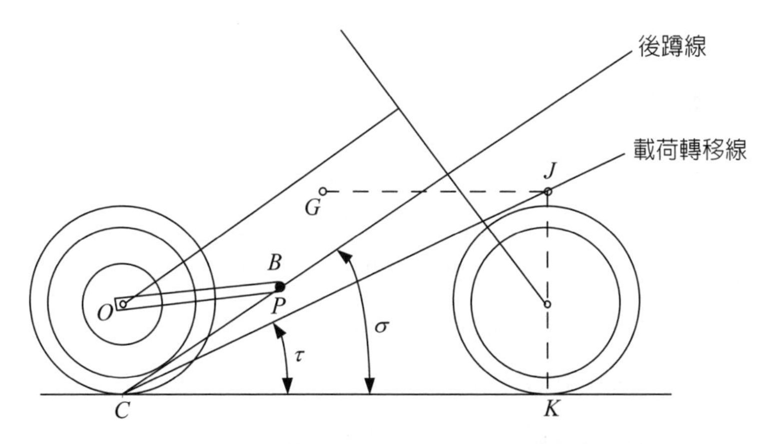

圖 5-6-20　軸傳動系統摩托車與速克達之後蹲線與載荷轉移線

參考圖 5-6-17，後蹲比的值會根據後搖臂傾斜角，鏈條傾斜角之變化而改變。這些角度又和變速器驅動鏈輪（Drive sprocket）*A* 的直徑、後鏈輪（Rear sprocket）直徑及後搖臂樞點 *P* 的位置有關。採用直徑較小的驅動鏈輪或直徑較大的後鏈輪會使鏈條拉力方向往下偏，*B* 點位置升高，對反後蹲有利。反之，使用較大的驅動鏈輪或較小的後鏈輪會使鏈條拉力方向往上偏，*B* 點位置降低，對反後蹲不利。另外，降低後搖臂樞點位置，會減少後搖臂安裝傾角，使後搖臂與水平線之夾角變小，減少反後蹲的能力。反之，升高後搖臂樞點位置，會加大後搖臂安裝傾角，使後搖臂與水平線之夾角變大，提升反後蹲的能力，這些性質列於表 5-6-1 中。

表 5-6-1　改變變速器鏈輪直徑、後鏈輪直徑及樞點位置對反後蹲的影響

改變	反後蹲效應
縮小變速器驅動鏈輪直徑	增加
加大變速器驅動鏈輪直徑	減少
縮小後鏈輪直徑	減少
加大後鏈輪直徑	增加
降低樞點	減少
升高樞點	增加

5-7　避震器的調整

對大部分市售的較高檔摩托車，人們可以調整避震器的彈簧預載、回彈阻尼和壓縮阻尼（見圖 5-7-1），以適應不同的路況與騎乘要求。但有些摩托車的避震器只能調整預載和回彈阻尼，不能調整壓縮阻尼。由於彈簧預載、回彈阻尼、壓縮阻尼的調整並不容易同時達到最佳狀態，所以避震器的調整是困難的，但仍有一些規律與步驟可參考，下面介紹避震器彈簧預載、回彈阻尼、壓縮阻尼，及調整的注意事項。

圖 5-7-1　避震器的調整

5-7-1　彈簧預載

彈簧預載（Preload）是指沒有任何外力施在避震器彈簧時，由彈簧預先壓縮量引起的彈簧受力的大小，不過人們常常將彈簧的預先壓縮量稱為預載。

將彈簧壓縮，產生一定的變形量 δ，根據公式 $F_s = k\delta$，可知彈簧預先壓縮量越大，彈簧預載就越大（見圖 5-7-2），要繼續壓縮彈簧就需要更大的力量，如圖 5-7-3 所示。預載並不改變車輪上升或下降一單位位移所需的力量。懸吊系統必須承受一定的預載，若沒有預載，很小外力施在避震器上時，避震器也會運動，騎士會不舒服；若有預載，外力須大於預載，避震器才會運動。但若預載太大，遇到坑洞時，懸吊系統很難下降，車輪易與地面失去接觸。另外，改變彈簧預載也會改變車高，假設前後預載調整不適當，車子可能會前傾一點或是後仰一點，進而改變前後輪的荷重，這也會影響到摩托車的行駛性能。

前叉彈簧預載的調整設定方式與後避震器彈簧預載稍有不同，因為前叉彈簧的長度雖比後避震器彈簧來得長，但其作用力僅有後避震器彈簧的三分之一左右而已。此外，前輪除了須保持車身平衡外，還需控制摩托車轉向，為獲得較佳的循跡性，前叉的預載通常不會設定過大。加大前叉彈簧預載，施力便能快速地加於前輪，摩托車也就能迅速地轉彎。若前叉彈簧預載較小，雖然前輪反應較慢，但在轉

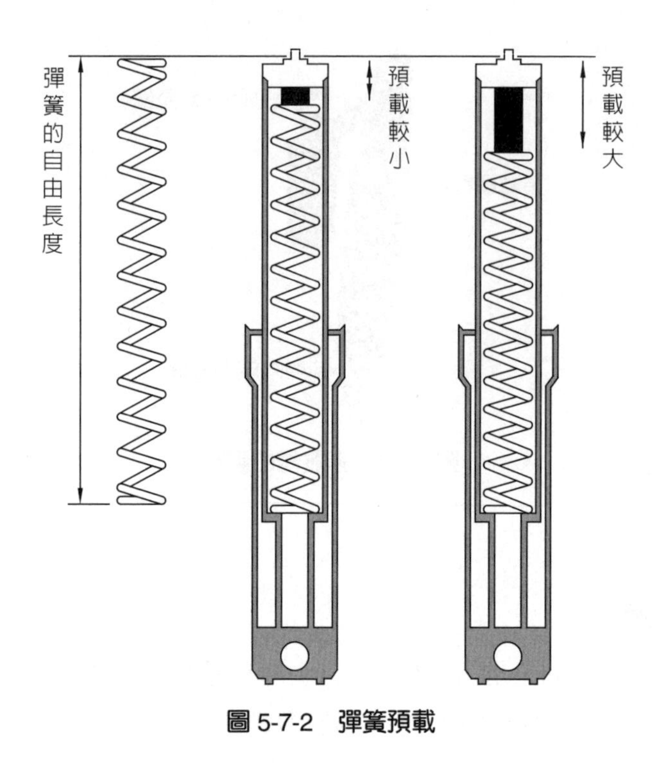

圖 5-7-2　彈簧預載

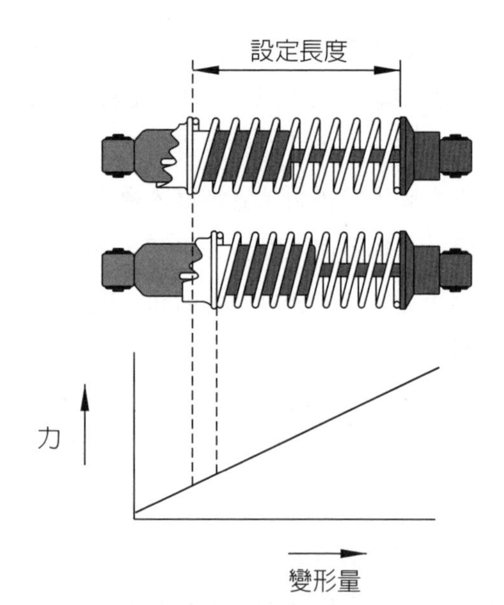

圖 5-7-3　彈簧預載調整長度與彈簧力的關係

向時會變得較爲穩定。

彈簧預載的調整是通過預載調整器來完成的。前叉的彈簧預載調整器，大都設計在前叉上方回彈阻尼調整器的周圍，主要使用開口板手來進行調整。後避震器的彈簧預載調整器則多半設計在彈簧的上方，調整時得要用專用工具，避震器彈簧預載的調整通常有兩種方式：用避震器旁的凹槽調整段位，如圖 5-7-4(a) 所示；用避震器上方的螺帽片調整，如圖 5-7-4(b) 所示。

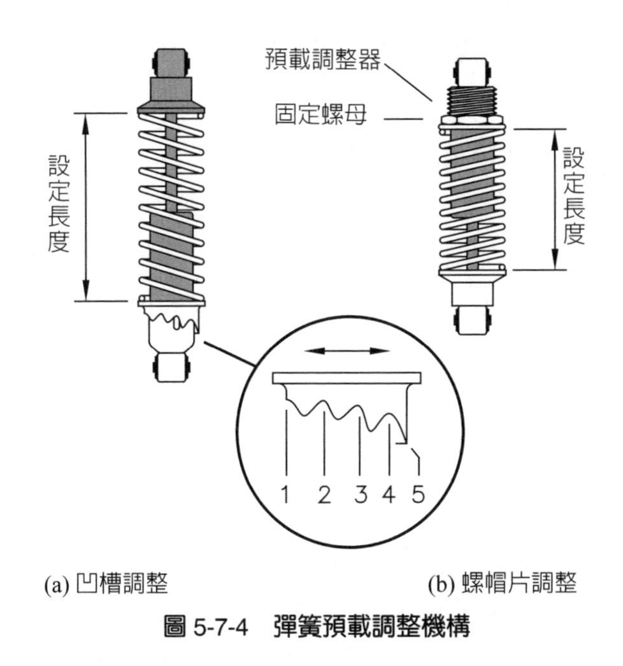

(a) 凹槽調整　　(b) 螺帽片調整

圖 5-7-4　彈簧預載調整機構

彈簧的預載和預載力如圖 5-7-5 所示，其中 Δy 爲彈簧預載。設避震器的變形量爲 y，則彈簧力可寫成 $F = k(\Delta y + y)$，其中 $k\Delta y$ 爲預載力。

1. 沉降量

如圖 5-7-6 所示，彈簧在避震器未受力時的長度稱爲自由長度；裝上避震器後彈簧縮短的長度就是預載；當騎士坐在摩托車上時，彈簧進一步壓縮的距離稱作沉降量（Sag），也就是懸吊系統的靜載壓縮量。彈簧預載調整前需先量測前、後懸吊系統的沉降量。

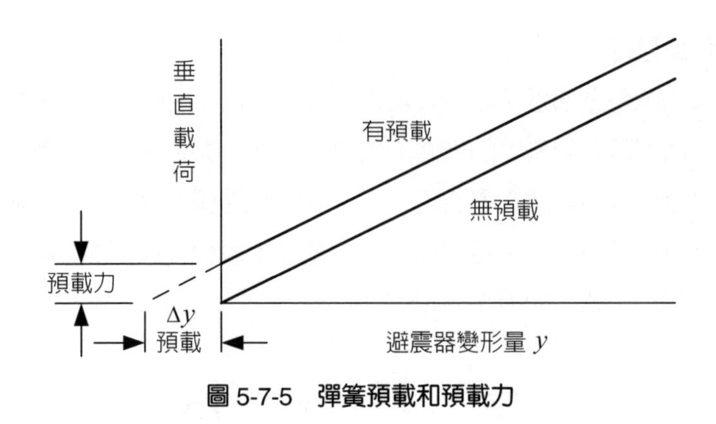

圖 5-7-5　彈簧預載和預載力

(1) 量測前懸吊系統沉降量的步驟如下：

a. 用力壓摩托車把手數次，讓懸吊系統上下運動數次，振動停止後，一人將把手抬高讓前輪離地，另一人對倒叉量測外露的內管金屬長度，即從外管底部沿軸向量至鑄鐵件的頂部，記作 L_1；對正叉則量測從外管的頂部沿軸向至下三角台的距離也記作 L_1。

b. 騎士穿戴騎乘的配備坐上摩托車，用力壓把手數次，讓懸吊系統上下運動數次，振動停止後，量測如步驟 (1) 的距離，記作 L_2。

c. 前懸吊系統的沉降量等於（$L_1 - L_2$）。

(2) 量測後懸吊系統沉降量的步驟如下：

a. 首先壓摩托車把手數次，讓前後懸吊系統上下運動數次，振動停止後，將後輪抬起離地，量後輪中心至後座位的垂直距離，記作 L_3。

b. 騎士配上標準騎乘配備後坐上摩托車，壓摩托車把手數次，讓前後懸吊上下運動數次，振動停止後，將後輪提起離地，量後輪中心至後座位的垂直距離，記作 L_4。

(c) 兩者之差 $L_3 - L_4$ 就是後懸吊系統的沉降量。

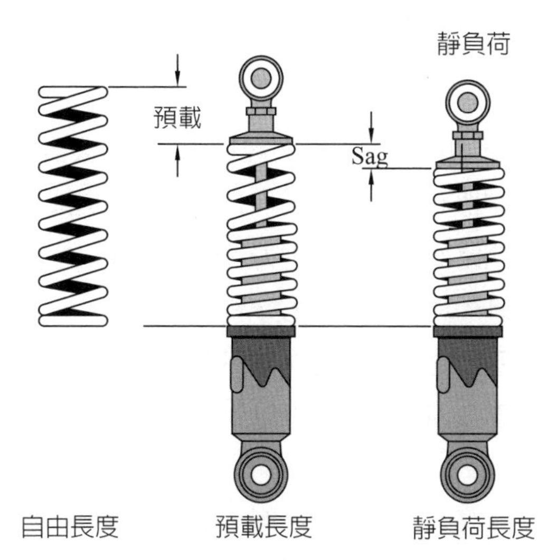

圖 5-7-6　彈簧自由長度、預載和沉降量

2. 預載的調整

沉降量的正確設定，有助於摩托車前後懸吊系統的平衡，使摩托車更自然的轉向以及降低車架的不平衡度。通常街車的沉降量爲 30～35 mm，而跑車爲 25～30 mm。若沉降量值不在此範圍內，則需要調整彈簧預載，使得前後懸吊系統的沉降量值介於此範圍內。若沉降量值超過上述值的上限，表示懸吊系統較軟，這時可增加彈簧預載；若沉降量值小於上述值的下限，表示懸吊系統較硬，這時可減少彈簧預載。

注意：最好參考摩托車使用手冊，調整沉降量和彈簧預載。

5-7-2　回彈阻尼

回彈阻尼（Rebound damping）的主要功能是控制摩托車行駛過突起路面（Bump），懸吊系統被壓縮後，彈簧（避震器）的回彈速度。回彈阻尼的強弱，對摩托車行駛性能有一定的影響。若回彈阻尼太小，則彈簧回彈太快，容易造成車輪彈跳，控制較困難，並且車架也受到較大的回彈力。

參考圖 5-7-7，調整回彈阻尼會改變抓地力（Traction）、操控的感覺（Feeling

of control）和騎乘舒適性（Plushness）：

1. 抓地力

當車輪碰到突起路面（Bump）（或突起物）時，避震器先被壓縮，然後回彈，若回彈阻力太小，則避震器有可能回彈（伸長）太遠，造成承載質量向上移動，並將車輪往上拉，甚至離開路面而失去抓地力。隨著回彈阻尼的增加，抓地力也會隨之加大，到達最大值（圖 5-7-7 之 *B* 點）後，抓地力會減少。若回彈阻尼再增加（過大），當車輪駛到突起路面之頂時，避震器回彈企圖讓車輪沿著突起路面的背面行駛，因回彈阻尼太大，導致回彈速度太慢以致無法跟隨路面，造成抓地力降低。

2. 操控的感覺

當回彈阻尼很小時，彈簧回彈太快，摩托車車輪易有跳動傾向，並且車架也受到較大的回彈力，操控的感覺差。隨著回彈阻尼的增加，感覺摩托車逐漸變得很穩定，操控的感覺漸佳，到曲線 *C* 點時達到最大值（見圖 5-7-7）。當回彈阻尼再增加（過大）時，因懸吊系統回彈速度變慢，車輛反應遲鈍，不易轉向，抓地力也變差，操控的感覺也隨之變差。

3. 騎乘舒適性

當回彈阻尼非常小時（圖 5-7-7 之 *HA* 段），回彈阻力很小，車輪回彈運動很快，車子會有失控的感覺，騎乘舒適性（Plushness）並不是最佳。隨著回彈阻尼變大，抵抗車輪運動的力量加大，騎乘品質會變好，到曲線 *A* 點時騎乘舒適性達到最佳。隨後騎乘舒適性會隨回彈阻尼增加而逐漸變差。回彈阻尼太大時車輪幾乎無法回彈，因此會有顛簸的感覺。

圖 5-7-7 中的最佳調整區域表示若回彈阻尼值設在陰影區內，抓地力、操控的感覺、騎乘舒適性三項騎乘指標可取得較佳的平衡配置。

圖 5-7-8 顯示摩托車行駛過突起路面時，回彈阻尼太大和太小對重心高度改變和車輪位置改變的影響。

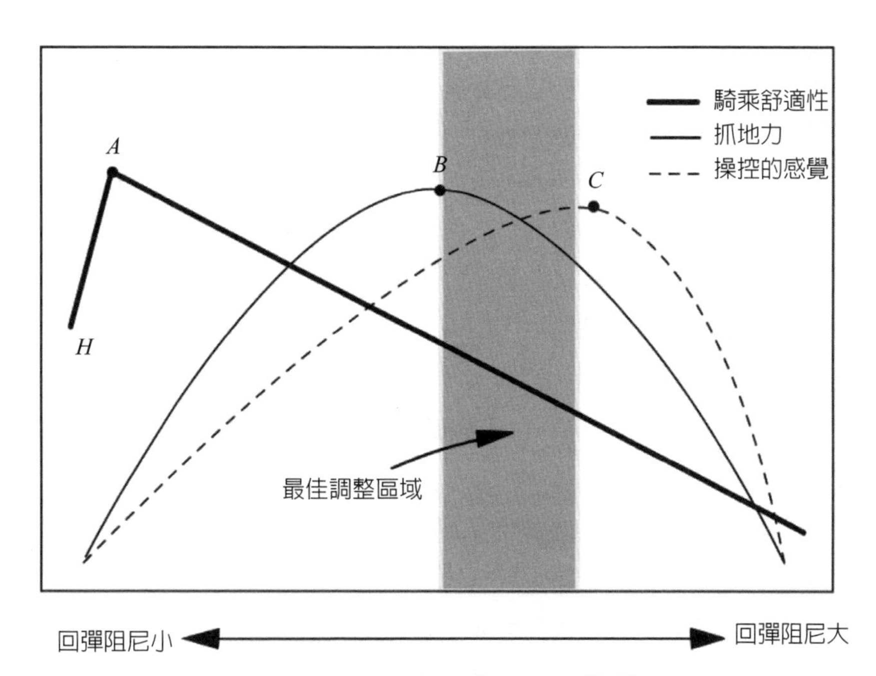

圖 5-7-7　回彈阻尼調整的效應 [38, 47]

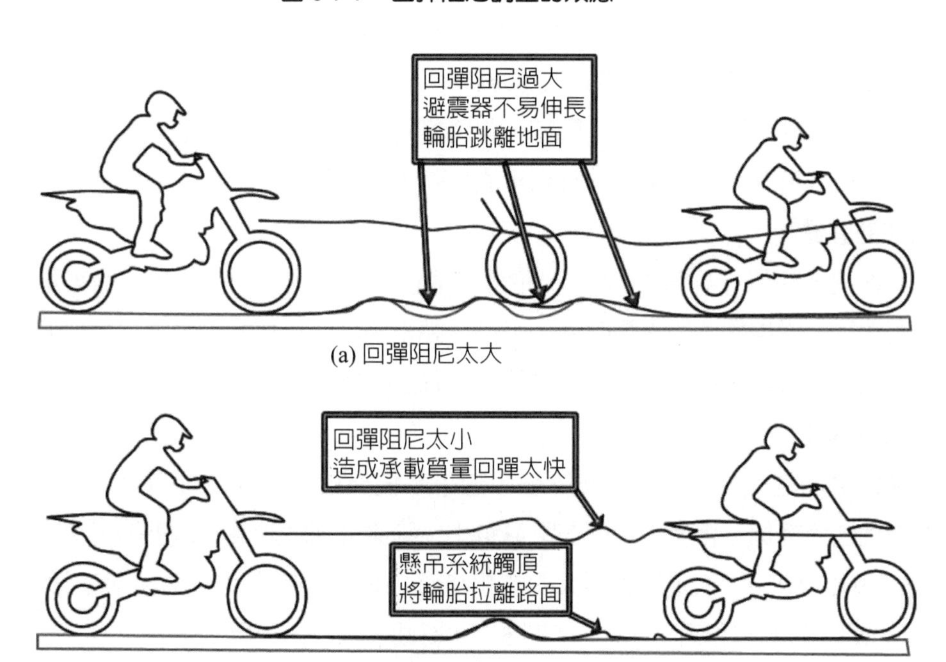

圖 5-7-8　回彈阻尼太大與太小的影響 [47]

5-7-3 壓縮阻尼

壓縮阻尼（Compression damping）的作用是控制懸吊系統被壓縮的速度，避免彈簧的行程過大或觸底。若壓縮阻尼太大，車輪駛經突起路面（Bump）時，因懸吊系統不易壓縮，易造成車輪變形，甚至可能會造成車輪與路面失去接觸；若壓縮阻尼太小，則車輪駛經突起路面時，因壓縮阻力太小，彈簧的行程過大，容易觸底，並且煞車時俯衝現象（點頭）（Dive）過大。

圖 5-7-9 顯示調整壓縮阻尼對抓地力（Traction）、操控的感覺（Feeling of control）、騎乘舒適性（Plushness）和觸底阻力（Bottoming resistance）的影響：

1. 抓地力

壓縮阻尼決定車輪經過突起路面，懸吊系統被壓縮的速度。參考圖 5-7-9，若壓縮阻尼太小，懸吊系統被壓縮時沒有什麼阻力，當車輪駛到突起路面頂端時，仍有能量未被阻尼器消耗掉，車輪仍會向上運動，抓地力變小，甚至可能會造成車輪與路面失去接觸，而喪失抓地力。當壓縮阻尼逐漸增加時，上述現象會漸減，抓地力也會獲得改善，在 E 點達到極大值。當壓縮阻尼值位於最佳調整區域時，抓地力達到較大的理想值。隨著壓縮阻尼繼續增大，懸吊系統壓縮阻力也隨之變大。當壓縮阻尼太大時，懸吊系統不易壓縮，會將摩托車承載質量往上推，重心提高，此時不僅會造成騎乘的不舒服，同時也可能會將車輪拉離地面，而失去抓地力。

2. 操控的感覺

與抓地力類似（見圖 5-7-9），壓縮阻尼很小時，操控的感覺差，隨著壓縮阻尼逐漸增加，操控的感覺獲得改善，至最佳調整區域時操控的感覺達到最佳狀態。壓縮阻尼繼續增大，抓地力降低，操控的感覺迅速變差。

3. 騎乘舒適性

壓縮阻尼越大，避震器越難壓縮，懸吊系統作用於承載質量的力也越大，騎乘舒適性因而降低。相反地，壓縮阻尼越小，騎乘舒適性越高，但壓縮阻尼太低時（圖 5-7-9 之 HD 段），車輪駛經大的突起路面（Bump）時懸吊系統易觸底（Bottom out），故騎乘舒適性反而降低，如圖 5-7-9 騎乘舒適性曲線所示。

4. 觸底阻力

有別於靜態的沉降量（Sag），觸底阻力（Bottoming resistance）和懸吊系統最大的動態下沉量（觸底）有關，它是指車輪碰到突起路面或制動時，懸吊系統達到最大的動態下沉量所需的力。壓縮阻尼增加時，壓縮阻力變大，觸底阻力也隨之增大，如圖 5-7-9 所示。

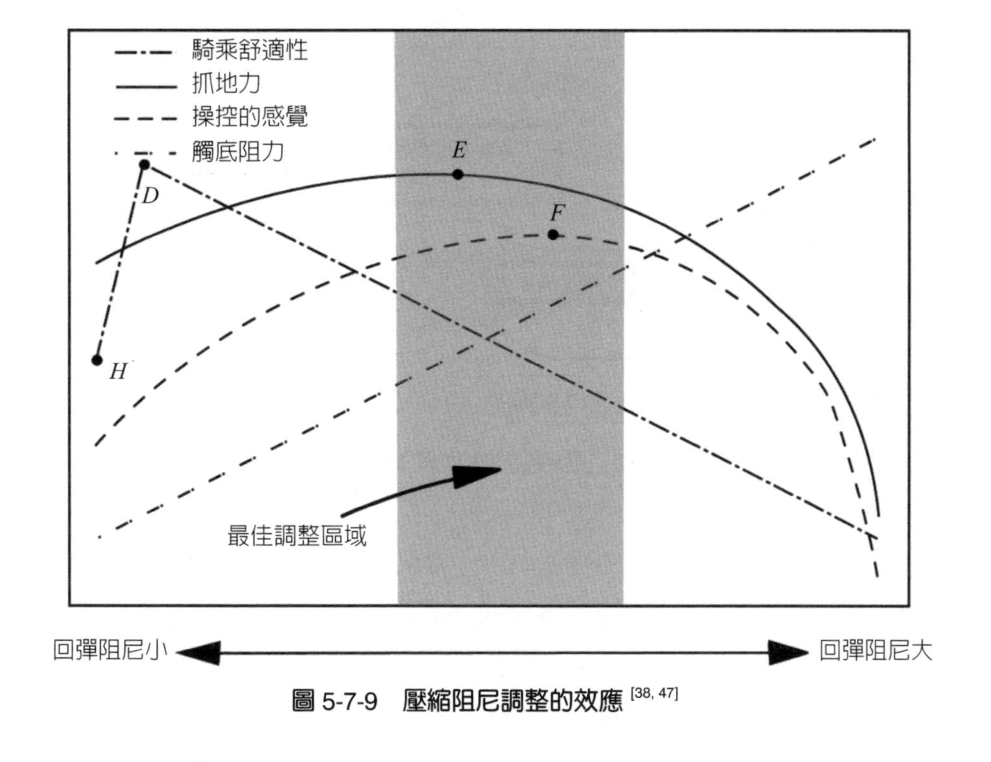

圖 5-7-9　壓縮阻尼調整的效應 [38, 47]

圖 5-7-10 顯示摩托車行駛過突起路面時，壓縮阻尼太大和太小對重心高度改變和車輪位置改變的影響。

從圖 5-7-9 可知騎乘舒適性、抓地力、操控的感覺和觸底阻力要取得一定的平衡時，阻尼值可設在最佳調整區域這段。越野車競賽時，阻尼值可調得很大，以避免觸底。對於強調騎乘舒適性的騎士而言，阻尼可設定小一些。

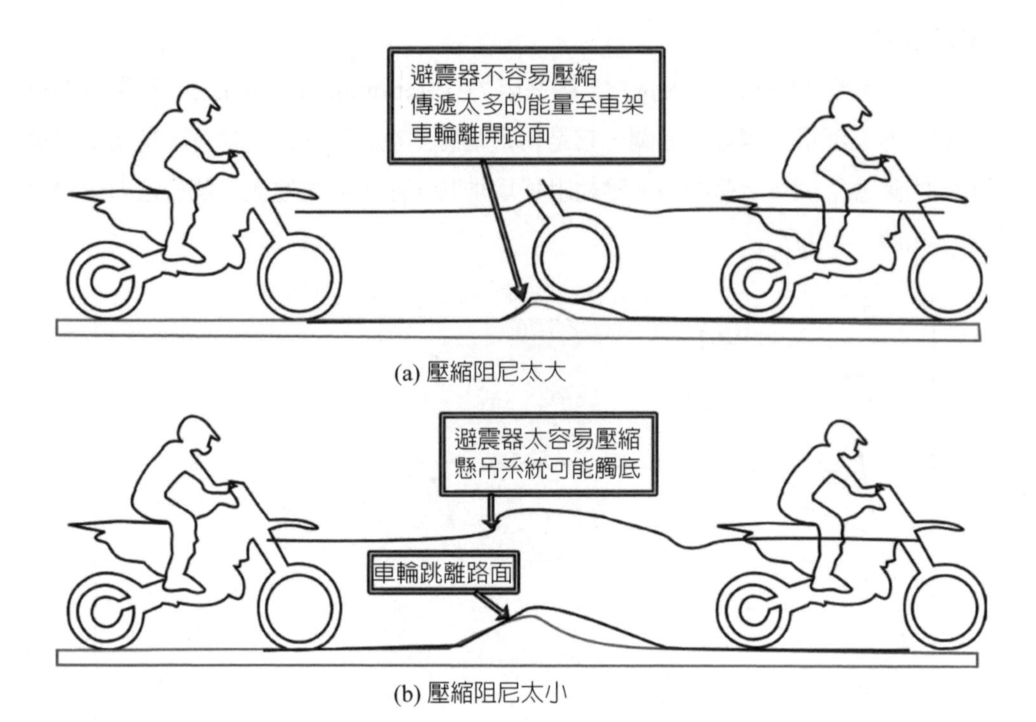

圖 5-7-10　壓縮阻尼太大與太小的影響 [47]

新型的高性能避震器（見圖 5-7-11），常配備高低速壓縮阻尼調整機構（Hi-Low 壓縮阻尼調整器），這裡的高低速並不是指車速，而是指懸吊系統運動的速度。當摩托車車輪行駛過較大突起或凹陷路面，或以中高速行駛時不小心壓到突起物或受衝擊時，路面傳遞至避震器的能量瞬間急增，此時高速壓縮阻尼能快速消耗能量。低速阻尼則是在摩托車行駛過起伏較小的路面時產生作用。要特別注意的是，如將高速阻尼調得太大，那麼在碰到過於突起路面時，車子難以操控。

圖 5-7-11　配備高低速壓縮阻尼調整器的避震器

5-7-4　避震器阻尼調整的步驟

在彈簧預載確定後，摩托車懸吊系統的調整，以先調整回彈阻尼爲主，而壓縮阻尼爲輔。一般摩托車前避震器的回彈阻尼調整器多半設計在前叉上方的中央部位，後避震器則是設計在避震器的下方。不論是正叉還是倒叉，前避震器的壓縮阻尼調整器都設計在前叉的下方位置；後避震的壓縮阻尼調整器通常都設計在阻尼器本體跟氣瓶聯結的部位。調整步驟如下：

1. 先將回彈阻尼調到最佳狀況

一般可先將前後避震器的回彈阻尼調至最小，然後加大回彈阻尼再試騎，直到滿意的騎乘與操控後，再調大壓縮阻尼以達到最佳狀況。應注意的是，所謂最佳狀況只是針對目前的路面和天候而言，不同的路面或冬天過冷也會影響最佳狀況。

調整方法是，用一字起子或小六角板手先從原廠設定值位置，順時針旋轉調整鈕直至鎖緊（最硬）位置。（順便記下旋轉了幾格或幾圈以方便爾後調回原廠設定值），再從最硬位置逆時針旋轉調回到底就是阻尼最小（最軟）位置。若調回的格數或圈數超過原廠設定值位置稱爲調軟；若調回的格數或圈數少於原廠設定值位置稱爲調硬。

當摩托車前後回彈阻尼都調至最小時，在平地上騎乘時，感覺振動較小，轉向容易，但轉彎時可能會感覺有些搖晃；當回彈阻尼都調至最大時，路感較佳但振動較大，騎乘不舒服，轉向較困難，但較穩定。

2. 再調整壓縮阻尼

壓縮阻尼只起輔助作用，當回彈阻尼調至較佳狀況後，若正常煞車時有點頭過大現象，這表示壓縮阻尼不足。應加大壓縮阻尼後試車，直到點頭現象消失。

注意：有些摩托車的避震器只能調整彈簧預載和回彈阻尼，而不能調整壓縮阻尼。

5-8 摩托車車架

隨著摩托車的高性能化，摩托車車架除必須固定和支撐引擎、傳動系統和一些輔助件外，車架必須在摩托車過彎、加速、制動時讓車輪保持穩定和安全。因此摩托車車架必須具備足夠的剛度，才足以應付不同的騎乘狀況。所謂車架的剛度或剛性就是指車架受力後彈性變形的程度，剛度越大變形量越小。摩托車行駛時受到縱向的驅動力、滾動阻力、空氣阻力、加速阻力、制動力，轉彎時還受到側偏力作用，因此車架會產生縱向彎曲變形、橫向彎曲變形和扭轉變形或是前三種變形的組合，使得摩托車前後輪的相對位置會有所改變，從而影響到摩托車的操控性。

車架剛度可分彎曲剛度和扭轉剛度，彎曲剛度又分縱向彎曲剛度與橫向彎曲剛度。所謂縱向彎曲剛度，是指將車架的轉向頭（轉向管）（Steering head）固定，使車架樞點處產生單位縱向變形時，需要在後搖臂連接車架的樞軸（Pivot axis）處施加多大的垂直力，其單位通常爲 N/mm。所謂橫向彎曲剛度，是指將車架轉向管固定，使車架樞點處產生單位橫向變形時，需要在樞軸處施加多大的橫向力，其單位爲 N/mm。所謂扭轉剛度，是指固定車架轉向管，使車架產生單位扭轉角度，所需施加的力偶值，其單位爲 N・m/deg 或 N・m/rad。車架縱向彎曲剛度不足，易產生上下跳動現象；摩托車在彎道行駛進彎的瞬間，車架因受到大的側向力而產生橫向變形。此時若車架的橫向剛度大，則橫向變形小，多能穩定通過；如果車架橫向剛度小，則橫向變形大，會使後輪搖晃，影響操控性。

車架的形式對其剛度有很大的影響，例如將引擎設計爲車架的組件之一，則車架剛度會提高很多。摩托車在行駛時承受的扭轉力、離心力及車身的跳動，都會使轉向管產生扭轉。爲加強扭轉剛度，車架常使用較粗的管梁和加強桿，從引擎兩側延伸至轉向管位置焊接。加強車架的轉向管與樞軸處的剛度十分重要，這是因爲，若轉向管變形，易影響前輪；樞軸處變形，則易影響後輪，這兩者的變形易使摩托車運動不穩定。

增加車架的剛度，可減小其變形量，使變形影響的程度降低。但剛度太高的車架，太過生硬，吸收振動或衝擊能量的能力會降低，騎乘時傳至人體的振動量大，較容易疲勞。

提高摩托車縱向彎曲剛度後，可能會導致橫向彎曲剛度不足，因此需要兼顧各方向的剛度，要有一定的平衡。此外，車架具有良好的剛性是指整體的車架都有一定的剛度，而不是有些部位剛性超高，有些部位又剛性不足。

現將車架剛性不足的影響總結如下：

1. 縱向彎曲剛度不足，易產生上下跳動。

2. 橫向彎曲剛度不足，易使後輪搖晃，輪胎與地面接觸區域會以不適當的方式移動，造成摩托車行駛方向不穩定。

3. 造成摩托車反映時間延後，回復穩定的時間較長。

4. 車架易有較大的彎曲變形，此時車架吸收的彈性能會以振動或擺振（Wobble）形式釋出。

5. 因車架剛性不足，摩托車高速運動所產生的陀螺效應，會影響摩托車的預期運動。

5-8-1　車架材料與截面形狀

傳統的摩托車大都採用鋼管車架，它具有良好的彈性、剛性與耐久性，不易累積金屬疲勞等優點，加上鋼管剪裁與焊接容易，因此廣泛地應用於摩托車上。鋼管車架的缺點爲重量過重、塑型不易，若缺乏適當保養易生鏽。雖然有這些缺點，一些高價位摩托車從美觀與保持原味的立場，仍堅持採用傳統的高強度鋼管車架。但有些車廠則改用鉻鉬合金鋼管，它具有更高的剛性並且不易生鏽，但仍有車架重量大的問題。隨著技術的提升與輕量化的要求，重量輕、高強度、塑型容易的鋁合金車架應運而生，以改善鋼管車架的缺點。純鋁材比較軟，剛性及強度亦較鋼管低，不適合作車架。但純鋁混入其他金屬變成鋁合金後就能作車架。鋁合金車架的優點在於質量輕、抗氧化能力強、可塑性高。但鋁合金車架雖然硬度高但彈性較鋼管車架差，緩衝振動能力較弱，與鋼質螺絲接合處結構較易損壞，易累積金屬疲勞。因此，當以高剛度與質量比爲設計需求時，鋁合金車架是最佳選擇。

除了鋼管與鋁合金車架外，有些摩托車也使用包含鋼管與鋁合金的複合式車架。良好的設計，可使複合式車架兼具上述兩種材質的優點。

根據材料力學理論，同樣長度與截面面積的圓管和方管受到相同的彎矩或扭矩時，方管的變形較小。因此，車架的斷面從圓管慢慢進化到方管，方管車架又進化到鋁合金車架，它的截面是長方形，這類車架可以看成是由兩個矩型結構組合起來的，所以橫向與縱向的剛性都比傳統的圓截面鋼管車架強上許多。圖 5-8-1 爲用在某些摩托車車架的截面圖。

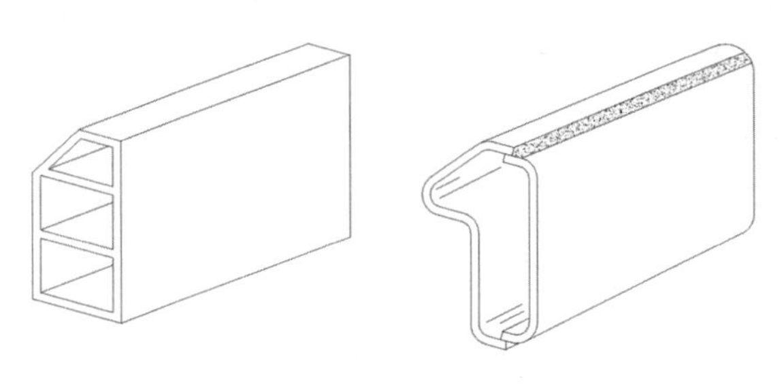

圖 5-8-1　車架截面 [11]

5-8-2　車架的種類

除了材料外，車架結構形式對摩托車的操控性的影響也很大。摩托車車架形式是根據安全性和經濟性，以及引擎的形式、性能和外觀的要求而定的，種類較多。現將摩托車車架的主要種類簡述如下：

1. 搖籃式車架

搖籃式車架用鋼管製成，其形狀類似搖籃，將引擎固定於其中。此種車架具有良好的剛性和強度，但重量大爲其缺點。搖籃式車架可分單搖籃式（Single cradle）和雙搖籃式（Double cradle）兩類：

(1) 單搖籃式車架

單搖籃式車架（Single cradle frame）（見圖 5-8-2）上部有一根管徑較大的主管（Main tube），下部有管徑較小的下管（Down tube），將引擎包覆在內部。此類車架受到來自道路的振動和衝擊時，不會引起引擎的變形，大多用於輕中排氣量摩托車及越野車。

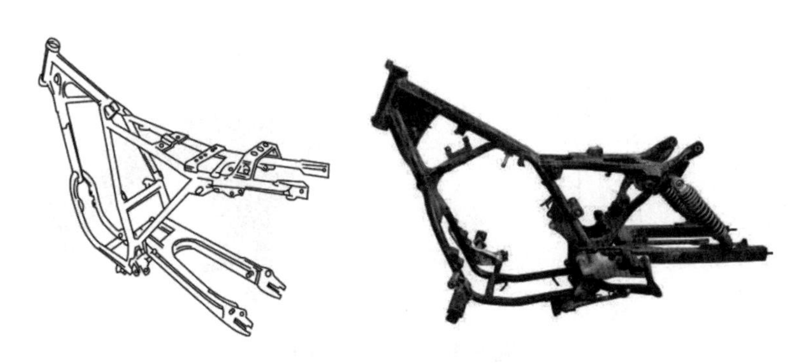

圖 5-8-2　單搖籃式車架

(2) 雙搖籃式車架

雙搖籃式車架（Double cradle frame）（見圖 5-8-3）有兩根主管和兩根下管，構成兩個搖籃支撐引擎兩側，因此較單搖籃式具有更大的強度和剛性，主要用於傳統型大排氣量摩托車上（見圖 5-8-3），它兼顧了車架剛性、強度和重量，取得很好的平衡。

2. 脊骨式車架

脊骨式車架（Backbone frame or Spine frame）（見圖 5-8-4）包含一個寬的主梁用來懸掛引擎，具有便宜、結構簡單、重量輕，讓設計師有較大外觀造型變化等優點，通常用於小型摩托車和越野車上。採用無離合器換檔的車架多是脊骨式的，這種摩托車是東南亞國家的主流車種，如圖 5-8-5 所示。

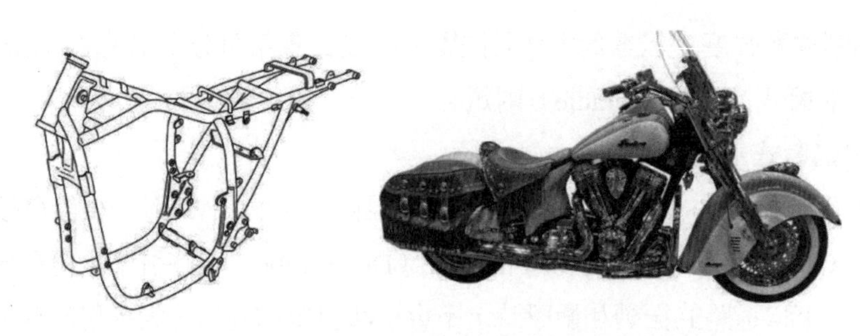

圖 5-8-3　雙搖籃式車架和使用雙搖籃式車架的摩托車

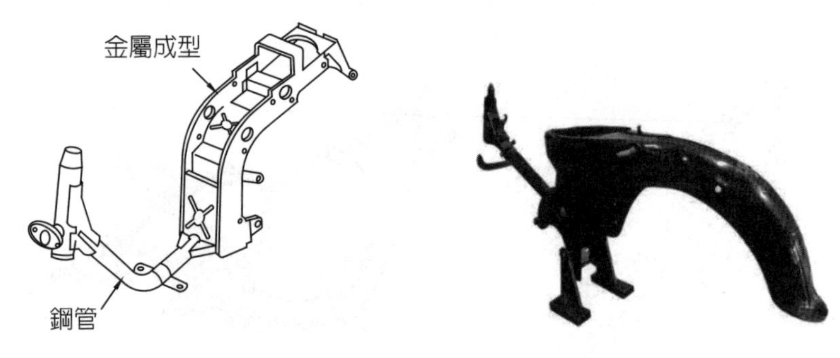

圖 5-8-4　脊骨式車架

圖 5-8-5　使用脊骨式車架的摩托車

3. 跨接式菱形車架

跨接式菱形車架（Diamond frame）又稱鑽石車架（見圖 5-8-6），這種車架省去底部構件，應用引擎的曲軸箱當作車架的一部分，將車架連接起來，具有結構簡單、重量輕和易維修摩托車機件等優點，主要用於中、小型摩托車，臺灣歷史優久的三陽野狼摩托車就是使用此種車架（見圖 5-8-6）。其缺點爲車架剛性較差，車架的力直接作用在引擎上，當摩托車受到衝擊力時，易造成曲軸箱翹曲，對引擎有不良影響。

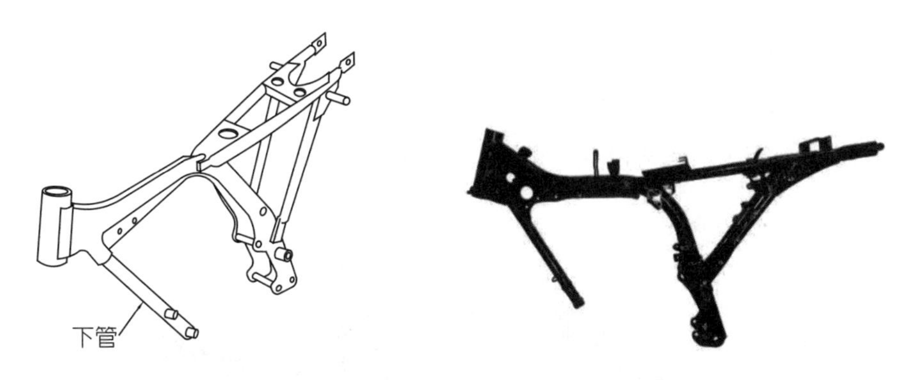

圖 5-8-6　跨接式菱形車架

4. 周邊式車架

周邊式車架（Perimeter frame），也稱三角形車架（Delta-box frame），在臺灣俗稱環抱式車架。經過大量研究證明，如果摩托車的轉向管（轉向頭）（Steering head）與後搖臂之間的距離越近，則摩托車的剛性越好，可降低彎曲變形與扭轉變形。周邊式車架正是應用這個概念而設計的，在轉向管和後搖臂之間用非常強健的鋼管或鋁梁構成三角形狀，將引擎置於其中，如圖 5-8-7 所示。周邊式車架可採用鋼管製成，但爲了改善剛度與重量比，可採用更輕量化的鋁合金製造。這樣，

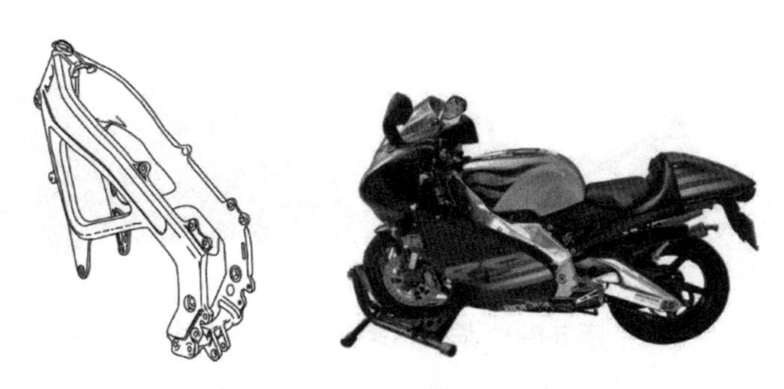

圖 5-8-7　周邊式車架與使用雙翼梁車架的摩托車

車體的慣性力得到減低，在彎道高速行駛和速度發生急劇變化時，摩托車都有良好的操控性。鋁合金周邊式車架又稱雙翼梁車架（Twin-spar aluminum frame），已成爲現代跑車得主流（見圖 5-8-7）。

5. 低跨式車架

低跨式車架（Underbone frame）摩托車，其引擎裝在騎乘座墊下部，腳踏板（擋泥板）和車架鋼管相連，具有結構簡單、騎乘方便的優點，但製造程序較複雜、底部剛性較弱，只適合速克達和中小型摩托車，如圖 5-8-8 所示。

圖 5-8-8　低跨式車架與使用低跨式車架的摩托車

6. 桁架式車架

桁架式車架（Trellis frame）爲環抱式車架的主要競爭對手，廣泛用於義大利杜卡迪（Ducati）車廠的摩托車上，如圖 5-8-9 所示。它也是採用周邊式車架的設計概念，利用一定數量的鋼管或鋁管焊接成車架，將轉向管與後搖臂盡可能的接近，具有製造容易、非常高的強度與重量比（Strength to weight ratio）的優點，可降低車重，以獲得更輕盈的操控性。

圖 5-8-9　使用桁架式車架的摩托車

摩托車的振動

6-1 基本概念

6-1-1 何謂振動

所謂振動，是指機械系統繞其平衡位置的往復運動。機械系統的振動，可藉由系統的某些物理量（位移、速度、加速度）隨時間的變化來描述。如果在相同時間間隔內重複其自身運動，則這種振動稱爲週期振動（Periodic vibration）。如果振動能用簡單的正弦或餘弦函數表示，則這種振動稱爲簡諧振動。相反，如果振動不是週期的，則稱爲非週期振動。非週期振動的一個典型例子是衰減振動（或暫態振動），其振動的幅度隨時間的增加而逐漸衰減，以至最後完全消失。還有一種振動稱爲隨機振動（Random vibration），這種振動不是時間的確定性函數，只能應用統計的方法來研究。

摩托車的振動不僅影響其操縱穩定性、安全性和結構強度，而且影響騎乘的舒適性。因此，研究和解決摩托車的振動問題，對於整車設計，故障診斷，保證摩托車的可靠性和舒適性，是十分重要的。

摩托車振動與汽車振動的理論相同，實驗與分析方法也很類似。但這兩種車在車身結構、引擎支撐固定方式、常用的引擎轉速範圍皆有所不同。此外，汽車的設計通常爲引擎振動與聲音越小越好。但許多摩托車的設計卻常藉由摩托車的振動，來產生特殊的聲浪，以滿足愛好者的需求。

產生摩托車振動的主要原因有如下三類：

1. 摩托車行駛在不平或經過凹凸路面時，車輪受到路面的激振，引起摩托車的振動，這會使騎士不舒服，並對摩托車的操縱性和穩定性有影響。此類振動與車身的剛性及懸吊系統有關。這類振動是本章的重點。

2. 傳動系統：引擎扭矩經過鏈條、皮帶或傳動軸作用於後輪時，扭矩變動使車輪振動經由後搖臂與避震器引起車體振動。此外，車輪及旋轉機件的不平衡產生的離心力也會引起車體振動。

3. 引擎振動：引擎燃燒壓力變化形成的曲軸扭矩變動，零組件往復運動的慣性力，以及多缸引擎運動形成的慣性力矩，都會引起引擎振動，進而造成車體振動。

研究摩托車振動的方法可分為兩大類：解析法和實驗法。所謂解析法，是指建立摩托車振動的數學模型，應用數值方法（常常要借助電腦）對振動進行分析計算。而實驗法是指對摩托車的一些重要部位的振動進行實際測量，然後對實測數據進行分析評估。實驗法又分兩種方式進行：一種是在實驗室進行，這包括實驗模態分析、頻率響應函數測量、轉鼓台試驗等；實驗法的另一方式是進行路試，即在摩托車的一些重要部位裝上測量振動的傳感器（加速規），在騎乘摩托車的過程中採集數據，然後回實驗室進行分析評估，這種方法可以和主觀評價結合起來進行。

在研究振動時，人們常用到系統（System）一詞。所謂系統就是研究的對象，它可以是摩托車的一部分，也可以是整部摩托車。系統所受的激振力、初始位移、初始速度等稱為輸入（Input）或激勵（Excitation）。系統在輸入的作用下產生的振動稱為輸出（Output），亦稱為系統的響應（Response）。

摩托車和騎士作為一個振動系統，其輸入主要來自三個方面：一是當摩托車以一定速度行駛時由道路的不平度所引起；二是來自摩托車的引擎和輪胎，這主要是由引擎的轉動部件（如曲軸）和輪胎的不平衡所引起；三是由初始條件（振動點的初始位移和初始速度）所引起。這些輸入都會引起摩托車和騎士的振動，這便是系統的響應或輸出。

6-1-2　簡諧振動

簡諧振動（Simple harmonic vibration）是週期振動中最簡單的一種。例如圖 6-1-1 所示的無阻尼的質量 - 彈簧系統，將質量塊拉離其靜平衡位置（$x = 0$）至一定距離（$x = x_0$）後再釋放，則質量塊將作簡諧振動，其位移和時間的關係可表示成：

$$x = A\sin(\omega_n t + \phi) = A\sin(2\pi f_n t + \phi) \qquad (6\text{-}1\text{-}1)$$

其中 A 稱為振幅（Amplitude），單位是米（m）；ω_n 稱為自然圓頻率（Natural circular frequency），單位是弳度 / 秒（rad/s）；f_n 稱為自然頻率（Natural frequency），單位是 1 / 秒，亦稱爲赫茲（Hz）；ϕ 稱爲相位角（Phase angle），單位是弳度（rad）。

振動頻率 f 代表振動系統每秒鐘振動的次數。頻率的倒數稱爲週期 T（Period）：

$$T = \frac{1}{f} \tag{6-1-2}$$

其單位是秒，它表示系統每振動一次所需要的時間。

將（6-1-1）式對時間求一階和二階導數，即得簡諧振動的速度和加速度：

$$v = \dot{x} = A\omega_n \cos(\omega_n t + \phi) = A\omega_n \sin\left(\omega_n t + \phi + \frac{\pi}{2}\right) \tag{6-1-3}$$

$$a = \ddot{x} = -A\omega_n^2 \sin(\omega_n t + \phi) = A\omega_n^2 \sin(\omega_n t + \phi + \pi) \tag{6-1-4}$$

可見，簡諧振動的位移、速度和加速度都是時間的簡諧函數，且具有相同的振動頻率。但是，速度和加速度的相位分別比位移的相位超前 $\pi/2$ 和 π 弳度。

簡諧振動可視爲質點的等速圓周運動在鉛垂軸方向的投影。圖 6-1-1 顯示彈簧-質量系統以初始位移 x_0、初始速度 v_0 作簡諧振動，位移 x〔見方程（6-1-1）〕、速度 v〔見方程（6-1-3）〕、加速度 a〔見方程（6-1-4）〕的關係圖，從圖中等速圓周運動的箭頭可更清楚地看出速度和加速度的相位分別超前位移 90° 和 180°。

由（6-1-1）式和（6-1-4）式可得

$$\ddot{x} + \omega_n^2 x = 0 \tag{6-1-5}$$

這表明，如果系統的運動微分方程可以寫成（6-1-5）的形式，則不必解微分方程，我們即知道該系統的運動是簡諧振動，而且知道其振動的頻率。

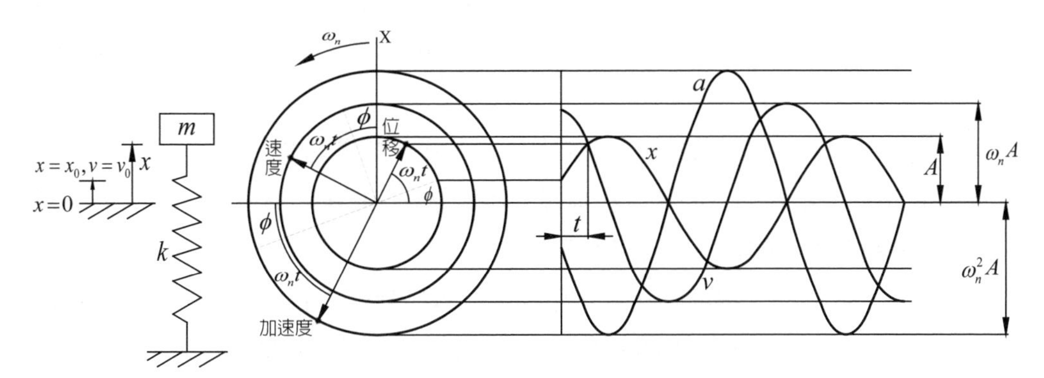

圖 6-1-1　簡諧振動位移、速度與加速度的關係圖

6-1-3　衰減振動

衰減振動亦稱暫態振動或瞬態振動，它是有阻尼系統由初始條件引起的振動。衰減振動的位移 x 和時間的關係可表示爲

$$x = Ae^{-\varsigma\omega_n t}\sin(\omega_d t+\phi) \tag{6-1-6}$$

其中 A 爲由初始條件決定的常數；ω_n 的定義和簡諧振動中的定義相同；ς 稱爲阻尼比，是一無因次量，其取值範圍是：$0 \le \varsigma < 1$；ω_d 稱爲阻尼自然圓頻率（Damped natural circular frequency），單位是弳度／秒（rad/s）。ω_d 和 ω_n 的關係爲

$$\omega_d = \sqrt{1-\varsigma^2}\,\omega_n \tag{6-1-7}$$

衰減振動的週期定義爲

$$T_d = \frac{2\pi}{\omega_d} = \frac{2\pi}{\sqrt{1-\varsigma^2}\,\omega_n} \tag{6-1-8}$$

將（6-1-6）式對時間求一階和二階導數，我們會發現

$$\ddot{x}+2\varsigma\omega_n\dot{x}+\omega_n^2x=0 \qquad (6\text{-}1\text{-}9)$$

此爲有阻尼單自由度系統振動的標準方程。如果系統的運動微分方程可以寫成（6-1-9）式的形式，則我們立即知道該系統的運動是衰減振動，其解如（6-1-6）式所示，而且知道其振動的頻率和阻尼比等。

由於阻尼的存在，振動點在每次振動中偏離振動中心的最大距離 $Ae^{-\varsigma\omega_n t}$ 是隨時間的增加而逐漸衰減的，如圖 6-1-2 所示。為了描述這種衰減的快慢，引進一個稱爲對數縮減率（Logarithmic decrement）的 δ，它表示任意兩個相繼最大偏離距離之比：

$$\delta=\ln\frac{A_1}{A_2}=\ln\frac{A_2}{A_3}=\frac{Ae^{-\varsigma\omega_n t_1}}{Ae^{-\varsigma\omega_n(t_1+T_d)}}=\ln e^{\varsigma\omega_n T_d}=\varsigma\omega_n T_d \qquad (6\text{-}1\text{-}10)$$

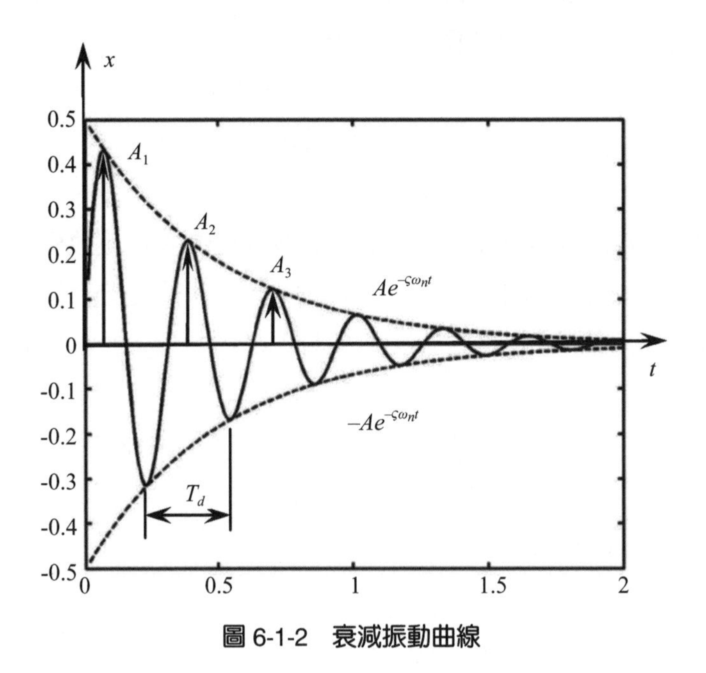

圖 6-1-2　衰減振動曲線

將（6-1-8）式代入（6-1-10）式，得

$$\delta = \frac{2\pi\varsigma}{\sqrt{1-\varsigma^2}} \approx 2\pi\varsigma \quad (6\text{-}1\text{-}11)$$

由此可見，對數縮減率也是反映阻尼特徵的一個參數。

（6-1-11）式提供了一個求阻尼比的方法：由實驗求得系統類似於圖 6-1-2 的衰減振動曲線，再由兩個相繼最大偏離距離之比求得對數縮減率 δ，最後根據（6-1-11）式即可求得阻尼比。例如將摩托車車身向下壓縮到一定程度後再釋放，記錄車身和車輪的衰減振動曲線，按上述方法即可求得車身和車輪部分的阻尼比。

由於頻率 f 與圓頻率 $\omega = 2\pi f$ 之間，自然頻率 f_n 與自然圓頻率 $\omega_n = 2\pi f_n$ 之間都只差常數項 2π，在下面章節中我們將 f 和 ω 都稱爲頻率，而將 f_n 和 ω_n 都稱爲自然頻率。

6-1-4　輪胎的轉動頻率和摩托車的速度

前已指出，輪胎是摩托車振動的重要輸入源之一。因此在研究摩托車振動時，常常涉及到摩托車的速度和輪胎的轉速。設輪胎轉速爲每分鐘 n 轉，單位爲 rpm，換算成頻率爲

$$f = \frac{n}{60} \ (\text{Hz}) \quad (6\text{-}1\text{-}12)$$

$$\omega = \frac{2\pi n}{60} \ (\text{rad/s}) \quad (6\text{-}1\text{-}13)$$

摩托車的速度取決於輪胎的規格和轉速。輪胎的規格與半徑的計算可參閱 2-5 節之說明。

如果輪胎的轉速爲 n（rpm），則摩托車的速度可表示爲

$$v_a = \frac{2\pi nR}{60} \ (\text{mm/s}) = 0.377 \times 10^{-3}\, nR \ (\text{km/h}) \quad (6\text{-}1\text{-}14)$$

由（6-1-12）式，輪胎轉動的頻率 f（Hz）可由摩托車的速度 v_a（km/h）和輪胎

半徑 R（mm）表示成

$$f=\frac{n}{60}=\frac{10^3 v_a}{22.62R} \tag{6-1-15}$$

例 6-1-1

某部摩托車的後輪輪胎規格爲 180/55ZR17 M/C，車速爲 80 km/h 時，求輪胎的轉動頻率。

解：

由輪胎規格 180/55ZR17 M/C，應用方程（2-5-1）得其有效半徑爲

$$R=180\times\frac{55}{100}+\frac{17}{2}\times 25.4=314.9\text{（mm）}$$

因車速 v_a = 80 km/h，由（6-1-15）式得輪胎的轉動頻率爲

$$f=\frac{10^3 v_a}{22.62R}=\frac{10^3\times 80}{22.62\times 314.9}=11.23\text{（Hz）}$$

6-1-5 人體對振動的反應

摩托車振動性能的好壞，最終要由顧客（騎乘者）來評價。實驗表明，人體對振動作用的反應過程是十分複雜的，既取決於振動的頻率與強度、振動的方向及承受時間，還取決於人的心理與生理狀態。

1997 年，國際標準化組織（ISO）在綜合大量有關人體對簡諧振動的反應的實驗研究成果後，制訂出了 ISO-2631《人承受全身振動的評估指南》。雖然它只針對簡諧振動，對於把它擴展到摩托車行駛過程的振動環境的適用性仍有爭論，但仍有一定的參考意義，下面作一簡單介紹。

人體所能承受振動加速度的大小與振動頻率、振動方向及人承受振動的時間這三個因素有關，以下分別討論之。

1. 振動頻率的影響

大量實驗表明，人體對振動最敏感的頻率範圍是：垂直振動爲 4 至 8 Hz，水平振動爲 1 至 2 Hz。這是因爲人體〈胸 - 腹〉系統在此頻率範圍內會發生共振，人會感覺不舒服。

2. 振動方向的影響

在相同的承受時間內，在 2.8 Hz 以下，人體所能承受水平方向振動加速度的允許值比垂直方向在 4 至 8 Hz 範圍內的允許值低。在 1 至 2 Hz 範圍內人體所能承受水平方向振動加速度的允許值比垂直方向在 4 至 8 Hz 範圍內的允許值低大約 1.4 倍。摩托車在 2.8 Hz 以下的振動占相當大比重，故對由俯仰運動引起的人體的水平振動，應給予充分重視。

3. 承受時間的影響

人體對振動最敏感的是振動的加速度而不是位移。實際上，人體對振動加速度的均方根值（rms）最爲敏感。人體所能承受振動加速度均方根值的允許值和所承受的時間長短有關，在一定頻率下，承受振動的時間越長，振動加速度的允許值越小。

國際標準ISO-2631提出了人體對振動加速度均方根值的三個界限值，它們是：

1.承受極限：這是人體所能承受振動加速度的上限。人體承受振動加速度的均方根值應低於此極限值，才能保持健康或安全。

2.疲勞 - 工效降低界限：爲確保駕駛員能準確靈敏地反映，能正常駕駛，人體承受振動加速度的均方根值應低於此極限值。

3.舒適降低界限：當振動加速度的均方根低於此極限值時，則人體感覺舒適，能順完成吃讀寫等動作。

下面我們以人體承受 25 分鐘垂直振動爲例來說明上述三種極限。如圖 6-1-3 所示，*A*、*B* 和 *C* 分別代表「承受極限」、「疲勞 - 工效降低界限」和「舒適降低界限」。該圖是用雙對數座標繪出的，即縱、橫座標軸均按照以 10 爲底的對數

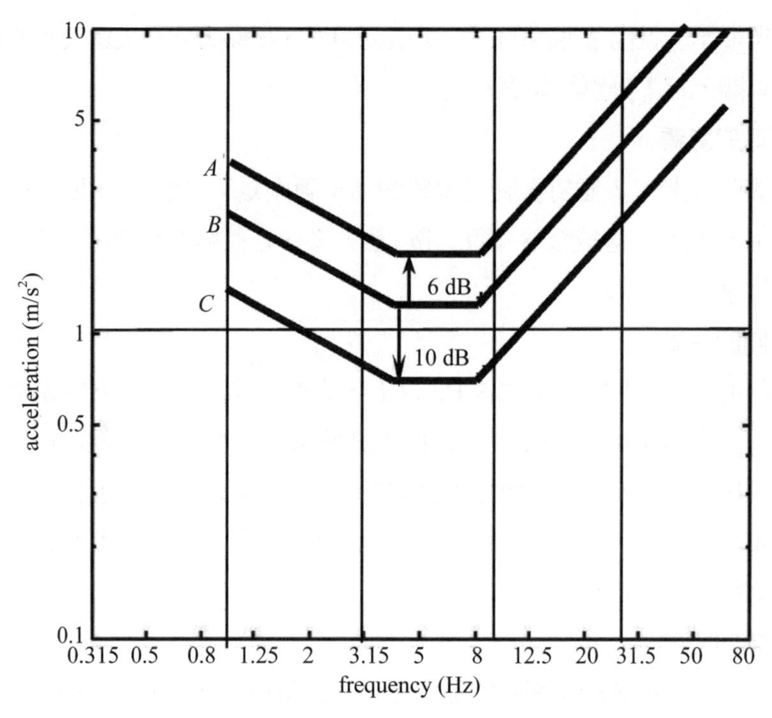

圖 6-1-3 人體承受 25 分鐘垂直振動反應的三種界限

而刻度的。這樣做的好處是：第一，能將變化範圍很大的數值畫在有限的刻度範圍內；第二，能將線性標尺下的曲線變成直線或漸近直線；第三，和人們用分貝（dB）值的習慣一致。一個量 x 的分貝值定義爲

$$\mathrm{dB} = 20\log\frac{x}{x_0} \tag{6-1-16}$$

其中 x_0 爲參考值。凡是用到分貝值時必須指明參考值，否則分貝值毫無意義。

若以「疲勞 - 工效降低界限」（圖 6-1-3 的 B）爲參考值，則將其上移 6 dB 便是「承受極限」（圖 6-1-3 的 A）；將其下移 10 dB 便是「舒適降低界限」（圖 6-1-3 的 C）。該圖已清楚表明，人體對垂直振動最敏感的頻率範圍是 4 到 8 Hz。

類似地，以人體承受 25 分鐘水平振動爲例，如圖 6-1-4 所示，其中 A、B 和 C

分別代表「承受極限」，「疲勞-工效降低界限」和「舒適降低界限」。由圖可見，人體對水平振動最敏感的頻率範圍是 1 到 2 Hz。

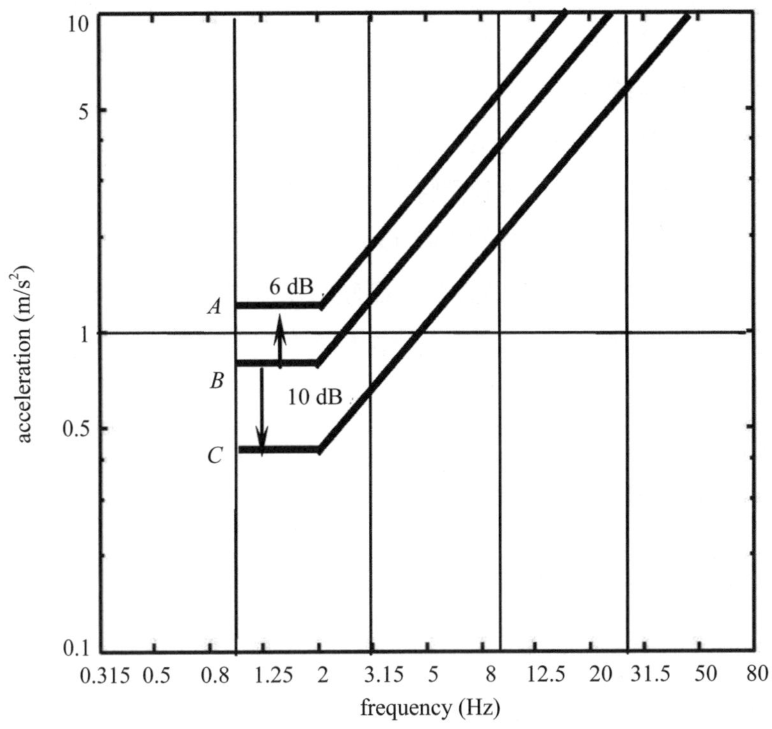

圖 6-1-4　人體承受 25 分鐘水平振動反應的三種界限

6-2　簡化模型

本節我們將用簡化模型討論摩托車的三種主要振動型態：車身的傾倒（Capsize）、前輪的擺振（Wobble），及後輪的迂迴擺動（Weave）。

6-2-1　傾倒

經驗告訴我們，當摩托車行駛的速度很低時，其車身很容易發生傾倒，即車身向側面傾斜甚至翻倒。嚴格地說，這種運動模式不是振動。因爲振動是指機械系統的往復運動，而摩托車的傾倒不是往復運動。

騎士可握住或轉動把手到某一不平衡位置而使摩托車傾倒。當然，如果騎士不加任何控制（例如雙手脫離把手），摩托車也會發生傾倒。應注意，這種傾倒運動是不穩定的。因爲從本質上講，摩托車相當於一個倒擺（Inverted pendulum），而倒擺的運動是不穩定的。

摩托車的傾倒特性不應該完全被看成是缺陷。實際上，騎士正是利用這一特性來使摩托車順利轉彎的。這一點我們將在第七章作進一步討論。

傾倒運動模式主要包括車身的側傾（Roll），伴隨少許側滑（Sideslip）和橫擺（Yaw），如圖 6-2-1 所示：首先摩托車側傾向左，同時把手也向左轉。當側傾角達到一定值時，把手轉向右，最後摩托車翻倒。

摩托車的傾倒和諸多因素有關，它們是：

(1) 摩托車的速度。

(2) 車輪的轉動慣量（陀螺效應）。

(3) 重心位置。

(4) 摩托車的質量。

(5) 摩托車的側傾轉動慣量。

圖 6-2-1　摩托車的傾倒過程

(6) 前叉後傾角。

(7) 前伸距。

(8) 輪胎特性，主要是輪胎的橫截面尺寸以及扭矩的大小。

1. 不考慮輪胎厚度

精確描述摩托車傾倒的數學模型是十分複雜的，這裡我們通過簡單的倒擺模型來說明傾倒的時間常數。我們作如下假設：

(1) 摩托車以速度 v 沿 x 方向前進。

(2) 輪胎厚度爲零。

(3) 輪胎與地面無滑動。

(4) 轉向軸不轉動。

(5) 陀螺效應不計。

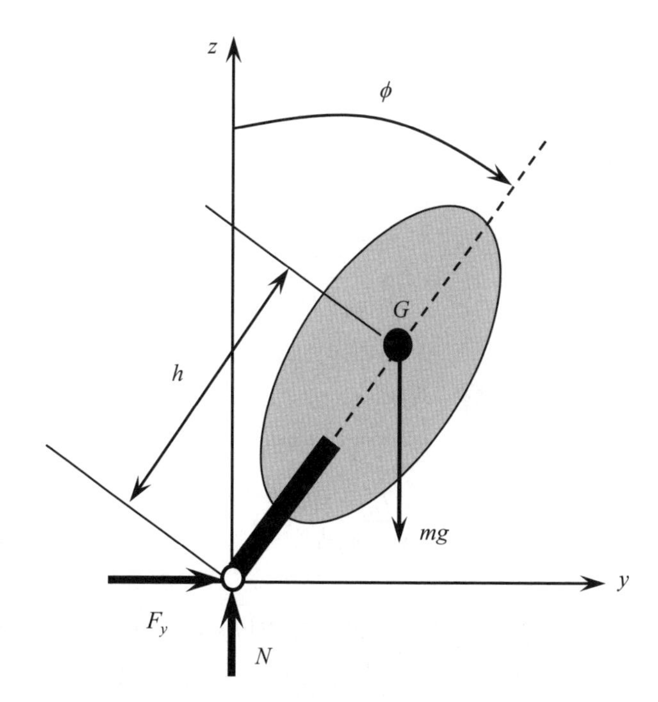

圖 6-2-2　不考慮輪胎厚度的倒擺模型

根據以上假設，摩托車的傾倒過程可用圖 6-2-2 所示的倒擺模型來描述，即傾倒是摩托車繞其輪胎與地面接觸點的轉動。

考慮對接觸點的力矩平衡，我們得到運動方程：

$$(I_{Gx} + mh^2)\ddot{\phi} = mgh\sin\phi \tag{6-2-1}$$

其中，I_{Gx} 是摩托車對平行於 x 軸的質心轉動慣量（質心慣性矩）。當側傾角較小時 $\sin\phi \approx \phi$，上述方程變成

$$(I_{Gx} + mh^2)\ddot{\phi} - mgh\phi = 0 \tag{6-2-2}$$

假設 $\phi \approx \phi_0 e^{st}$，代入上式，我們得特徵方程：

$$(I_{Gx} + mh^2)s^2 - mgh = 0 \tag{6-2-3}$$

由此得兩個實特徵根：

$$s = \pm\sqrt{\frac{mgh}{I_{Gx} + mh^2}} \tag{6-2-4}$$

時間常數 τ 等於正特徵根的倒數，即

$$\tau = \sqrt{\frac{I_{Gx} + mh^2}{mgh}} \tag{6-2-5}$$

由此可見，時間常數和摩托車的質量、重心高度以及繞 x 軸的轉動慣量有關。

摩托車的傾倒運動可表示為 $\phi = \phi_0 e^{t/\tau}$，它是一種不穩定的運動。

2. 考慮輪胎厚度但不考慮側滑

第二種簡化模型考慮到輪胎的厚度，並假設輪胎的橫截面呈圓形其半徑爲 a，但假設輪胎在地面上作純滾動而無側滑（圖 6-2-3）。運動方程爲

$$m\ddot{z}_G = N - mg \quad (6\text{-}2\text{-}6)$$

$$m\ddot{y}_G = F_y \quad (6\text{-}2\text{-}7)$$

$$I_{Gx}\ddot{\phi} = N(y_G - y) - F_y z_G \quad (6\text{-}2\text{-}8)$$

其中 m 爲摩托車的質量，y_G 和 z_G 爲其重心座標，I_{Gx} 爲其繞平行於 x 軸的質心轉動慣量。

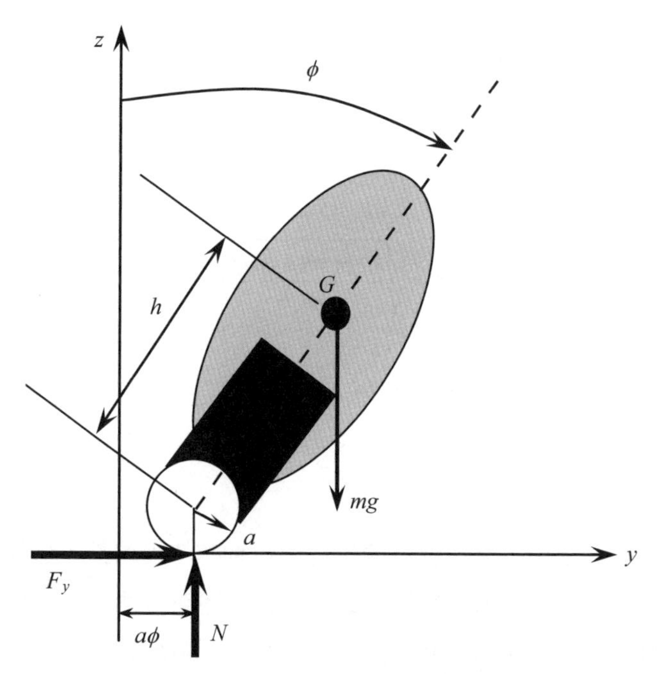

圖 6-2-3　考慮輪胎厚度但不考慮側滑

在純滾動而無滑動的情形下，我們有三個拘束方程：

$$y = a\phi \qquad (6\text{-}2\text{-}9)$$

$$y_G = a\phi + h\sin\phi \qquad (6\text{-}2\text{-}10)$$

$$z_G = a + h\cos\phi \qquad (6\text{-}2\text{-}11)$$

將拘束方程代入運動方程，並應用當側傾角 ϕ 較小時 $\cos\phi \approx 1$、$\sin\ \phi \approx \phi$，整理後我們得到

$$[I_{Gx} + m(a+h)^2]\ddot{\phi} - mgh\phi = 0 \qquad (6\text{-}2\text{-}12)$$

由此得特徵方程：

$$[I_{Gx} + m(a+h)^2]s^2 - mgh = 0 \qquad (6\text{-}2\text{-}13)$$

時間常數 τ 爲正特徵根的倒數：

$$\tau = \sqrt{\frac{I_{Gx} + m(a+h)^2}{mgh}} \qquad (6\text{-}2\text{-}14)$$

特別，當 $a = 0$（即不考慮車輪厚度）時，（6-2-14）式變成（6-2-5）式。

6-2-2 擺振

摩托車在行駛過程中，其前輪會發生繞轉向軸的往復振動，這種振動稱爲擺振（Wobble），如圖 6-2-4 所示。當摩托車由高速而逐漸減速到一定程度時，這種擺振很容易被觀察到。如果前輪平衡不好，這種振動更爲嚴重。

摩托車擺振的頻率從 4 Hz（重型摩托車）到 10 Hz（輕型摩托車）不等。在下列情形下，擺振的頻率會增加：

1. 增加前伸距。
2. 減少前車架慣性。

圖 6-2-4　摩托車的擺振示意圖

3. 增加前輪胎剛度。

當摩托車的速度達到 10 到 20 m/s（36 到 72 km/h），如果轉向軸的阻尼很小，擺振會很嚴重。一個有效的措施是增加轉向軸的阻尼或安裝減振器。

因爲擺振主要發生在前輪，我們可將前組合部件分割出來而不考慮後組合部件的運動。這樣，我們將摩托車前端看成是可繞轉向軸轉動的剛體，而其後端是固定的，如圖 6-2-5 所示。

由於摩托車前組合部件的重量以及前輪胎受到的垂直向上的反力都小於輪胎受到的側向反力，可不予考慮。這樣，前組合部件繞轉向軸的運動方程可寫成

$$I_{Af}\ddot{\delta} = -c\dot{\delta} - F_{sf}a_t\cos\varepsilon \qquad (6\text{-}2\text{-}15)$$

其中

I_{Af} = 前組合部件（包括前輪）繞轉向軸的轉動慣量

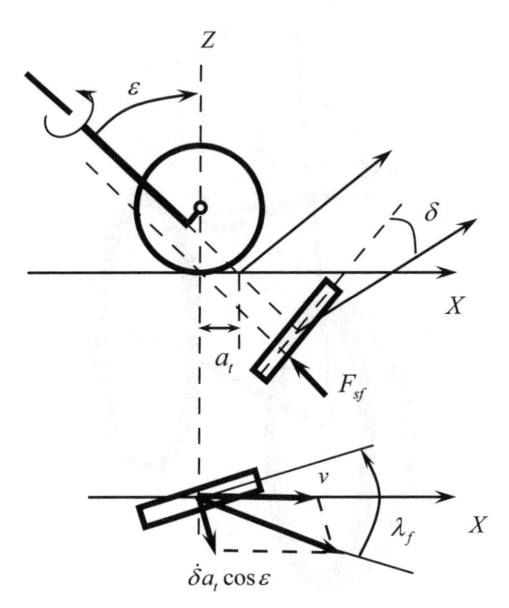

圖 6-2-5 摩托車擺振的單自由度模型[12]

δ = 轉向軸的轉角

c = 轉向軸的阻尼係數

a_t = 前伸距

ε = 前叉後傾角

F_{sf} = 前輪胎受到的側向反力

前輪胎受到的側向反力可按下式計算：

$$F_{sf} = K_{\lambda f} \lambda_f \qquad (6\text{-}2\text{-}16)$$

其中 $K_{\lambda f}$ 爲輪胎側偏剛度（Cornering stiffness），λ_f 爲前輪側滑角（Sideslip angle）。在小位移情形下，側滑角可按下式計算：

$$\lambda_f = \frac{\dot{\delta} a_t \cos\varepsilon}{v} + \delta \cos\varepsilon \qquad (6\text{-}2\text{-}17)$$

側滑角由兩部分組成：一部分由輪胎和地面接觸點的側滑速度 $\dot{\delta}a_t\cos\varepsilon$ 所引起；另一部分由轉向角 δ 在地面上的投影 $\delta\cos\varepsilon$ 所引起。

利用（6-2-16）和（6-2-17）式，運動方程（6-2-15）變成

$$I_{Af}\ddot{\delta}+\left(c+\frac{K_{\lambda f}a_t^2\cos^2\varepsilon}{v}\right)\dot{\delta}+(K_{\lambda f}a_t\cos^2\varepsilon)\delta=0 \tag{6-2-18}$$

令 $\delta=\delta_0e^{st}$，代入（6-2-18）式得特徵方程：

$$I_{Af}s^2+\left(c+\frac{K_{\lambda f}a_t^2\cos^2\varepsilon}{v}\right)s+K_{\lambda f}a_t\cos^2\varepsilon=0 \tag{6-2-19}$$

兩個特徵根爲

$$s_{1,2}=-\frac{cv+K_{\lambda f}a_t^2\cos^2\varepsilon}{2I_{Af}v}\pm\sqrt{\left(\frac{cv+K_{\lambda f}a_t^2\cos^2\varepsilon}{2I_{Af}v}\right)^2-\frac{K_{\lambda f}a_t\cos^2\varepsilon}{I_{Af}}} \tag{6-2-20}$$

如果根號裡的數小於零，則得振動解。在不計阻尼時，這一條件變成

$$v>\frac{1}{2}\sqrt{\frac{K_{\lambda f}a_t^3\cos^2\varepsilon}{I_{Af}}} \tag{6-2-21}$$

這證明，當摩托車的行駛速度達到一定值時擺振便會發生。

擺振的阻尼自然頻率 f_d 爲〔見方程（6-1-7）和（6-1-9）〕：

$$f_d=\frac{1}{2\pi}\omega_d=\frac{1}{2\pi}\sqrt{\frac{K_{\lambda f}a_t\cos^2\varepsilon}{I_{Af}}}\sqrt{1-\varsigma^2} \tag{6-2-22}$$

其中 ς 爲阻尼比〔見方程（6-1-9）〕：

$$\varsigma = \frac{cv + K_{\lambda f} a_t^2 \cos^2 \varepsilon}{2v\sqrt{I_{Af} K_{\lambda f} a_t \cos^2 \varepsilon}} \tag{6-2-23}$$

由（6-2-23）式可知，當摩托車的速度 v 增加時，阻尼比 ς 將減小，最後趨於恆定值：

$$\varsigma_0 = \frac{c}{2\sqrt{I_{Af} K_{\lambda f} a_t \cos^2 \varepsilon}} \tag{6-2-24}$$

當摩托車的速度 v 增加時，由於阻尼比 ς 將減小，由（6-2-22）式可知擺振頻率將增加。但當速度 v 到達一定值（40 m/s 以上）時，擺振頻率不再增加而趨於恆定值：

$$f_n = \frac{1}{2\pi}\sqrt{\frac{K_{\lambda f} a_t \cos^2 \varepsilon}{I_{Af}}} \tag{6-2-25}$$

由（6-2-25）式可知，增加前伸距 a_t 或增加輪胎側偏剛度 $K_{\lambda f}$ 都將使擺振頻率增加；而增加前叉後傾角 ε 或增加前組合部件的慣性矩 I_{Af} 則將使擺振頻率降低。

6-2-3　迂迴擺動

摩托車的迂迴擺動（Weave）是指整車（主要是後組合部件）左右擺動，從而造成整車的蛇行運動，如圖 6-2-6 所示。

摩托車迂迴擺動的頻率在高速行駛下大約爲 0～4 Hz 左右。迂迴擺動的特性和諸多因素有關，它們是 [12]：

1. 後組合部件的重心位置。
2. 車輪的慣性。
3. 前叉後傾角。
4. 前伸距。
5. 後輪的側向剛度。

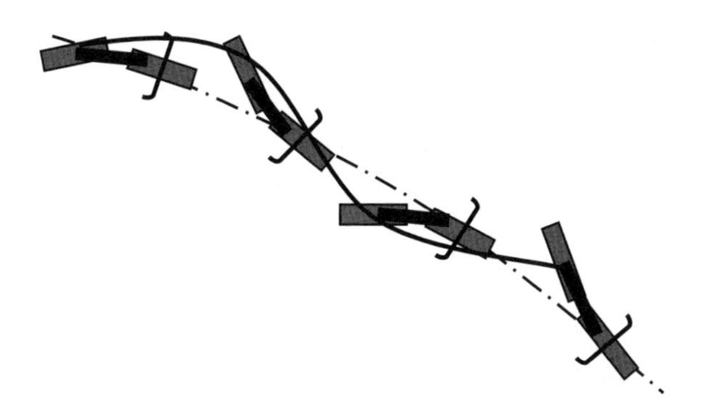

圖 6-2-6　摩托車的迂迴擺動

根據觀察，在摩托車的迂迴擺動過程中，其後組合部件的側向位移遠大於前組合部件的側向位移。作爲一種簡化，摩托車的迂迴擺動可看成是其後組合部件繞轉向軸的振動的單自由度模型。在這個簡化模型裡，我們不考慮摩托車的側傾角（Roll angle），並認爲轉向軸是固定不動的，如圖 6-2-7 所示。

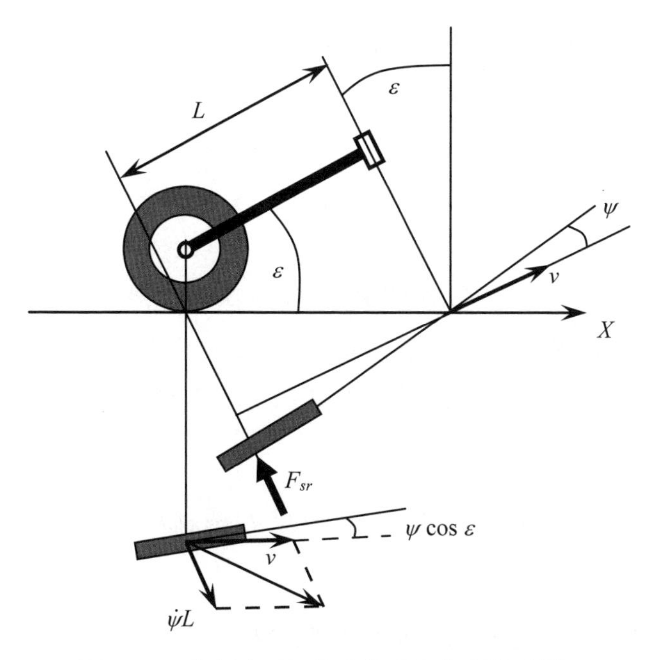

圖 6-2-7　摩托車迂迴擺動的單自由度模型 [12]

運動方程可寫成

$$I_{Ar}\ddot{\psi} = -c\dot{\psi} - F_{sr}L \tag{6-2-26}$$

其中

I_{Ar} = 後組合部件（包括後輪）繞轉向軸的轉動慣量

ψ = 後組合部件繞轉向軸的轉角

c = 轉向軸的阻尼係數

L = 後輪胎與地面接觸點到轉向軸的距離

F_{sr} = 後輪胎受到的側向反力

後輪胎受到的側向反力可按下式計算：

$$F_{sr} = K_{\lambda r}\lambda_r \tag{6-2-27}$$

其中 $K_{\lambda r}$ 爲後輪胎側偏剛度，λ_r 爲後輪胎側滑角。在小位移情形下，側滑角可按下式計算：

$$\lambda_r = \frac{\dot{\psi}L}{v} + \psi\cos\varepsilon \tag{6-2-28}$$

側滑角由兩部分組成：一部分由輪胎和地面接觸點的側滑速度 $\dot{\psi}L$ 所引起；另一部分由後組合部件的橫擺角 ψ 在地面上的投影 $\psi\cos\varepsilon$ 所引起。

利用（6-2-27）和（6-2-28）式，方程（6-2-26）變成

$$I_{Ar}\ddot{\psi} + \left(c + \frac{K_{\lambda r}L^2}{v}\right)\dot{\psi} + (K_{\lambda r}L\cos\varepsilon)\psi = 0 \tag{6-2-29}$$

令 $\psi = \psi_0 e^{st}$，代入方程（6-2-29）即得特徵方程

$$I_{Ar}s^2+\left(c+\frac{K_{\lambda r}L^2}{v}\right)s+K_{\lambda r}L\cos\varepsilon\ =0 \tag{6-2-30}$$

特徵方程的兩個特徵根爲

$$s_{1,2}=-\frac{cv+K_{\lambda r}L^2}{2I_{Ar}v}\pm\sqrt{\left(\frac{cv+K_{\lambda r}L^2}{2I_{Ar}v}\right)^2-\frac{K_{\lambda r}L\cos\varepsilon}{I_{Ar}}} \tag{6-2-31}$$

如果根號裡的數小於零，則得振動解。在不計阻尼時，有振動解的條件變成

$$v>\frac{1}{2}\sqrt{\frac{K_{\lambda r}L^3}{I_{Ar}\cos\varepsilon}} \tag{6-2-32}$$

這表明，當摩托車的行駛速率達到方程（6-2-32）所示之值時，迂迴擺動便會發生。

迂迴擺動的有阻尼自然頻率 f_d：

$$f_d=\frac{1}{2\pi}\sqrt{\frac{K_{\lambda r}L\cos\varepsilon}{I_{Ar}}}\sqrt{1-\varsigma^2} \tag{6-2-33}$$

其中 ς 爲阻尼比：

$$\varsigma=\frac{cv+K_{\lambda r}L^2}{2v\sqrt{I_{Ar}K_{\lambda r}L\cos\varepsilon}} \tag{6-2-34}$$

值得注意的是，當摩托車的速度 v 增加時，阻尼比 ς 將減小，最後趨於

$$\varsigma_0=\frac{c}{2\sqrt{I_{Ar}K_{\lambda r}a_t\cos\varepsilon}} \tag{6-2-35}$$

當摩托車的速度 v 增加時，迂迴擺動的頻率將增加，最後趨於

$$f_n = \frac{1}{2\pi}\sqrt{\frac{K_{\lambda r} L \cos\varepsilon}{I_{Ar}}} \quad (6\text{-}2\text{-}36)$$

（6-2-36）式表明，增加距離 L 或增加輪胎側偏剛度 $K_{\lambda f}$ 都將使迂迴擺動的頻率增加；而增加前叉後傾角 ε 或增加後組合部件的慣性矩 I_{Ar} 則將使迂迴擺動的頻率減少。

6-2-4　三自由度模型

前面我們用單自由度模型單獨討論了前輪的擺振和後輪的迂迴擺動。在這兩種模型裡，我們都沒有考慮轉向軸的側向運動。現在我們用一個三自由度模型來同時描述前輪的擺振、後輪的迂迴擺動和轉向軸的側向運動 [12]。爲此，我們引入以下三個廣義座標：(1) 轉向軸的側向位移 y；(2) 前輪繞轉向軸的絕對轉角 θ_f；(3) 後輪繞轉向軸絕對轉角 θ_r，如圖 6-2-8 所示，圖中各符號意義如下：

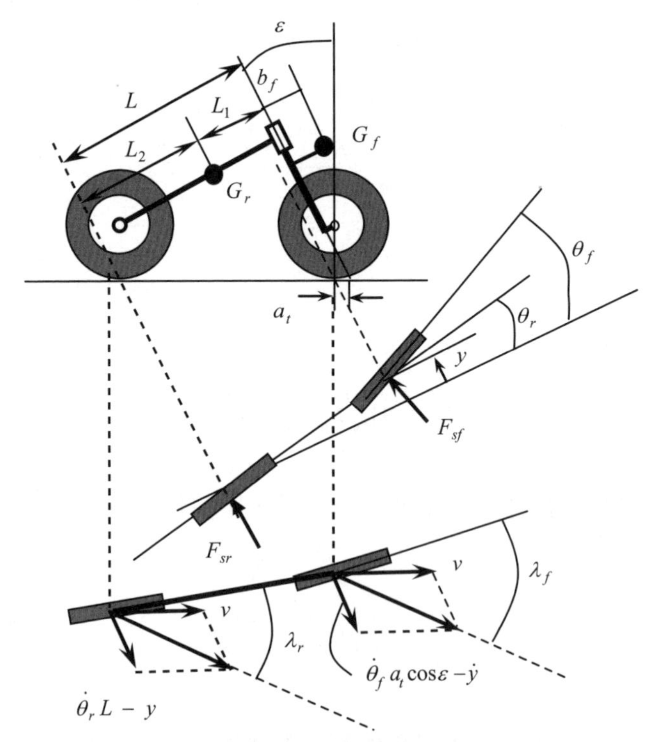

圖 6-2-8　摩托車擺振和迂迴擺動的三自由度模型 [12]

G_f = 前組合部件重心

G_r = 後組合部件重心

λ_f = 前輪側滑角

λ_r = 後輪側滑角

a_t = 前伸距

ε = 前叉後傾角

v = 摩托車速度

F_{sf} = 前輪側滑阻力

F_{sr} = 後輪側滑阻力

運動方程爲

$$M_f(\ddot{y}+b_f\ddot{\theta}_f)+M_r(\ddot{y}-L_1\ddot{\theta}_r)=F_{sf}+F_{sr} \quad (6\text{-}2\text{-}37)$$

$$(M_f b_f^2+I_f)\ddot{\theta}_f+M_f b_f\ddot{y}=-F_{sf}a_t\cos\varepsilon-c(\dot{\theta}_f-\dot{\theta}_r) \quad (6\text{-}2\text{-}38)$$

$$(M_r L_1^2+I_r)\ddot{\theta}_r-M_r L_1\ddot{y}=-F_{sr}L-c(\dot{\theta}_f-\dot{\theta}_r) \quad (6\text{-}2\text{-}39)$$

其中側滑阻力 F_{sf} 和 F_{sr} 可按下式計算：

$$F_{sf}=K_{\lambda f}\lambda_f=K_{\lambda f}\left(\frac{\dot{\theta}_f a_t\cos\varepsilon-\dot{y}}{v}+\theta_f\cos\varepsilon\right) \quad (6\text{-}2\text{-}40)$$

$$F_{sr}=K_{\lambda r}\lambda_r=K_{\lambda r}\left(\frac{L\dot{\theta}_r-\dot{y}}{v}+\theta_r\cos\varepsilon\right) \quad (6\text{-}2\text{-}41)$$

利用（6-2-40）和（6-2-41）式，運動方程可以整理成

$$[M]\begin{Bmatrix}\ddot{y}\\ \ddot{\theta}_f\\ \ddot{\theta}_r\end{Bmatrix}+[C]\begin{Bmatrix}\dot{y}\\ \dot{\theta}_f\\ \dot{\theta}_r\end{Bmatrix}+[K]\begin{Bmatrix}y\\ \theta_f\\ \theta_r\end{Bmatrix}=0 \quad (6\text{-}2\text{-}42)$$

其中質量矩陣 $[M]$，阻尼矩陣 $[C]$ 和剛度矩陣 $[H]$ 定義如下：

$$[M]=\begin{bmatrix} M_f+M_r & M_f b_f & -M_r L_1 \\ M_f b_f & M_f b_f^2+I_f & 0 \\ -M_r L_1 & 0 & M_r L_1^2+I_r \end{bmatrix} \tag{6-2-43}$$

$$[C]=\frac{1}{v}\begin{bmatrix} K_{\lambda f}+K_{\lambda r} & -K_{\lambda f}a_t\cos\varepsilon & -K_{\lambda r}L \\ -K_{\lambda f}a_t\cos\varepsilon & K_{\lambda f}a_t^2\cos^2\varepsilon+cv & -cv \\ -K_{\lambda r}L & -cv & K_{\lambda r}L^2+cv \end{bmatrix} \tag{6-2-44}$$

$$[K]=\begin{bmatrix} 0 & -K_{\lambda f}\cos\varepsilon & -K_{\lambda r}\cos\varepsilon \\ 0 & K_{\lambda f}a_t\cos^2\varepsilon & 0 \\ 0 & 0 & K_{\lambda r}L\cos\varepsilon \end{bmatrix} \tag{6-2-45}$$

我們可用多自由度系統振動分析軟體對方程（6-2-42）進行分析研究。利用分析軟體很容易得到振動頻率、振動模態，以及各種參數的影響（見 6-4 節）。

6-3 平面振動

6-3-1 等效前懸吊彈簧剛度與阻尼係數

由於摩托車的避震器一般是傾斜的，爲了計算和研究方便，可將傾斜的避震器轉換成等效的直立避震器。參考圖 6-3-1 所示的前叉前懸吊系統，設圖中的懸吊系統承受同樣的垂直載荷 N_f，傾斜的前叉彈簧與等效的直立彈簧有相同的垂直壓縮量 s，此時傾斜前叉彈簧沿彈簧方向的壓縮量爲 $s/\cos\varepsilon$，而垂直載荷 N_f 在前叉方向的分量爲 $N_f\cos\varepsilon$，所以傾斜前叉彈簧的彈簧係數（剛度）k 爲

$$k=\frac{N_f\cos\varepsilon}{s/\cos\varepsilon}=\frac{N_f\cos^2\varepsilon}{s} \tag{6-3-1}$$

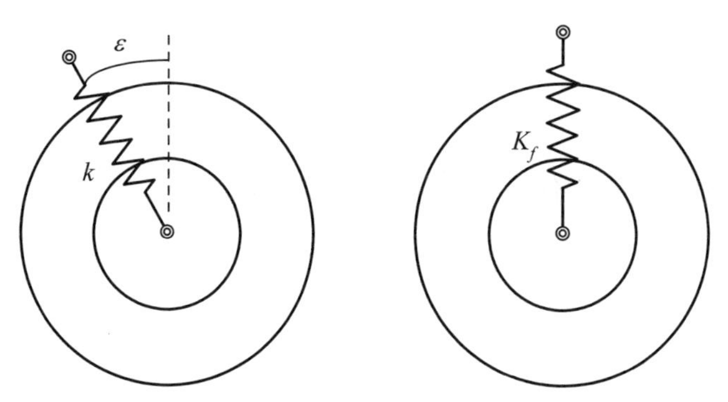

圖 6-3-1　前叉前懸吊系統彈簧與其直立等效剛度

而直立彈簧係數（剛度）K_f：

$$K_f = \frac{N_f}{s} \tag{6-3-2}$$

因此

$$\frac{K_f}{k} = \frac{\dfrac{N_f}{s}}{\dfrac{N\cos^2\varepsilon}{s}} = \frac{1}{\cos^2\varepsilon} \tag{6-3-3}$$

即等效直立彈簧係數 K_f 與實際彈簧係數 k 的關係為

$$K_f = \frac{k}{\cos^2\varepsilon} \tag{6-3-4}$$

同理，設避震器只有阻尼器，設同樣垂直速度 v 施在傾斜的前叉與等效的直立前叉所在車輪的輪心上，垂直的阻尼力 N_d 也相同，則此時傾斜前叉方向的速度為 $v/\cos\varepsilon$，N_d 在傾斜前叉方向的分量為 $N_d\cos\varepsilon$，則傾斜前叉的阻尼係數

$$c=\frac{N_d\cos\varepsilon}{v/\cos\varepsilon} \quad (6\text{-}3\text{-}5)$$

而等效直立阻尼器的阻尼係數 C_f：

$$C_f=\frac{N_d}{v} \quad (6\text{-}3\text{-}6)$$

比較（6-3-5）與（6-3-6）式，得等效直立阻尼係數與實際阻尼係數的關係爲

$$C_f=\frac{c}{\cos^2\varepsilon} \quad (6\text{-}3\text{-}7)$$

應注意的是，上述的 k 與 c 之值是兩隻伸縮直筒並聯相加而得到的。

例 6-3-1

某前叉彈簧的彈簧係數爲 6 N/mm，前叉後傾角爲 25 度，求其等效直立彈簧剛度。

解：

前叉左右各有一隻彈簧，故 $k=6\times2=12$ N/mm。垂直方向等效剛度

$$K_f=\frac{k}{\cos^2\varepsilon}=\frac{12}{\cos^2 25^0}=14.61\ \text{N/mm}$$

6-3-2　等效後懸吊彈簧剛度與阻尼係數

在後懸吊系統中，避震器除了有安裝傾角外，還有槓桿比（Leverage ratio）。參考圖 6-3-2 的後懸吊系統，避震器置於後輪上方的等效垂直彈簧剛度與阻尼係數的計算如下：

1. 先將傾斜避震器換成直立

如圖 6-3-3 所示，直立彈簧剛度 k_r^* 與阻尼係數 c_r^* 的計算公式類似前懸吊系統，即

$$k_r^* = k_r/\cos^2\beta \tag{6-3-8}$$

$$c_r^* = c_r/\cos^2\beta \tag{6-3-9}$$

其中 k_r 爲後避震器彈簧的剛度，c_r 爲後避震器阻尼器的阻尼係數，β 爲後避震器的安裝傾角。

2. 考慮槓桿比

要將圖 6-3-3 所示的避震器等效地移至車輪中心 B 點，如圖 6-3-4 所示，彈簧力與阻尼力對樞點（Pivot）O 的力矩應相同。設後搖臂 OB 轉動小角度 θ，則在圖 6-3-3 中 A 點位移與彈簧力分別是 $\delta_A = a\theta$ 和 $F_k^* = k_r^*\delta_A = k_r^* a\theta$；在圖 6-3-4 中 B 點變形與彈簧力分別是 $\delta_B = \ell\theta$ 和 $F_K = K_r\delta_B = K_r\ell\theta$。彈簧力 F_k^* 作用於 A 點，其對樞點 O 的力矩爲

$$M_k^* = F_k^* a = k_r^* a^2\theta \tag{6-3-10}$$

彈簧力 F_K 作用於 B 點，其對樞點 O 的力矩爲

$$M_K = F_K\ell = K_r\ell^2\theta \tag{6-3-11}$$

令（6-3-10）與（6-3-11）兩式相等，即

$$k_r^* a^2\theta = K_r\ell^2\theta \tag{6-3-12}$$

由（6-3-12）式並應用（6-3-8）式，得後懸吊彈簧移至後輪上方的等效直立彈簧剛度

$$K_r = k_r^* \frac{a^2}{\ell^2} = k_r^* n^2 = k_r n^2 / \cos^2 \beta \qquad (6\text{-}3\text{-}13)$$

其中 $n = a/\ell$ 稱爲槓桿比。

同理，可得後避震器的等效直立阻尼係數

$$C_r = c_r n^2/\cos^2 \beta \qquad (6\text{-}3\text{-}14)$$

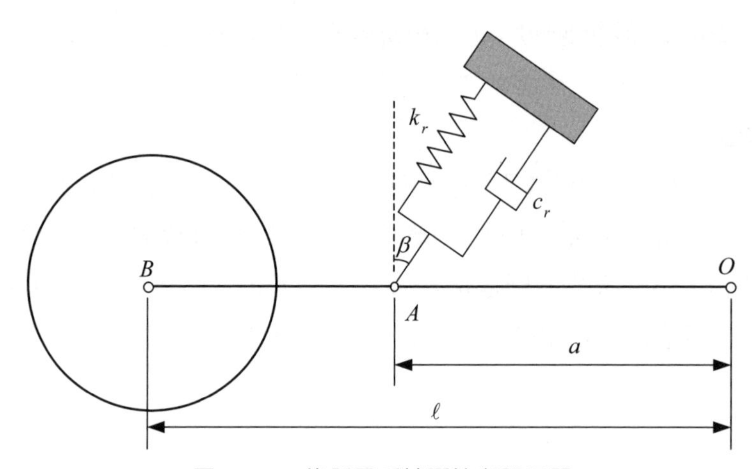

圖 6-3-2　後懸吊系統彈簧與阻尼器

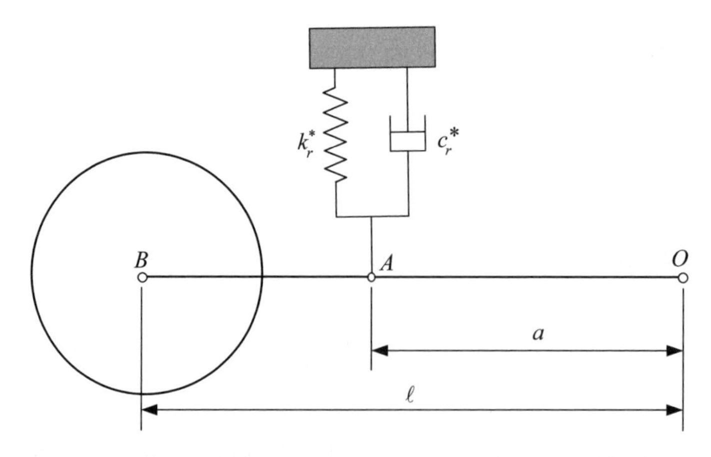

圖 6-3-3　後懸吊系統彈簧與阻尼器在接點處垂直於後搖臂

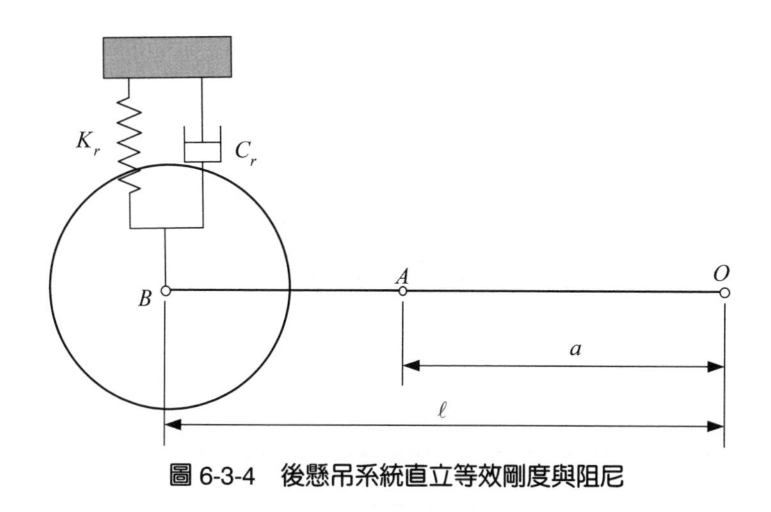

圖 6-3-4　後懸吊系統直立等效剛度與阻尼

6-3-3　車身的上下振動和俯仰振動

車身在垂直平面內的上下振動（Bounce）和俯仰振動（Pitch），是摩托車的兩個重要振動模態（Modes），可用二自由度模型加以研究，如圖 6-3-5 所示。圖中 K_f 代表前懸吊系統剛度和前輪剛度串接的等效剛度係數；K_r 代表後懸吊系統剛度和後輪剛度串接的等效剛度係數；G 是摩托車的重心。在這個簡化模型裡，我們不考慮阻尼。

以靜平衡位置爲 z 座標的起算點，車身繞 Y 軸轉動的角度以 θ 表示。運動方程爲

$$m\ddot{z} = -K_f[z + L_2\theta] - K_r(z - L_1\theta) \tag{6-3-15}$$

$$I_{Gy}\ddot{\theta} = -K_f[z + L_2\theta]L_2 + K_r(z - L_1\theta)L_1 \tag{6-3-16}$$

其中 m 爲車身質量，I_{Gy} 爲車身繞通過其重心並平行於 Y 軸之軸的轉動慣量。

運動方程可以整理成矩陣形式：

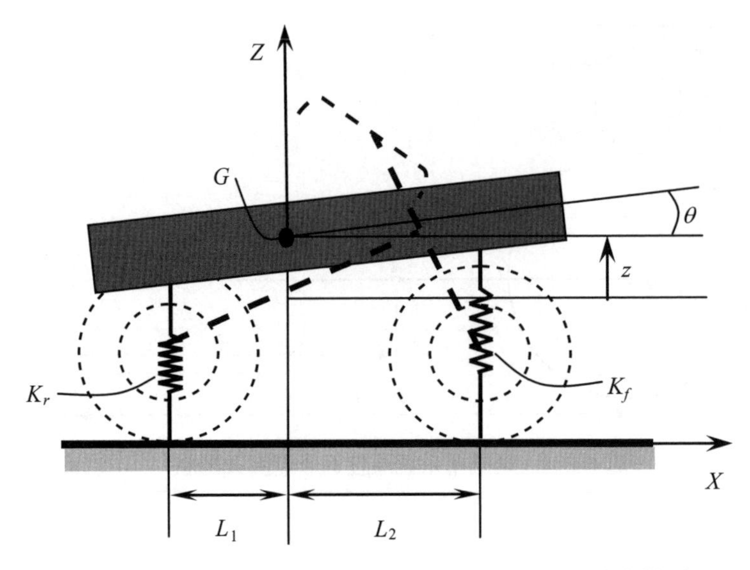

圖 6-3-5　摩托車上下振動和俯仰振動的二自由度模型

$$\begin{bmatrix} m & 0 \\ 0 & I_{Gy} \end{bmatrix} \begin{Bmatrix} \ddot{z} \\ \ddot{\theta} \end{Bmatrix} + \begin{bmatrix} K_f + K_r & K_f L_2 - K_r L_1 \\ K_f L_2 - K_r L_1 & K_f L_2^2 + K_r L_1^2 \end{bmatrix} \begin{Bmatrix} z \\ \theta \end{Bmatrix} = 0 \tag{6-3-17}$$

令 $z = Ze^{j\omega t}$、$\theta = \Theta e^{j\omega t}$，代入運動方程，得

$$\begin{bmatrix} K_f + K_r - \omega^2 m & K_f L_2 - K_r L_1 \\ K_f L_2 - K_r L_1 & K_f L_2^2 + K_r L_1^2 - \omega^2 I_{Gy} \end{bmatrix} \begin{Bmatrix} Z \\ \Theta \end{Bmatrix} = 0 \tag{6-3-18}$$

方程（6-3-18）是關於 Z 和 Θ 的齊次線性代數方程組，存在非零解的條件是其係數行列式的值爲零，即

$$\begin{vmatrix} K_f + K_r - \omega^2 m & K_f L_2 - K_r L_1 \\ K_f L_2 - K_r L_1 & K_f L_2^2 + K_r L_1^2 - \omega^2 I_{Gy} \end{vmatrix} = 0 \tag{6-3-19}$$

展開行列式，並令 $\omega^2 = \lambda$，得特徵方程：

$$-mI_{Gy}\lambda^2+\left[(I_{Gy}+mL_1^2)K_r+(I_{Gy}+mL_2^2)K_f\right]\lambda-(L_1+L_2)^2K_fK_r=0 \quad (6\text{-}3\text{-}20)$$

由此可求得兩個特徵根 λ_1 和 λ_2，它們和系統振動的自然頻率相對應，即

$$\lambda_1=\omega_1^2, \lambda_2=\omega_2^2$$

將求得的自然頻率代回方程組（6-3-18）中的任何一個方程，可求得振幅 Z 和 Θ 之比：

$$\frac{Z_i}{\Theta_i}=\frac{-K_fL_2+K_rL_1}{K_f+K_r-m\omega_i^2}=\frac{K_fL_2^2+K_rL_1^2-I_{Gy}\omega_i^2}{-K_fL_2+K_rL_1} \quad (6\text{-}3\text{-}21)$$

其中 ω_i（$i = 1, 2$）代表系統振動的兩個自然頻率。（6-3-21）式所示的比例關係稱爲振動的模態。該系統有兩個自然頻率，因此有兩個振動模態。系統的一般振動是這兩個振動模態的線性組合。

特殊情形：解耦

如果 $K_fL_2=K_rL_1$，則運動方程（6-3-17）變成

$$\begin{bmatrix} m & 0 \\ 0 & I_{Gy} \end{bmatrix}\begin{Bmatrix} \ddot{z} \\ \ddot{\theta} \end{Bmatrix}+\begin{bmatrix} K_f+K_r & 0 \\ 0 & K_fL_2^2+K_rL_1^2 \end{bmatrix}\begin{Bmatrix} z \\ \theta \end{Bmatrix}=0 \quad (6\text{-}3\text{-}22)$$

這是兩個相互獨立（解耦）的方程：

$$m\ddot{z}+(K_f+K_r)z=0 \quad (6\text{-}3\text{-}23)$$

$$I_{Gy}\ddot{\theta}+(K_fL_2^2+K_rL_1^2)\theta=0 \quad (6\text{-}3\text{-}24)$$

由方程（6-3-23）很容易求得垂直上下振動的頻率爲

$$\omega_b = \sqrt{\frac{K_f + K_r}{m}} \tag{6-3-25}$$

同理，由方程（6-3-24）可求得俯仰振動的頻率爲

$$\omega_p = \sqrt{\frac{K_f L_2^2 + K_r L_1^2}{I_{Gy}}} \tag{6-3-26}$$

兩個振動的模態是：(1) 車身在垂直平面內的上下振動（Bounce）；(2) 車身繞其重心在垂直平面內的俯仰振動（Pitch）。這兩個模態是相互獨立的，如圖 6-3-6 所示。

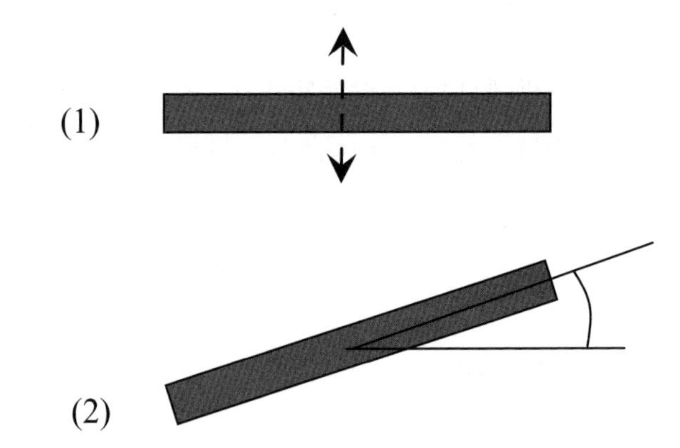

圖 6-3-6　摩托車的平面振動模態：(1) 上下振動；(2) 俯仰振動

6-3-4　四自由度模型

摩托車在其對稱平面內可簡化成三個剛體 [10]：(1) 承載質量（Sprung mass）（車身）；(2) 前端非承載質量（Unsprung mass）（前輪中心處的等效質量）；(3) 後端非承載質量（後輪中心處的等效質量），如圖 6-3-7 所示。它們的振動可用以下四個獨立的廣義座標描述：

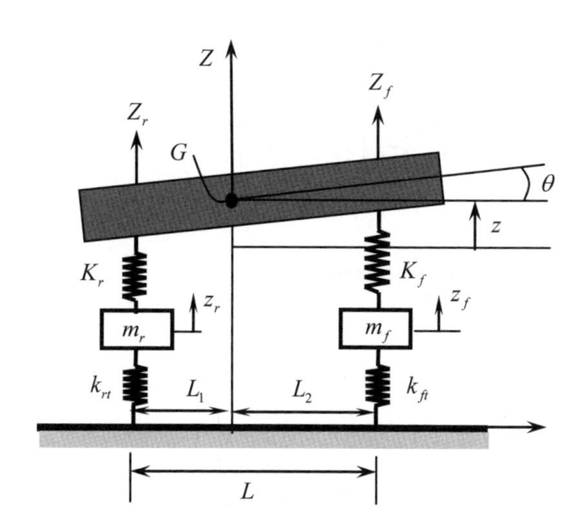

圖 6-3-7　摩托車上下振動和俯仰振動的四自由度模型

z = 承載質量重心 G 的垂直位移

θ = 承載質量的俯仰角

z_f = 前端非承載質量的垂直位移

z_r = 後端非承載質量的垂直位移

此外，圖中符號意義如下：

K_f = 前懸吊彈簧剛度

K_r = 後懸吊彈簧剛度

k_{ft} = 前輪剛度

k_{rt} = 後輪剛度

m_f = 前端非承載質量

m_r = 後端非承載質量

畫出各個剛體的自由體圖和有效力圖，分別考慮各個剛體的力平衡即得運動方程，經整理後得

$$[M]\begin{Bmatrix}\ddot{z}\\ \ddot{\theta}\\ \ddot{z}_f\\ \ddot{z}_r\end{Bmatrix}+[K]\begin{Bmatrix}z\\ \theta\\ z_f\\ z_r\end{Bmatrix}=\begin{Bmatrix}0\\0\\0\\0\end{Bmatrix} \qquad (6\text{-}3\text{-}27)$$

其中質量矩陣 $[M]$ 和剛度矩陣 $[K]$ 分別為

$$[M]=\begin{bmatrix}m & 0 & 0 & 0\\ 0 & I_{Gy} & 0 & 0\\ 0 & 0 & m_f & 0\\ 0 & 0 & 0 & m_r\end{bmatrix} \qquad (6\text{-}3\text{-}28)$$

$$[K]=\begin{bmatrix}K_f+K_r & K_fL_2-K_rL_1 & -K_f & -K_r\\ K_fL_2-K_rL_1 & K_fL_2^2+K_rL_1^2 & -K_fL_2 & K_rL_1\\ -K_f & -K_fL_2 & K_f+k_{ft} & 0\\ -K_r & K_rL_1 & 0 & K_r+k_{rt}\end{bmatrix} \qquad (6\text{-}3\text{-}29)$$

如前所述，m 為車身質量，I_{Gy} 為車身繞通過其重心並平行於 Y 軸之軸的轉動慣量。方程（6-3-27）的解可借助電腦程式來完成，振動的自然頻率可經由求解相關的特徵值問題而得到（見 6-4 節）。

特殊情形：解耦

如果我們選取 Z_f、z_f、Z_r、z_r 作廣義座標（見圖 6-3-7），則運動方程可寫成

$$[M]\begin{Bmatrix}\ddot{Z}_f\\ \ddot{z}_f\\ \ddot{Z}_r\\ \ddot{z}_r\end{Bmatrix}+[K]\begin{Bmatrix}Z_f\\ z_f\\ Z_r\\ z_r\end{Bmatrix}=\begin{Bmatrix}0\\0\\0\\0\end{Bmatrix} \qquad (6\text{-}3\text{-}30)$$

其中質量矩陣 $[M]$ 和剛度矩陣 $[K]$ 分別為

$$[M]=\begin{bmatrix} (mL_1^2+I_{Gy})/L^2 & 0 & (mL_1L_2-I_{Gy})/L^2 & 0 \\ 0 & m_f & 0 & 0 \\ (mL_1L_2-I_{Gy})/L^2 & 0 & (mL_1L_2+I_{Gy})/L^2 & 0 \\ 0 & 0 & 0 & m_r \end{bmatrix} \tag{6-3-31}$$

$$[K]=\begin{bmatrix} K_f & -K_f & 0 & 0 \\ -K_f & K_f+k_{ft} & 0 & 0 \\ 0 & 0 & K_r & -K_r \\ 0 & 0 & -K_r & K_r+k_{rt} \end{bmatrix} \tag{6-3-32}$$

特別，如果

$$mL_1L_2=I_{Gy} \tag{6-3-33}$$

在這種情形下，運動方程（6-3-30）將解耦成兩組獨立的運動方程組：

$$\begin{bmatrix} mL_2/L & 0 \\ 0 & m_f \end{bmatrix}\begin{Bmatrix} \ddot{Z}_f \\ \ddot{z}_f \end{Bmatrix}+\begin{bmatrix} K_f & -K_f \\ -K_f & K_f+k_{ft} \end{bmatrix}\begin{Bmatrix} Z_f \\ z_f \end{Bmatrix}=\begin{Bmatrix} 0 \\ 0 \end{Bmatrix} \tag{6-3-34}$$

$$\begin{bmatrix} mL_1/L & 0 \\ 0 & m_r \end{bmatrix}\begin{Bmatrix} \ddot{Z}_r \\ \ddot{z}_r \end{Bmatrix}+\begin{bmatrix} K_r & -K_r \\ -K_r & K_r+k_{rt} \end{bmatrix}\begin{Bmatrix} Z_r \\ z_r \end{Bmatrix}=\begin{Bmatrix} 0 \\ 0 \end{Bmatrix} \tag{6-3-35}$$

方程組（6-3-34）和（6-3-35）的物理意義是：摩托車前後懸吊系統是彼此獨立的，如圖 6-3-8 所示，其中

$$M_f=mL_2/L,\ M_r=mL_1/L \tag{6-3-36}$$

即整車的承載重質量 m 按靜力平衡原理被分配到前後懸吊系統上。

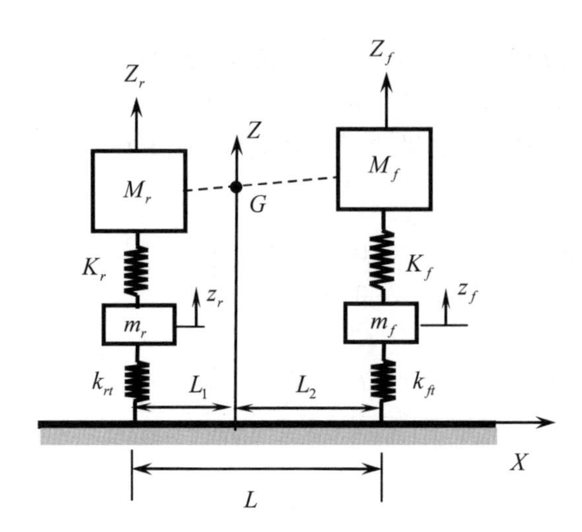

圖 6-3-8　摩托車前後獨立懸吊系統模型

應指出的是，條件（6-3-33）式在實際情形下很難得到滿足。不過從物理意義上講，如果條件（6-3-33）式得以滿足，將會得出一有趣的結論：即摩托車的前後部分的垂直振動是彼此獨立的，因此摩托車的俯仰運動和其前後部分的垂直振動的相位差有關。前後部分的垂直振動的相位差 180 度時，俯仰角最大。同時，俯仰角還和軸距 L 成反比。

如果不計非承載質量，則摩托車前後部分垂直振動的自然頻率很容易計算，即

$$\omega_f = \sqrt{\frac{K_f}{M_f}} = \sqrt{\frac{K_f L}{mL_1}} \tag{6-3-37}$$

$$\omega_r = \sqrt{\frac{K_r}{M_r}} = \sqrt{\frac{K_r L}{mL_2}} \tag{6-3-38}$$

特別，如果垂直振動和俯仰振動解耦的條件得以滿足，即 $K_f L_2 = K_r L_1$，則摩托車前後部分垂直振動的自然頻率相同。

一般來說，摩托車的前懸吊系統的剛度比後懸吊系統略低，因此前垂直振動的自然頻率略低於後垂直振動的自然頻率。摩托車懸吊系統的剛度的設計應考慮到騎

士的舒適感。爲此，這兩個自然頻率都應接近 1.5 Hz 左右，並且摩托車俯仰運動的旋轉中心應靠近騎士座位後面。

對賽車而言，由於懸吊系統的剛度較大，其垂直振動的自然頻率爲 2 Hz 到 2.6 Hz 左右。

6-4　多自由度振動理論基礎

如前所述，對單自由度和二自由度系統，經過手算便可求得振動的自然頻率和模態。但是，對於如 6-3-1 節所述的三自由度系統和 6-3-2 節所述的四自由度系統，用手算求振動的自然頻率和模態已經相當困難，更不用說對多自由度系統了。

多自由度系統的振動分析需借助於電腦來完成。爲了有效地使用電腦軟體，並能正確地解釋所得結果，我們必須對多自由度系統的振動理論有所瞭解。下面我們對多自由度系統的振動理論作一簡單介紹，熟悉這些內容的讀者可以跳過本節。

6-4-1　自然頻率和模態向量

對振動問題，求出振動的自然頻率和模態向量是十分重要的。下面我們將說明，此類問題可化爲各種特徵值問題而使用標準軟體求解 [29]。

1. 廣義特徵值問題

考慮無阻尼多自由度系統的自由振動。所謂自由振動，是指系統在沒有外力作用下所發生的振動，這種振動是由初始位移或初始速度引起的。其運動方程可寫成

$$[M]\{\ddot{q}\}+[K]\{q\}=\{0\} \tag{6-4-1}$$

其中，$\{q\}$ 爲廣義座標列陣；$[M]$ 爲質量矩陣；$[K]$ 爲剛度矩陣。

對振動問題，我們可以設方程（6-4-1）的解具有如下形式：$\{q\} = e^{j\omega t}\{u\}$，將其代入方程（6-4-1），並令 $\lambda=\omega^2$，得

$$[K]\{u\}=\lambda[M]\{u\} \tag{6-4-2}$$

方程（6-4-2）稱爲廣義特徵值問題（Generalized eigenvalue problems），可用標準軟體求解。例如，在 MATLAB 中，用指令 [X,D]=eig（K,M）即可求得特徵值和特徵向量：其中矩陣 D 的對角線上的元素就是所要求特徵值 λ（$= \omega^2$），而矩陣 X 的各列就是相應的特徵向量。對振動問題而言，特徵值就是振動的自然頻率的平方，而特徵向量就是振動的模態向量。

設系統有 n 個自由度，則有 n 個徵特值 $\lambda_i (= \omega_i^2)$ 和 n 個特徵向量 $\{u\}_i (i = 1, 2, \cdots, n)$。因此，方程（6-4-1）的解可以寫成如下形式：

$$\{q\} = \sum_{i=1}^{n} C_i \sin(\omega_i t + \phi_i) \tag{6-4-3}$$

其中，n 個 C_i 稱爲模態參與因子（Modal participation factor）；n 個 ϕ_i 稱爲相位角（Phase angle）。這 $2n$ 個常數由初始條件（n 個初始位移和 n 個初始速度）決定。

這種方法非常直觀，但從數值計算的角度講，這種方法對大系統並不是最有效的。

2. 代數特徵值問題

假設方程（6-4-1）中的質量矩陣 $[M]$ 是正定的（即其行列式的值是正的），則其反矩陣 $[M]^{-1}$ 存在。將方程（6-4-1）乘以 $[M]^{-1}$，並設解具有形式 $\{q\} = e^{j\omega t}\{u\}$，經化簡後得

$$([M]^{-1}[K])\{u\} = \lambda\{u\} \tag{6-4-4}$$

方程（6-4-4）稱爲代數特徵值問題（Algebraic eigenvalue problems）。由此可求得 n 個特徵值 $\lambda_i (= \omega_i^2)$ 和 n 個特徵向量 $\{u\}_i$。原方程的解可寫成如下形式：

$$\{q\} = \sum_{i=1}^{n} C_i \sin(\omega_i t + \phi_i) \tag{6-4-5}$$

如前所述，其中 $2n$ 個常數 C_i 和 ϕ_i 由初始條件決定。

注意，$[M]^{-1}[K]$ 不是對稱矩陣。在一般情形下，非對稱實矩陣的特徵值是成對的共軛複數（Pairs of complex conjugate）。但是，廣義特徵值問題（6-4-2）式的特徵值是實數，而且一個物理問題的特徵值取決於物理參數。因此，我們有理由相信，方程（6-4-2）和（6-4-4）的特徵值是一樣的，都是實數。

用方程（6-4-4）求特徵值，必須求反矩陣 $[M]^{-1}$。如果 $[M]$ 是對角陣（即 $[M] = dig(m_i)$），則其反矩陣也是對角陣（即 $[M]^{-1} = dig(1/m_i)$）。在這種情形下，計算 $[M]^{-1}[K]$ 只是簡單的矩陣乘法而已。但是，如果 $[M]$ 不是對角陣，則必須用傳統方法求反矩陣。好在目前已許多軟體可供使用。例如，在 Matlab 中，只需用一簡單指令 inv(M) 即可得到 $[M]^{-1}$。

3. 對稱特徵值問題

求方程（6-4-1）的特徵值的最有效的方法，是將其轉化成對稱特徵值問題。事實上，對稱特徵值問題不但能使計算過程大爲簡化，同時還有其自身的優點：首先，所有特徵值都是實數。如果對稱矩陣是正定的，則所有特徵值都是正實數。其次，特徵向量是實數且彼此正交。第三，特徵向量是線性獨立完備的。因此，任何 n 維向量都可表示成特徵向量的線性組合。

將方程（6-4-1）轉化成對稱特徵值問題的方法之一是應用喬列斯基（Cholesky）分解。因爲矩陣 $[M]$ 是對稱正定的，它一定能分解成如下形式：

$$[M] = [L][L]^T \tag{6-4-6}$$

其中，$[L]$ 是下三角矩陣（對角線以上元素全爲零），稱爲喬列斯基分解。

如果 $[M]$ 是對角矩陣，則喬列斯基分解就是矩陣的平方根，記爲 $[M]^{1/2}$。例如

$$[M] = \begin{bmatrix} m_1 & 0 \\ 0 & m_2 \end{bmatrix}$$

的喬列斯基分解爲

$$[L]=[M]^{1/2}=\begin{bmatrix}\sqrt{m_1} & 0\\ 0 & \sqrt{m_2}\end{bmatrix}$$

其次，$[M]^{1/2}$ 的反矩陣，記爲 $[M]^{-1/2}$，變成

$$[L]^{-1}=[M]^{-1/2}=\begin{bmatrix}\frac{1}{\sqrt{m_1}} & 0\\ 0 & \frac{1}{\sqrt{m_2}}\end{bmatrix}$$

如果 $[M]$ 不是對角矩陣，則可應用各種商業軟體來計算喬列斯基分解。例如，在 Matlab 中，用簡單的指令 chol(M) 即可。

現在，我們來說明如何應用喬列斯基分解將方程（6-4-1）轉化成對稱特徵值問題。首先，作變量代換，令

$$\{q\}=[L^T]^{-1}\{u\} \tag{6-4-7}$$

代入方程（6-4-1），然後前乘 $[L]^{-1}$，得

$$[L]^{-1}[M][L^T]^{-1}\{\ddot{u}\}+[L]^{-1}[K][L^T]^{-1}\{u\}=0 \tag{6-4-8}$$

注意到 $[M]=[L][L]^T$，我們有 $[L]^{-1}[M][L^T]^{-1}=[I]$（單位矩陣）。因此方程（6-4-8）變成

$$\{\ddot{u}\}+[\tilde{K}]\{u\}=0 \tag{6-4-9}$$

其中矩陣 $[\tilde{K}]=[L]^{-1}[K][[L]^T]^{-1}$ 是對稱的，稱爲質量正規化剛度矩陣（Mass normalized stiffness matrix）。

令方程（6-4-9）的解具有如下形式：$\{u\} = e^{j\omega t}\{v\}$，代入方程（6-4-9），化簡後得

$$[\tilde{K}]\{v\} = \lambda\{v\} \qquad (6\text{-}4\text{-}10)$$

其中 $\lambda = \omega^2$。因爲矩陣 $[\tilde{K}]$ 是對稱的，方程（6-4-10）稱爲對稱特徵值問題。由此可求得 n 個特徵值 λ_i 和 n 個特徵向量 $\{v\}_i$（$i = 1, 2, \cdots, n$）。

由方程（6-4-10）求出 n 個特徵向量 $\{v\}_i$ 後，由方程（6-4-7）知，原廣義座標下的特徵向量可表示成

$$\{u\}_i = [L^T]^{-1}\{v\}_i \quad (i = 1, 2, \cdots, n) \qquad (6\text{-}4\text{-}11)$$

因此方程（6-4-1）在原廣義座標下的解可表示成

$$\{q\} = \sum_{i=1}^{n} C_i [L^T]^{-1}\{v\}_i \sin(\omega_i t + \phi_i) \qquad (6\text{-}4\text{-}12)$$

如前所述，其中 $2n$ 個常數 C_i 和 ϕ_i 由初始條件決定。

4. 狀態空間內的標準特徵值問題

現在我們考慮有阻尼多自度系統的自由振動，運動方程的一般形式可寫成

$$[M]\{\ddot{q}\} + [C]\{\dot{q}\} + [K]\{q\} = \{0\} \qquad (6\text{-}4\text{-}13)$$

其中，$\{q\}$ 爲廣義座標列陣；$[M]$、$[C]$ 和 $[K]$ 分別稱爲質量矩陣，阻尼矩陣和剛度矩陣。質量矩陣 $[M]$ 是對稱正定的，因此反矩陣 $[M]^{-1}$ 存在。

將方程（6-4-13）前乘以 $[M]^{-1}$，得

$$\{\ddot{q}\} + [M]^{-1}[C]\{\dot{q}\} + [M]^{-1}[K]\{q\} = \{0\} \qquad (6\text{-}4\text{-}14)$$

我們可以將方程（6-4-14）轉化成一階微分方程。爲此，引入變量代換：

$$\{y\}_1 = \{q\}，\{y\}_2 = \{\dot{q}\}$$

我們有

$$\{\dot{y}\}_1 = \{y\}_2 \tag{6-4-15}$$

$$\{\dot{y}\}_2 = \{\ddot{q}\} = -[M]^{-1}[K]\{y\}_1 - [M]^{-1}[C]\{y\}_2 \tag{6-4-16}$$

方程（6-4-15）和（6-4-16）可以寫成矩陣方程的形式：

$$\{\dot{y}\} = [A]\{y\} \tag{6-4-17}$$

其中

$$\{y\} = \begin{bmatrix} \{y\}_1 \\ \{y\}_2 \end{bmatrix} \tag{6-4-18}$$

$$[A] = \begin{bmatrix} [0] & [I] \\ -[M]^{-1}[K] & -[M]^{-1}[C] \end{bmatrix} \tag{6-4-19}$$

此處 [0] 和 $[I]$ 分別代表 $2n \times 2n$ 的零矩陣和單位矩陣。

令方程（6-4-17）的解爲 $\{y\} = \{z\}e^{\lambda t}$，其中 $\{z\}$ 是 $2n \times 1$ 非零列矩陣，λ 是常數，代入方程（6-4-17）得

$$[A]\{z\} = \lambda\{z\} \tag{6-4-20}$$

方程（6-4-20）稱爲狀態空間內的標準代數特徵值問題。由此可求得 $2n$ 個特徵值和 $2n$ 個特徵向量。這 $2n$ 個特徵值是以共軛複數的形式出現如下：

$$\lambda_i = -\varsigma_i \omega_i + j\omega_i \sqrt{1-\varsigma_i^2} \quad (i = 1, 2, \cdots, n) \tag{6-4-21}$$

$$\lambda_i^* = -\varsigma_i \omega_i - j\omega_i \sqrt{1-\varsigma_i^2} \quad (i = 1, 2, \cdots, n) \tag{6-4-22}$$

其中，$j = \sqrt{-1}$ 是複數單位；ω_i 是第 i 個自然頻率；ς_i 是第 i 個阻尼比。藉助於特徵值可得自然頻率和阻尼比：

$$\omega_i = \sqrt{(\text{Re}(\lambda_i))^2 + (\text{Im}(\lambda_i))^2} \tag{6-4-23}$$

$$\varsigma_i = \frac{-\text{Re}(\lambda_i)}{\omega_i} \tag{6-4-24}$$

其中，$\text{Re}(\lambda_i)$ 和 $\text{Im}(\lambda_i)$ 分別代表 λ_i 的實部和虛部。

相應的 $2n$ 個特徵向量也是以共軛複數形式出現如下：

$$\{z\}_i = \begin{bmatrix} \{u\}_i \\ \lambda_i \{u\}_i \end{bmatrix} \tag{6-4-25}$$

$$\{z^*\}_i = \begin{bmatrix} \{u^*\}_i \\ \lambda_i^* \{u^*\}_i \end{bmatrix} \tag{6-4-26}$$

一般來說，有阻尼系統的振動模態爲複數，稱爲複模態，它們以共軛複數形式出現。其物理解釋是：如果系統按模態 $\{u\}_i$ 振動，那麼系統各點並不在同一時刻通過其平衡位置。注意，如果模態向量是實數（實模態），當系統按模態振動時，系統各點會在同一時刻通過其平衡位置。

系統的振動在原座標下可表示成

$$\{q\} = \sum_{i=1}^{n} C_i \{u\}_i e^{\lambda_i t} + \sum_{i=1}^{n} C_i^* \{u^*\}_i e^{\lambda_i^* t} \tag{6-4-27}$$

其中 C_i 和 C_i^* 是 $2n$ 個常數，由初始條件決定。

方程（6-4-17）的主要優點是便於數值積分，我們可用數值方法研究有阻尼多自度系統的振動問題。缺點是矩陣 $[A]$ 是 $2n$ 維的，而且是不對稱的。

5. 狀態空間內的廣義特徵值問題

方程（6-4-13）可以轉化成狀態空間內的廣義特徵值問題。爲此引入恆等式：

$$[M]\{\dot{q}\}-[M]\{\dot{q}\}=\{0\} \tag{6-4-28}$$

這樣，方程（6-4-13）和（6-4-28）可以寫成

$$\begin{bmatrix}[C] & [M]\\ [M] & [0]\end{bmatrix}\begin{bmatrix}\{\dot{q}\}\\ \{\ddot{q}\}\end{bmatrix}+\begin{bmatrix}[K] & [0]\\ [0] & -[M]\end{bmatrix}\begin{bmatrix}\{q\}\\ \{\dot{q}\}\end{bmatrix}=\begin{bmatrix}\{0\}\\ \{0\}\end{bmatrix} \tag{6-4-29}$$

引入狀態變量：

$$\{y\}=\begin{bmatrix}\{q\}\\ \{\dot{q}\}\end{bmatrix} \tag{6-4-30}$$

則方程（6-4-29）可以寫成

$$[A]\{\dot{y}\}+[B]\{y\}=\{0\} \tag{6-4-31}$$

其中

$$[A]=\begin{bmatrix}[C] & [M]\\ [M] & [0]\end{bmatrix},\ [B]=\begin{bmatrix}[K] & [0]\\ [0] & -[M]\end{bmatrix} \tag{6-4-32}$$

令方程（6-4-31）的解爲 $\{y\} = \{z\}e^{\lambda t}$，如前所述，$\{z\}$ 是 $2n\times 1$ 非零列矩陣，λ 是常數，代入方程（6-4-31）得

$$[B]\{z\} = -\lambda[A]\{z\} \quad (6\text{-}4\text{-}33)$$

方程（6-4-33）稱為狀態空間內的標準代數特徵值問題。由此可求得 $2n$ 個特徵值和 $2n$ 個特徵向量。同樣，這 $2n$ 個特徵值是以共軛複數的形式出現的，如方程（6-4-21）和（6-4-22）所示。相應的 $2n$ 個特徵向量也是以共軛複數形式出現的，如方程（6-4-25）和（6-4-26）所示。系統的振動在原座標下可表示成（6-4-27）的形式。

我們已討論了各種求自然頻率和模態向量的方法。問題是：哪種方法最好？回答是，對大系統而言，化成對稱特徵值問題的方法是最好的；對小系統而言，其差別可以忽略。但是，對大系統其差別是明顯的。

下面我們用一個簡單的例子來說明計算步驟。

例 6-4-1

考慮二自由度系統的自由振動

$$[M]\{\ddot{q}\}+[C]\{\dot{q}\}+[K]\{q\}=0$$

其中

$$[M]=\begin{bmatrix}4 & 0\\ 0 & 2\end{bmatrix},\ [C]=\begin{bmatrix}1 & -0.3\\ -0.3 & 0.3\end{bmatrix},\ [K]=\begin{bmatrix}5 & -1\\ -1 & 1\end{bmatrix}$$

計算自然頻率和阻尼比。

解：

首先，計算狀態矩陣 $[A]$：

$$[A]=\begin{bmatrix}[0] & [I]\\ -[M]^{-1}[K] & -[M]^{-1}[C]\end{bmatrix}$$

狀態矩陣 $[A]$ 可用 Matlab 計算，其指令是：

A = [zeros(2),eye(e);–M\K,–M\C];

其次，求 $[A]$ 的特徵值和特徵向量。用 Matlab 的指令是：

[V,D] = eig(A);

矩陣 D 的對角元素即特徵值 λ_i。自然頻率 ω_i 和阻尼比 ς_i 可按下式計算：

$$\omega_i = \sqrt{(\mathrm{Re}(\lambda_i))^2 + (\mathrm{Im}(\lambda_i))^2}$$

$$\varsigma_i = \frac{-\mathrm{Re}(\lambda_i)}{\omega_i}$$

用 Matlab 的指令是：

w = sqrt(real(D).^2 + imag(D).^2)

zeta = –real(D)./w;

計算的結果是：

$$\omega_1 = 1.2153,\ \omega_2 = 0.7660,\ \varsigma_1 = 0.1739,\ \varsigma_2 = 0.0937$$

下面是 Matlab 程式：

```
clear all
M=[4,0;0,2]; % mass matrix
K=[5,-1;-1,2];% stiffness matrix
C=[1,-0.3;-0.3,0.3];
A=[zeros(2),eye(2);-M\K,-M\C];
[V,D]=eig(A)% algebraic eigenvalue problem
w=sqrt（real(D).^2+imag(D).^2）
zeta=-real(D)./w
```

6-4-2　用數值方法求振動的時間響應

對多自由度系統的振動問題，想用手運算而得到精確解是很困難的，確實有效的方法是應用電腦求得數值解。下面我們來說明如何將多自由度系統的振動微分方程轉化成便於數值積分的形式，然後以簡單的例子說明其應用。

多自由度系統強迫振動的微分方程可寫成如下形式：

$$[M]\{\ddot{q}\}+[C]\{\dot{q}\}+[K]\{q\}=\{f\} \tag{6-4-34}$$

其中 $\{q\}$ 爲 $n\times1$ 維的廣義座標列陣；$[M]$、$[C]$ 和 $[K]$ 分別爲 $n\times n$ 維的質量矩陣，阻尼矩陣和剛度矩陣；$\{f\}$ 爲 $n\times1$ 維的廣義激振力列陣。

初始位移和初始速度（合稱初始條件）可寫成

$$\{q(0)\}=\{q_0\} \tag{6-4-35}$$

$$\{\dot{q}(0)\}=\{\dot{q}_0\} \tag{6-4-36}$$

由方程（6-4-34）至（6-4-36）構成微分方程的定解問題，稱爲強迫振動的初始值問題。特別，如果 $\{f\}=\{0\}$，則爲自由振動的初始值問題。

爲了便於用數值方法求解，需要將方程（6-4-34）轉化成一階微分方程。爲此，以 $[M]^{-1}$ 前乘以方程（6-4-34），得

$$\{\ddot{q}\}+[M]^{-1}[C]\{\dot{q}\}+[M]^{-1}[K]\{q\}=[M]^{-1}\{f\} \tag{6-4-37}$$

引入變量：

$$\{\dot{y}_1\}=\{\dot{q}\}=\{y_2\} \tag{6-4-38}$$

$$\{\dot{y}_2\}=\{\ddot{q}\}=-[M]^{-1}[K]\{y_1\}-[M]^{-1}[C]\{y_2\}+[M]^{-1}\{f\} \tag{6-4-39}$$

我們可以將方程（6-4-37）寫成如下一階微分方程的形式：

$$\{\dot{y}\}=[A]\{y\}+\{b\} \tag{6-4-40}$$

其中

$$\{y\}=\begin{bmatrix}\{y_1\}\\\{y_2\}\end{bmatrix} \tag{6-4-41}$$

$$[A]=\begin{bmatrix}[0]_{n\times n} & [I]_{n\times n}\\-[M]^{-1}[K] & -[M]^{-1}[C]\end{bmatrix} \tag{6-4-42}$$

$$\{b\}=\begin{bmatrix}[0]_{n\times 1}\\{[M]^{-1}\{f\}}\end{bmatrix} \tag{6-4-43}$$

方程（6-4-40）的形式便於用數值方法求解。下面以一個簡單例子說明其應用。

例 6-4-1

已知一系統振動的微分方程如下：

$$\begin{bmatrix}2 & 0\\0 & 1\end{bmatrix}\begin{Bmatrix}\ddot{x}_1\\\ddot{x}_2\end{Bmatrix}+\begin{bmatrix}3 & -0.3\\-0.3 & 0.7\end{bmatrix}\begin{Bmatrix}\dot{x}_1\\\dot{x}_2\end{Bmatrix}+\begin{bmatrix}4 & -2\\-2 & 2\end{bmatrix}\begin{Bmatrix}x_1\\x_2\end{Bmatrix}=\begin{Bmatrix}1\\1\end{Bmatrix}\sin 3t$$

初始條件爲

$$\begin{Bmatrix}x_{10}\\x_{20}\end{Bmatrix}=\begin{Bmatrix}0.1\\0.1\end{Bmatrix},\ \begin{Bmatrix}\dot{x}_{10}\\\dot{x}_{20}\end{Bmatrix}=\begin{Bmatrix}0.5\\1\end{Bmatrix}$$

求系統的時間響應。

解：

廣義座標列陣為

$$\{q\} = \begin{Bmatrix} x_1 \\ x_2 \end{Bmatrix}$$

質量矩陣 [M]，阻尼矩陣 [C]，剛度矩陣 [K] 和廣義激振力列陣 {f} 分別為

$$[M] = \begin{bmatrix} 2 & 0 \\ 0 & 1 \end{bmatrix},\ [C] = \begin{bmatrix} 3 & -0.3 \\ -0.3 & 0.7 \end{bmatrix},\ [K] = \begin{bmatrix} 4 & -2 \\ -2 & 2 \end{bmatrix},\ \{f\} = \begin{Bmatrix} 1 \\ 1 \end{Bmatrix} \sin 3t$$

我們將振動的微分方程寫成（6-4-40）式的形式，即

$$\{\dot{y}\} = [A]\{y\} + \{b\}$$

其中

$$[A] = \begin{bmatrix} [0]_{2\times2} & [I]_{2\times2} \\ -[M]^{-1}[K] & -[M]^{-1}[C] \end{bmatrix},\ \{b\} = \begin{bmatrix} [0]_{2\times1} \\ [M]^{-1}\{f\} \end{bmatrix}$$

$$\{y\} = \begin{bmatrix} \{y_1\} \\ \{y_2\} \end{bmatrix} = \begin{bmatrix} \{q\} \\ \{\dot{q}\} \end{bmatrix}$$

這些表達式都可由電腦程式來求得。例如，在 Matlab 中，矩陣 [A] 可以使用下面的簡單指令來形成：

```
A = [zeros(2), eye(2); –inv(M)*K, –inv(M)*C]
```

系統的時間響應示於圖 6-4-1 中。由圖可見，大約 10 秒鐘後，初始條件的影響

已完全消失，系統趨於穩態強迫振動。下面是完成計算的 Matlab 程式：

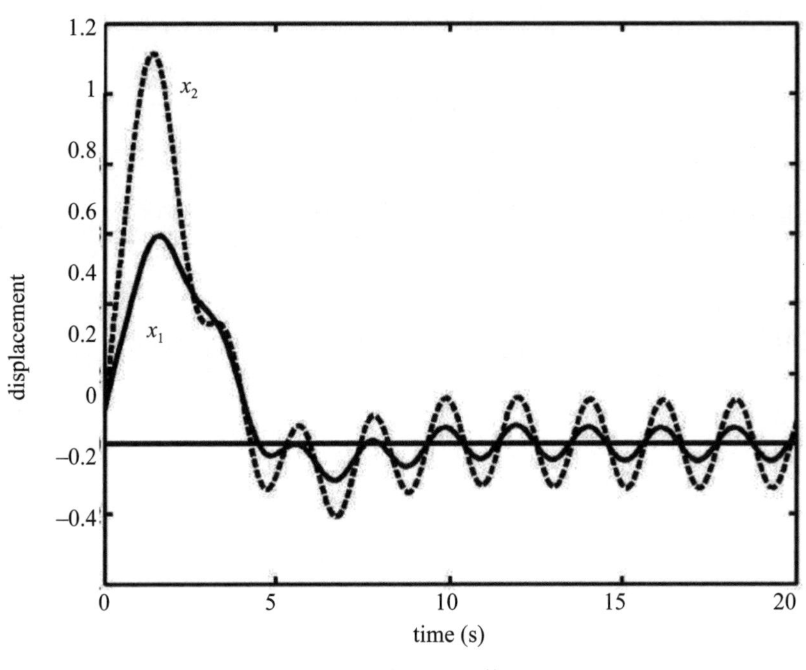

圖 6-4-1　例 6-4-1 的解

```
clear all
y0=[0.1;0.1;0.5;1];
ts=[0 20];
[t,y]=ode45('f',ts,y0);
for ii=1:200
tt(ii)=0.1*(ii-1);
xx(ii)=0;
end
h=plot(t,y(:,1),'k',t,y(:,2),'--k',tt,xx,'k');
%
```

```
function ydot=f(t,y)
M=[2 0;0 1];
K=[4 -2;-2 2];
C=[3 -0.3;-0.3 0.7];
F=[1;1];
b=[0;0;inv(M)*F];
w=3;
A=[zeros(2), eye(2);-inv(M)*K, -inv(M)*C];
ydot=A*y+b*sin(w*t);
```

6-4-3　頻率響應函數

首先，我們以摩托車輪胎的振動爲例來說明頻率響應函數的概念，然後再過渡到多自由度系統。

由於輪胎與地面接觸部分的質量較小而變形較大，因而可簡化成一無質量的彈簧和阻尼器。整個輪胎的其他部分變形較小而質量較大，因而可簡化成一個剛性質量。因此我們可以把輪胎簡化成一個質量 - 彈簧 - 阻尼器系統，如圖 6-4-2 所示，其中 m、c 和 k 分別爲輪胎的質量、阻尼係數和剛度係數。

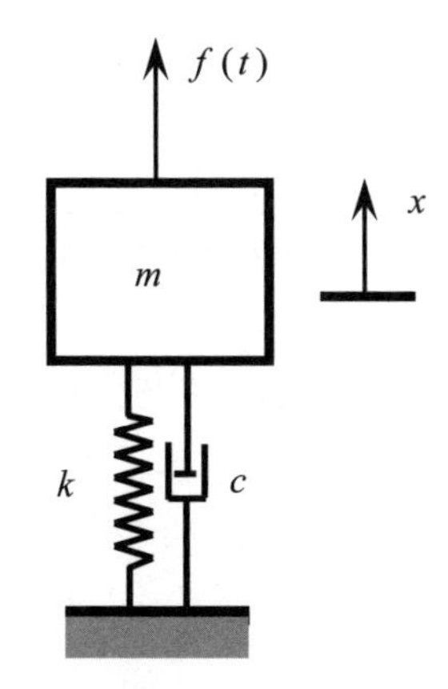

圖 6-4-2　摩托車輪胎在垂直平面內的振動模型

以靜平衡位置爲座標原點，令 x 爲輪胎中心的垂直位移，則系統振動的微分方程可寫成

$$m\ddot{x}+c\dot{x}+kx=f(t) \tag{6-4-44}$$

對方程（6-4-44）兩邊作拉氏變換，得

$$(ms^2+cs+k)X(s)=F(s) \tag{6-4-45}$$

此處 $X(s)$ 和 $F(s)$ 分別是 x 和 $f(t)$ 的拉氏變換。$X(s)$ 和 $F(s)$ 的比

$$H(s)=\frac{X(s)}{F(s)}=\frac{1}{ms^2+cs+k} \tag{6-4-46}$$

稱爲轉移函數（Transfer function）。令轉移函數的分母爲零，即得特徵方程：

$$ms^2+cs+k=0 \tag{6-4-47}$$

轉移函數和頻率響應函數密切相關。事實上，只要在轉移函數中令 $s=j\omega$，便得頻率響應函數，即

$$H(\omega)=\frac{1}{-m\omega^2+jc\omega+k} \tag{6-4-48}$$

頻率響應函數表示系統對單位力輸入的響應。頻率響應函數是頻率的複値函數，它有實部和虛部：

$$H(\omega)=\frac{k-m\omega^2}{(k-m\omega^2)^2+(c\omega)^2}+j\frac{-c\omega}{(k-m\omega^2)^2+(c\omega)^2}$$
$$=H^R(\omega)+jH^I(\omega) \tag{6-4-49}$$

定義頻率比 r 和阻尼比 ς 如下：

$$r=\frac{\omega}{\sqrt{k/m}}=\frac{\omega}{\omega_n},\ \varsigma=\frac{c}{2\sqrt{km}} \tag{6-4-50}$$

則頻率響應函數的實部和虛部可表示成：

$$H^R(r)=\frac{1}{k}\frac{1-r^2}{(1-r^2)^2+(2\varsigma r)^2} \tag{6-4-51}$$

$$H^I(r)=\frac{1}{k}\frac{-2\varsigma r}{(1-r^2)^2+(2\varsigma r)^2} \tag{6-4-52}$$

根據以上兩式可作出實頻圖和虛頻圖，如圖 6-4-3 所示。

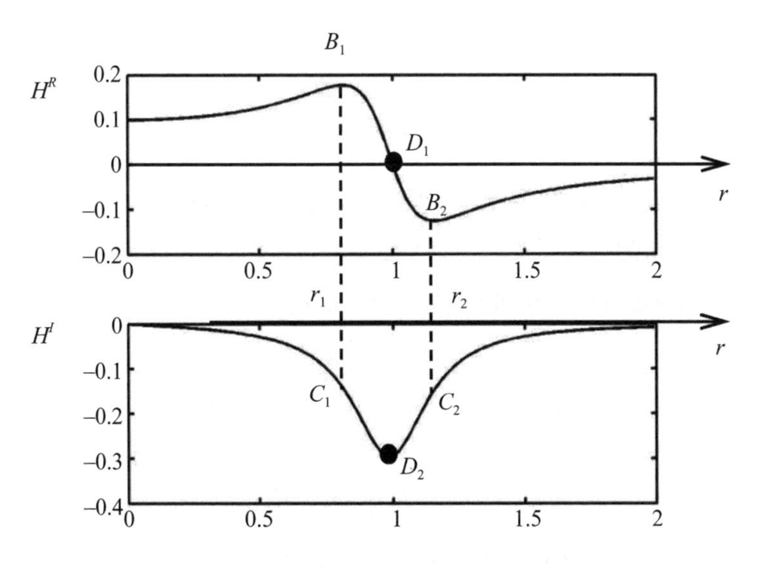

圖 6-4-3　單自由度系統的實頻圖和虛頻圖

微分（6-4-52）式並令其等於零，即$\frac{dH^I}{dr}=0$，可解得$r=\sqrt{1-\varsigma^2}$，即當$\omega=\sqrt{1-\varsigma^2}\omega_n$時，頻率響應函數的虛部取極值。對一般小阻尼系統，$\varsigma \ll 1$，因此可認爲 $\omega = \omega_n$。即系統的自然頻率可足夠精確地由虛頻圖的極值點 D_2 所對應的頻率來確定。

類似地，微分（6-4-51）式並令其等於零，即 $\frac{dH^R}{dr}=0$，可解得實頻圖的極值點 B_1 和 B_2 所對應的頻率：

$$r_{b_1}^2 = 1 - 2\varsigma, r_{b_2}^2 = 1 + 2\varsigma$$

兩式相減，得

$$4\varsigma = r_{b_2}^2 - r_{b_1}^2 = \frac{\omega_{b_2}^2 - \omega_{b_1}^2}{\omega_n^2} \approx \frac{2(\omega_{b_2} - \omega_{b_1})}{\omega_n}$$

由此解得阻尼比：

$$\varsigma = \frac{\omega_{b_2} - \omega_{b_1}}{2\omega_n} \qquad (6\text{-}4\text{-}53)$$

實頻圖的極值點 B_1 和 B_2 稱爲半功率點（Half power point）。

以上關於單自由度系統的頻率響應函數的概念很容易推廣到多自由度系統。爲此考慮多自由度系統強迫振動的運動方程（6-4-34），現重寫如下：

$$[M]\{\ddot{q}\}+[C]\{\dot{q}\}+[K]\{q\}=\{f\} \qquad (6\text{-}4\text{-}54)$$

其中 $\{q\}$ 爲 $n\times 1$ 維的廣義座標列陣；$[M]$、$[C]$ 和 $[K]$ 分別爲 $n\times n$ 維的質量矩陣，阻尼矩陣和剛度矩陣；$\{f\}$ 爲 $n\times 1$ 維的廣義激振力列陣。

對於多自由度系統，阻尼對頻率和模態向量的影響是一個十分複雜的問題。爲了克服數值計算上的困難，在模態分析中普遍採用正比阻尼（Proportional damping）模型，即假定阻尼矩陣是質量矩陣和剛度矩陣的線性組合：

$$[C] = a[M] + b[K] \tag{6-4-55}$$

其中 a 和 b 是常數。

對方程（6-4-54）兩邊作拉氏變換，得

$$[Z(s)]\{Q(s)\} = \{F(s)\} \tag{6-4-56}$$

其中 $[Z(s)]$ 稱爲系統阻抗矩陣（或簡稱系統矩陣），定義爲

$$[Z(s)] = [M]s^2 + [C]s + [K] \tag{6-4-57}$$

令 $[Z(s)]$ 的行列式等於零即得特徵方程：

$$|[Z(s)]| = D(s-\lambda_1)(s-\lambda_2)\cdots(s-\lambda_{2n}) = 0 \tag{6-4-58}$$

其中 D 爲常數。注意，特徵方程有 $2n$ 個根，它們是成對的共軛複數。

由方程（6-4-57）可知，轉移函數矩陣可定義成

$$[H(s)] = [Z(s)]^{-1} = ([M]s^2 + [C]s + [K]^{-1}) \tag{6-4-59}$$

轉移函數矩陣可以表示成

$$[H(s)] = [Z(s)]^{-1} = \frac{adj([Z(s)])}{|[Z(s)|} = \frac{adj([Z(s)])}{D(s-\lambda_1)(s-\lambda_2)\cdots(s-\lambda_{2n})} \tag{6-4-60}$$

其中 $adj(Z(s))$ 是 $[Z(s)]$ 的伴隨矩陣（Adjoint matrix）。

轉移函數矩陣還可表示成部分分式形式：

$$[H(s)]=\sum_{r=1}^{2n}\frac{A_r}{s-\lambda_r} \tag{6-4-61}$$

其中 A_r 稱爲留數矩陣（Residue matrix）。

在轉移函數矩陣中令 $s=j\omega$ 即得頻率響應函數矩陣：

$$[H(\omega)]=\sum_{r=1}^{2n}\frac{A_r}{j\omega-\lambda_r} \tag{6-4-62}$$

研究頻率響應函數矩陣的重要性在於，它和模態參數（自然頻率、阻尼比和模態向量）有直接關係。這些關係給實驗模態分析提供了理論基礎。實驗模態分析就是由實驗測得的頻率響應函數矩陣，求系統的模態參數的過程。

有許多方法可用以推導頻率函數矩陣和模態參數的關係，下面的方法也許是最簡單的一種。

設 $[S]$ 是模態矩陣（每一列代表一模態向量），則 $[S][S]^{-1}$ 和 $[S]^{-T}[S]^T$ 是 $n\times n$ 的單位矩陣，用此單位矩陣乘以方程（6-4-59）的右邊，並不改變原方程。於是我們有

$$[H(s)] = [S][S]^{-1}([M]s^2 + [C]s + [K])^{-1}[S]^{-T}[S]^T$$
$$[H(s)] = [S]([S]^{-1}([M]s^2 + [C]s + [K])^{-1}[S]^{-T})[S]^T$$
$$[H(s)] = [S]([S]^{-1}([M]s^2 + [C]s + [K])[S])^{-1}[S]^T \tag{6-4-63}$$

因爲 $[S]$ 是模態矩陣，它和質量矩陣 $[M]$、阻尼矩陣 $[C]$ 和剛度矩陣 $[K]$ 有下列正交關係：

$$[S]^T[M][S] = diag(m_r) \quad (6\text{-}4\text{-}64)$$

$$[S]^T[C][S] = diag(c_r) \quad (6\text{-}4\text{-}65)$$

$$[S]^T[K][S] = diag(k_r) \quad (6\text{-}4\text{-}66)$$

因此方程（6-4-63）可寫成

$$[H(s)] = [S]diag\left(\frac{1}{m_r s^2 + c_r s + k_r}\right)[S]^T$$

或者

$$[H(s)] = \sum_{r=1}^{n} \frac{\{u\}_r \{u\}_r^T}{m_r(s^2 + 2\varsigma_r \omega_r s + \omega_r^2)} \quad (6\text{-}4\text{-}67)$$

其中

$\omega_r = \dfrac{k_r}{m_r}$ = 第 r 個無阻尼自然頻率

$\varsigma_r = \dfrac{c_r}{2\sqrt{k_r m_r}}$ = 第 r 個阻尼比

$\{u\}_r$ = 第 r 個模態向量

對小阻尼系統，ς_r 較小，$m_r s^2 + c_r s + k_r = 0$ 有一對共軛複根，記爲 λ_r 和 λ_r^*。方程（6-4-67）可寫成

$$[H(s)] = \sum_{r=1}^{n} \frac{\{u\}_r \{u\}_r^T}{m_r(s - \lambda_r)(s - \lambda_r^*)} \quad (6\text{-}4\text{-}68)$$

或寫成部分分式：

$$[H(s)] = \sum_{r=1}^{n} \left[\frac{A_r}{s-\lambda_r} + \frac{A_r}{s-\lambda_r^*} \right] \quad (6\text{-}4\text{-}69)$$

其中 A_r 為留數矩陣。比較方程（6-4-68）和（6-4-69）可知，留數矩陣的任何一列都可看成是模態向量（相差一個比例因數）。

在轉移函數矩陣中令 $s = j\omega$，即得頻率響應函數矩陣：

$$[H(\omega)] = \sum_{r=1}^{n} \left[\frac{A_r}{j\omega-\lambda_r} + \frac{A_r}{j\omega-\lambda_r^*} \right] \quad (6\text{-}4\text{-}70)$$

方程（6-4-70）是實驗模態分析的基礎。因為方程（6-4-70）的左邊的頻率響應函數矩陣可由實驗方法測得，對頻率響應函數進行時間序列分析便可求出系統的極點 λ_r 和 λ_r^*，再根據方程（6-4-70）求出留數矩陣，進而可求出模態向量。

6-5 多剛體模型

6-5-1 引言

摩托車的振動模態可分為兩大類：一類是共面（In-plane）振動，即所有振動發生在同一平面內，如 6-3 節討論的平面振動，其中車架、懸吊系統和車輪的振動都發生在同一垂直平面內；另一類是非共平面（Out-of-plane）振動，如 6-2 節討論的車身的側傾（Roll）、橫擺（Yaw），以及前輪的擺振（Wobble）等。

第一類振動關係到摩托車駕駛的舒適性，而第二類振動則關係到摩托車的操控穩定性。

無論是共平面或非共平面振動，在一般情形下其特徵方程的特徵根 λ 是複數，我們將其表示成

$$\lambda_r = \sigma_r + j\omega_r \quad (6\text{-}5\text{-}1)$$

其中

r = 表示第 r 個模態

σ_r = 第 r 個模態的阻尼參數

ω_r = 第 r 個模態的有阻尼自然頻率

第 r 個模態的阻尼比可計算如下：

$$\varsigma_r = \frac{-\sigma_r}{\sqrt{\sigma_r^2 + \omega_r^2}} \tag{6-5-2}$$

特徵根的實部提供了振動模態的阻尼資訊。如果特徵根的實部是正的，則運動是不穩的，例如摩托車的傾倒運動；如果特徵根的實部是負的，則振動是衰減的（或暫態的）；如果特徵根是純虛數，則振動是簡諧的。

用多剛體模型研究摩托車的振動，首先是建立運動方程，然後得特徵方程[（見（6-4-58）式）]，經由對特徵根的分析，便能獲得振動的特徵。而對特徵向量的分析便能獲得振動的模態。

第一個摩托車振動的多剛體模型，是夏普（Sharp）[43] 於 1971 年首次提出的。其模型共有四個自由度，用以下四個廣義座標來描述（見圖 6-5-1）：

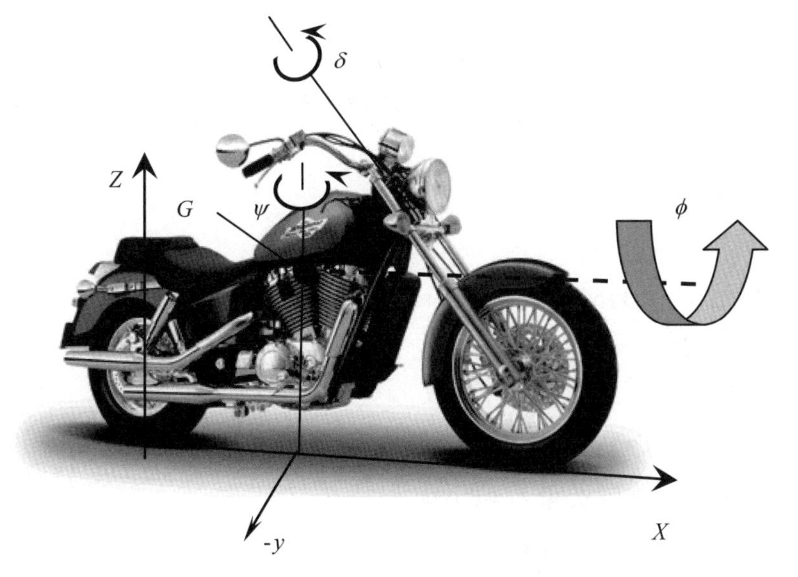

圖 6-5-1　摩托車的四自由度模型（Sharp）

ϕ = 後組合部件的側傾角（Roll angle）

ψ = 後組合部件的橫擺角（Yaw angle）

y = 後組合部件的側向位移

δ = 前組合部件繞轉向軸的轉角

輪胎和地面的接觸力假定爲側滑角和車輪外傾角（Camber angle）的線性函數。所用的參數如下（見圖 6-5-2）：

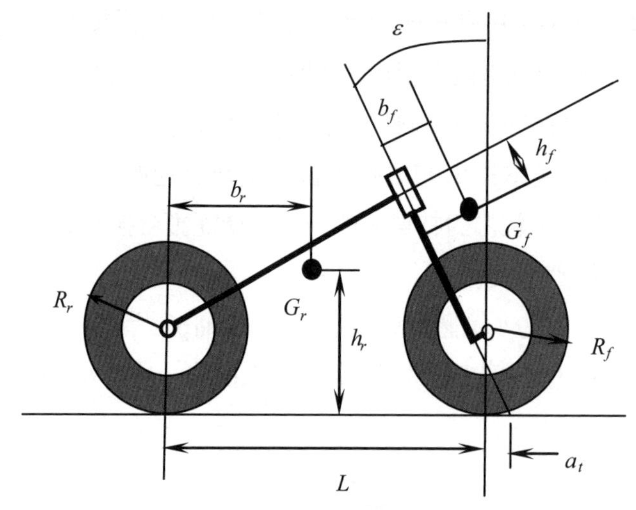

圖 6-5-2　四自由度摩托車模型的輸入參數

1. 幾何參數

軸距 L = 1.414 m

前伸距 a_t = 0.116 m

前叉後傾角 $\varepsilon = 27°$

2. 前組合部件

質量 M_f = 30.7 kg

質心 G_f 位置的 x 分量 b_f = 0.024 m

質心 G_f 位置的 z 分量 h_f = 0.461 m

轉動慣量：I_{xf} = 1.23 kg · m^2，I_{zf} = 0.44 kg · m^2

3. 前輪

自由半徑 $R_f = 0.305$ m

輪心極轉動慣量 $I_{wf} = 0.72$ kg · m^2

側偏剛度 $K_{\lambda f} = 11.2$ kN/rad

外傾剛度 $K_{\phi f} = 0.94$ kN/rad

4. 後組合部件

質量 $M_r = 217.5$ kg

質心 G_r 位置的 x 分量 $b_r = 0.480$ m

質心 G_r 位置的 z 分量 $h_r = 0.616$ m

轉動慣量：$I_{xr} = 31.20$ kg · m^2，$I_{zr} = 21.08$ kg · m^2

5. 後輪

自由半徑 $R_r = 0.305$ m

輪心極轉動慣量 $I_{wf} = 1.05$ kg · m^2

側偏剛度 $K_{\lambda r} = 15.8$ kN/rad

外傾剛度 $K_{\phi f} = 1.32$ kN/rad

現將夏普模型所得數値結果小結如下以作參考：

(1) 前輪擺振（Wobble）的頻率範圍爲 8.5 到 9.6 Hz，摩托車的速度對擺振頻率並無多大影響。

(2) 後輪擺振的最大頻率大約爲 6.5 Hz，此時摩托車的速度接近最低値。當車速接近 18 m/s 時，後輪擺振的頻率會很快下降，此後隨著車速的增加後輪的擺振會停止。

(3) 後輪迂迴擺動（Weave）的頻率隨著車速的增加而增加。當摩托車的速度接近最大値（60 m/s）時，後輪迂迴擺動的頻率大約爲 3.6 Hz。

當摩托車直線行駛時，夏普模型所得的非平面振動模態的頻率和阻尼，與實際情形符合得很好。當摩托車轉彎行駛時，無論是平面還是非平面振動模態的頻率和阻尼，相對於直線行駛的情形而言，其誤差較大。並且，平面和非平面振動模態是相互耦合在一起的。

6-5-2 多剛體模型

爲了更精確的描述摩托車的振動特性，需要更爲複雜的數學模型。2002 年寇薩特（Cossalter）[12] 等人在夏普（Sharp）模型的基礎上提出了更爲複雜的多剛體模型（Multibody model），這個多剛體模型由 6 個剛體組成，它們是：

1. 後組合部件〔包括底盤（Chassis）、引擎、油箱、騎士、後懸吊〕
2. 前組合部件（包括把手、前叉、龍頭）
3. 後非承載質量（包括後搖臂、後煞車片）
4. 前非承載質量（包括前叉的一部分、前煞車片）
5. 後輪
6. 前輪

這些剛體共有 11 個自由度，需要用 11 個廣義座標來描述其運動，如圖 6-5-3 所示，它們是：

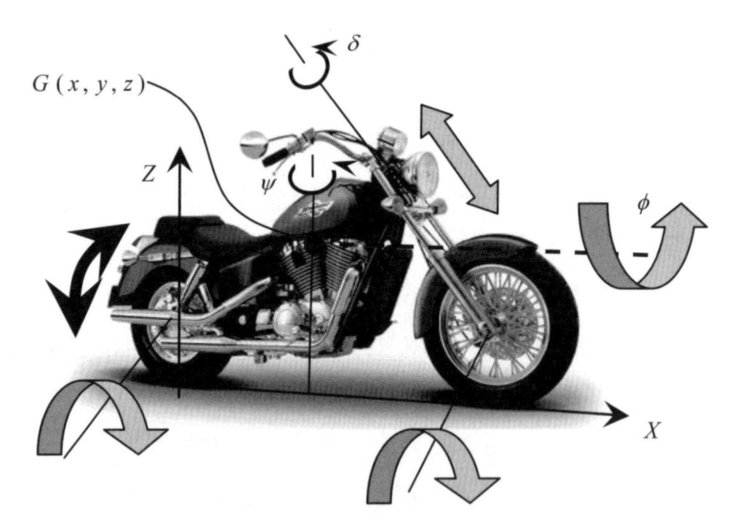

圖 6-5-3 摩托車的多剛體模型（Cossalter）[12]

(1) 後組合部件質心的位置（3 個廣義座標）

(2) 後組合部件架的方位（俯仰角、側傾角、橫擺角）（3 個廣義座標）

(3) 後懸吊（後搖臂）的位移（1 個廣義座標）

(4) 前懸吊（伸縮直筒）的位移（1 個廣義座標）

(5) 前後輪的轉動角（2 個廣義座標）

(6) 把手的轉動角（1 個廣義座標）

作用在這個多剛體系統的力有：

(1) 空氣動力（包括阻力、揚升力和側向力）作用在後車架的壓力中心上

(2) 煞車扭矩分別作用在車輪軸上

(3) 引擎的衝擊力通過鏈條傳到後輪上

(4) 操縱扭矩沿操縱桿而作用在前後車架上

6-5-3　直線行駛情形下的振動模態

在直線行駛情形下，平面振動和非平面振動模態是解耦的，即它們是相互獨立的。這是因爲在直線行駛情形下側傾角爲零，輪胎的垂直載荷位於摩托車的對稱平面內，此平面和輪胎受到的側向力相互垂直。因此，垂直載荷只激發平面振動模態，而側向力只激發非平面振動模態。

作爲參考，現將寇薩特模型在直線行駛情形下的計算結果總結如下 [12]：

1. 主要振動模態及頻率範圍

(1) 整車上下振動（Bounce）：1.4～2-0 Hz

(2) 前輪上下振動（Hop）：10～11 Hz

(3) 後輪上下振動（Hop）：13～14 Hz

(4) 前輪擺振（Wobble）：7.8～11 Hz

(5) 迂迴擺動（Weave）：3.0 Hz

2. 影響傾倒模態的主要因素

減少下列參數會有助於改善傾倒模態的穩定性：

(1) 前叉後傾角

(2) 前輪胎橫截面半徑

(3) 摩托車質心高度

(4) 前輪對輪心軸的轉動慣量

(5) 前伸距

(6) 前輪胎外傾剛度

增加下列參數會有助於改善傾倒模態的穩定性：

(1) 前輪胎扭轉剛度

(2) 摩托車質心到後輪軸的距離

(3) 後輪胎橫截面半徑

(4) 摩托車側傾慣性

(5) 前輪半徑

(6) 後輪胎外傾剛度

3. 影響前輪擺振模態的主要因素

增加下列參數會有助於改善擺振模態的穩定性：

(1) 前輪胎胎體的側向剛度

(2) 轉向柱的阻尼

(3) 前輪半徑

減少下列參數會有助於改善擺振模態的穩定性：

(1) 摩托車質心和後輪軸之間的距離

(2) 前輪胎的轉彎剛度

(3) 前輪繞輪心軸的轉動慣量

應注意，增加下列參數對低速有利但對高速卻不利：

(1) 摩托車質心的高度

(2) 前叉後傾角

(3) 後輪半徑

還應注意，增加下列參數對高速有利但對低速卻不利：

(1) 摩托車的側傾慣性

(2) 前伸距

4. 影響迂迴擺動模態的主要因素

增加下列參數會有助於改善在高速行駛時迂迴擺動模態的穩定性：

(1) 摩托車質心和後輪軸之間的距離

(2) 前叉後傾角

(3) 後輪胎胎體的側向剛度

減小下列參數會有助於改善在高速行駛時迂迴擺動模態的穩定性：

(1) 前輪半徑

(2) 摩托車的橫擺慣量

應注意，增加下列參數對低速不利但對高速卻有利：

(1) 摩托車質心高度

(2) 後輪半徑

值得指出的是，增加前輪對其轉動中心軸的轉動慣量對增加穩定性是有利的，因爲這樣會增加陀螺效應。相反，如果只增加前輪的半徑而不增加其對轉動中心軸的轉動慣量，這會減少穩定性。這是因爲增加前輪的半徑會減小其轉動的角速度，從而減少陀螺效應。

6-5-4　轉彎行駛情形下的振動模態

和直線行駛情形不同，當摩托車轉彎行駛時，由於側傾角不爲零，因此輪胎受到的垂直載荷並不位於摩托車的對稱平面內。輪胎受到的地面反力在摩托車的對稱平面內和與之垂直的平面內都有分量。因此有些振動模胎是相互耦合在一起的。

1. 傾倒模態

當摩托車發生側傾時，傾倒模態包括平面和非平面兩種自由度，傾倒模態更不穩定。

2. 擺振模態

擺振模態主要是非平面振動，基本上不和平面振動模態耦合。

3. 迂迴擺動模態

這一模態幾乎和所有其他模態耦合，而且趨於穩定。

6-6 時域響應

前面所談到的摩托車振動主要探討振動頻率與模態。本節簡介摩托車的時域振動響應。當摩托車在路面行駛時，路面不平度（Road unevenness）就是摩托車振動系統的激勵（Excitation）。摩托車在垂直於路面方向的加速度、俯仰角、俯仰角速度等就是響應（Response）。

路面不平度不能用確定函數表示，只能用隨機函數描述。路面不平度可用波長 λ 的倒數，單位爲 m^{-1} 的空間頻率 n（Spatial frequency）爲變數之功率譜密度函數（Power spectrum density function）$G_z(n)$ 來描述。兩者之關係爲 [40, 61, 81]：

$$G_z(n) = G_0(\frac{n}{n_0})^{-W} \tag{6-6-1}$$

式中，G_0 爲路面不平度係數，其單位爲 $m^2/m^{-1} = m^3$，代表基準空間頻率 n_0 處的功率譜密度，其大小隨路面的粗糙度的增加而變大；W 稱爲頻率指數（Waviness），它決定路面功率譜密度的頻率結構。方程（6-6-1）在雙對數座標上爲一條斜線，頻率指數表示雙對數座標下功率譜密度曲線的斜率。一般 $1.75 \le W \le 2.25$，取 $W = 2$ 爲平均值。

若路面功率譜密度的頻率指數在不同頻段不相同，如果包含兩個頻率指數 W_1 與 W_2，則功率譜密度函數可寫成

$$G_z(n) = \begin{cases} G_0(\frac{n}{n_0})^{-W_1} & n \le n_0 \\ G_0(\frac{n}{n_0})^{-W_2} & n > n_0 \end{cases} \tag{6-6-2}$$

路面不平度方程（6-6-1）或（6-6-2）均爲空間頻率域表達式，與車速無關，如果車輛以等速度在路面上行駛，我們就可以得到以時間頻率表示的路面功率譜密度 [61, 81]：

$$G_z(f) = \frac{G_z(n)}{v} \tag{6-6-3}$$

式中 f 爲時間頻率，n 爲空間頻率，v 爲車輛行駛速度。

對於線性車輛系統而言，方程（6-6-3）表示的時間頻率路面功率譜可以直接作爲頻域分析的系統輸入。

在摩托車動力學分析中，採用時域分析法時，需用到路面不平度隨時間的變化值。工程上一般採用白噪聲（White noise）法生成路面不平度輸入的時域值。即將隨機白噪聲輸入濾波器（Filter）來產生路面不平度的時域值，如圖 6-6-1 所示。由於空間功率譜密度公式中之頻率指數值和濾波器選取的不同，路面不平度的時域表達式也不同，有興趣的讀者可參考相關的著作 [40, 61, 81]。圖 6-6-2 爲 BikeSim 產生的路面不平度時域圖。

圖 6-6-1　隨機白噪聲濾波路面模型

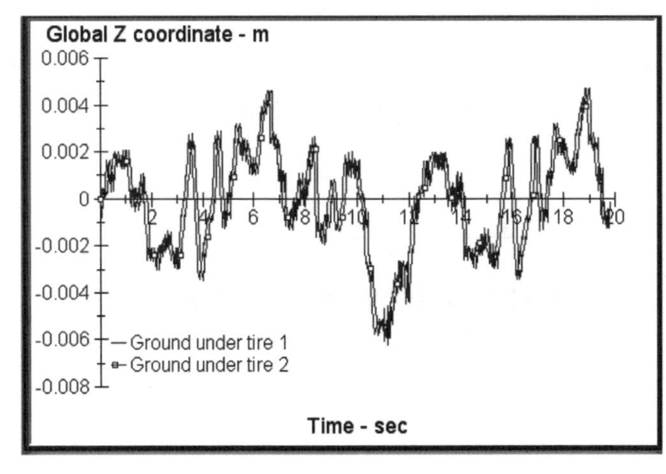

圖 6-6-2　路面的不平度時域圖

在獲得路面的不平度時域圖後，便可進行時域分析。下面是用摩托車動力學分析軟體 BikeSim 在時域模擬摩托車在不平路面上行駛時摩托車的振動情形。圖 6-6-3 所示爲某部 600 cc 跑車型摩托車以車速 40 km/h 等速直線行駛，摩托車在路面不平度激勵下的時域響應圖。左上圖爲路面不平度隨時間的變化圖；左下圖爲承載質量垂直加速度隨時間的變化圖；下排中間圖爲摩托車俯仰角速度圖（Pitch rate）隨時間的變化圖；上排中間圖爲前後車輪垂直加速度隨時間的變化圖；右上圖爲俯仰角隨時間的變化圖；右下圖爲車速隨時間的變化圖。

圖 6-6-4 所示爲某部 50 cc 速克達以相同車速 40 km/h 直線等速行駛在相同路面，在路面不平度激勵下的時域響應圖。比較圖 6-6-3 與圖 6-6-4，可知速克達在垂直路面上的振動和俯仰角速度較大，其原因爲速克達軸距較短並使用較小的輪胎。

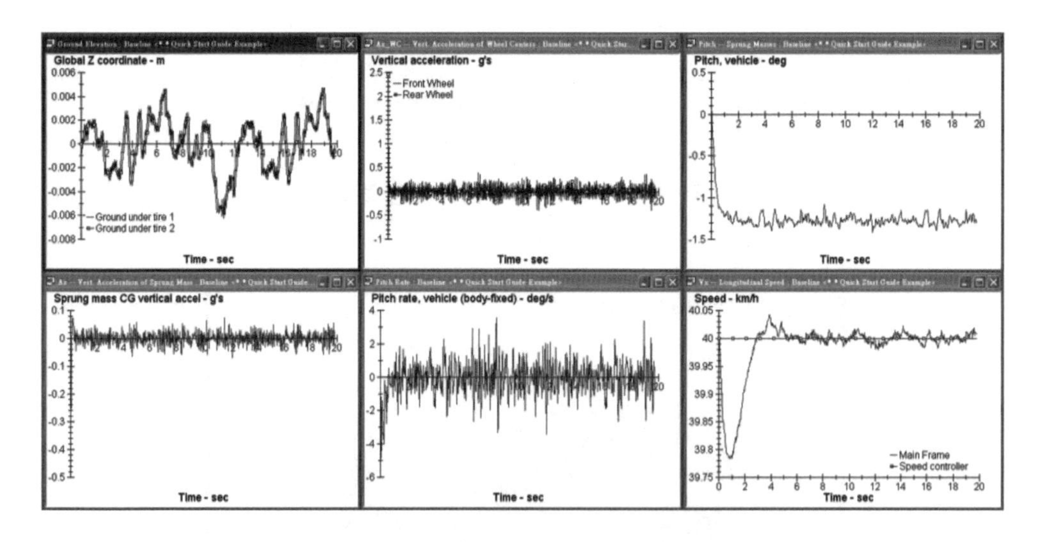

圖 6-6-3　某部跑車型摩托車的時域運動圖

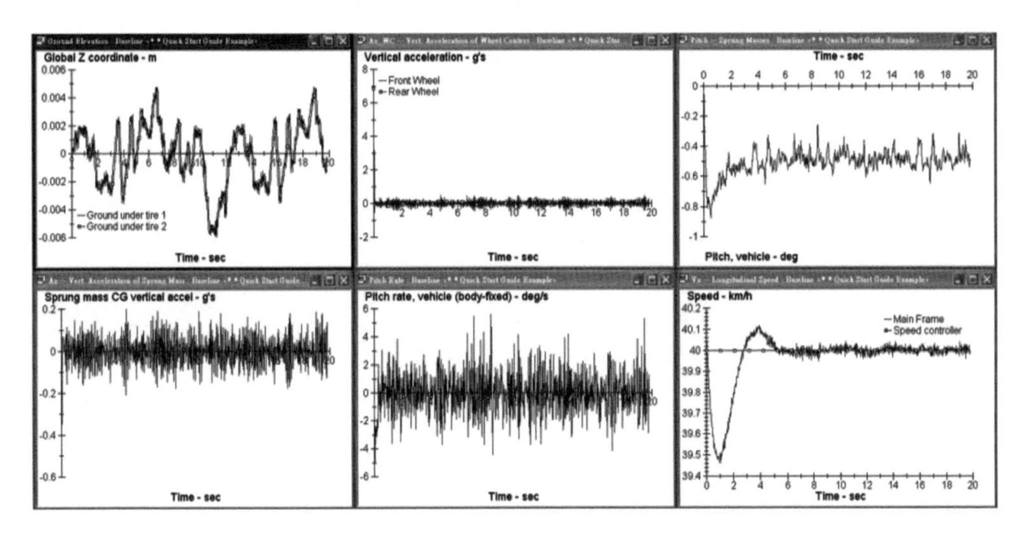

圖 6-6-4　某部速克達的時域運動圖

第 7 章

摩托車的操控性及穩定性

7-1 引言

根據道路及交通情況，摩托車有時沿直線行駛，有時沿曲線行駛。在出現意外情況時，騎士必須作出緊急轉向操作，以避免事故發生。這就要求摩托車具有良好的操控性。所謂操控性（Handling），包含兩重意思：一是操作性（Maneuverability），是指摩托車能否完成指定的行駛任務，例如，能不能沿著某種特殊彎道行駛等；二是控制性（Controllability），也就人們常說的該摩托車好騎還是不好騎。具有良好操控性的摩托車能輕便靈活地遵循騎士所操控的方向行駛。此外，摩托車在行駛過程中，會不斷受到地面及大風等外界因素的干擾。因此，摩托車還應有良好的穩定性（Stability）。所謂穩定性，是指當遭遇外界干擾時，摩托車能抵抗干擾而保持平衡及穩定行駛的能力。

摩托車運動穩定性理論的研究，是以自行車運動的穩定分析[48]爲基礎發展出來的。20 世紀 50 至 60 年代，廠商與學者開始對摩托車進行實驗研究，建立摩托車理論分析的基礎資料。1971 年夏普（Sharp）[43]用四自由度模型研究了摩托車等速直線行駛的穩定性。他首次利用拉氏方程導出了摩托車側向、橫擺、側傾及轉向的運動方程。他對只有微小攝動量（Perturbations）直線行駛的摩托車，應用攝動原理，得到了線性運動方程；刪除時間變化項並忽略轉向自由度，獲得了穩態轉向運動方程。

夏普使用的模型與我們在第一章所敘述的摩托車由四大部件所組成的模型相同，另作如下的假設：

1. 騎士是剛體並黏在車架上，騎士並未對摩托車進行操控。

2. 系統對縱軸是對稱的，前後輪是剛性的與路面點接觸，並作純滾動運動。輪胎產生的力與力矩和側滑角及外傾角成正比。

3. 忽略空氣阻力，摩托車以固定速率直線行駛。

夏普應用線性化的方程計算出摩托車以車速爲參數的特徵值，研究顯示，摩托車有三種主要的模態：傾倒現象（Capsize）、迂迴擺動（Weave）、擺振（Wobble）。這三種模態，已在第六章說明過。下面是夏普從運動穩定性的角度對這三種現象的敘述，其中，所謂運動是穩定的，是指隨著時間的增加運動的幅度越來越小；相反，如果隨著時間的增加運動的幅度越來越大，則說運動是不穩定的。

1. 傾倒現象（Capsize）是摩托車向一側傾倒，特徵根爲正實數。這種非振盪的不穩定現象很容易由騎士的重量轉移或施加的轉向扭矩來平衡。在低速區由於阻尼很大，運動是穩定的。在中高速區，例如車速達到 4.5 m/s 左右時，由於阻尼迅速降低，運動是不穩定的，傾倒現象最明顯。當車速再增加，傾倒現象會降低。

2. 迂迴擺動（Weave）是整部摩托車（包含側傾、橫擺和轉向）的低頻振動，特徵根爲一對共軛複數。模態的自然頻率與車速有關，車速 5 ft/s 時約爲 0.2 Hz，車速 16 ft/s 時約爲 3～4 Hz。此模態在低速區與高速區是不穩定的。

3. 擺振（Wobble）是較高頻的振動，主要是指前轉向系統相對於後組合部件的轉動，特徵根爲一對共軛複數。振動頻率較高，爲 6～10 Hz。模態的自然頻率幾乎與車速無關。擺振模態在低速與中速有良好的阻尼，但在高速時阻尼較小。隨著車速的增加擺振模態變成不穩定。

經由改變摩托車參數，能夠確認這些模態的穩定性如何發生變化。夏普 [44] 1974 年在其原來模型上，允許後輪相對於車架有扭轉自由度並受彈簧與阻尼器的拘束。分析顯示，扭轉剛度對傾倒及擺振模態沒什麼影響，但會降低中高速迂迴擺動模態的阻尼。藍比爾等 [31] 探討了路面激振力對摩托車穩定性的影響。研究顯示，在彎道行駛時，路面微小幅度的波動，會影響摩托車的側向動力行爲，可能會造成摩托車騎士操縱困難。在轉彎時，由於共平面（In-plane）與非共平面（Out-of-plane）運動的耦合，能量從路面輸入，引起側向振盪。研究表明，擺振和前輪跳動（Front wheel hop）主要由前輪引起，因此，可從前組合部件的設計與設定獲得改善。但對迂迴擺動，前後輪有相同貢獻，因此較難處理。

上述的分析都未考慮騎士的操縱。實際上，摩托車的操控性除了受到摩托車的物理參數和幾何參數的影響外，騎士的騎乘姿態、把手的控制、煞車的力度和時間等對操控性都有重大影響。因此，在研究摩托車動力學時，必須將騎士和摩托車兩者視爲人 - 車控制系統，如圖 7-1-1 所示。當摩托車行駛時，騎士會依據路面狀況、交通情形以及天候，不斷調整對摩托車油門、煞車和把手轉向的操縱動作。

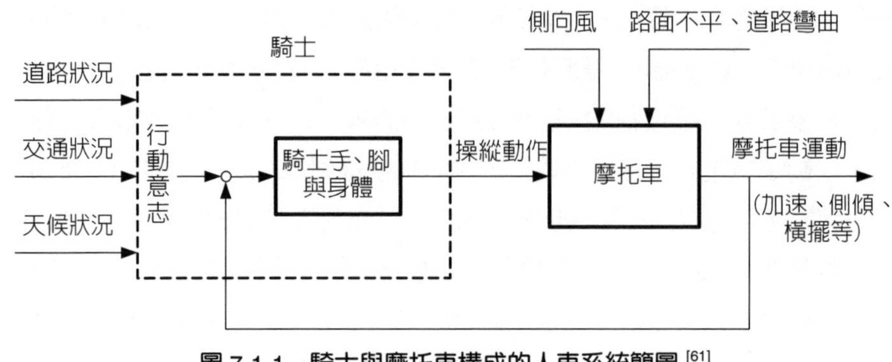

圖 7-1-1　騎士與摩托車構成的人車系統簡圖 [61]

對這種複雜的人 - 車系統，必須用多體系統動力學結合控制理論來研究，目前已開發出多套摩托車動力學分析的軟體，如 BikeSim、FastBike、AutoSim 等。應用這些軟體，可進行摩托車動力學的穩態分析、頻域分析、時域分析 [11]：

1. 穩態分析

穩態分析是計算摩托車穩態運動的位形（Configuration），也就是在給定條件下來計算摩托車的許多操控指標（Handling indexes），如加速度指數（Acceleration index）、側傾指數（Roll index）、轉向比（Steering ratio）等。

2. 頻域分析

頻域分析主要是計算系統的特徵根和特徵向量（模態）（見第六章）。改變系統的參數，將所得的特徵根畫在一複數平面上，稱之爲根軌跡圖，由此可評估摩托車的穩定性：(1) 特徵根爲正實數，不穩定；(2) 特徵根爲複數且實部爲負數，穩定；(3) 特徵根爲純虛數，穩定（振動）。總之，只有當特徵根位於複數平面的左半平面（虛軸的左邊）時，運動才是穩定的。圖 7-1-2 爲某摩托車直線行駛的根軌跡圖和相應的模態 [11]。

3. 時域分析

時域分析以時間爲自變數來研究摩托車的動力學行爲，是應用最廣的方法。摩托車的加速性、制動性、振動性、操控性皆可用時域分析來模擬。時域分析的步驟如下：

(1) 建立多體系統模型，根據所選的剛體數目及研究興趣確定系統自由度。

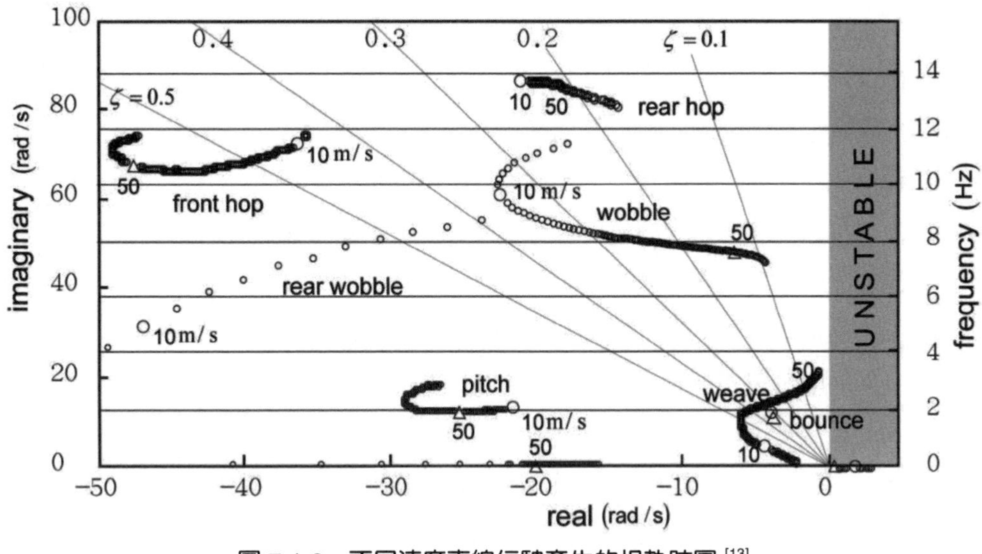

圖 7-1-2　不同速度直線行駛產生的根軌跡圖 [13]

(2) 計算作用在摩托車上的外力，如空氣阻力，輪胎與路面間的作用力等。後者通常採用魔術公式計算（見第 2-11 節）。

(3) 計算避震器彈簧與阻尼器的作用力和鏈條的作用力。

(4) 依據生物力學的人體模型，建立騎士模型。

(5) 進行模擬運算分析。

爲確保行駛安全，摩托車的操控性及穩定性日益受到重視，已成爲評估現代摩托車的重要指標之一，這正是本章要討論的課題。

7-2　操控性及穩定性所涉及的內容

實際上，評估一部摩托車的操控性及穩定性不是一件容易的事，這是因爲摩托車本身是一個包括許多部件（引擎，煞車，車架，轉向機構，輪胎等）的複雜系統，還涉及到空氣動力學。此外，評估一部摩托車的好壞，和評估者的駕駛技巧與風格等主觀性有很大關係。評估摩托車操控性的常用指標有：側傾指數（Roll index）、加速度指數（Acceleration index）、轉向比（Steering ratio）、寇奇指數

（Koch index）、側傾頻率響應函數、換道側傾指數。這些指標定義如下：

1. 側傾指數：轉向扭矩與側傾角之比（見 7-2-1 節）。

2. 加速度指數：轉向扭矩與側向（向心）加速度之比（見 7-2-1 節）。

3. 轉向比：理論上的轉彎曲率半徑與實際轉彎曲率半徑之比（見 7-2-1 節）。

4. 寇奇指數：轉向扭矩峰值與側傾速率和前進速率乘積之比（見 7-2-2 節）。

5. 側傾頻率響應函數：側傾角和轉向扭矩之比（見 7-2-3 節）。

6. 換道側傾指數：扭矩的峰間幅值和側傾角速度峰間幅值之比（見 7-2-4 節）。

摩托車可看成帶控制輸入和輸出的動力系統，其龍頭所施加的扭矩或轉角以及車速可看作輸入，而摩托車行駛的運動學和動力學性能便可看作輸出。這樣，我們通過特定的行駛試驗，將摩托車的輸入和輸出之間的函數關係用來作爲描述其操控性及穩定性的客觀依據，再和騎士的主觀評價結合起來，便可對一部摩托車的操控性及穩定性作出評判。表 7-2-1 列出了摩托車操控性及穩定性試驗的基本內容，及其評估的物理量。以下對此逐一加以說明。

表 7-2-1　摩托車操控性及穩定性試驗及評估參數 [12]

試驗內容	評估參數
1. 穩態轉彎行駛	側傾指數；加速度指數；轉向比
2. U 型轉彎行駛	寇奇（Koch）指數
3. 障礙滑雪式行駛	側傾頻率響應函數
4. 換道行駛	換道側傾指數
5. 迴避障礙行駛	側傾及橫擺角速度與龍頭輸入扭矩的相位差

7-2-1　穩態轉彎及其行駛試驗

所謂穩態轉彎（Steady turning）是指騎士將摩托車龍頭（把手）轉動固定角度後保持不變，然後慢慢增加車速至固定車速後等速率行駛。

下面我們首先考慮摩托車轉彎的簡單動力學模型，然後討論如何由穩態轉彎行駛試驗來評估摩托車轉向性能的優劣。

爲使摩托車穩態轉彎並保持一定的姿態，車身必須向內側傾斜，並且離心力與重力的合力的作用線要通過接地點。設摩托車以固定角度 δ 穩態轉彎，車速率爲 v，側傾角爲 ϕ，不計輪胎的厚度，摩托車的受力圖如圖 7-2-1 所示。圖中 G 爲人 - 車系統的質心，R_c 爲質心的迴轉半徑，Ω 爲摩托車橫擺角速度（Yaw rate），$F_C = mR_c\Omega^2$ 爲離心慣性力，mg 爲重力，N 爲地面作用在輪胎的正向力，F_s 爲地面作用輪胎的側向力。對輪胎與地面的接觸點 C 取矩，得

$$mR_c\Omega^2\overline{CG}\cdot\cos\phi = mg\overline{CG}\cdot\sin\phi \tag{7-2-1}$$

應用 $v = R_c\Omega$，整理後得

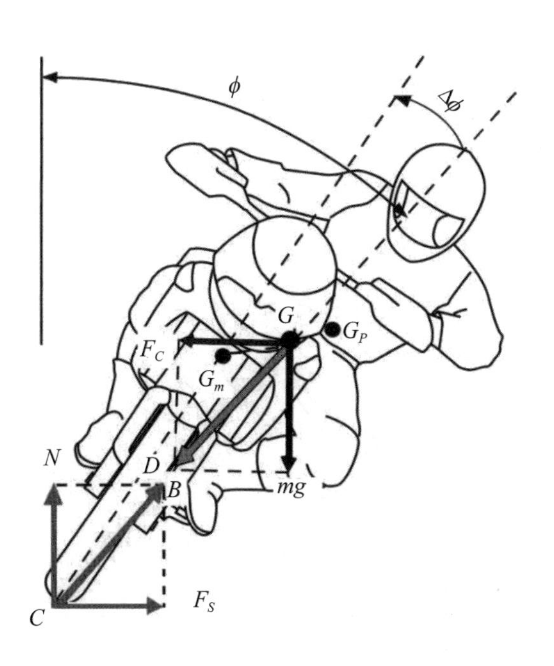

圖 7-2-1　摩托車穩態轉彎的受力圖

$$\phi = \tan^{-1}\frac{R_c\Omega^2}{g} = \tan^{-1}\frac{v^2}{gR_c} \tag{7-2-2}$$

若考慮輪胎的厚度，如圖 7-2-2 所示，此時側傾角與前述的理想側傾角相比增加了 $\Delta\theta$。設輪胎的厚度爲 $2t$，從圖中可知$\angle CDG = \pi - \phi_i$，$\angle CDG = \Delta\theta$，對三角形 CDG 使用正弦定律，得

$$\frac{\sin(\pi - \phi_i)}{\overline{CG}} = \frac{\sin\Delta\theta}{\overline{CD}} \tag{7-2-3}$$

$\overline{CD} = t$，通常 t 遠小於摩托車質心高度 h，$\overline{CG} = h - t$，$\sin(\pi - \phi_i) = \sin\phi_i$，代入上式後，得

$$\frac{\sin\phi_i}{h-t} = \frac{\sin\Delta\theta}{t} \tag{7-2-4}$$

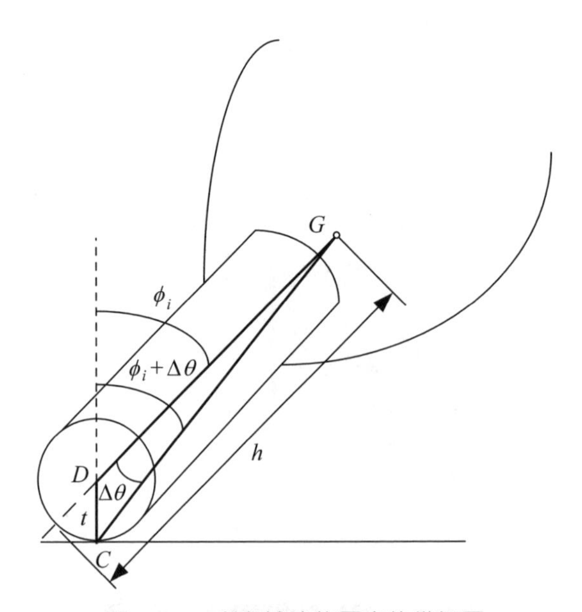

圖 7-2-2　考慮輪胎的厚度的幾何圖

所以實際的側傾角 ϕ 為

$$\phi = \phi_i + \Delta\theta = \tan^{-1}\frac{v^2}{gR_c} + \sin^{-1}\frac{t\cdot\sin\left(\tan^{-1}\frac{v^2}{gR_C}\right)}{h-t} \quad (7\text{-}2\text{-}5)$$

（7-2-5）式表明當輪胎截面半徑 t 和理想側傾角 ϕ_i 增加時，$\Delta\theta$ 增加；質心高度 h 減少時，$\Delta\theta$ 也增加。因此，在同樣條件下轉彎，使用厚輪胎的側傾角較使用一般輪胎的側傾角大。另外，上式也顯示兩部摩托車使用相同的輪胎，以同樣的速度和轉向角轉彎時，重心較低（h 較小）的摩托車，反而需要側傾較大的角度。

騎士的騎乘姿態對摩托車的側傾角影響很大。過彎時保持人 - 車系統的質心 G 的側傾角 ϕ 不變，則騎士的姿態有如圖 7-2-3 所示的三種形式 [13]。圖 7-2-3(a) 中騎士轉彎姿態不改變（Lean with），騎士的質心和摩托車的質心保持在摩托車平面上，人車保持一線，側傾角都是 ϕ，此時的側傾角 ϕ 由方程（7-2-2）計算。此種騎乘方式騎士不用移動身體，但並不是最佳姿態。如圖 7-2-3(b) 所示，騎士向內側傾斜（Lean in），摩托車反而可以減少 $\Delta\phi$ 的側傾角，多餘的角度可用來作更高速過彎，因此這是較佳的轉彎騎乘姿態。圖 7-2-3(c) 中騎士盡量保持垂直（Lean

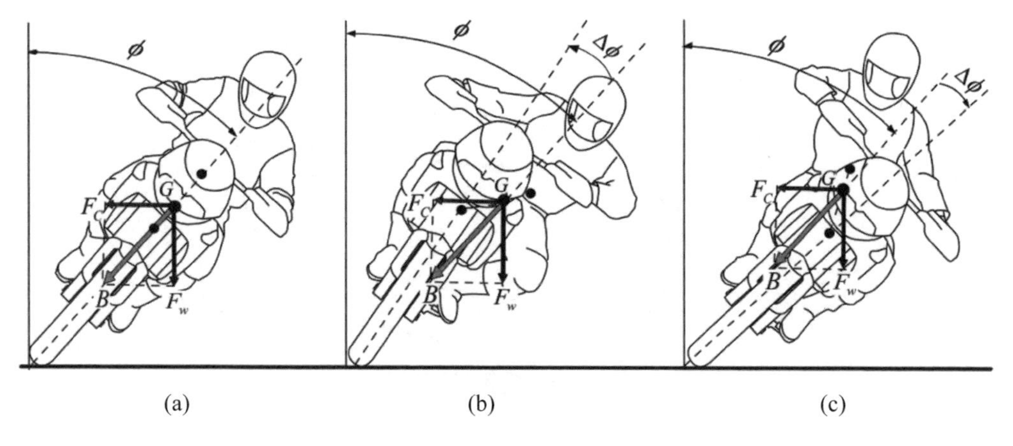

圖 7-2-3　摩托車過彎的騎乘姿勢

out），爲了讓人 - 車系統質心 G 的側傾角保持爲 ϕ，摩托車質心 G_m 必須額外向內側傾斜 $\Delta\phi$ 角度，於是摩托車的側傾角爲 $\phi + \Delta\varphi$，這是較差的轉彎騎乘姿態。

如圖 7-2-4 所示，賽車時騎士從座墊上將整個身體往內側移動並且腳向下，可減少側傾角 ϕ 並且較好控制摩托車的轉彎。此外，腿部的外伸讓空氣阻力作用在腿部產生橫擺力矩，可幫助摩托車進彎與出彎。

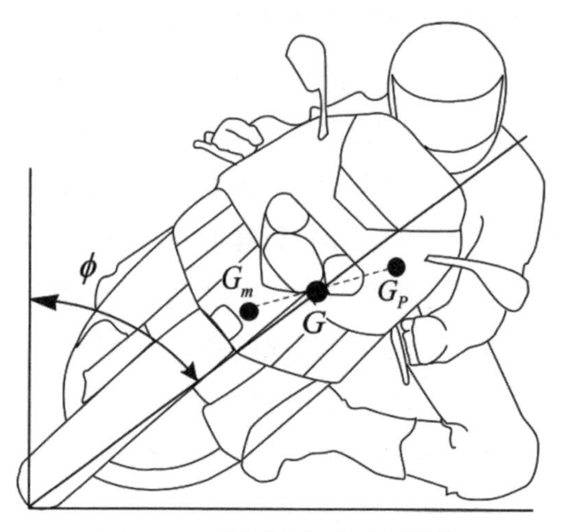

圖 7-2-4　賽車過彎的騎乘姿勢

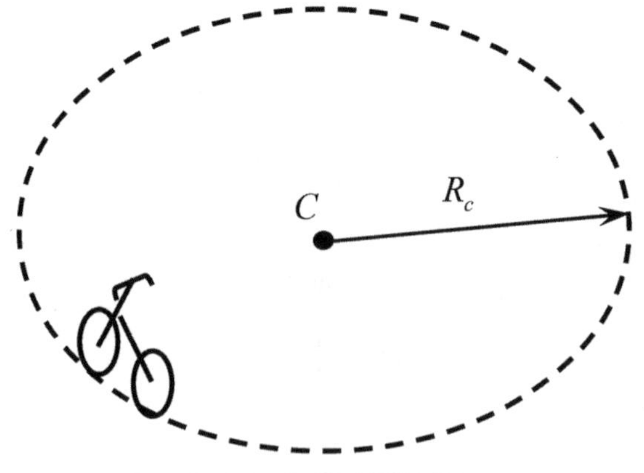

圖 7-2-5　穩態轉彎試驗

穩態轉彎行駛試驗，即等速圓周行駛試驗，是評估摩托車轉向性能的有效方法。讓摩托車沿著一半徑爲 R_c 的圓形跑道以恆定速率行駛，如圖 7-2-5 所示。加在龍頭上的扭矩或轉角作爲輸入，摩托車的側傾角（Roll angle）和側向加速度（即向心加速度）作爲輸出。

摩托車的轉向性能可用側傾指數（Roll index）來衡量，其定義爲輸入轉向扭矩（Steering torque）和側傾角（Roll angle）之比：

$$側傾指數 = \frac{\tau}{\phi} \quad (7\text{-}2\text{-}6)$$

其中，τ 爲轉向扭矩，ϕ 爲側傾角。

衡量摩托車的轉向性能的另一指標是側向（向心）加速度指數（Acceleration index），其定義爲輸入轉向扭矩和側向加速度之比：

$$側向加速度指數 = \frac{\tau}{v^2 / R_c} \approx \frac{\tau}{g \tan\phi} \quad (7\text{-}2\text{-}7)$$

側傾指數小，或側向加速度指數小，表示只需要加很小的扭矩便能完成等速圓周行駛，於是我們說該部摩托車「好騎」，轉向靈活。實際上，轉向性能好的摩托車需要施加和轉向方向相反的扭矩，隨著速度的加大才需要加很小的正向（與轉彎方向一致的）扭矩。關於這一點，我們將在稍後加以說明。

圖 7-2-6 顯示了一部摩托車的側向加速度指數和車速的函數關係。圖中顯示，大部分側向加速度指數值是負的，即所加的扭矩和轉彎方向相反，隨著車速的增大而逐漸過渡到正扭矩。這是目前市場上多數摩托車所具有的性能。

側傾指數和側向加速度指數反映了摩托車轉向的靈活性，而摩托車的轉向特性則是用轉向比來描述，它定義爲理想轉彎曲率半徑和實際轉彎曲率半徑之比，現說明如下：

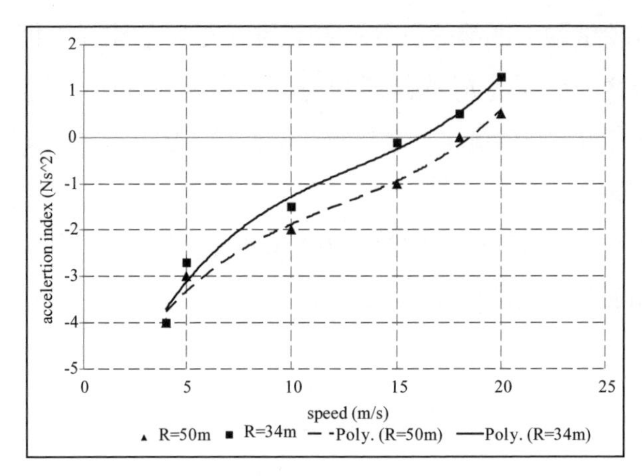

圖 7-2-6　不同轉彎半徑的側向加速度指數（資料取自參考文獻[12]）

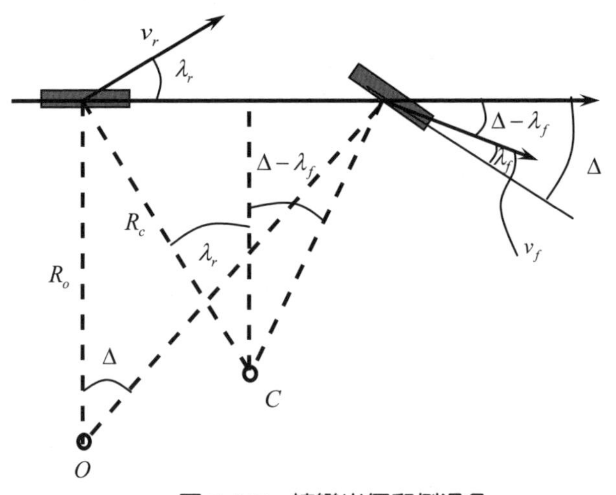

圖 7-2-7　轉彎半徑和側滑角

設摩托車向右轉而沿圓形跑道行駛，圖 7-2-7 爲從上往下看的俯視圖，其中 O 爲理想轉動中心，R_o 爲理想曲率半徑。設 λ_f 和 λ_r 分別爲前輪和後輪的側滑角，C 爲實際轉動中心，R_c 爲實際轉彎曲率半徑。由圖 7-2-7 易知

$$R_0 = \frac{L}{\tan\Delta} \approx \frac{L}{\Delta} \tag{7-2-8}$$

其中 L 爲軸距，Δ 爲前輪轉向角。此外，由圖 7-2-7，我們有

$$R_c = \frac{L}{\sin\lambda_r + \tan(\Delta - \lambda_f)\cos\lambda_r} \approx \frac{L}{\lambda_r + (\Delta - \lambda_f)} \quad (7\text{-}2\text{-}9)$$

因此，轉向比 ξ 可表示成

$$\xi = \frac{R_o}{R_c} = \frac{\lambda_r + \Delta - \lambda_f}{\Delta} = 1 + \frac{\lambda_r - \lambda_f}{\Delta} \quad (7\text{-}2\text{-}10)$$

可以證明，其中側滑角 λ_r 和 λ_f 與輪胎的外傾剛度和側偏剛度有關 [10]，即

$$\lambda_r = \frac{1-k_{\phi_r}}{k_{\lambda_r}}\phi, \quad \lambda_f = \frac{1-k_{\phi_f}}{k_{\lambda_f}}\phi \quad (7\text{-}2\text{-}11)$$

其中 k_{ϕ_f} 和 k_{ϕ_r} 分別爲前輪和後輪的外傾剛度（Camber stiffness）；k_{λ_f} 和 k_{λ_r} 分別爲前輪和後輪的側偏剛度（Cornering stiffness）或稱側滑剛度（Sideslip stiffness）。此外，我們有

$$\frac{v^2}{R_c} = g\tan\phi \approx g\phi \quad (7\text{-}2\text{-}12)$$

利用這些關係，可將轉向比 ξ 寫成如下形式：

$$\xi = \frac{1}{1-\left(\frac{1-k_{\phi_r}}{k_{\lambda_r}} - \frac{1-k_{\phi_f}}{k_{\lambda_f}}\right)\frac{v^2}{gL}} \equiv \frac{1}{1-\gamma v^2} \quad (7\text{-}2\text{-}13)$$

其中，γ 是與輪胎剛度有關的一個參數。（7-2-13）式清楚地表明，轉向比和輪胎

剛度及行駛速度有關。應注意的是，（7-2-10）和（7-2-13）式是作了許多簡化後的線性運算式。實驗表明，轉向比和重心的位置以及驅動力也有關。

摩托車的轉向特性分爲以下幾類：

(1) $\xi < 1$ 不足轉向（Understeering）：實際的轉彎曲率半徑大於理想的轉彎曲率半徑。此時後輪側滑角 λ_r 小於前輪側滑角 λ_f。在這種情形下，騎士必須對龍頭施加正向扭矩，也就是將龍頭朝轉彎方向轉動。當龍頭轉角大到一定值時，所需的地面反力大於最大摩擦力，導致前輪打滑，這時很難控制，容易摩托車倒地。所以，具有這種轉向性能的摩托車是不可取的。我們也可用轉向半徑來說明不足轉向。對於不足轉向的摩托車因其轉向半徑有往外擴展的趨勢，此時爲了讓摩托車回到原來預計的路線上，騎士必須加大轉向角，這會增加前輪所受的側向力。若轉向角增加過大，側向力値超過輪胎與路面間的最大附著力，則車輪會側滑，因此摩托車不足轉向是危險的。

(2) $\xi = 1$ 中性轉向（Neutral steering）：實際的轉彎曲率半徑等於理想的轉彎曲率半徑。此時後輪側滑角 λ_r 等於前輪側滑角 λ_f。從理論上講，在這種情形下騎士不需要對龍頭施加任何扭矩。

(3) $\xi > 1$ 過度轉向（Oversteering）：實際的轉彎曲率半徑小於理想的轉彎曲率半徑。此時後輪側滑角 λ_r 大於前輪側滑角 λ_f。在這種情形下，摩托車總是企圖朝圓內行駛，騎士必須對龍頭施加一定的負向扭矩，即和轉彎方向相反的扭矩。這種負向扭矩不僅有助於保持車身側傾角小，而且有助於防止後輪打滑。因此，具有這種轉向性能的摩托車是最好的選擇。

(4) $\xi = \infty$ 臨界轉向：此乃過度轉向的臨界情形（$\Delta = 0$）。由（7-2-13）式可知，當速度達到以下臨界速度時便會發生這種情形：

$$v_{cr} = \sqrt{\frac{gL}{\frac{1-k_{\phi_r}}{k_{\lambda_r}} - \frac{1-k_{\phi_f}}{k_{\lambda_f}}}} \tag{7-2-14}$$

(5) $\xi < 0$ 逆操舵（Counter steering）：在這種情形下，騎士必須向與轉彎相

反的方向轉動龍頭。逆操舵為騎乘摩托車的重要技巧，其原理將於 7-6 節說明。

有趣的是，經過摩托車專家的評估發現，擁有中性轉向或適量過度轉向性能的摩托車得分較高。這和汽車的評估結果大不相同：操控性良好的汽車具有適度的不足轉向特性。

例 7-2-1

一摩托車的軸距 $L = 1.42$ m，設前輪和後輪的外傾剛度相等，即 $k_{\phi_r} = k_{\phi_f} = 0.85$ kN/rad。但側偏剛度不同，考慮三種不同的輪胎組合：

(1)$k_{\lambda_f} = 11$ kN/rad，$k_{\lambda_r} = 11$ kN/rad；(2)$k_{\lambda_f} = 14$ kN/rad，$k_{\lambda_r} = 11$ kN/rad；(3)$k_{\lambda_f} = 11$ kN/rad，$k_{\lambda_r} = 14$ kN/rad。試比較以上三種組合的轉向特性。

解：

由（7-2-13）式可知：(1) 中性轉向（$k_{\lambda_f} = k_{\lambda_r}$）；(2) 過度轉向（$k_{\lambda_f} > k_{\lambda_r}$）；(3) 不足轉向。這是因為剛度大則側滑角小的緣故。

圖 7-2-8 為用 BikeSim 模擬某部 600 cc 摩托車以時速 100 km/h 在直徑為 500 ft 的平坦圓形跑道上穩態轉彎的結果。從圖中可知輸入轉向扭矩 $\tau = -11$ N · m，側傾角 $\phi = -30.3° = -0.528$ rad，車速 $v = 100$ km/h = 27.78 m/s，半徑 $R_c = 500/2$ ft = 76.2 m。

$$\text{側傾指數} = \frac{\tau}{\phi} = \frac{-11}{-0.528} = 20.83 \text{ N} \cdot \text{m/rad}$$

$$\text{側向加速度指數} = \frac{\tau}{v^2 / R_c} = \frac{-11}{27.78^2 / 76.2} = -1.086 \text{ N/s}^2$$

圖 7-2-9 為用 BikeSim 模擬某部 50 cc 速克達以時速 100 km/h 在直徑為 500 ft 的平坦圓形跑道上穩態轉彎的結果。從圖中可知，輸入轉向扭矩 $\tau = -3$ N · m，側傾角 $\phi = -31.2° = -0.544$ rad，車速 $v = 100$ km/h = 27.78 m/s，半徑 $R_c = 500/2$ ft = 76.2 m。

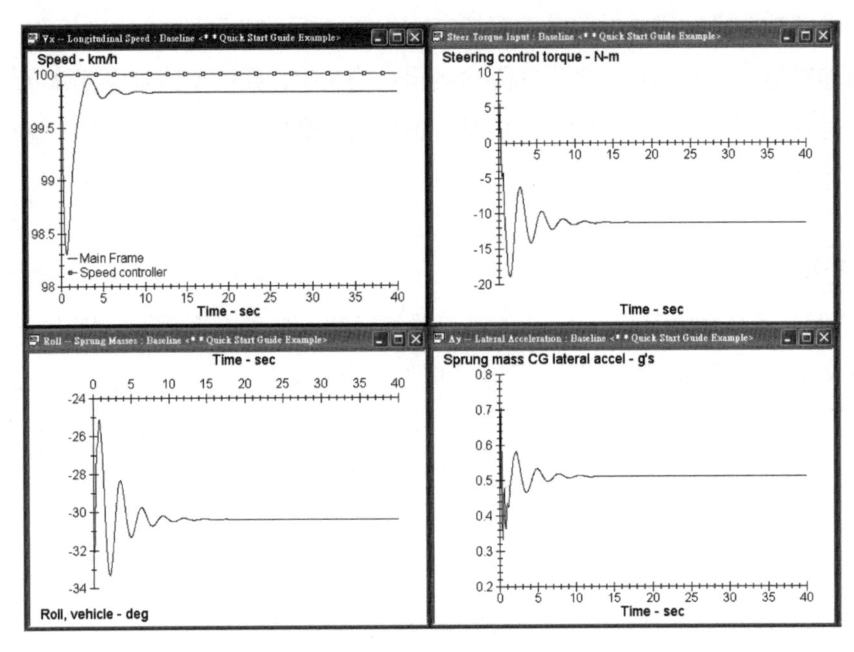

圖 7-2-8　跑車型摩托車以時速 100 km/h 在平坦圓形跑道上穩態轉彎

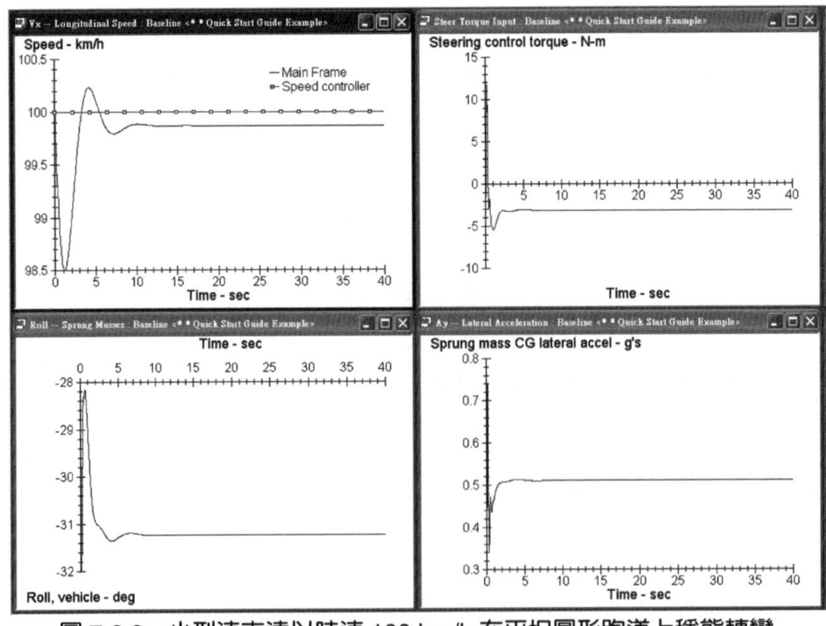

圖 7-2-9　小型速克達以時速 100 km/h 在平坦圓形跑道上穩態轉彎

$$側傾指數 = \frac{\tau}{\phi} = \frac{-3}{-0.544} = 5.514 \text{ N}\cdot\text{m/rad}$$

$$側向加速度指數 = \frac{\tau}{v^2 / R_c} = \frac{-3}{27.78^2 / 76.2} = -0.296 \text{ N/s}^2$$

比較兩部車的側傾指數和側向加速度指數之值，速克達都較小，因此轉向較靈活。

7-2-2　U 形或 J 形轉彎行駛試驗

先讓摩托車沿直線行駛，達到一定車速後，再沿著 U 形（或 J 形）跑道行駛，如圖 7-2-10 所示。記錄下轉向扭矩（Steering torque）以及側傾角速度（Roll rate），則可用如下寇奇指數來描述摩托車的轉彎性能：

$$寇奇指數 = \frac{\tau_p}{v\dot{\phi}_p} \quad \left[\frac{\text{N}}{\text{rad/s}^2}\right] \qquad (7\text{-}2\text{-}15)$$

其中 τ_p 為所加扭矩的峰值（Peak value），$\dot{\phi}_p$ 為側傾角速度的峰值，v 為車速。

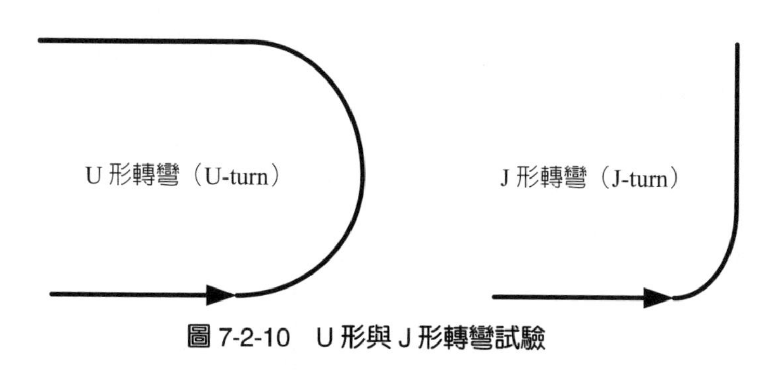

圖 7-2-10　U 形與 J 形轉彎試驗

寇奇指數是寇奇（Koch）於 1978 年根據試驗結果提出的。隨著車速的增加，寇奇指數趨於一極限值，這個極限值和車型及轉彎半徑有關。

寇奇指數主要受下列因素的影響：重心高度，前輪慣性，前叉對於轉向軸的慣性，車架對於側傾軸（Roll axis）和橫擺軸（Yaw axis）的慣性。試驗結果表明，輕便型摩托車的寇奇指數較低。較小的寇奇指數表示只需用較小的扭矩便能達到較大的側傾角速度，順利完成轉彎，說明其轉彎性能較好。

圖 7-2-11 爲用軟體 BikeSim 模擬某部跑車型摩托車以時速 v = 100 km/h = 27.778 m/s，進行 J 形轉彎試驗（J-turn test）的結果。圖中最大輸入轉向扭矩 τ_P = –15.145 N · m，最大側傾角速度 $\dot{\phi}_P$ = –19.404°/s = –0.338 rad/s，τ_P 與 $\dot{\phi}_P$ 皆取正值代入方程（7-2-15），得

$$寇奇指數 = \frac{15.145}{27.778 \times 0.338} = 1.613 \frac{\text{N}}{\text{rad/s}^2}$$

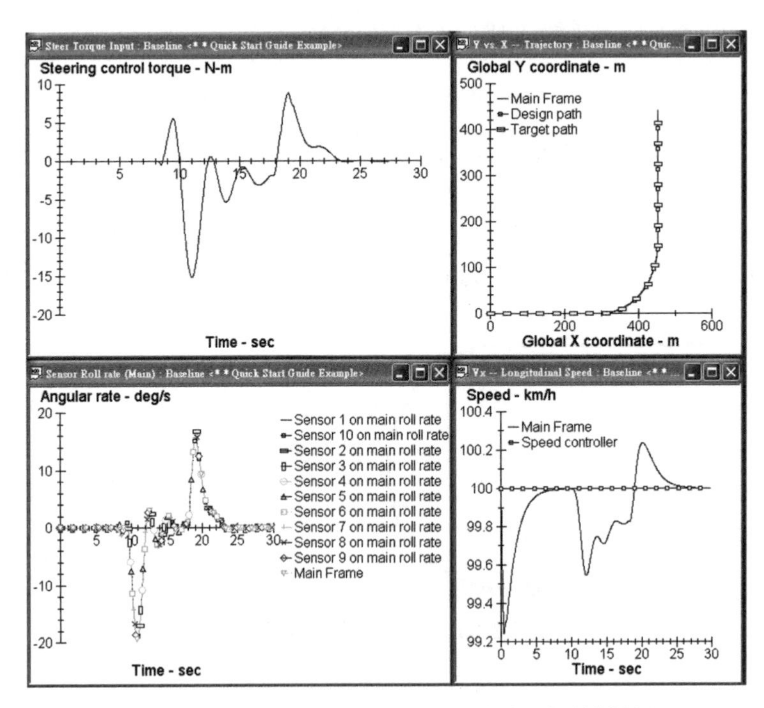

圖 7-2-11　某部跑車型摩托車 J 形轉彎試驗模擬圖

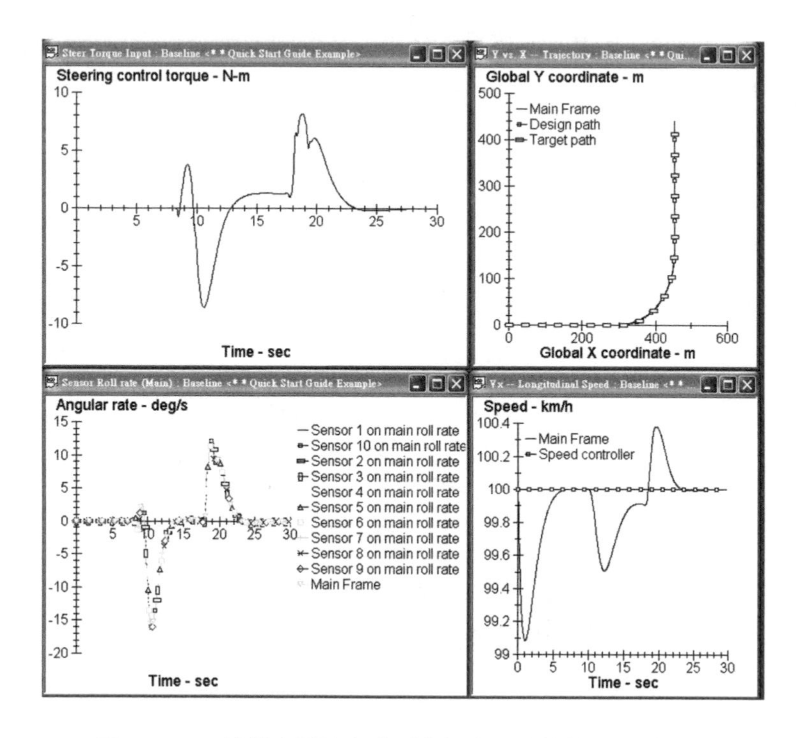

圖 7-2-12　某部小型速克達型摩托車 J 形轉彎試驗模擬圖

圖 7-2-12 為用 BikeSim 模擬某部小型速克達型摩托車以時速 v = 100 km/h = 27.778 m/s，進行 J 形轉彎試驗的結果。圖中最大輸入轉向扭矩 τ_P = 8.178 N · m，最大側傾角速度 $\dot{\phi}_P$ = –16.118°/s = –0.281 rad/s，取 $\dot{\phi}_P$ 之大小（正值）代入方程（7-2-15），得

$$\text{寇奇指數} = \frac{8.178}{27.778 \times 0.281} = 1.048 \frac{\text{N}}{\text{rad/s}^2}$$

比較兩車的寇奇指數，小型速克達之值較跑車小，因此轉彎性能較好。

7-2-3　障礙滑雪式行駛試驗

在穩態障礙滑雪式行駛試驗（Slalom test）中，騎士透過週期性變化的龍頭扭矩，使摩托車的側傾（Roll）、橫擺（Yaw）及側向運動達到週期性變化，以順利通過障礙標桿（見圖 7-2-13）。扭矩變化的頻率為

$$f = \frac{v}{2L} \tag{7-2-16}$$

其中 L 為兩障礙標桿間的距離，v 是車速。

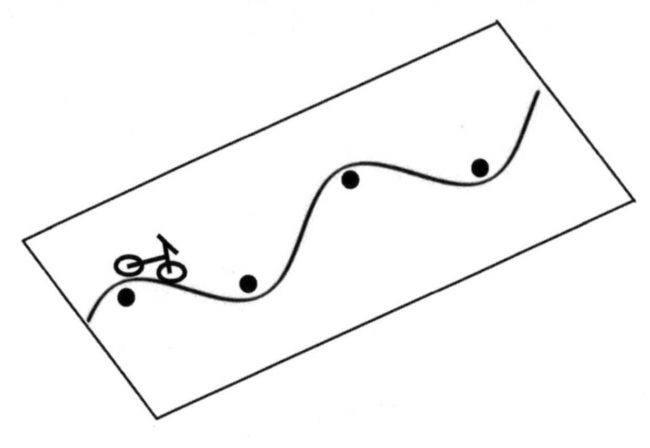

圖 7-2-13　障礙滑雪式行駛試驗

因此，穩態障礙滑雪式行駛試驗可用來檢驗摩托車對週期輸入的響應特性，其中加在龍頭上的扭矩或轉角是輸入，摩托車的側傾角（Roll angle）是輸出。對一線性系統，如果輸入為一正弦函數，則其穩態響應也為具有相同頻率的正弦函數，但二者的幅值及相位不同。響應和輸入的幅值比是輸入頻率的函數，稱為幅頻特性。相位差也是頻率的函數，稱為相頻特性。二者統稱為頻率響應特性。

若障礙標桿的距離保持不變，則車速的大小實際上就代表了輸入的頻率的變化。因此，解釋試驗結果的最好方法是將側傾角和轉向扭矩（Steering torque）之比表示成行駛速度的函數，稱為側傾頻率響應函數：

$$\text{側傾頻率響應函數} = \frac{\phi}{\tau}(f) \tag{7-2-17}$$

其中，ϕ 爲側傾角，τ 爲加在龍頭上的轉向扭矩。

圖 7-2-14 顯示障礙桿距爲 14 米的試驗結果，其中左爲幅頻圖，右爲相頻圖。該圖顯示，速度大約爲 8 m/s 時，幅頻值最大，而相位最小。

幅頻值較大且相位差較小表示該摩托車只需用較小的扭矩便能獲得較大的側傾（Roll）運動，而且反應較快，這樣的摩托車是人們所希望的。

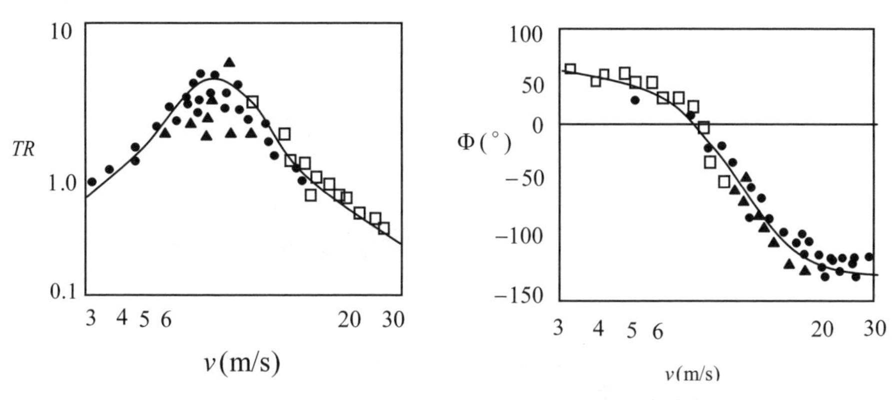

圖 7-2-14　頻率響應函數（資料取自參考文獻[12]）

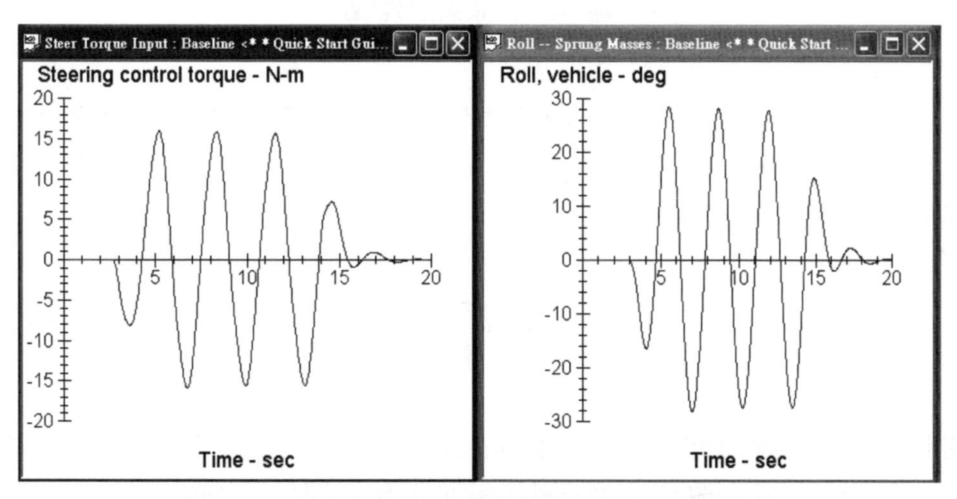

圖 7-2-15　某跑車型摩托車作障礙滑雪式行駛試驗模擬圖

圖 7-2-15 所示爲用 BikeSim 模擬某跑車型摩托車以 35 km/h 作障礙滑雪式行

駛試驗所得的結果，圖中扭矩 τ 和側傾角 ϕ 隨時間變化的曲線在繞障礙時接近正弦函數。從圖可知，扭矩 τ 和側傾角 ϕ 到達峰值的時刻不同，因此兩者間存在相位差。

7-2-4 換道行駛試驗

換道行駛試驗（Lane change test），如圖 7-2-16 所示，能測試摩托車的瞬態響應特性，不過這和騎士的技巧與風格有關，包括初始時的反向加力以及騎士身體相對於摩托車的移動方式等。

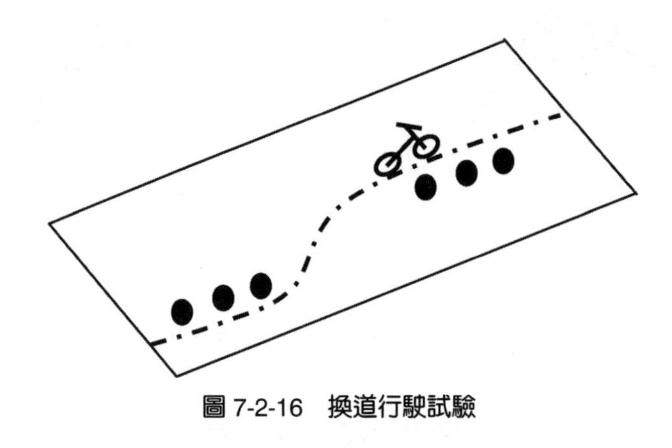

圖 7-2-16 換道行駛試驗

在換道行駛試驗中，騎士加在龍頭上的轉向扭矩是輸入，摩托車的側傾角速度（Roll rate）和橫擺角速度（Yaw rate）是輸出。衡量摩托車操控性的指標是換道側傾指數，其定義如下：

$$\text{換道側傾指數} = \frac{\tau_{p-p}}{\dot{\phi}_{p-p}} \qquad (7\text{-}2\text{-}18)$$

其中，τ_{p-p} 爲扭矩的峰間幅值（Peak-to-peak value）；$\dot{\phi}_{p-p}$ 爲側傾角速度的峰間幅值。所謂峰間幅值，是指從負峰值到正峰值的幅值，例如一個幅值爲 A 的正弦波，其峰值爲 A，峰間幅值是 $2A$。圖 7-2-17 表示了兩種不同摩托車的換道側傾指數與車速的關係。換道側傾指數小，表示只需用較小扭矩就可達到換道所需的側傾角速度，摩托車反應靈敏。

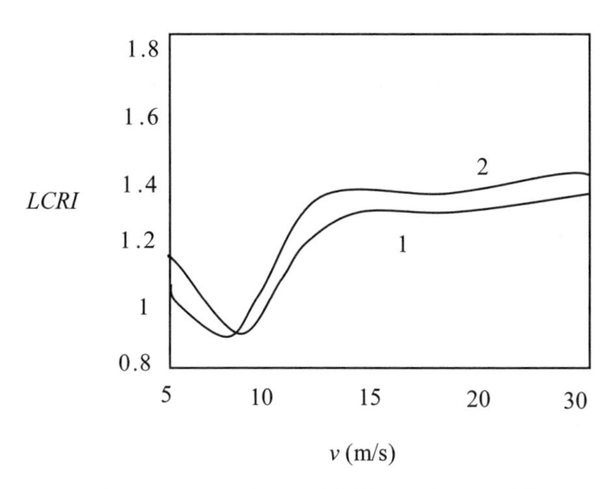

圖 7-2-17　不同車型的換道側傾指數 [12]

圖 7-2-18 爲用 BikeSim 模擬某部跑車型摩托車以時速 100 km/h 進行雙換道行駛試驗（Double lane change）的結果。圖中最大正輸入扭矩 τ_P = 39.16 N · m，最大負輸入扭矩 τ_P = – 37.92 N · m，故 $\tau_{P\text{-}P}$ = 77.08 N · m；最大正側傾角速度（Roll rate）$\dot{\phi}_P$ = 37.75°/s = 0.659 rad/s，最大負側傾角速度車速 $\dot{\phi}_P$ = –45.09°/s = –0.787 rad/s，故 $\dot{\phi}_{p-p}$ = 82.84°/s = 1.445 rad/s，代入方程（7-2-18）得

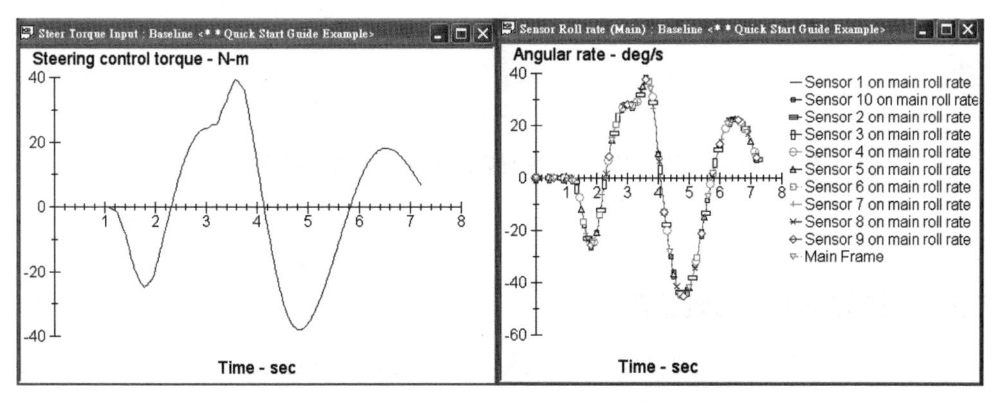

圖 7-2-18　某部跑車型摩托車雙換道行駛試驗模擬圖

$$換道側傾指數=\frac{\tau_{p-p}}{\dot{\phi}_{p-p}}=\frac{77.08\,\mathrm{N\cdot m}}{1.445\,\mathrm{rad/s}}=53.34\frac{\mathrm{N\cdot m}}{\mathrm{rad/s}}$$

圖 7-2-19 爲用 BikeSim 模擬某部小型速克達以時速 100 km/h 進行雙換道行駛試驗的結果。圖中最大正輸入扭矩 τ_P = 26.89 N · m，最大負輸入扭矩 τ_P = –23.24 N · m，故 $\tau_{P\text{-}P}$ = 50.13 N · m；最大正側傾角速度 $\dot{\phi}_P$ = 35.52°/s = 0.620 rad/s，最大負側傾角速度 $\dot{\phi}_P$ = –33.43°/s = –0.583 rad/s，故 $\dot{\phi}_{p-p}$ = 68.95°/s = 1.203 rad/s，代入方程（7-2-18）得

$$換道側傾指數=\frac{\tau_{p-p}}{\dot{\phi}_{p-p}}=\frac{50.13\,\mathrm{N\cdot m}}{1.203\,\mathrm{rad/s}}=41.67\frac{\mathrm{N\cdot m}}{\mathrm{rad/s}}$$

小型速克達的換道側傾指數之值較跑車小，因此換道反應較靈敏。

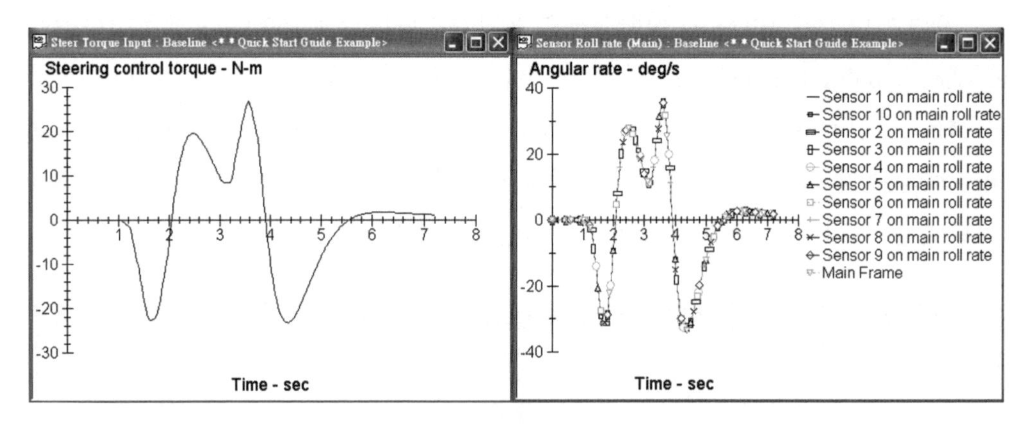

圖 7-2-19　某部小型速克達型摩托車雙換道行駛試驗模擬圖

7-2-5　迴避障礙行駛試驗

如圖 7-2-20 所示，迴避障礙行駛試驗（Obstacle avoidance test）主要是用來檢驗摩托車的快速反應能力，因爲在這個過程中要求摩托車能及時提供很高的側傾角速度和橫擺角速度。衡量摩托車好壞的主要指標是，側傾及橫擺角速度和龍頭輸入

扭矩之間的相位差，相位差小表示摩托車反應迅速，故相位差越小越好。

試驗表明，在迴避障礙的過程中，騎士加在龍頭上的扭矩主要是用來克服前輪和側傾運動所產生的陀螺力矩。（關於陀螺效應，我們將在稍後作詳細討論。）有趣的是，在這個過程中騎士需應用逆操舵（Counter steering）技巧。如圖 7-2-20 所示，當摩托車接近障礙物時，騎士不是首先向左扭轉龍頭，而是快速向右扭轉龍頭，由於離心力和陀螺力矩的作用導致摩托車迅速向左側傾。然後，騎士才向左扭轉龍頭，使扭矩達最大值，從而達到龍頭應有的位置。關於這一方法的力學原理，我們將在 7-6 節中說明。

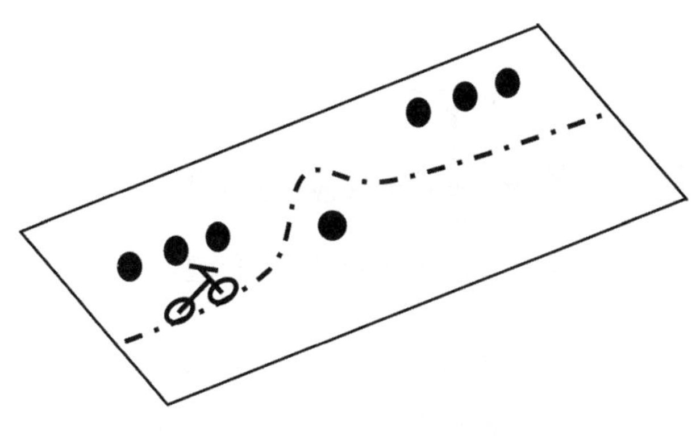

圖 7-2-20　迴避障礙行駛試驗

7-3　方向穩定性及回正力矩

當沿直線行駛的摩托車偏離預定方向時，如果很容易校正，或者摩托車本身能維持平衡，並能繼續沿著直線行駛，我們就說該摩托車方向穩定性良好。

摩托車的行駛方向穩定性與諸多參數有關，主要包括：

1. 摩托車的慣性矩。

2. 行駛速度。

3. 轉向機構的幾何特性（最終決定前伸距的回正效應）。

4. 陀螺效應。

5. 輪胎特性。

很明顯，摩托車的動量（mv）越大，則抗外界干擾的能力越強，越能保持其行駛的穩定性。如圖 7.3-1 所示，摩托車直線行駛，設側面大風對摩托車的衝量爲 $F\Delta t$，則摩托車偏離直線的角度爲

$$\alpha = \tan^{-1}\frac{\Delta v}{v} = \tan^{-1}\frac{F\Delta t}{mv}$$

這個角度和摩托車的動量成反比，和所受的衝量成正比。

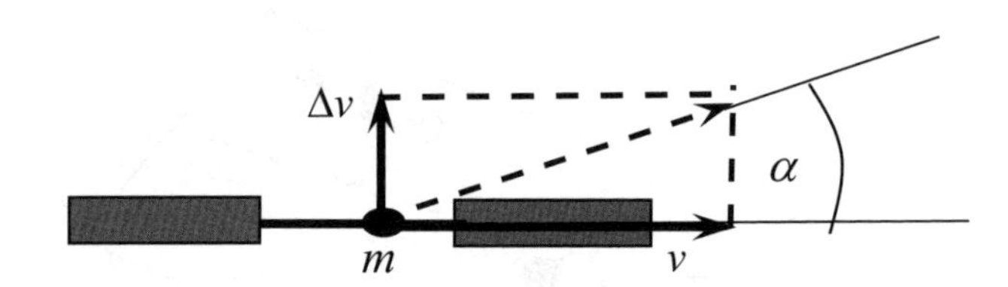

圖 7-3-1　摩托車行駛方向的變化

摩托車的回正能力對於行駛方向的穩定性起著重要作用，這可用一簡單模型來說明 [10]。如圖 7-3-2 所示，設摩托車以速度 v 沿直線行駛。由於外界干擾，前輪繞轉向軸轉過一角度 Δ，因此摩托車開始沿著曲率半徑爲 R_c 的曲線軌道行駛。設前輪的外傾角（Camber angle）爲 β，而車架的側傾角忽略不計。根據這些簡化假設，我們可以計算對於轉向軸的回正力矩。

摩托車的受力圖如圖 7-3-2 和圖 7-3-3 所示，其中圖 7-3-3 爲從上往下看的俯視圖，符號意義如下：

F_t = 驅動力

$F_w = \dfrac{1}{2}\rho C_D A v^2$ = 空氣阻力

$F_{wf} = \mu N_1$ = 前輪側滑阻力

F_{sf}, F_{rf} = 分別爲前輪及後輪受的側向力

N_1, N_2 = 分別爲前輪和後輪所受的正向力

$\Omega = v/R_c$ = 整車繞瞬時轉動中心 C 的瞬時角速度

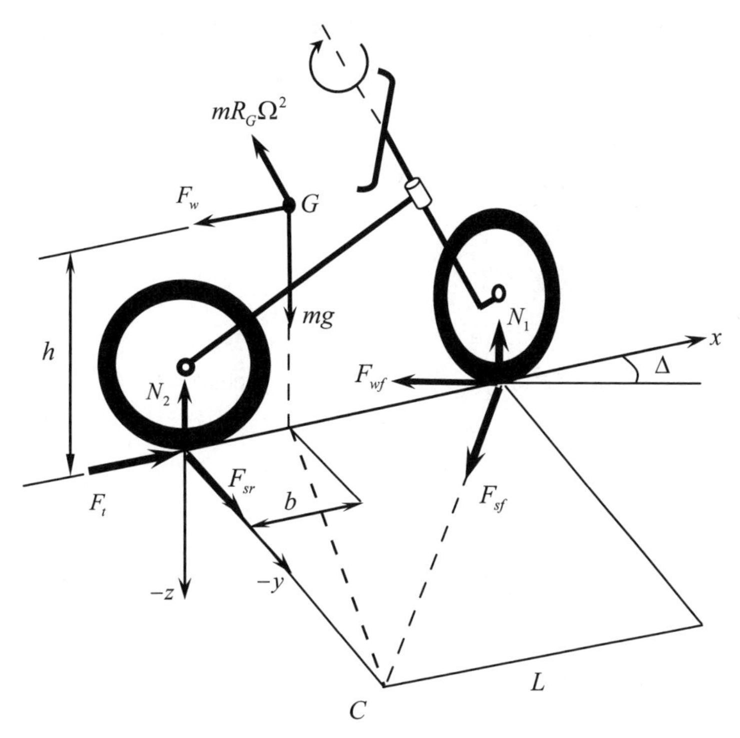

圖 7-3-2　摩托車的轉向及受力

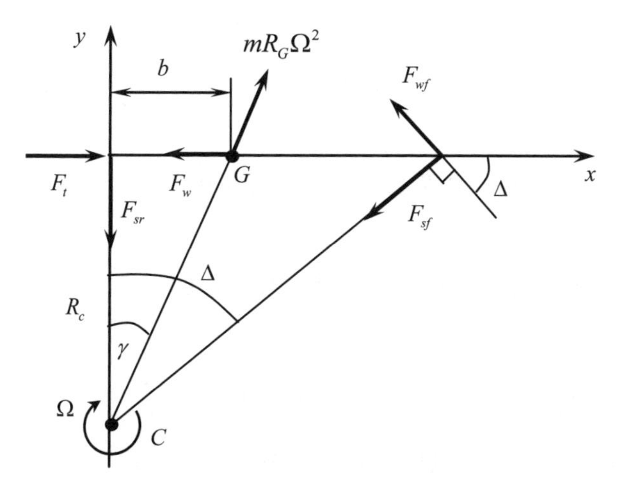

圖 7-3-3　摩托車受力的俯視圖

下面我們列出運動方程。注意 C 爲瞬時轉動中心，所有外力和慣性力應構成平衡力系。考慮所有的力在（$-y$）軸上的投影，得

$$F_{sr} + F_{sf}\cos\Delta - F_{wf}\sin\Delta - mR_G\Omega^2\cos\gamma = 0 \tag{7-3-1}$$

考慮所有的力在 x 軸上的投影，得

$$F_t + mR_G\Omega^2\sin\gamma - F_w - F_{sf}\sin\Delta - F_{wf}\cos\Delta = 0 \tag{7-3-2}$$

考慮所有的力在鉛垂軸上的投影，得

$$N_1 + N_2 - mg = 0 \tag{7-3-3}$$

考慮所有的力對 y 軸的力矩，得

$$N_1L + F_wh - mgb - (mR_G\Omega^2\sin\gamma)h = 0 \tag{7-3-4}$$

考慮所有力對通過前輪觸地點的鉛垂軸的力矩，得

$$F_{sr}L - mR_G\Omega^2(L-b)\cos\gamma = 0 \tag{7-3-5}$$

由（7-3-4）和（7-3-5）式，得前輪和後輪的正向力：

$$N_1 = mgb/L - F_wh/L + (mR_G\Omega^2\sin\gamma)\frac{h}{L} \tag{7-3-6}$$

$$N_2 = mg(1 - b/L) = F_wh/L \tag{7-3-7}$$

將（7-3-6）和（7-3-7）式代入（7-3-1）式，得前輪所受的側向力：

$$F_{sf}=\frac{1}{\cos\Delta}\left[mR_G\Omega^2\frac{b}{L}\cos\gamma+\mu N_1\sin\Delta\right] \quad (7\text{-}3\text{-}8)$$

其中 N_1 如（7-3-6）式所示。

應用 $F_{wf}=\mu N_1$，並將（7-3-8）式代入（7-3-2）式，即可求得驅動力 F_t。

下面我們要指出，作用於前輪上的力 N_1 和 F_{sf} 會對轉向軸產生一回正力矩。參考圖 7-3-4，N_1 和 F_{sf} 對轉向軸的力矩可表示為

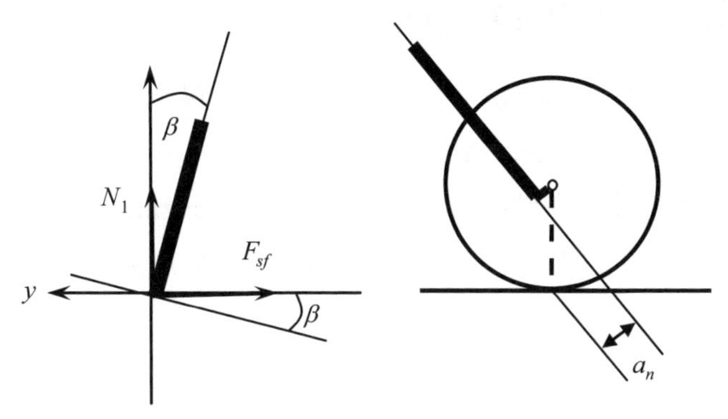

圖 7-3-4　回正力矩的計算：(a) 從後往前看前輪；(b) 沿 y 軸的正方向看前輪

$$M=-(F_{sf}\cos\beta-N_1\sin\beta)a_n \quad (7\text{-}3\text{-}9)$$

其中括弧前的負號表示回正力矩和原轉動方向相反（見圖 7-3-4）。注意到如下事實可將結果化簡：首先，當曲率半徑 R_c 較大時，可取 $\cos\Delta=1$ 和 $\sin\gamma=0$。此外，還應注意到

$$RG\cos\gamma=R_c,\quad \Omega^2=\left(\frac{v}{R_c}\right)^2$$

將（7-3-6）和（7-3-8）式代入（7-3-9）式，並略去 μN_1，化簡後得到

$$M = -\left[\left(m\frac{b}{L}\cos\beta + \frac{1}{2}\rho C_D A\frac{h}{L}\sin\beta\right)v^2 - mg\frac{b}{L}\sin\beta\right]a_n \qquad (7\text{-}3\text{-}10)$$

此式表明：(1) 回正力矩與速度的平方成正比；(2) 重心越靠後（b 越小），對增加回正力矩有利；(3) 回正力矩和輪胎正規前伸距（Normal trail）a_n [12] 成正比。由此可見，輪胎正規前伸距 a_n 對於摩托車的行駛穩定性起著重要作用。

7-4 陀螺力矩與方向穩定性

我們曾在第 1-5 節提到過陀螺力矩。本節主要討論摩托車在不同行駛條件下所產生的陀螺力矩及其對穩定性的影響。

以角速度 $\boldsymbol{\omega}$ 高速旋轉的剛體具有角動量（Angular momentum）$\boldsymbol{H} = I\boldsymbol{\omega}$，其中 I 為剛體的沿角速度方向的質量慣性矩。當剛體沿不同於角動量的方向以角速度 $\boldsymbol{\Omega}$ 轉動時，將產生陀螺力矩：

$$\boldsymbol{M}_g = -\boldsymbol{\Omega} \times \boldsymbol{H} \qquad (7\text{-}4\text{-}1)$$

其中，$\boldsymbol{\Omega} \times \boldsymbol{H}$ 代表角動量向量端點的速度。因此，陀螺力矩的大小等於角動量向量端點的速度，而其方向則和角動量向量端點的速度方向相反。由此可知，陀螺力矩總是企圖阻礙角動量向量改變其方向。

摩托車在行駛過程中，其側傾角速度，橫擺角速度以及龍頭的角速度都會改變車輪的角動量向量的方向，從而產生陀螺力矩。以下我們分別討論之。

7-4-1 橫擺運動產生的陀螺力矩

1. 車輪產生的陀螺力矩

設摩托車沿半徑為 R_c 的跑道行駛，其橫擺角速度（Yaw rate）為 Ω。如圖 7-4-1 所示，在車輪中心固定一動座標系，其中 x_m 軸指向前進的方向；y_m 軸垂直於輪面指向騎士左邊；z_m 軸按右手定則確定，但此座標系並不隨車輪一起旋轉。

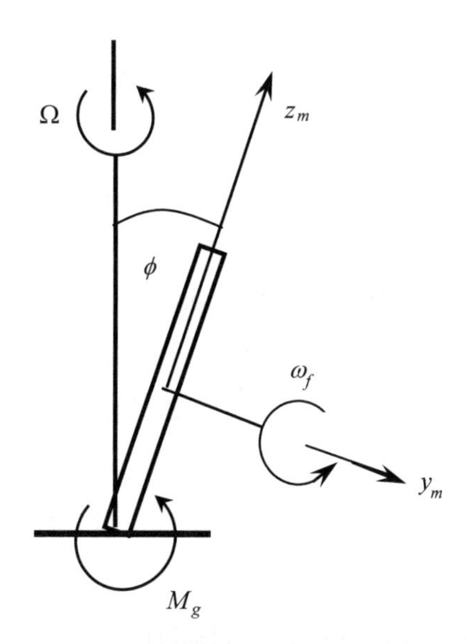

圖 7-4-1　前輪轉彎時產生的陀螺力矩

設前輪繞 y_m 旋轉的角速度爲 ω_f，因前輪同時還參與橫擺運動，故前輪的合角速度爲

$$\boldsymbol{\omega} = \omega_f \boldsymbol{n}_y + \Omega \cos\phi \boldsymbol{n}_z \tag{7-4-2}$$

其中 $\boldsymbol{n}_y$ 和 $\boldsymbol{n}_z$ 分別是和 y_m 軸和 z_m 軸平行的單位向量。車輪的角動量爲

$$\boldsymbol{H} = I_f \omega_f \boldsymbol{n}_y + \frac{1}{2} I_f \Omega \cos\phi \boldsymbol{n}_z \tag{7-4-3}$$

其中 I_f 和 $(1/2)I_f$ 分別爲前輪繞 y_m 軸和 z_m 軸的慣性矩。動座標系的角速度爲

$$\boldsymbol{\Omega} = \Omega \boldsymbol{k} = \Omega \cos\phi \boldsymbol{n}_z - \Omega \sin\phi \boldsymbol{n}_y \tag{7-4-4}$$

由此得陀螺力矩

$$\boldsymbol{M}_g = -\boldsymbol{\Omega} \times \boldsymbol{H} = I_f \left(\omega_f \Omega + \frac{1}{2} \Omega^2 \sin\phi \right) \cos\phi \boldsymbol{n}_x \tag{7-4-5}$$

如果橫擺角速度 Ω 不大，可略去括弧中的第二項。這樣，陀螺力矩可寫成

$$\boldsymbol{M}_g = I_f \omega_f \Omega \cos\phi \boldsymbol{n}_x \tag{7-4-6}$$

略去前後兩輪側傾角的差別，則前後兩輪產生的總陀螺力矩可寫成

$$\boldsymbol{M}_g = (I_f \omega_f + I_r \omega_r) \Omega \cos\phi \boldsymbol{n}_x = I_w \omega \Omega \cos\phi \boldsymbol{n}_x \tag{7-4-7}$$

（7-4-7）式表明，陀螺力矩的方向指向 x_m 軸的正方向，這意味著它企圖使摩托車的側傾角 ϕ 減小。爲了克服陀螺力矩的影響而維持摩托車的平衡，騎士可以向內側移動人 - 車重心位置，使重力和離心力的合力對車輪和地面接觸點的力矩與陀螺力矩等值反向，如圖 7-4-2 所示，即

$$M = -\sqrt{(mg)^2 + \left(mR_c\Omega^2\right)^2} \cdot d = -M_g \tag{7-4-8}$$

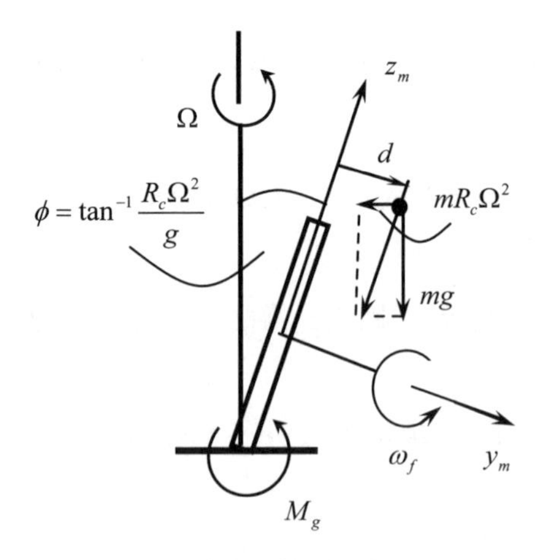

圖 7-4-2 陀螺力矩對平衡的影響

騎士也可用另外一種方法來克服陀螺力矩的影響，那就是加大側傾角。顯然，如果沒有陀螺力矩，則平衡時重力和離心力的合力必通過車輪與地面的接觸點，此時的側傾角由下式決定

$$\phi=\tan^{-1}\frac{R_c\Omega^2}{g}$$

爲了克服陀螺力矩的影響，側傾角應增加 $\Delta\phi$（見圖 7-4-3），即

$$\Delta\phi=\sin^{-1}\frac{d}{h}=\sin^{-1}\frac{I_w\omega\Omega\cos(\phi+\Delta\phi)}{h\sqrt{(mg)^2+(mR_c\Omega^2)^2}} \tag{7-4-9}$$

相對於 ϕ 而言，$\Delta\phi$ 很小，上式可簡化成

$$\Delta\phi\approx\sin^{-1}\frac{I_w\omega\Omega\cos\phi}{h\sqrt{(mg)^2+(mR_c\Omega^2)^2}} \tag{7-4-10}$$

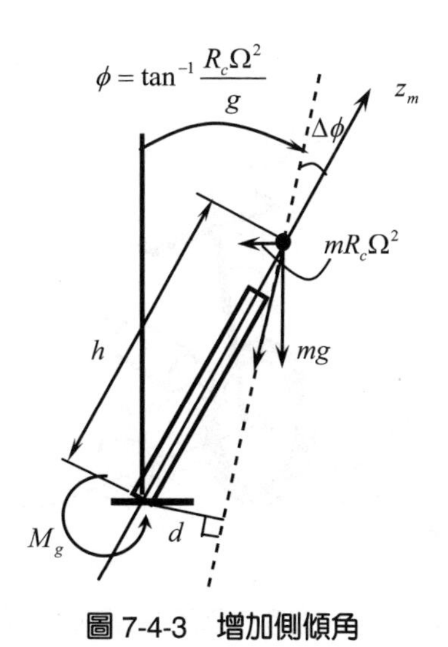

圖 7-4-3　增加側傾角

（7-4-10）式的分子代表兩車輪的橫擺運動所產生的陀螺力矩，它由重力和離心力的合力對車輪與地面接觸點的力矩來平衡。

2. 縱向引擎產生的陀螺力矩

如圖 7-4-4 所示，設摩托車的引擎是縱向安裝的，即引擎的曲軸指向 x_m 軸方向。設引擎的旋轉部件的等效慣性矩爲 I_m，旋轉的角速度爲 ω_m，則引擎的角動量爲

$$\boldsymbol{H} = I_m \omega_m \boldsymbol{n}_x \tag{7-4-11}$$

其中 $\boldsymbol{n}_x$ 爲平行於 x_m 軸的單位向量。設騎士向其左邊轉彎，轉彎的角速度爲 Ω，這也就是引擎的橫擺角速度，可表示成

$$\boldsymbol{\Omega} = \Omega \boldsymbol{n}_z \tag{7-4-12}$$

其中 $\boldsymbol{n}_z$ 爲平行於 z_m 軸的單位向量。由此，由引擎產生的陀螺力矩爲

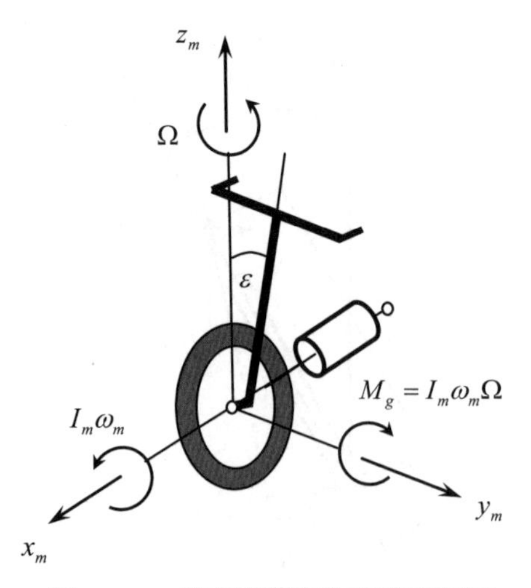

圖 7-4-4　縱向引擎產生的陀螺力矩

$$\boldsymbol{M}_g = -I_m\omega_m\Omega\boldsymbol{n}_y \tag{7-4-13}$$

其中 $\boldsymbol{n}_y$ 爲平行於 y_m 軸的單位向量。

這一陀螺力矩將使摩托車的前懸吊彈簧被放鬆而後懸吊彈簧被壓縮，從而引起摩托車向後傾斜（Pitch）。

類似的，當摩托車向騎士的右邊轉彎時，陀螺力矩的效應正好相反，即摩托車的前懸吊彈簧被壓縮而後懸吊彈簧被放鬆，摩托車向前傾斜。

如圖 7-4-5 所示，陀螺力矩將引起摩托車重心上升或下降（Δh），同時引起車身縱傾（$\Delta\mu$），這些值可按以下平衡方程求得：

$$K_r(\Delta h - b\Delta\mu) + K_f[\Delta h + (L-b)\Delta\mu] = 0 \tag{7-4-14}$$

$$K_r(\Delta h - b\Delta\mu)b + K_r[\Delta h + (L-b)\Delta\mu](L-b) = M_g \tag{7-4-15}$$

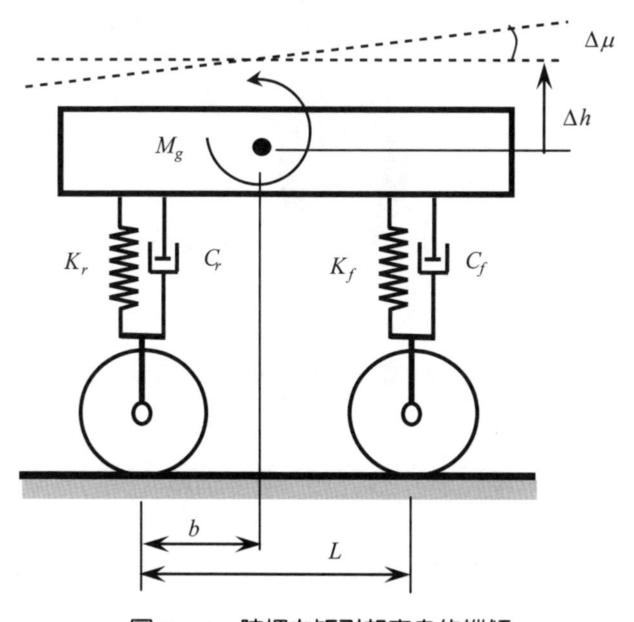

圖 7-4-5　陀螺力矩引起車身的縱傾

聯立求解方程（7-4-14）和（7-4-15），得

$$\Delta h = \frac{K_r b - K_f (L-b)}{K_r K_f L^2} M_g \tag{7-4-16}$$

$$\Delta \mu = \frac{K_r + K_f}{K_r K_f L^2} M_g \tag{7-4-17}$$

7-4-2　側傾運動產生的陀螺效應

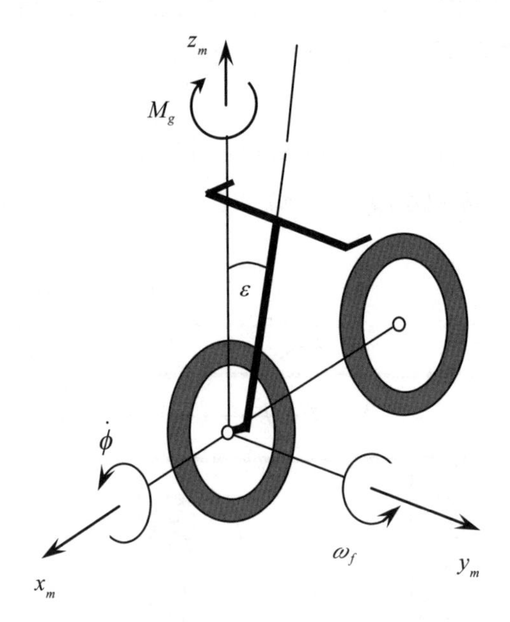

圖 7-4-6　摩托車的側傾有助於轉彎

如圖 7-4-6 所示，設摩托車向 x_m 方向行駛，前輪旋轉的角速度爲 ω_f。前輪的角動量可表示爲

$$\boldsymbol{H} = I_f \omega_f \boldsymbol{n}_y \tag{7-4-18}$$

其中 I_f 爲前輪的慣性矩；$\boldsymbol{n}_y$ 是 y_m 軸平行的單位向量。設前輪的側傾角速度（Roll rate）爲 $\dot{\phi}$。這就是前輪角動量向量轉動的角速度，可表示爲

$$\boldsymbol{\Omega} = \dot{\phi}\boldsymbol{n}_x \quad (7\text{-}4\text{-}19)$$

其中 $\boldsymbol{n}_x$ 爲和 x_m 軸平行的單位向量。由此產生的陀螺力矩爲

$$\boldsymbol{M}_g = -\boldsymbol{\Omega} \times \boldsymbol{H} = -I_f \omega_f \dot{\phi} \boldsymbol{n}_z \quad (7\text{-}4\text{-}20)$$

陀螺力矩指向 $\boldsymbol{z}_m$ 爲軸的負方向，它在前叉上的投影爲

$$M_{gu} = -I_f \omega_f \dot{\phi} \cos\varepsilon \quad (7\text{-}4\text{-}21)$$

其中，ε 爲前叉後傾角。

因此，該陀螺力矩的效應是使龍頭向右轉，這有助於摩托車向右轉彎。

例 7-4-1

設摩托車從左向右傾斜，根據下列資料計算作用在前叉上的陀螺力矩。側傾角速度：$\dot{\phi} = 0.5$ rad/s；前輪慣性矩：$I_f = 0.55$ kg · m^2；前輪角速度：$\omega_f = 120$ rad/s；前叉後傾角：$\varepsilon = 25°$。

解：

應用（7-4-21）式，陀螺力矩在前叉上的分量爲

$$M_{gu} = -I_f \omega_f \dot{\phi} \cos\varepsilon = -0.55 \times 120 \times 0.5 \times \cos 25^{\circ} = -29.9 \text{ N} \cdot \text{m}$$

即陀螺力矩在前叉上的分量 M_{gu} 的大小爲 29.9 N · m，方向爲逆時針。

7-4-3 龍頭轉向產生的陀螺力矩

如圖 7-4-7 所示，設摩托車沿 x_m 方向直線行駛，前輪旋轉的角速度爲 ω_f。設前輪的中心慣性矩爲 I_{wf}，則前輪的角動量向量爲

$$\boldsymbol{H} = I_{wf}\omega_f\boldsymbol{n}_y \tag{7-4-22}$$

其中 $\boldsymbol{n}_y$ 爲平行於 y_m 軸的單位向量。

令摩托車的龍頭（轉向軸）向騎士的左方轉動，轉動的角速度爲 $\dot{\delta}$。此角速度在 z_m 軸方向的分量爲

$$\boldsymbol{\Omega} = (\dot{\delta}\cos\varepsilon)\boldsymbol{n}_z \tag{7-4-23}$$

其中 ε 爲前叉後傾角，$\boldsymbol{n}_z$ 爲平行於 z_m 軸的單位向量。

圖 7-4-7 龍頭轉向產生的陀螺力矩

角速度 $\mathbf{\Omega}$ 將改變前輪角動量向量的方向，由此產生一陀螺力矩：

$$\boldsymbol{M}_g = -\mathbf{\Omega} \times \boldsymbol{H} = (I_{wf}\omega_f \dot{\delta} \cos\varepsilon)\boldsymbol{n}_x \tag{7-4-24}$$

其中 $\boldsymbol{n}_x$ 為平行於 x_m 軸的單位向量（見圖 7-4-7）。此陀螺力矩將使摩托車側傾向騎士的右方。

同理，如果龍頭不是向左轉，而是向右轉，則陀螺力矩的方向指向 x_m 的負方向，它將使摩托車向左側傾。

由以上分析我們看到一有趣的現象：龍頭左轉導致摩托車向右側傾；龍頭右轉導致摩托車向左側傾。這就是所謂的逆操舵（Counter steering）。在迴避障礙行駛試驗中（見 7-2-5 節），騎士正是利用這種方法才得以快速而順利地繞過障礙的。

例 7-4-2

如圖 7-4-8 所示，當行駛的摩托車受到從後側面駛來的汽車的碰撞時，摩托車很容易倒向汽車一邊，試解釋其中的力學原理。

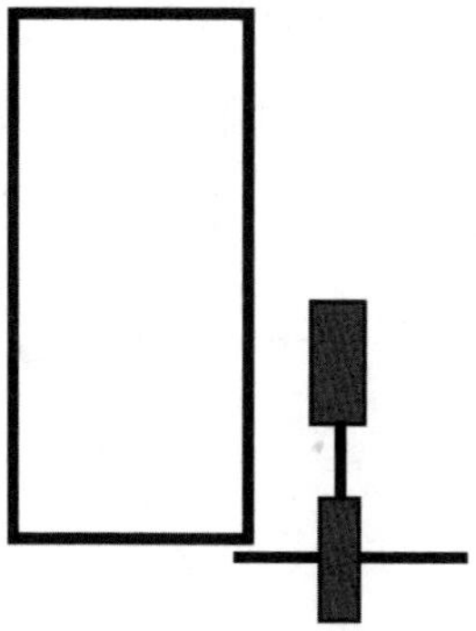

圖 7-4-8　摩托車受到汽車的碰撞

解：

當行駛的摩托車受到從後側面駛來的汽車的碰撞時，龍頭向左轉，令其角速度為$\dot{\delta}$。由此產生一陀螺力矩〔見（7-4-24）式〕：

$$\boldsymbol{M}_g = (I_{wf}\omega_f \dot{\delta}\cos\varepsilon)\boldsymbol{n}_x$$

其中 $\boldsymbol{n}_x$ 爲指向 x_m 軸的單位向量（見圖 7-4-7）。此陀螺力矩將使摩托車倒向汽車一邊，這對騎士是很危險的。

7-5 低轉倒和高轉倒

我們曾在第 6-2 節討論過摩托車的傾倒現象（Capsize）。從力學上講，摩托車本身是一個不穩定的倒擺，當摩托車行駛速度較低時，車身很容易發生傾倒，若騎士不及時加以控制，或者是初學者不知如何正確騎乘，必然導致向左或向右翻車。不過這種翻車屬於「低轉倒」（Low-side），即發生這種翻車時，輪胎並未離開地面，只是車身倒地而滑出去。

下面我們要討論的是所謂「高轉倒」（High-side），即後輪被彈離地面，車身在空中翻轉，騎士被拋出車外。

爲解釋這其中的力學原理，讓我們先分析輪胎的受力。摩托車的後輪受三種力：一是地面向上的正向力 F_z，由重力引起；二是驅動力或制動力 F_x，由加油門或煞車引起；三是側向力 F_y，由輪胎的側滑引起。如圖 7-5-1 所示，驅動力和側向力的合力 F 不得大於地面所能提供的最大抓地力，否則車輪會打滑。

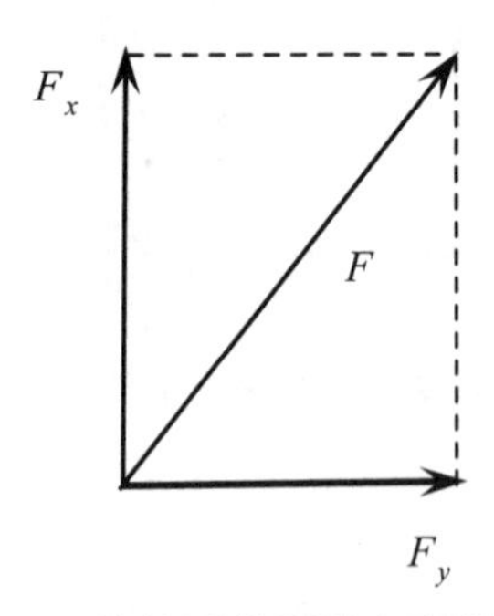

圖 7-5-1 後輪受的驅動力和側向力

我們先來分析「入彎煞車」操作不當是如何造成高轉倒的。當摩托車由直線車道駛入彎道前，如果減速不夠，進入彎道後騎士必猛踩煞車，造成制動力和側向力的合力超過最大抓地力，車輪打滑。於是，騎士又突然停止煞車。此時車輪仍處於打滑狀態，突然停止煞車的結果，造成側向力突然增大。因爲車輪有一定側傾角 ϕ，若側向力和正向力的合力足夠大（見圖 7-5-2），會將後輪彈離地面，車身會在空中翻轉，造成高轉倒。

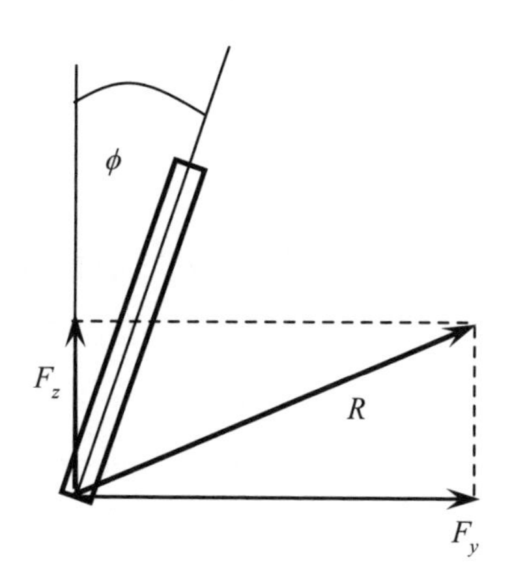

圖 7-5-2　突然增大的側向力會造成高轉倒

類似的，「出彎加速」操作不當也會造成高轉倒。如圖 7-5-3 所示，當摩托車由彎道駛出後，如果加速過猛，則造成後輪胎打滑（圖中 (1)）。於是騎士突然停止加速，驅動力突然減小，側滑力突然增大（圖中 (2)）。當側滑力和正向力的合力足夠大時，會將後輪彈離地面而造成高轉倒（圖中 (3)）。

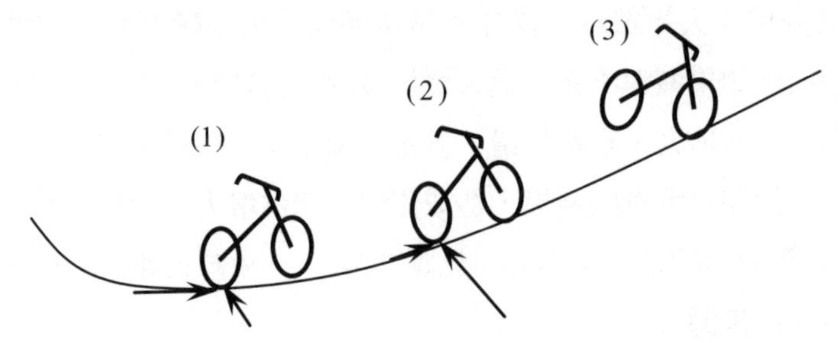

圖 7-5-3 出彎後加速操作不當造成摩托車高轉倒

7-6 逆操舵

經驗告訴我們，騎摩托車轉彎時，如果只是簡單地將龍頭轉向欲轉彎的方向，而不使車身也向該方向傾斜（Lean），則離心力會使摩托車倒向相反方向。實際上，摩托車的適度傾斜，使重力和離心力的作用達到平衡，轉彎才是平穩可控的。在 7-2-5 節我們曾提到的逆操舵（Counter steering）技巧，便是使摩托車達到適度傾斜的方法之一。

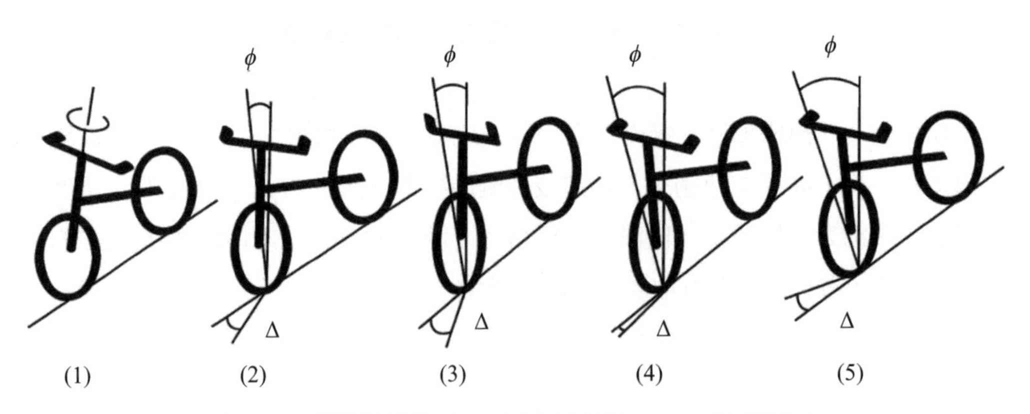

圖 7-6-1 逆操舵過程（ϕ = 車身傾斜角，Δ = 前輪轉角）

由於摩托車的結構和幾何關係十分複雜，加上拘束是非完整的（Nonholonomic），精確描述逆操舵原理的力學模型是十分複雜的。1999 年法江斯（Fajans）[19] 提出一個簡單的模型，能較爲滿意地解釋摩托車逆操舵的力學原理。關於運動方程的細節，有興趣的讀者可參看法江斯的論文。以下是法江斯以摩托車向右轉彎爲例，對逆操舵過程的描述。爲敘述方便，分成五步，相應的摩托車姿態示於圖 7-6-1 中：

1. 首先，騎士由龍頭施加使前輪向左轉的力矩。由於操作龍頭的方向與欲轉彎的方向相反，因此稱爲「逆操舵」。

2. 由於前輪向騎士的左邊轉彎，由此產生的離心力和陀螺力矩將使騎士和摩托車向騎士的右邊傾斜（Lean）。

3. 摩托車向騎士的右邊傾斜的同時，由於前叉的帶動，前輪也向右邊傾斜。由此產生的陀螺效應將使前輪向騎士的右邊轉動，這和「逆操舵」力矩相反，故逆操舵角不再增加。

4. 當傾斜的力矩超過逆操舵力矩時，前輪的逆操舵角開始減少，但摩托車的傾斜還在增加，因爲它仍在向左轉。

5. 在摩托車傾斜的驅動下，前輪的逆操舵角逐漸減小到零，然後前輪向右轉。此時離心力反向，最後和重力的作用平衡，摩托車可平穩向右轉彎。

關於逆操舵，在書末的附錄中還有詳細討論。

7-7　影響摩托車操控性的參數

影響摩托車操控性的參數很多，下面是最重要者：

1. 重心位置

重心降低，則車體側傾時慣性小，操控性提高。但重心降低，會使加減速時前後輪的載荷轉移量減少，正向力增加量變小，最大抓地力減小，加速時後輪易有打滑的傾向，制動時前輪易有打滑的傾向。

重心升高，加速時前輪有抬起的傾向，制動時後輪有抬起的傾向。

重心前移，前輪載荷增加，前輪側偏剛度變大，易造成過度轉向。

重心後移，後輪載荷增加，後輪側偏剛度變大，易造成不足轉向。

2. 車高

車身的高低會影響重心高度，進而影響摩托車在加、減速度時，車頭仰俯運動

（Pitch）的程度與轉彎傾倒的靈活度。車身越高，重心越高，則仰起或是俯衝的傾向越大。一般跑車會有前低、後高的傾向，讓騎士姿態盡量往前趴，這樣的設定除降低空氣阻力外，可使騎士入彎的動作更加順暢。

3. 軸距

軸距長，操控性較差，但穩定性較好。軸距短，轉向靈活，轉向角小，操控性較好，但穩定性較差。

4. 前叉後傾角

前叉後傾角小，轉向靈活，側傾（Lean or roll）反應快，低速時操控性好。前叉後傾角大，側傾反應較慢，中低速操控性較差，但高速穩定性佳。

5. 前伸距

前伸距（Trail）小，操控性提高，但回正作用降低，穩定性變差。前伸距大，則操控性變差，但穩定性較好。

6. 後搖臂長度

後搖臂越長，則車架受到後輪上下運動的影響就越小，穩定性較佳。但後搖臂增長，會使軸距變大，影響操控的靈活性，解決的方法就是將後搖臂的樞點（Pivot）往前移動，使得後搖臂加長的同時，軸距仍保持不變，這是市面上超級跑車設計的趨勢，但樞點的前移量受到引擎和變速器空間的限制。

7. 引擎型式

引擎的型式會影響其搭載在車架上的位置，進而改變了摩托車的重心位置，成為影響操控性的要因。以最普遍的直列四缸與 V 型雙缸為例。四缸引擎具有前後長度相對較短的先天優勢，因此，引擎可配置於較靠近前輪，提升前輪占車重的比例，增加了前輪的正向力，提高前輪的觸地感，對操控穩定性有利。雙缸車的重心較偏後，前輪占車重的比例較四缸車低，前輪接地感覺較四缸車薄弱，彎道行駛的安定度較差。

引擎的寬度與曲軸長度也是造成四缸車與雙缸車之間操控性差異的重要因素。車架寬度和人體肩膀相當的四缸車，以及車架寬度比人體肩膀還來得窄的雙缸車，當然也會影響騎乘的感覺。四缸車引擎曲軸長、引擎寬，慣性大。採用前後汽缸配置的雙缸引擎曲軸短、引擎窄，慣性小。因此，騎乘四缸車時感覺較穩定。

第 8 章

電動摩托車

8-1 概論

近年來環保意識高漲，爲了降低空氣汙染與噪音，電動摩托車受到各國的重視。最早電動摩托車的問世可追溯至 19 世紀，經過多年的發展，如今電動摩托車技術和外型已有大幅改進，目前已有與手機結合的智慧型電動摩托車量產。隨著電池技術的進步與成本的降低，電動摩托車將來有望取代傳統內燃機摩托車成爲主流。首先，電動摩托車較環保，不需汽油、無廢氣排放、噪音較小。其次，若採用直接傳動，無需變速系統，可減輕車重，並省去變速系統的保養與維修。電動摩托車的主要缺點是續航力不足，需要經常充電或換電池。電動摩托車依外觀主要分爲檔車造型電動摩托車與電動速克達（Electric Scooter），如圖 8-1-1 和 8-1-2 所示。

圖 8-1-1　檔車造型電動摩托車（Zero S Electric Motorcycle, 2018）[141]

圖 8-1-2　電動速克達（Gogoro 2）[132]

電動摩托車動力學理論基本上與本書第一章至第七章所敘述的傳統內燃機摩托車動力學相似，最重要的差別是能量來源從汽油換成電，因此需要用電池來儲存電，電池的種類與儲電量大小，關係到電動摩托車的續航力。電池的擺設位置、體積和重量也會對外觀、車重與重心位置造成一定的影響。驅動車子的動力從引擎變成馬達（電動機），兩者的扭矩與功率特性不同。因此，電動摩托車的騎乘特性，在起步及加速時也會與傳統摩托車有所差異，但操控性和傳統摩托車相似。本章介紹電動摩托車動力學相關的一些基本知識。

8-2　電動摩托車規格

電動摩托車車廠在使用手冊上常會列出該部摩托車的規格。下面以熱門的 Gogoro 電動速克達及世界上著名的 Zero 電動檔車爲例，列出電動摩托車的規格（表 8-2-1、8-2-2）。

表 8-2-1　電動速克達規格 [132]

廠牌	Gogoro
車名、型式	Gogoro S2 Advantage
全長 × 全寬 × 全高	1,905 × 890 × 1,120 mm
軸距	1335 mm
最高速率	92 km/h
座墊高（Seat height）	810 mm
乾燥重量（Dry weight）	110 kg
重量（含兩顆電池）	128 kg
爬坡能力	30% (17°): 40 km/h；20% (11°): 50 km/h；10% (6°): 70 km/h
騎乘人數（人）	2
單次換電可續航里程（定速 30 km/h）	150 km
馬達型式	G2 鋁合金水冷永磁同步馬達
最大功率（馬力）	7.6 kW @ 3,000 rpm(10.18 hp @ 3,000 rpm)

表 8-2-1　電動速克達規格（續）

最大扭矩（馬達 / 輪上）	26/213N．m@ 0-2,500rpm
0～50 km/h 直線加速	4.1 sec
安全極速	92 km/h
馬達控制器	MOSFET 水冷馬達控制器
電門控制	電子油門 / 電子倒車鍵
冷卻方式	水冷系統
電池容量	30.3 Ah/1309 Wh
騎乘模式	智慧模式 / 標準模式 / 競速模式
傳動方式	高強度油封鏈條
變速型式	模組化齒輪組
傳動比	8.19
輪胎尺寸	前：100/80～14(48L)；後：110/70-13(55L)
煞車型式	前：碟煞；後：碟煞
卡鉗型式	前：對向四活塞浮動卡鉗； 後：單向單活塞浮動卡鉗
碟盤規格	前：245 mm 打孔碟；後：180 mm 打孔碟
懸吊方式	前：伸縮直筒式，阻尼可調； 後：雙槍式，阻尼及預載可調
車架型式	踏板式（高張力鋼管）

表 8-2-2　電動摩托車規格 [141]

Model:	2017 Zero SZF6.5
Range〔續航力（續航里程）〕	
City 市區：	81 miles (130 km)
Highway @55 mph（89 km/h）（高速公路）	49 miles (79 km)
Combined（合計）	61 miles (98 km)
Highway @70 mph（113 km/h）（高速公路）	41 miles (66 km)
Combined（合計）	54 miles (87 km)
Motor（馬達）	

表 8-2-2　電動摩托車規格（續）

Peak torque（峰值扭矩）	78 ft-lb (106 Nm)
Peak power（峰值功率）	46 hp(34 kW)@ 4,300 rpm
Top speed（max）（最高速率）	98 mph (158 km/h)
Top speed（sustained）（持久性最高速率）	80 mph (129 km/h)
Type（型式）	Z-Force® 75-5 passively air-cooled, high efficiency, radial flux, interior permanent magnet, brushless motor（氣冷高效率永磁無刷馬達）
Controller（控制器）	High efficiency, 550 amp, 3-phase brushless controller with regenerative deceleration（三相無刷減速回充控制器）
Power system（動力系統）	
Est. pack life to 80%（city）	181,000 miles（291,000 km）
Power pack（電池組）	Z-Force® Li-Ion intelligent integrated（智慧整合型鋰電）
Max capacity（最大容量）	6.5 kWh
Nominal capacity（正常容量）	5.7 kWh
Charger type（充電形態）	1.3 kW, integrated
Charge time（standard）〔充電時間（標準）〕	4.7 hours (100% charged)/ 4.2 hours (95% charged)
Charge time with Charge Tank accessory:	1.9 hours (100% charged)/ 1.4 hours (95% charged)
Charge time with one accessory charger:	2.9 hours (100% charged)/ 2.4 hours (95% charged)
Charge time with max accessory chargers:	1.6 hours (100% charged)/ 1.1 hours (95% charged)
Input:	Standard 110 V or 220 V
Drivetrain（傳動系統）	
Transmission（變速系統）	Clutchless direct drive（無離合器直接傳動）
Final drive〔最終傳動比（馬達至後輪）〕	90T / 20T, Poly Chain® HTD® Carbon ™ belt(90/20=4.5)

表 8-2-2　電動摩托車規格（續）

Chassis / Suspension / Brakes（底盤、懸吊、煞車）	
Front suspension（前懸吊）	Showa 41 mm inverted cartridge forks, with adjustable spring preload, compression and rebound damping（倒叉，可調預載、壓縮與回彈阻尼）
Rear suspension（後懸吊）	Showa 40 mm piston, piggy-back reservoir shock with adjustable spring preload, compression and rebound damping（可調預載、壓縮與回彈阻尼）
Front suspension travel（前懸吊行程）	6.25 in (159 mm)
Rear suspension travel（後懸吊行程）	6.35 in (161 mm)
Front brakes（前煞車）	Bosch Gen 9 ABS, J-Juan asymmetric dual piston floating caliper, 320 × 5 mm disc（雙活塞浮動卡鉗）
Rear brakes（後煞車）	Bosch Gen 9 ABS, J-Juan single piston floating caliper 240 × 4.5 mm disc（單活塞浮動卡鉗）
Front tire（前輪胎）	110/70-17
Rear tire（後輪胎）	140/70-17
Front wheel（前輪圈）	3.00 × 17
Rear wheel（後輪圈）	3.50 × 17
Dimensions（尺寸）	
Wheelbase（軸距）	55.5 in (1,410 mm)
Seat height（座位高）	31.8 in (807 mm)
Rake（前叉角）	24.0°
Trail（前伸距）	3.2 in (80 mm)
Weight（重量）	
Frame（車架）	23 lb (10.4 kg)
Curb weight（空車重、淨重）	313 lb (142 kg)
Carrying capacity（承載能力）	329 lb (149 kg)
Economy（燃油經濟性）	

表 8-2-2　電動摩托車規格（續）

Equivalent fuel economy（city）〔等效燃油經濟性（市區）〕	475 MPG (0.50 l/100 km)
Equivalent fuel economy（highway）〔等效燃油經濟性（高速公路）〕	240 MPG (0.98 l/100 km)
Pricing（售價）	
MSRP（廠商建議零售價格）	$10,995
Warranty（保固）	
Standard motorcycle warranty（標準摩托車保固）	2 years（兩年）
Power pack warranty（電池組保固）	5 years/unlimited miles（5 年不限里程）

8-3　電動摩托車馬達

8-3-1　常用的馬達名詞

表 8-3-1 爲某馬達的性能。以下介紹一些常用的與馬達有關的名詞。

表 8-3-1　某馬達的性能 [133]

MODEL：	HPM3000
Voltages（電壓）	48/72V
Rated power（額定功率）	2～3kW
Peak power（峰值功率）	6 kW
Speed（轉速）	3000～5000rpm
Rated torque（額定扭矩）	10 N．m
Peak torque（峰値扭矩）	25N．m
Efficiency（效率）	>90%
Dimensions（尺寸）	18 cm dia. 12.5 cm height
Weight（重量）	8 kg
Cooling（冷卻方式）	氣冷或水冷

1. 額定功率

「額定」（Rating）值，是指確保馬達安全運轉而不許超過的參數值。

額定功率指馬達可長時間安全使用的輸出極限功率。額定功率由額定扭矩與額定轉速決定。理論上，馬達處於額定功率以下的狀態工作時，可以連續不停止的運轉，馬達不會燒壞。而電動車在加速（特別是急加速）時，其實使用的是額定以上的功率。有些馬達的最大功率可以達到額定功率的數倍高。

2. 額定電壓

馬達額定電壓是指加在無刷馬達上的直流額定電壓值。無刷馬達在設計時就需決定這電壓值，以後的線圈繞組都與此電壓值有關。目前電動車電壓分成大於 380 V 的高電壓及 72V/48 V 的低電壓兩種。

3. 馬達扭矩

無刷馬達產生的扭矩與電流成正比。因此大電流才能有大扭矩。但大電流時須注意散熱。

4. 峰值扭矩

馬達可以輸出的最大扭矩。

5. 峰值功率

馬達可以輸出的最大功率，但馬達無法以峰值功率長時間連續使用，否則會造成馬達溫度過高而燒毀。

6. 馬達轉速

無刷馬達轉速與供應的電壓有關。例如供應電壓爲穩定的 48 V，在額定負載時的最高轉速爲 3000 rpm；而當供應電壓爲降爲穩定的 24 V 時，最高轉速爲 1500 rpm。

7. 效率

馬達效率指馬達輸出機械能與輸入電能的比值。馬達能量的損失有電線內的損失稱爲銅損，鐵心內的損失稱爲鐵損，摩擦導致的機械損失稱爲機械損，這些損失導致馬達的一般最高效率只能達到約 90%。

8-3-2　選擇馬達的注意事項

電動摩托車由電池提供能量給馬達或稱電動機（Electric motor）來驅動車輪使車子行駛。電動摩托車應用控制器（Controller）來調節進入馬達的能量。電動馬達有直接裝在驅動輪上的，也有固定在車架上，再經由鏈條或皮帶直接驅動後輪，或經過變速器驅動後輪，使車子行駛。馬達對電動車的性能有極大的影響，因此在設計電動摩托車時，需要愼選馬達。

選用電動摩托車驅動馬達的主要考量因素爲：馬達類型、額定電壓、機械特性、效率、尺寸、質量、可靠性和成本等。另外，也須考慮與馬達配合的控制系統和傳動系統。選用馬達的一般原則如下：[18、26、75]

1. 馬達在條件允許下，盡可能採用高電壓，這樣可以減小馬達的尺寸。

2. 馬達與各種控制裝置和冷卻系統的重量等盡可能小。馬達應具有一定的抗溫與抗潮性能，噪音低，且能夠在較惡劣的環境下長時間工作。

3. 馬達應具有較大的啓動轉矩（扭矩）和較大範圍的調速性能，使摩托車有良好的啓動性能和加速性能。

4. 電動摩托車因受空間與電池容量限制，與騎乘要求，馬達更須具有高效率、高瞬時功率、高功率密度、快速的扭矩響應、低損耗的特性和能做最優化的能量利用，並在摩托車制動時實現能量回收。

5. 電池組、馬達和控制系統的安全性，都必須符合使用國家有關車輛電氣控制安全性能的標準和規定。

依使用電流的形式，馬達可分直流馬達與交流馬達。直流馬達的優點爲啓動和調速特性佳、扭矩比較大，控制裝置簡單，電樞與磁場可以分別控制。此外，直流馬達的功率範圍很廣，可根據所需的扭矩及最高轉速來選用所需要的功率。缺點是效率較低、重量大、體積大。交流馬達利用交流電來激勵並產生磁場，主要分爲同步馬達和非同步馬達兩大類。

常用於電動車輛的馬達，主要有無刷直流馬達、永磁同步馬達和交流感應馬達等。目前市面上多數電動汽車（例如 Nissan Leaf）或油電混合車都採用體積小、功率密度高，但是技術要求也比較高的永磁同步馬達，少部分則會使用體積較大、性能好的交流感應馬達（例如 Tesla Model X、S），而電動摩托車則因成本的考量，大都使用成本較低且控制技術較簡單的無刷直流馬達，少部分因空間考量採用效率較高的永磁同步馬達。

8-3-3 有刷直流馬達

電動摩托車的動力多數由直流馬達提供。直流馬達分有刷和無刷兩種類型。無論哪種類型，都由轉子和定子兩部分組成。

有刷直流馬達的轉子由繞組（Winding）和換向器（Commutator）組成。定子由磁鋼和電刷組成。定子的磁鋼提供磁場，電刷用以和換向器接觸而向轉子繞組提供直流電。其工作原理可用圖 8-3-1 來說明：利用電刷和換向器使馬達轉子線圈的電流正負相間交替變化，根據物理學中的佛萊明左手定則，轉子載電流線圈會受到磁場力的作用而轉動，從而給摩托車提供動力。圖中只畫了一個轉子線圈和一對定子磁鋼。實際的馬達，其轉子繞組線圈和定子的磁鋼由多對組成。馬達的轉速由加在繞組線圈的電壓大小決定。驅動電路簡單是這種馬達的優點。

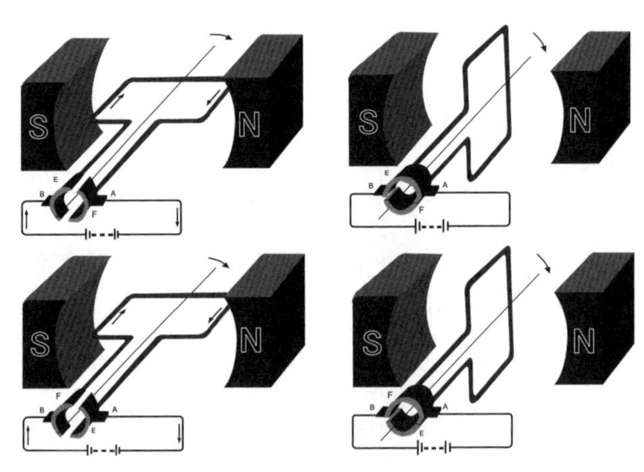

A.B：電刷；E.F：換向器

圖 8-3-1 有刷直流馬達的工作原理

8-3-4　無刷直流馬達的結構

無刷直流馬達（Brushless Direct Current Motor），簡稱 BLDC 馬達。其定子是線圈繞組，轉子是永磁體，不用電刷，故而得名。我們先介紹結構，下一節再講工作原理。

1. 轉子

轉子用永磁體製成，可有 2 到 8 對磁極，南磁極和北磁極交替排列，圖 8-3-2 列出了三種不同樣式。增加極數可以提高輸出扭矩，但是會降低馬達的極限速度。永磁體的材料也會影響最大扭矩，材料的磁通密度（Flux density）越高，產生的扭矩越大。

圖 8-3-2　無刷直流馬達的轉子橫截面 [53]

2. 定子

定子由許多矽鋼片經過疊壓和軸向衝壓而成（稱爲極心），分布在機座內側，定子繞組就環繞在每個沖槽內。每個繞組又由許多內部結合的鋼片按照一定的方式組成。圖 8-3-3 提供了一個示意圖。定子繞組可以分爲梯形和正弦兩種形式，其根本區別在於它們產生的反電動勢（Back EMF）也不同，分別呈現梯形和正弦波形。因此，相應的繞組的相電流也是呈現梯形和正弦波形。可想而知，正弦繞組由於波形平滑，所以運行起來相對梯形繞組來說就更平穩一些。但是，正弦型繞組由於有更多繞組使得其在銅線的使用上相對梯形繞組要多，這會增加成本。

3. 霍爾感知器

霍爾感知器（Hall sensor）是根據物理學中的霍爾效應設計的，安裝在馬達的非驅動端（尾端），目的是用來準確測定馬達轉子磁體的位置。其原理是這樣的：每當轉子磁極經過霍爾感知器時，霍爾感知器會發出一個脈衝信號，由此就知道轉子磁體南北極的位置了。至於爲什麼要測定馬達轉子磁體的位置，請見下節無刷直流馬達的工作原理。

霍爾感知器的安裝十分講究，因爲其安裝角度和轉子磁極角度的偏差，會導致測量轉子磁體位置的誤差。爲了簡化安裝過程，有的馬達上還設有供安裝霍爾感知器的磁鐵。根據霍爾感知器的輸出信號類型，以及馬達定子繞組的具體安排，製造商會提供向定子繞組供電的換向序列（Commutation sequence）。

8-3-5 無刷直流馬達的工作原理

無刷直流馬達的定子是線圈繞組電樞，轉子是永磁體。如果只給馬達通以固定的直流電流，則馬達只能產生不變的磁場，馬達不能轉動起來。只有即時測定馬達轉子的位置，再根據轉子的位置給定子線圈的不同相，通以對應的電流，使定子產生旋轉磁場，轉子才可跟著磁場轉動起來。這目的可用安裝在馬達尾部的霍爾感知器組成的控制器來實現：每當轉子磁極經過霍爾感知器時，它會發出一個脈衝信號，表示北極或南極正經過該處。然後依照定子繞線決定開啓（或關閉）換流器（Inverter）中功率電晶體的順序，使電流依序流經馬達定子線圈產生順向（或逆向）旋轉磁場，並與轉子的磁鐵相互作用，如此就能使馬達轉子順時 / 逆時轉動。當馬達轉子轉動到霍爾感知器感應出另一組信號的位置時，控制器又再開啓下一組功率電晶體，如此循環馬達轉子就可以依同一方向繼續轉動。要使轉子反向，則功率電晶體開啓順序相反即可。

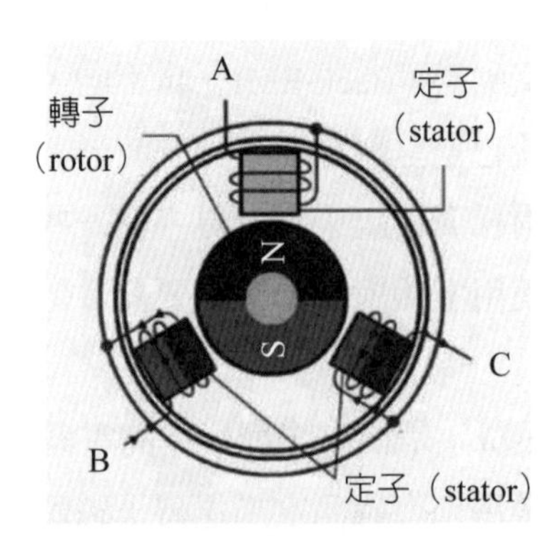

圖 8-3-3 無刷直流馬達的工作原理

下面用圖 8-3-3 所示的簡單模型來分步說明。

初始態：假設以轉子的 N 極正對極心 A 時作爲初始時刻，此時轉子的轉角計爲零度。這時霍爾感知器會指示輸入定子線圈的電流由 B 進，C 出。這樣，定子在 B 處的 N 極和在 C 處的 S 極都面對著轉子的 S 極；這樣 B 處產生吸引力，C 處產生排斥力，於是轉子會沿順時針方向轉動。

第一步：當轉子沿順時針方向轉過 60 度角時，其 S 極正對著定子極心 B。此時霍爾感知器則指示輸入定子線圈的電流由 A 進，C 出。於是定子 A 處的 N 極和定子 C 處的 S 極面對轉子的 N 極，這樣 A 處產生推斥力，C 處產生吸引力，故轉子會繼續沿順時針方向轉動。

第二步：當轉子沿順時針方向再轉過 60 度角時，其 N 極正對著定子極心 C。此時霍爾感知器指示輸入定子線圈的電流由 A 進，B 出。這時，定子在 B 處的 S 極和定子在 A 處的 N 極對著轉子的 S 極；這樣 A 處產生吸引力，B 處產生推斥力，於是轉子會繼續沿順時針方向轉動。

第三步：當轉子沿順時針方向再轉過 60 度角時，其 S 極正對著定子極心 A。霍爾感知器會指示輸入定子線圈的電流由 C 進，B 出。同理，可知轉子將沿順時針方向繼續轉動。

繼續以上步驟，每次轉子增加 60 度轉角時，輸入定子線圈的電流按設定的規則換向，到第六步時，轉子共轉過 360 度角而回到初始位置，這一過程稱爲「六步換向」。重複以上過程，轉子將周而復始不停轉動。

以上我們討論的無刷直流馬達，因轉子在內，稱爲內轉子型（Inrunner）。其優點爲：(1) 轉子直徑小，轉動慣量小，加速容易；(2) 定子位於外側，散熱較佳。缺點爲：轉子的磁鐵需小型化。

另一種稱爲外轉子型（Outrunner），無刷直流馬達，其永磁轉子在外，而定子繞組在內，如圖 8-3-4 所示。其優點爲：(1) 磁鐵不需小型化；(2) 線圈繞線容易。缺點爲：(1) 轉子直徑大，轉動慣量大；(2) 定子位於內側，散熱較差。目前輕型電動摩托車用的輪轂馬達（Hub motor），就是外轉子型無刷直流馬達。

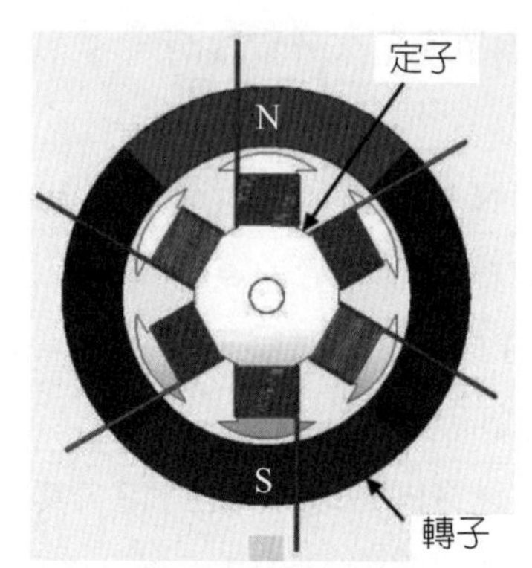

圖 8-3-4　外轉子型無刷直流馬達 [69]

8-3-6　永磁同步馬達

正如 8-3-4 節所述，無刷直流馬達的定子繞組是可以做成正弦形的，其反電動勢和旋轉磁場都接近正弦波。這樣，其轉子和定子的旋轉磁場「同步」旋轉，因此工業界有人將這種正弦形無刷直流馬達稱爲永磁同步馬達（Permanent Magnet Synchronous Motor，簡稱 PMSM）。

需要指出的是，嚴格地說，所謂同步馬達，是對交流馬達而言，係指馬達轉子轉速恆定，且與交流電源頻率成嚴格的恆定比例關係。從這個意義上講，無刷直流馬達不能叫同步馬達。這是因爲：第一，其轉速會隨負荷有所變化；第二它不是交流馬達，沒有電源頻率一說。但是，工業界都這麼稱謂，我們不必在名稱上作過多糾纏。

圖 8-3-5 所示爲 Gogoro 1 電動速克達使用的永磁同步馬達，其結構和無刷直流馬達類似，但它的驅動電流是經換流器（Inverter）將直流電變成的交流電，因此它是不折不扣的「交流永磁同步馬達」。

永磁同步馬達雖然製造工藝複雜，成本高，價格貴，控制也較爲複雜。但是它的效率高、體積小、噪音小、動態特性好，極限轉速和制動性能等都相當優越，所以獲得許多摩托車愛好者的青睞。

圖 8-3-5　Gogoro 1 電動速克達的永磁同步馬達 [123]

8-3-7　輪轂馬達

輪轂馬達是一種外轉子型無刷直流馬達，分爲直接驅動輪轂馬達（Direct drive hub motor）和齒輪輪轂馬達（Geared hub motor）兩種類型。

直接驅動輪轂馬達，如圖 8-3-6 所示，通常經由增加輪轂尺寸來實現更大的扭矩，這是因爲輪轂馬達的輸出扭矩和轉子直徑的平方成正比。

齒輪輪轂馬達，如圖 8-3-7 所示，它利用內部齒輪組（通常是行星齒輪系）將馬達高轉速降低後再傳到車輪，以增加其輸出扭矩。但這樣一來就增加了重量、成本、機械複雜性和潛在的不可靠性。從外觀上看，它比相同額定輸出扭矩的直接驅動輪轂馬達厚，但因爲行星齒輪系增大了輸出扭矩，所以其直徑可以做得較小些。

圖 8-3-6　直接驅動輪轂馬達

圖 8-3-7　齒輪輪轂馬達 [127]

採用輪轂馬達的電動摩托車，馬達裝在後輪上直接驅動，不需傳動系統與變速裝置，機械結構簡單，價格便宜。裝上輪轂馬達，自然就加大了非承載質量（不受懸吊系統支撐之質量），降低了騎乘舒適性，並使電動摩托車的操控性變差。不過，此種電動摩托車價格便宜，以市區短途行駛爲主，對操控性與舒適性要求不是那麼高。

8-3-8　馬達的選擇

智慧型電動速克達（例如 Gogoro Smartscooter ）因車體不大，對於空間與重量的要求很高，不適合安裝大型馬達和電池，可採用高功率密度的永磁同步馬達，搭配高效能的馬達控制器。電動檔車空間較大，可採用體積較大的無刷直流馬達，以獲得高扭矩及高功率，同時馬達成本與控制技術較永磁同步馬達低。對便宜的輕型電動摩托車則可使用輪轂馬達。

8-3-9　馬達的安裝位置

電動摩托車馬達的裝置方式有三種：(1) 馬達直接裝在車輪上，適合於小功率的輪轂馬達。但安裝輪轂馬達的摩托車不能用換胎機來更換輪胎，必須用人工換胎。(2) 馬達置於車架中間，這樣可減少在行駛過程中後輪所產生的跳動對馬達的影響，延長使用壽命，適用於大功率馬達。(3) 馬達輪外側掛（見圖 8-3-8），這是爲了要使用減速齒輪來增加扭矩，而且這種安裝方式可用換胎機來更換輪胎，適用於中小功率馬達。

圖 8-3-8　馬達輪外側掛

8-4　馬達特性曲線

本節首先介紹常用的無刷直流馬達的功率特性曲線，然後討論符合電動摩托車運行要求的「車用馬達」的扭矩和功率特性曲線，並比較車用馬達與內燃機之差異。

8-4-1　無刷直流馬達特性曲線

馬達最重要的特性曲線是「扭矩 - 轉速」和「功率 - 轉速」關係曲線。

我們已經知道，無刷直流馬達的工作原理是：流入定子電樞的電流產生的旋轉磁場帶動永磁轉子旋轉，從而輸出扭矩。但馬達的永磁轉子轉動時，通過定子繞組線圈的磁通量會發生變化，根據物理學中的電磁感應定律，定子繞組線圈中會產生反電動勢（Back electromotive force，簡稱 Back EMF），對電源電動勢有抵消作用，將直接影響馬達的輸出扭矩。低轉速時反電動勢較小，輸出扭矩較大；高轉速時反電動勢較大，輸出扭矩較小。

無刷直流馬達的輸出扭矩主要由額定扭矩 T_r、峰值扭矩 T_p、額定轉速 ω_r，以及最大轉速 ω_{max} 四個參數來描述。扭矩與轉速之關係可寫成

$$T_m = T_p(1-\frac{\omega}{\omega_{max}}) \tag{8-4-1}$$

$$\omega = \omega_{\max}(1-\frac{T_m}{T_p}) \tag{8-4-2}$$

式中 T_m 爲馬達輸出扭矩，ω 爲馬達角速度（rad/s），$\omega_{\max}$ 爲馬達最大角速度。

以下我們來比較三種不同運行狀況下的輸出功率，假設每種工作狀況下的峰值扭矩及最大轉速相同，此即所謂控制器增益（Controller gain）固定。在此情形下，無刷直流馬達的「扭矩 - 轉速」圖，如圖 8-4-1 所示；圖中，馬達速度（Speed），指的是馬達輸出軸的角速度 ω。

因爲功率等於扭矩乘以角速度，因此圖 8-4-1 中所示的矩形面積代表在該扭矩與角速度下的輸出功率。圖 8-4-1(a) 爲高扭矩低轉速時的輸出功率；圖 8-4-1(b) 爲低扭矩高轉速時的功率。有趣的是，當扭矩等於最大扭矩的一半時（此時轉速也等於最高轉速的一半，見（8-4-2）式），馬達的輸出功率最大，如圖 8-4-1(c) 所示。

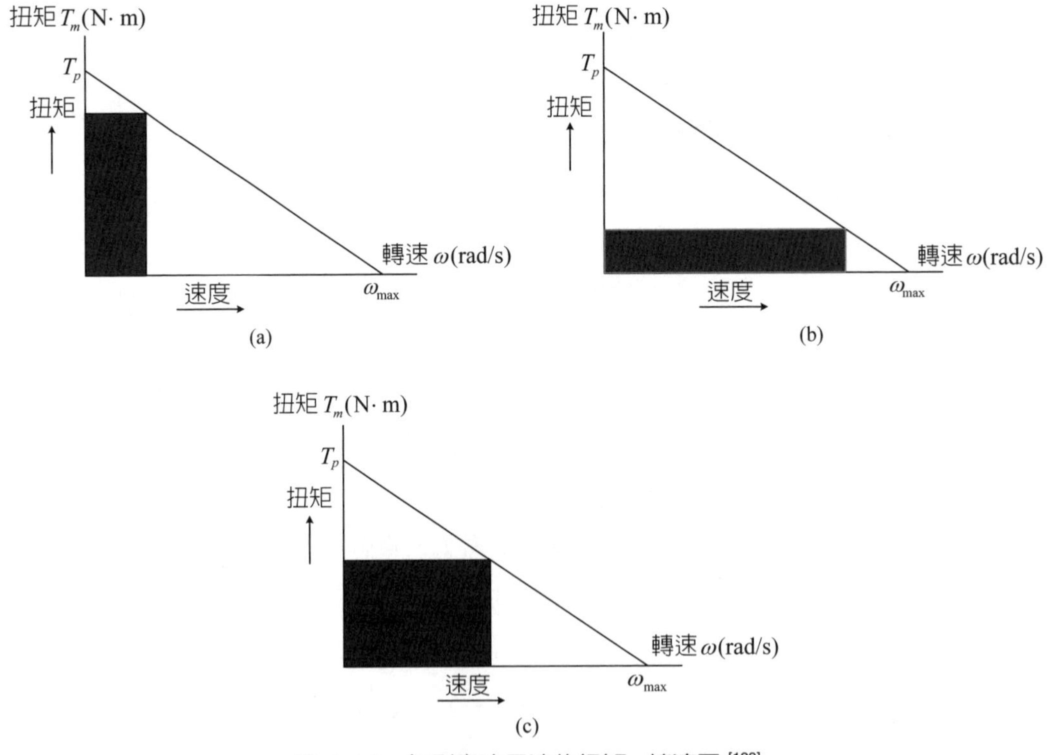

圖 8-4-1　無刷直流馬達的扭矩 - 轉速圖 [122]

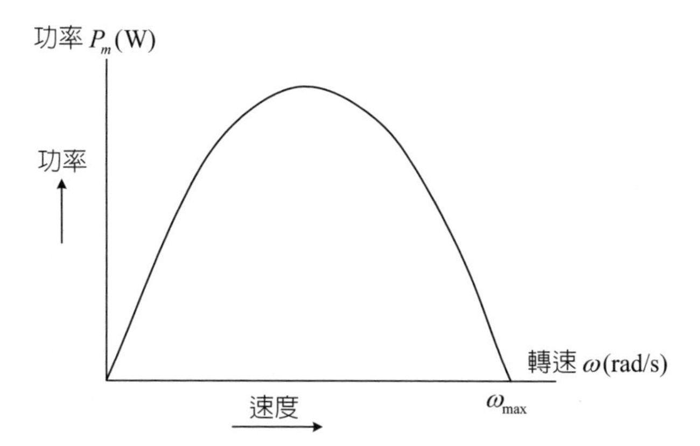

圖 8-4-2　無刷直流馬達的功率 - 轉速特性曲線

我們也可用數學方法求出最大功率時的扭矩和轉速。根據公式 $P = T\omega$ 及方程（8-4-1）、（8-4-2），馬達的功率 P_m：

$$P_m(\omega) = T_p\omega - \frac{T_p}{\omega_{max}}\omega^2 \tag{8-4-3}$$

$$P_m(T) = T_m\omega_{max} - \frac{\omega_{max}}{T_P}T_m^2 \tag{8-4-4}$$

欲求最大功率時的轉速與扭矩，將方程（8-4-3）對角速度微分，方程（8-4-4）對扭矩微分並令其等於零，得

$$\frac{\mathrm{d}P_m(\omega)}{\mathrm{d}\omega} = T_p - 2\frac{T_p}{\omega_{max}}\omega = T_P(1 - \frac{2\omega}{\omega_{max}}) = 0,\ \ \omega = \frac{1}{2}\omega_{max} \tag{8-4-5}$$

$$\frac{\mathrm{d}P_m(T)}{\mathrm{d}T_m} = \omega_{max} - 2\frac{\omega_{max}}{T_P}T_m = \omega_{max}(1 - \frac{2T_m}{T_P}) = 0,\quad T_m = \frac{1}{2}T_P \tag{8-4-6}$$

由此可見，當馬達扭矩爲最大扭矩一半時（此時馬達轉速也爲最高轉速一半），馬達的輸出功率最大。根據方程（8-4-3）可畫出「功率 - 轉速」曲線如圖 8-4-2 所示。

由圖 8-4-1 可知，扭矩 T_m 與轉速 ω 爲負的線性關係，當轉速到達最大值時，輸出的扭矩爲零，因此最大轉速又稱作無載轉速或空載速度（No load speed）；而當扭矩爲最大的峰值扭矩時，馬達轉速爲零，因此又稱作靜態扭矩或失速扭矩（Stall torque），表示馬達到其最大操作負載點。一般而言，穩定運轉中的無刷直流馬達，其扭矩及轉速會坐落於由額定扭矩 T_r 及額定轉速 ω_r 所劃分的區間內，稱爲連續扭矩區（Continuous torque zone）。而當馬達轉子需要啓動、停止、反轉以及加減速等動作時，會需要額外的扭矩來克服轉子本身及其負載的轉動慣量，此時的扭矩及轉速會落於額定扭矩上方之區間，稱爲間歇扭矩區（Intermittent torque zone），如圖 8-4-3 所示。此特性圖常被作爲選定合適的無刷直流馬達的依據。

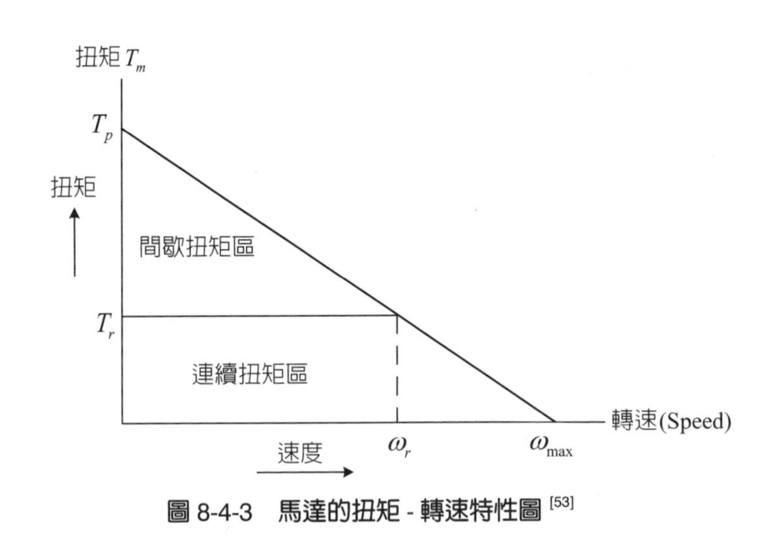

圖 8-4-3　馬達的扭矩 - 轉速特性圖 [53]

8-4-2　車用馬達特性曲線

電動摩托車的動力性能主要由馬達的「扭矩 - 轉速」或「功率 - 轉速」特性決定。人們希望電動摩托車在起步和低速時，馬達有較大的輸出扭矩來加速或爬坡；而在高速時，馬達能在較寬速度範圍內保持功率恆定，有利於提升最高車速及高速度的巡航。所以，人們對「車用馬達」的要求是：從起步到額定速度，能提供大而恆定的扭矩；超過額定速度後直到最大轉速，能提供恆定的功率。因此，圖 8-4-3

所示的曲線顯然不符合「車用馬達」的上述要求。「理想的」車用馬達的扭矩 - 功率曲線，應該如圖 8-4-4 所示 [18、30]。當然這只能經由複雜的控制器系統才能實現，實務上，不可能作得如此完美，但這是設計者努力的方向。

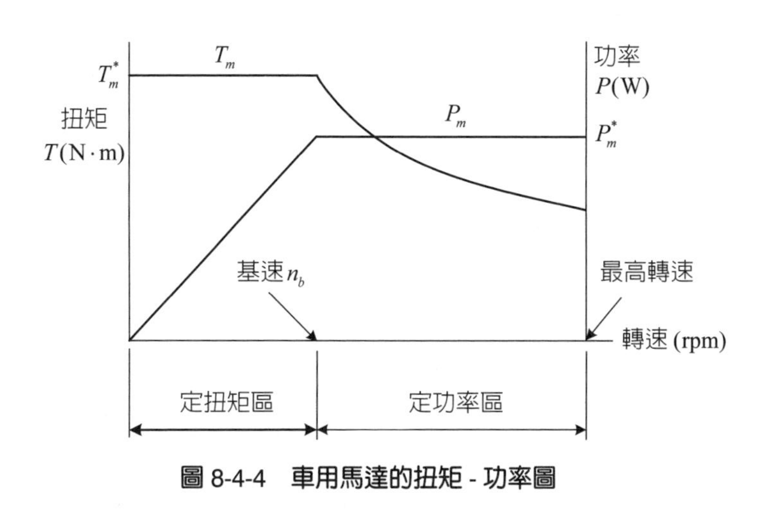

圖 8-4-4　車用馬達的扭矩 - 功率圖

如圖 8-4-4 所示，馬達從起步直至達到額定轉速（Rated speed）或稱基速（Base speed）都保持恆定的最大扭矩，此區域稱為低轉速區（Low-speed region）或定扭矩區（Constant torque region）。當轉速大於基速後，馬達提供固定功率，此區域稱爲高轉速區（High-speed region）或定功率區（Constant power region）。在定扭矩區時，馬達磁通量固定，供給馬達的電壓和轉速成正比。在馬達達到基速時，電壓達到額定電壓，功率達到額定功率。進入定功率區後，電壓保持額定電壓不變，而磁通量隨著轉速增加呈雙曲線式的下降，稱爲弱磁操作（Field-weakening）。因此扭矩也隨著轉速增加而呈雙曲線般的降低，但功率保持固定值 [18、30]。

圖 8-4-5 爲電子油門全開與部分開時馬達的扭矩 - 角速度圖，此時的扭矩與角速度的關係可寫成

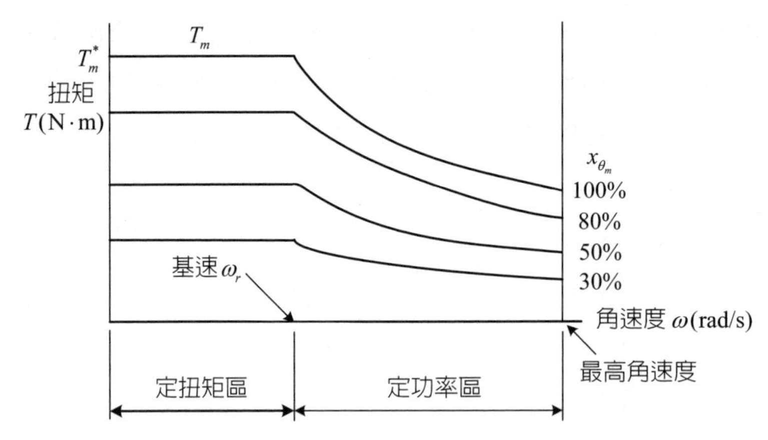

圖 8-4-5　電子油門全開與部分開時馬達的扭矩和功率圖 [30]

$$T_m(\omega, x_{\theta_m}) = \begin{cases} T_m^* x_{\theta_m}, & \omega \le \omega_r \\ x_{\theta_m} \dfrac{P_m^*}{\omega}, & \omega_r \le \omega_m \le \omega_{\max} \end{cases} \qquad (8\text{-}4\text{-}7)$$

式中馬達扭矩 T_m 是馬達旋轉角速度 ω 及電子油門開度 x_{θ_m}（$0 \le x_{\theta_m} \le 100\%$）的函數。當轉速 ω 低於基速（額定轉速）ω_r 時，馬達扭矩保持定值 $T_m^* x_{\theta_m}$，T_m^* 爲最大扭矩。當轉速高於基速 ω_r 時，扭矩爲最大功率 P_m^* 除以角速度 ω 再乘以 x_{θ_m}。

圖 8-4-4 代表了大部分的車用馬達的扭矩與功率曲線。少數馬達除了定扭矩區和定功率區外，還有第三區稱爲自然模態區（Natural mode region），在此區域內扭矩和轉速平方成反比，扭矩隨轉速增加而快速下降。這種馬達的「扭矩 - 轉速」和「功率 - 轉速」曲線，如圖 8-4-6 所示。

有些轉速範圍廣的電動摩托車不需要離合器與變速系統，只要直接傳動即可獲得滿意的動力性能。但電動摩托車馬達的尺寸和需求的最大扭矩有關，最大扭矩大，馬達的尺寸也大。爲了減小馬達尺寸，有些電動摩托車不得不採用變速器或含內建齒輪組的齒輪馬達。

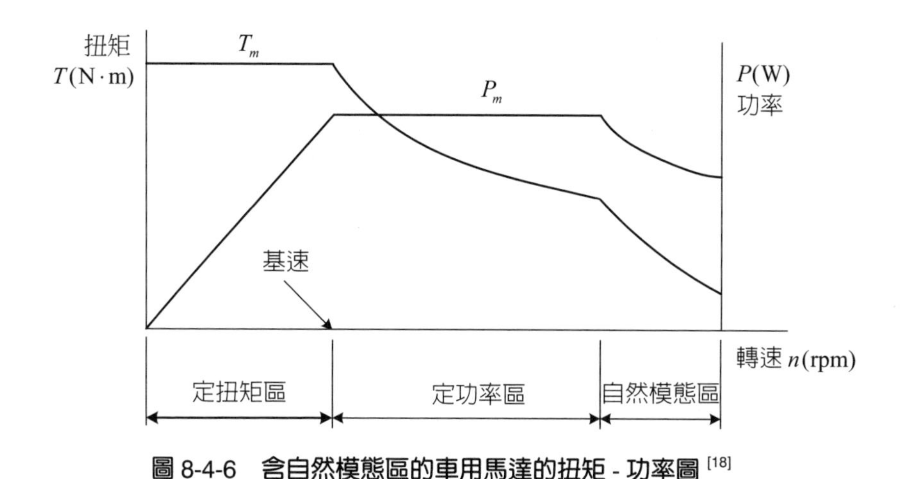

圖 8-4-6 含自然模態區的車用馬達的扭矩 - 功率圖 [18]

爲了描述方便，人們引進一個稱爲「速比」（Speed ratio）的參數，用 α 表示，它是馬達最高轉速與基速之比。對同樣功率的馬達，速比越大，其最大扭矩也越大。圖 8-4-7 爲功率固定的同一部車用馬達的扭矩 - 轉速圖，其最高轉速爲 6000 rpm。若馬達的基速設計成 1500 rpm，則速比 $\alpha = 6000/1500 = 4$，此時的馬達扭矩曲線爲 ABC；若馬達的基速設計成 3000 rpm，則速比 $\alpha = 6000/3000 = 2$，此時的馬達扭矩曲線變爲 DEC。顯然，速比大時最大扭矩大，速比小時最大扭矩小，因此速比高對摩托車的加速性能與爬坡能力有利，並且可簡化變速器的設計。此外，速比高的馬達，其恆定功率範圍較廣。値得注意的是，並不是速比越高越好，因爲速比高的永磁馬達，其弱磁操作較難，一般選速比 $\alpha < 2$。感應馬達的速比可達 $\alpha = 2$[18]。

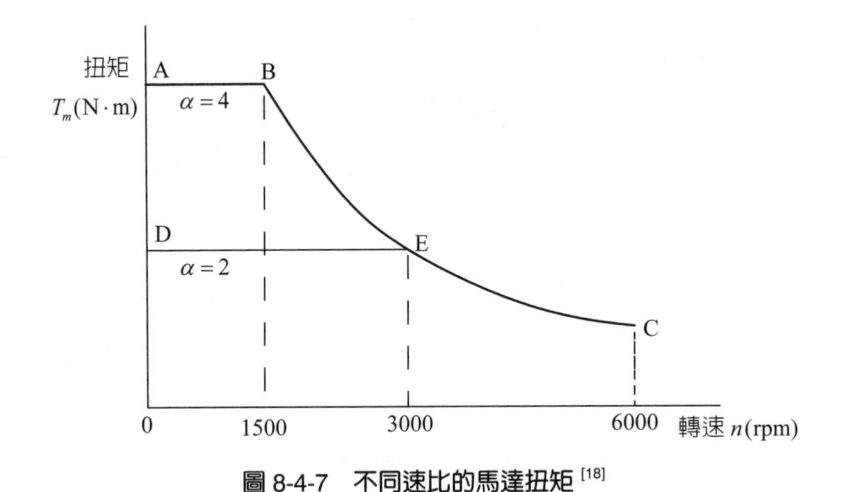

圖 8-4-7 不同速比的馬達扭矩 [18]

8-4-3 車用馬達和內燃機之比較

1. 有無離合器

內燃機摩托車裝有離合器。引擎怠速時須有一定的轉速，才不會熄火，這時需要離合器切斷傳至後輪的動力。摩托車起步後離合器接合，加大油門，轉速增加，車子便可前進。

電動摩托車馬達沒有熄火問題，起步時就是最大扭矩，一般沒有變速器，因此不需要離合器（只有少數有變速器的才有離合器）。因沒有離合器，馬達開始轉動時車輪同時運動。

2. 扭矩的比較

內燃機輸出的扭矩，通常比馬達的扭矩小。因為使用內燃機的摩托車具有變速系統，故引擎的輸出扭矩和最後傳到車輪的扭矩是有差別的（視檔位而定）。因此比較時，應說明是馬達的輸出扭矩還是傳到車輪上的扭矩。

電動摩托車馬達的扭矩在起步時就達到最大值，而內燃機的扭矩需要一定的時間才能達到最大值。根據動力學公式，扭矩與角加速度成正比，因此，電動摩托車的加速性能比傳統摩托車好很多。

應注意的是，若馬達的扭矩太大，從而導致驅動力大於輪胎抓地力時，就會造成輪胎打滑，嚴重時會造成前輪抬起（Wheelie），甚至造成後翻車。爲了安全起見，對控制器的要求是：即使騎士把電子油門全開，控制器仍會視情況而限制馬達的輸出扭矩，以避免發生危險。而且這樣也有助於降低電池、馬達的瞬間電流值，延長行駛里程。

3. 功率的比較

摩托車最高車速與功率有關，而功率等於扭矩乘以角速度。因爲電動摩托車馬達低轉速時扭矩大，高轉速時扭矩小，因此電動摩托車的最高車速，一般比同等級的內燃機摩托車低。

4. 動力傳送順暢性

參考圖 8-4-8，其中 T 爲電動摩托車馬達的扭矩曲線；而 T_1 至 T_6 爲內燃機第一檔到第六檔的扭矩曲線（參見 3-9 節）。設馬達與內燃機的最高轉速相同，控制器技術允許馬達以類似於內燃機的模式提供扭矩。但是電動摩托車不需要換檔，無頓挫感。因此，電動摩托車比內燃機摩托車行駛順暢。

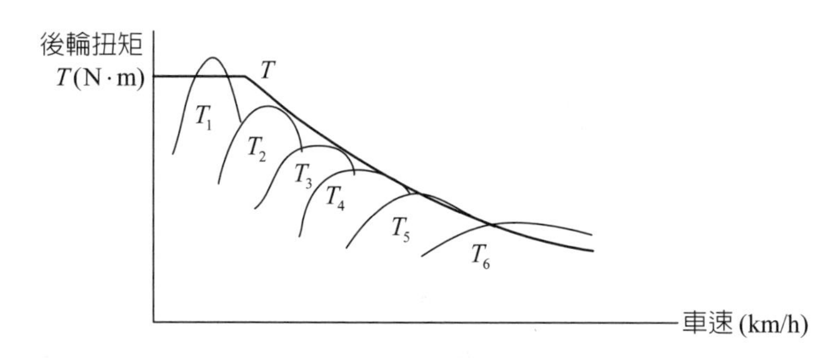

圖 8-4-8　馬達和內燃機扭矩與車速曲線

5. 可調整的動力

馬達可以根據不同的需求採用不同的控制模式，使同一輛摩托車可以具有不同的動力特性。例如 Gogoro 智慧型電動速克達，如果使用「智慧模式」，系統會自動分析車主最近一段時間的騎乘方式，而靈活地提供適當的動力，讓騎乘更加順暢，並能增加電能的使用效率。按下「競速模式」開關，系統會給予額外的動力，讓起步更快、極速更高，適合喜愛快感的騎士。

8-5 傳動方式

電動摩托車馬達的動力傳送至後輪的方式有三種：直接傳動、皮帶傳動和鏈條傳動。以下對這幾種傳動方式做簡單的說明。

8-5-1 直接傳動系統

輪轂馬達裝在後輪上，直接驅動後輪行駛，這是最簡單的傳動方式。其優點是，可使摩托車小型化和輕量化，降低成本。缺點是，因馬達裝在驅動輪上，增大了非承載質量和輪轂的轉動慣量，對摩托車的操控性與舒適性不利。不過輪轂馬達電動摩托車大多是輕型的，且多用於代步與短距離騎乘，這類騎乘者並不過分追求動力性能，故這項缺點並不重要。

8-5-2 皮帶傳動系統

馬達固定於車架上，經由皮帶帶動驅動輪上的皮帶輪，不需使用變速器。有的電動速克達採用無段變速系統 CVT（見圖 8-5-1），起步和加速都相當平穩。但傳動效率較差，且馬達扭矩耗損較大。

圖 8-5-1　使用 CVT 的電動速克達 [102]

也有將馬達與變速機構（通常為行星齒輪系）做成一體，稱為齒輪馬達（Gear motors）（見圖 8-3-7），再用皮帶或鏈條連接至後輪。例如，第一代 Gogoro，使用內置行星齒輪的齒輪馬達作為減速裝置，再用質量輕、彈性好的碳纖維複合材質傳動皮帶將動力送至後輪，如圖 8-5-2 所示。

圖 8-5-2　皮帶傳動系統 [123]

8-5-3　鏈條傳動系統

這種傳動系統是將馬達固定於車架上，馬達的輸出扭矩傳輸到後輪有兩種方式：第一種，是經由鏈條帶動聯結於驅動輪上的鏈輪帶動後輪；第二種，是馬達轉速先經變速器變速後再經由鏈條帶動後輪。

8-6　電動摩托車動力性能

電動摩托車動力性能的評價方式與傳統內燃機摩托車相同，主要評估指標是：最高車速、加速時間，和最大爬坡度。

8-6-1　行駛方程和驅動力

電動摩托車的行駛方程與傳統內燃機摩托車的行駛方程相同，參見本書第三章方程（3-6-2），現重寫如下：

$$F_t = F_f + F_w + F_i + F_j \qquad (8\text{-}6\text{-}1)$$

式中 F_t 爲驅動力，F_f 爲滾動阻力，F_w 爲空氣阻力，F_i 爲坡度阻力，$F_j = \delta ma$ 爲加速阻力。

電動摩托車的驅動力可寫成

$$F_t = \frac{T_m i_1 i_g i_2 \eta_T}{R_r} \tag{8-6-2}$$

式中 T_m 爲馬達扭矩（N · m），i_1 爲齒輪馬達內建齒輪組一次傳動比，i_g 爲變速器傳動比，i_2 爲二次傳動機構傳動比，η_T 爲傳動效率，R_r 爲後車輪半徑（m）。若無變速器，則 $i_g = 1$；若馬達無內變速系統，則 $i_1 = 1$；若馬達直接驅動（如輪轂馬達），則 $i_g = i_2 = 1$。常見的齒輪馬達與鏈條傳動如圖 8-6-1 所示，其驅動力爲

$$F_t = \frac{T_m i_1 i_2 \eta_T}{R_r} \tag{8-6-3}$$

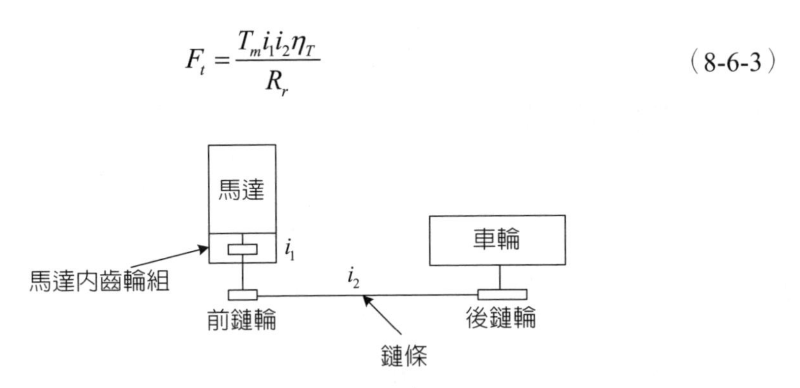

圖 8-6-1　鏈條傳動之電動摩托車

例如 Gogoro 2 的前鏈輪（接馬達）有 15 齒，後鏈輪有 41 齒，這表示二次傳動比 $i_2 = 41/15 = 2.733$。Gogoro 2 輪上與馬達最大扭矩比爲 205/25=8.2，即 $i_1 i_2 = 8.2$，因此齒輪馬達內建齒輪組傳動比 $i_1 = 8.2/2.733 = 3$。

8-6-2　最高車速

電動摩托車最高車速的計算方法與傳統內燃機摩托車相同。當摩托車行駛到最高車速時，加速度等於零，故其加速阻力 $F_j = 0$。如果摩托車在平地直線行駛，則

坡度阻力 $F_i = 0$。於是電動摩托車行駛方程（8-6-1）簡化成

$$F_t = F_f + F_w \qquad (8\text{-}6\text{-}4)$$

參見 3-9 節，只要畫出驅動力 F_t 與車速 v_a 的關係曲線，及滾動阻力與空氣阻力之和 $F_f + F_w$ 與車速 v_a 的關係曲線，則由這兩條曲線的交點，便可求出最高車速 $v_{a\max}$，如圖 8-6-2 所示。

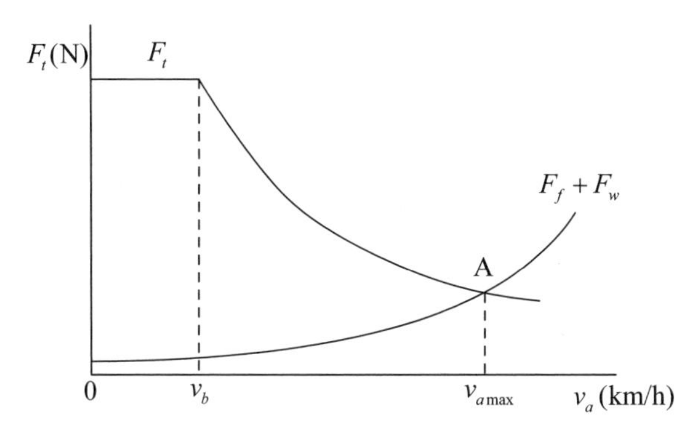

圖 8-6-2　電動摩托車最高車速

馬達基速所對應的車速稱爲車輛基速（Vehicle base speed），車輛基速 v_b 與馬達基速 ω_r 之關係爲

$$v_b = R_r\omega_w = \frac{R_r\omega_r}{i_1 i_g i_2} \qquad (8\text{-}6\text{-}5)$$

式中 ω_w 爲後車輪角速度。最高車速 $v_{\max}$ 發生在定功率區，此時馬達傳至驅動輪的功率爲 $P_m^*\eta_T$。驅動力等於驅動輪功率 P_t 除以速度，即

$$F_t = \frac{P_t}{v_{\max}} = \frac{P_m^*\eta_T}{v_{\max}} \qquad (8\text{-}6\text{-}6)$$

應用（8-6-6）式和第三章的滾動阻力與空氣阻力公式，在最高車速 v_{max} 時，（8-6-4）式可寫成

$$\frac{P_m^* \eta_T}{v_{max}} = mgf + \frac{1}{2}\rho C_D A v_{max}^2 \tag{8-6-7}$$

由此可解出最高車速 v_{max}。

8-6-3　加速時間

根據行駛方程

$$F_j = \delta ma = F_t - F_f - F_w - F_i \tag{8-6-8}$$

平地行駛時，$F_i = 0$。電動摩托車的加速度

$$a = \frac{dv}{dt} = \frac{F_t - F_f - F_w}{\delta m} \tag{8-6-9}$$

電動摩托車的加速性能，可用車速從 v_1 至 v_2 所需的時間 t_a 來描述，即

$$t_a = \int_{t_1}^{t_2} dt = \int \frac{1}{a} dv = \int_{v_1}^{v_2} \frac{\delta m}{F_t - F_f - F_w} dv \tag{8-6-10}$$

代入相關公式，得

$$t_a = t_2 - t_1 = \int_{v_1}^{v_2} \frac{\delta m}{T_m i_1 i_g i_2 \eta_T / R_r - mgf - 1/2\rho C_D A v^2} dv \tag{8-6-11}$$

這段時間所行駛的距離爲

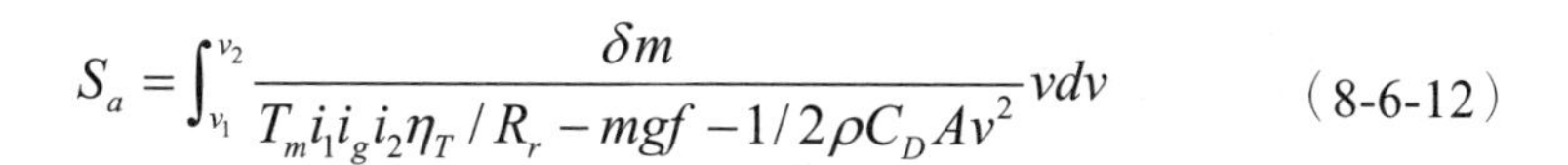

$$S_a = \int_{v_1}^{v_2} \frac{\delta m}{T_m i_1 i_g i_2 \eta_T / R_r - mgf - 1/2 \rho C_D A v^2} v dv \qquad (8\text{-}6\text{-}12)$$

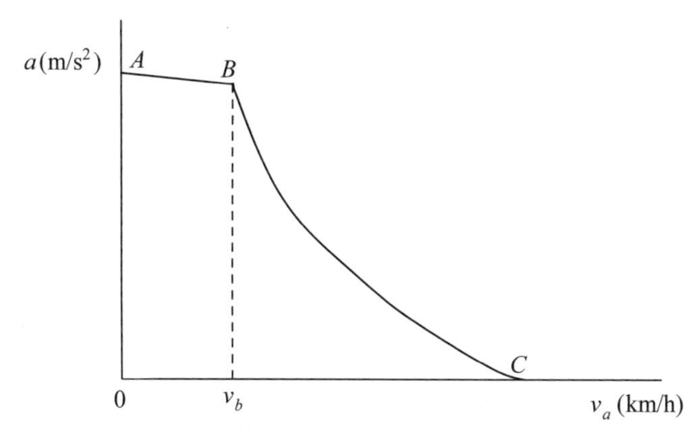

圖 8-6-3　電動摩托車加速度和車速關係曲線

圖 8-6-3 爲電動摩托車的加速度隨車速的變化圖，和馬達的扭矩 - 轉速曲線很類似，但在定扭矩區，加速度曲線 *AB* 有所下降而不是水平的；超過車輛基速 v_b 後，因爲空氣阻力隨車速增加而快速變大，加速度曲線 *BC* 下降更快。

方程（8-6-11）可用驅動力功率 P_t 寫成

$$t_a = t_2 - t_1 = \int_{v_1}^{v_2} \frac{\delta m}{P_t / v - mgf - 1/2 \rho C_D A v^2} dv \qquad (8\text{-}6\text{-}13)$$

如果電動摩托車從車速 v_1 加速到基速 v_b 的過程中，馬達的輸出扭矩 T_m^* 恆定；而車速從 v_b 加速至 v_2 的過程中，馬達的輸出功率 P_m^* 恆定；則方程（8-6-13）可改寫成

$$t_a = \int_{v_1}^{v_b} \frac{\delta m}{T_m^* i_1 i_g i_2 \eta_T / R_r - mgf - 1/2 \rho C_D A v^2} dv + \int_{v_b}^{v_2} \frac{\delta m}{P_m^* \eta_T / v - mgf - 1/2 \rho C_D A v^2} dv$$

（8-6-14）

8-6-4 最大爬坡度

參見 3-9-3 節，電動摩托車全力爬坡時，馬達輸出最大扭矩 T_m^*，車子爲定速行駛，加速度爲零。由於爬坡速度低，可忽略空氣阻力。此時，電動摩托車行駛方程簡化成

$$F_t = F_f + F_i \tag{8-6-15}$$

即

$$\frac{T_m^* i_1 i_g i_2 \eta_T}{R_r} = mgf + mg\sin\theta_{\max} \tag{8-6-16}$$

由此得最大爬坡角

$$\theta_{\max} = \sin^{-1}\left(\frac{T_m^* i_1 i_g i_2 \eta_T}{mgR_r} - f\right) \tag{8-6-17}$$

例 8-6-1

參考表 8-2-1，Gogoro S2 的馬達從起步到轉速爲 2500 rpm 的範圍內，馬達扭矩爲 26 N · m，輪上扭矩爲 213 N · m。轉速爲 3000 rpm 時，功率達到最大值 7.6 KW。最高車速爲 92 km/h。後輪規格是 110/70-13。設電動摩托車與騎士的總值量爲 191 kg；滾動阻力係數爲 0.02；空氣密度爲 1.23 kg/m^3；空氣阻力係數爲 0.75；迎風面積爲 0.7 m^2；總傳動效率爲 0.9。求：(1) 傳動比；(2) 後輪半徑；(3) 當馬達在定扭矩區內達到最大轉速時，與之對應的車速及馬達功率；(4) 最大功率時的車速與馬達扭矩；(5) 最高車速時馬達轉速、功率和轉矩。

解：

(1) 傳動比

$$i = \frac{n}{n_w} = \frac{213}{26} = 8.19$$

這代表馬達輸出的轉速 n 是輪胎轉速 n_w 的 8.19 倍。

(2) 由輪胎規格 110/70-13，求得後輪半徑

$$R_r = \frac{110 \times 0.7 + \frac{13}{2} \times 25.4}{1000} = 0.242\,\text{m}$$

(3) 在定扭矩區內馬達的最大轉速爲 2500 rpm，此時後輪的轉速爲 $n_w = n/i = 2500/8.19 = 305$ rpm，後輪的角速度爲

$$\omega_w = \frac{2\pi n_w}{60} = \frac{2 \times 3.14 \times 305}{60} = 31.92 \text{ rad/s}$$

此時的車速爲

$$v = R_r \omega_w = 0.242 \times 31.92 = 7.72 \text{ m/s} = 27.79 \text{ km/h}$$

(4) 最大功率爲 7600 W，此時馬達轉速爲 3000 rpm，扭矩爲

$$T_m = \frac{P_m}{\omega} = \frac{P_m}{\frac{2\pi n}{60}} = \frac{7600}{\frac{2 \times 3.14 \times 3000}{60}} = 24.2 \text{ N} \cdot \text{m}$$

馬達轉速爲 3000 rpm 時，後輪的轉速爲 $n_w = 3000/8.19$，此時後輪的角速度爲

$$\omega_w = \frac{2\pi n_w}{60} = \frac{2 \times 3.14 \times 3000/8.19}{60} = 38.31 \text{ rad/s}$$

因此，當馬達轉速爲 3000 rpm 時，車速爲

$$v = R_r\omega_w = 0.242 \times 38.31 = 9.27 \text{ m/s} = 33.37 \text{ km/h}$$

(5) 最高車速 v_{max} = 92 km/h = 25.56 m/s，此時後輪角速度爲

$$\omega_w = \frac{v_{max}}{R_r} = \frac{25.56}{0.242} = 105.62 \text{ rad/s}$$

後輪轉速爲

$$n_w = \frac{60\omega_w}{2\pi} = \frac{60 \times 105.62}{2 \times 3.14} = 1009 \text{ rpm}$$

馬達轉速爲

$$n = n_w \times i = 1009 \times 8.19 = 8263 \text{ rpm}$$

因最高車速時，馬達的輸出功率並不是最大值，因此將（8-6-7）式中的最大功率 P_m^* 換成 P_m，得

$$\frac{P_m\eta_T}{v_{max}} = mgf + \frac{1}{2}\rho C_D A v_{max}^2$$

代入相關數據後，得

$$\frac{P_m \times 0.9}{25.56} = 191 \times 9.81 \times 0.02 + \frac{1}{2} \times 1.23 \times 0.75 \times 0.7 \times 25.56^2$$

解得最高車速時馬達輸出功率

$$P_m = 6210\ \text{W}$$

此時的馬達扭矩爲

$$T_m = \frac{P_m}{\omega} = \frac{P_m}{\frac{2\pi n}{60}} = \frac{6210}{\frac{2 \times 3.14 \times 8263}{60}} = 7.18\ \text{N} \cdot \text{m}$$

以上結果證明，馬達轉速從 0 到 2500 rpm 的整個區域爲定扭矩區。當轉速爲 3000 rpm 時，功率最大（7600 W）；之後功率下降，到轉速爲 8263 rpm 時，功率降至 6210 W。本例只有定扭矩區，而無定功率區，這與前述理想車用馬達的特性曲線有所不同。圖 8-6-4 所示爲另一款 Gogoro 馬達測試的扭矩與功率曲線，這兩條曲線與理想車用馬達的特性曲線在高轉速區差異較大。

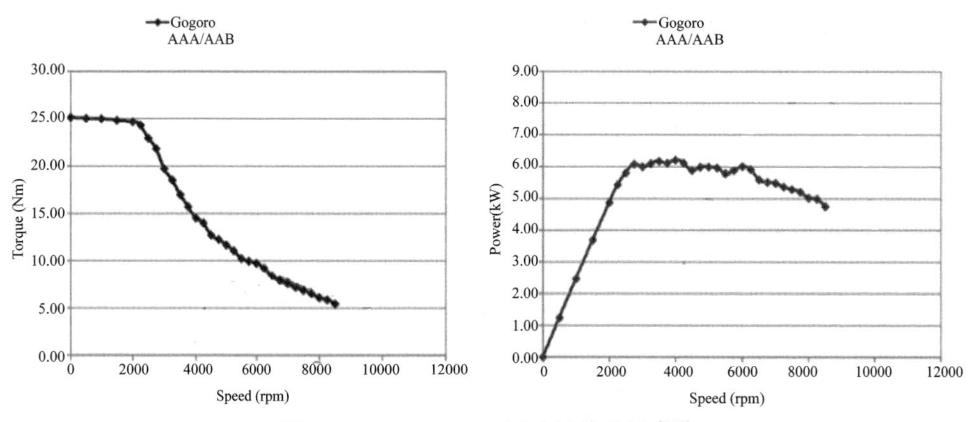

圖 8-6-4　Gogoro 1 馬達特性曲線 [119]

例 8-6-2

某電動摩托車加上騎士後的總質量爲 195 kg，馬達扭矩與馬達旋轉角速的度關係爲

$$T_m(\omega, x_{\theta_m}) = \begin{cases} 25x_{\theta_m}, & \omega \le \omega_r = 260 \text{ rad/s} \\ x_{\theta_m} \dfrac{6500}{\omega}, & \omega_r \le \omega \le \omega_{\max} = 520 \text{ rad/s} \end{cases}$$

馬達內部齒輪傳動比爲 3；馬達經鏈條驅動半徑爲 0.242 m 的後輪，傳動比爲 2.2；滾動阻力係數爲 0.02；空氣密度爲 1.23 kg/m^3；空氣阻力係數爲 0.75；迎風面積爲 0.7 m^2；總傳動效率爲 0.9；旋轉質量換算係數爲 1.05。求此部電動摩托車的最高車速；最大爬坡角；和車速從零加速到 50 km/h 的時間。

解：

將馬達扭矩表達式與方程（8-4-7）比較，可知馬達最大扭矩 T^*_m = 25 N · m。最高車速 $v_{\max}$ 發生在定功率區，在此區域內，馬達輸出功率爲最大功率 P^*_m = 6500 W，電子油門開度 x_{θ_m} = 100%。馬達的特性曲線如圖 8-6-5 所示。

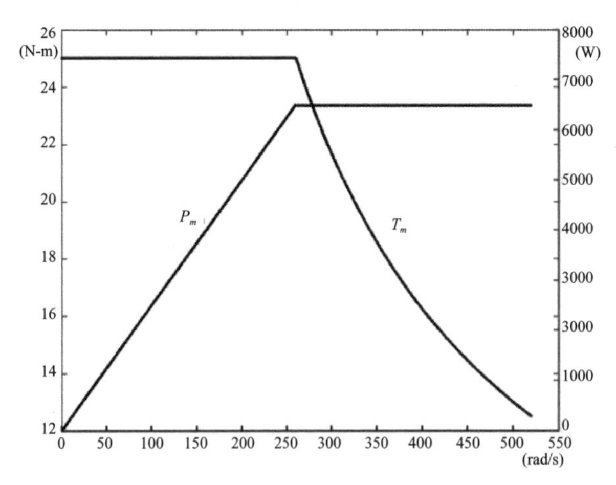

圖 8-6-5　馬達扭矩與功率特性曲線

依題意，總質量 $m = 195$ kg；滾動阻力係數 $f = 0.02$；空氣阻力係數 $C_D = 0.75$；迎風面積 $A = 0.7\ m^2$；空氣密度 $\rho = 1.23\ kg/m^3$；馬達內部齒輪變速一次傳動比 $i_1 = 3$；無變速器傳動比 $i_g = 1$；馬達至後輪之鏈條二次傳動比 $i_2 = 2.2$；總傳動效率 $\eta_T = 0.9$；旋轉質量換算係數 $\delta = 1.05$。將數據代入（8-6-7）式，得

$$\frac{6500 \times 0.9}{v_{\max}} = 195 \times 9.81 \times 0.02 + \frac{1}{2} \times 1.23 \times 0.75 \times 0.7 \times v_{\max}^2$$

展開得

$$0.323 v_{\max}^3 + 38.259 v_{\max} - 5850 = 0$$

這是一元三次方程，可用 Matlab 程式：

p=[0.323 0 38.259 -5850]；roots(p)

解得最高車速

$$v_{\max} = 24.76\ \text{m/s} = 89.1\ \text{km/h}$$

用 Matlab 畫出驅動力 F_t 與車速 v_a 的關係曲線，及滾動阻力與空氣阻力之和 $F_f + F_w$ 與車速 v_a 的關係曲線（見 3-9 節），這兩條曲線的交點 A 對應的車速就是最高車速 $v_{a\max}$（km/h），如圖 8-6-6 所示。

利用方程（8-6-17），得最大爬坡角

$$\theta_{\max} = \sin^{-1}\left(\frac{T_m^* i_1 i_g i_2 \eta_T}{mgR_r} - f\right) = \sin^{-1}\left(\frac{25 \times 3 \times 1 \times 2.2 \times 0.9}{195 \times 9.81 \times 0.242} - 0.02\right) = 17.5^\circ$$

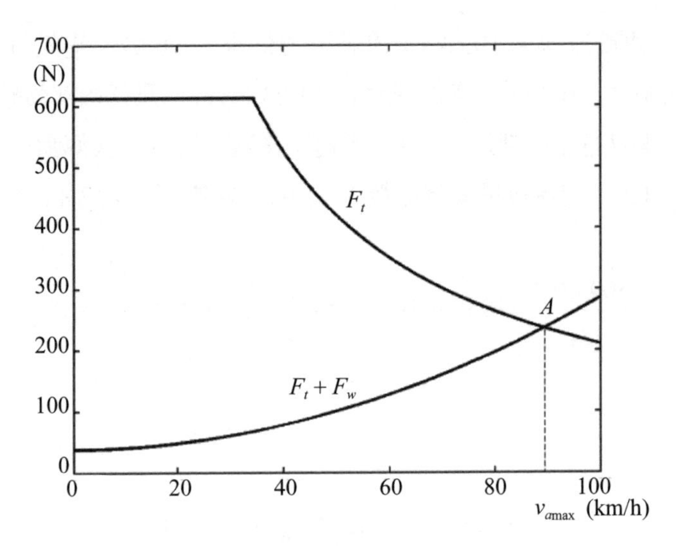

圖 8-6-6　電動摩托車最高車速

馬達轉速爲基速 ω_r 時，車輛基速爲

$$v_b = R_r\omega_w = R_r\frac{\omega_r}{i_1 i_g i_2} = 0.242\times\frac{260}{3\times1\times2.2} = 9.533\,\text{m/s} = 34.39\,\text{km/h}$$

其中 ω_w 爲後輪角速度。應用（8-6-14）式，車速從零（$v_1=0$）加速到 50 km/h（v_2 = 13.889 m/s）的時間爲

$$t_a = \int_0^{9.553}\frac{1.05\times195}{\dfrac{25\times3\times1\times2.2\times0.9}{0.242}-195\times9.81\times0.02-\dfrac{1}{2}\times1.23\times0.7\times0.75\times v^2}dv$$

$$+\int_{9.553}^{13.889}\frac{1.05\times195}{\dfrac{6500\times0.9}{v}-195\times9.81\times0.02-\dfrac{1}{2}\times1.23\times0.7\times0.75\times v^2}dv$$

$$=\int_0^{9.553}\frac{204.75}{-0.323v^2+575.31}dv+\int_{9.553}^{13.889}\frac{204.5v}{-0.323v^3-38.259v+5850}dv$$

$$=3.459+2.154=5.613\text{ sec}$$

附錄

摩托車的逆操舵原理

早在 1948 年，鐵木辛柯（Timoshenko）[48] 曾用一簡單力學模型並只考慮質心的運動，成功地解釋了自行車的行駛穩定性問題。事實上，這一模型也可用來解釋摩托車的「逆操舵」原理。我們在鐵木辛柯原模型的基礎上，同時考慮了摩托車的質量慣性矩。爲方便讀者，以下列出詳細的推導過程。

設摩托車的質心 G 位於車身中央平面上，當車身未傾斜時質心離地面的高度爲 h；質心離後輪中心的距離爲 b；後輪和前輪的軸距爲 L。令 A 和 B 分別爲摩托車後輪和前輪與地面的接觸點；摩托車前輪向騎士左邊的轉向角爲 Δ；車身中央平面相對於垂直平面的傾斜角（Roll angle）爲 ϕ，並約定車身向騎士右邊傾斜爲正。作爲近似，只考慮車身的運動而不考慮車輪的旋轉運動。

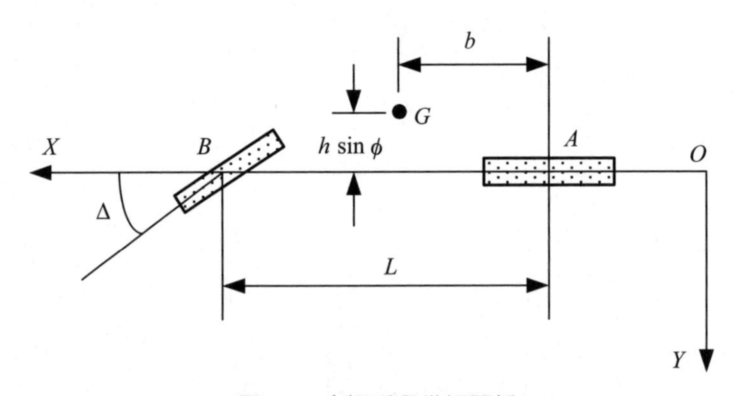

圖 A1　座標系和幾何關係

選固定座標系 $OXYZ$ 如圖 A1 所示，其中未畫的 Z 軸垂直紙面，令 A 點的座標爲 $(x, y, 0)$，令 A 點運動軌跡上單元弧長 ds 和 X 軸的夾角爲 θ，則有

$$\frac{dx}{ds} = \cos\theta, \quad \frac{dy}{ds} = \sin\theta \tag{A1}$$

摩托車質心 G 的座標 (ξ, η, ς) 可表示成

$$\xi = x + b\cos\theta + h\sin\phi\sin\theta \tag{A2}$$

$$\eta = y + b\sin\theta - h\sin\phi\cos\theta \tag{A3}$$

$$\varsigma = h\cos\phi \tag{A4}$$

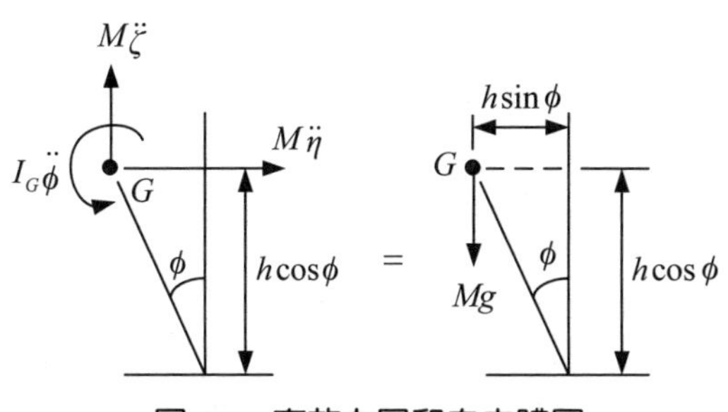

圖 A2　有效力圖和自由體圖

爲了消去未知的地面反力，我們對 AB 軸用角動量定理，即：將有效力和重力分別對 AB 軸取矩並令其相等。這樣，我們得運動方程：

$$I_G\ddot{\phi} - M\frac{d^2\eta}{dt^2}h\cos\phi - M\frac{d^2\varsigma}{dt^2}h\sin\phi = Mgh\sin\phi \tag{A5}$$

其中 I_G 爲車身對過質心並平行於 AB 軸的質量慣性矩，M 爲車身的質量。將 (A4) 代入 (A5)，得

$$I_G\ddot{\phi} - M\frac{d^2\eta}{dt^2}h\cos\phi + Mh^2\sin^2\phi\frac{d^2\phi}{dt^2} + Mh^2\sin\phi\cos\phi\left(\frac{d\phi}{dt}\right)^2 = Mgh \tag{A6}$$

爲了使方程只含變數 ϕ，我們經由 (A3) 用 ϕ 來表示 $d^2\eta/dt^2$。我們有

$$\frac{d\eta}{dt} = \frac{dy}{dt} + b\cos\theta\dot{\theta} - h\cos\phi\dot{\phi}\cos\theta + h\sin\phi\sin\theta\dot{\theta} \tag{A7}$$

$$\frac{d^2\eta}{dt^2} = \frac{d^2y}{dt^2} - b\sin\theta\dot{\theta}^2 + b\cos\theta\ddot{\theta} + h\sin\phi\dot{\phi}^2\cos\theta - h\cos\phi\ddot{\phi}\cos\theta + h\cos\phi\dot{\phi}\sin\theta\dot{\theta} + h\sin\phi\cos\theta\dot{\theta}^2 + h\sin\phi\sin\theta\ddot{\theta} \tag{A8}$$

這些運算式可以化簡。注意到

$$\dot{\theta} = \frac{ds}{dt}\frac{d\theta}{ds} = \frac{v}{R} \tag{A9}$$

$$\ddot{\theta} = \frac{d}{dt}\left(\frac{v}{R}\right) \quad \text{A10)}$$

$$\frac{dy}{dt} = \frac{ds}{dt}\frac{dy}{ds} = v\sin\theta \tag{A11}$$

$$\frac{d^2 y}{dt^2} = \frac{dv}{dt}\sin\theta + v\cos\theta\dot{\theta} = \frac{dv}{dt}\sin\theta + \frac{v^2}{R}\cos\theta \tag{A12}$$

其中 R 是 A 點軌跡的曲率半徑，v 是 A 點的速度。現在，我們假設 θ 角很小，於是有

$$\cos\theta = 1, \sin\theta = 0 \tag{A13}$$

利用這些關係，(A8) 變成

$$\frac{d^2\eta}{dt^2} = \frac{v^2}{R} + b\frac{d}{dt}\left(\frac{v}{R}\right) + \frac{hv^2}{R^2}\sin\phi - h\left[\ddot{\phi}\cos\phi - \dot{\phi}^2\sin\phi\right] \tag{A14}$$

將 (A14) 代入 (A6)，運動方程變成

$$\left(I_G + Mh^2\right)\frac{d^2\phi}{dt^2} - M\frac{v^2}{R}h\cos\phi - Mb\frac{d}{dt}\left(\frac{v}{R}\right)h\cos\phi - M\frac{v^2}{R}\left(\frac{h\sin\phi}{R}\right)\cos\phi = Mgh\sin\phi$$

注意到 $(h \sin \phi)/R$ 遠小於 1，故可約去。此外，曲率半徑 R 可表示成 $R = L/\tan\Delta \approx L/\Delta$。當傾斜角 ϕ 很小時，上述方程變成

$$\left(I_G+Mh^2\right)\frac{d^2\phi}{dt^2}=\frac{Mhv^2}{L}\Delta+\frac{Mbh}{L}\frac{d\Delta}{dt}+Mgh\phi \tag{A15}$$

現在我們用這一方程來解釋摩托車「逆操舵」的力學原理：

1. $\phi = 0, \Delta = 0, d\Delta/dt > 0$

這表示，開始時摩托車沿 AB 直線行駛，車身無傾斜，前輪轉向角為零，但轉向角速度不為零，而是突然向騎士的左邊轉動。這時運動方程變成

$$\left(I_G+Mh^2\right)\frac{d^2\phi}{dt^2}=\frac{Mbh}{L}\frac{d\Delta}{dt}$$

因方程右邊為正，車身傾斜角 ϕ 會很快增加，即車身很快向騎士的右邊傾斜。這就是「逆操舵」的效果。

2. $\Delta > 0, d\Delta/dt = 0$

當車身傾斜角 ϕ 增大到一定值時，停止前輪的轉動（$d\Delta/dt = 0$），保持前輪轉向角為正值，這時運動方程變成

$$\left(I_G+Mh^2\right)\frac{d^2\phi}{dt^2}=\frac{Mhv^2}{L}\Delta+Mgh\phi$$

積分這一方程可知，車身傾斜角 ϕ 會以指數函數形式繼續增加。

3. $d\Delta/dt < 0$

當車身傾斜角 ϕ 增大到一定值時，使前輪向騎士的右邊轉動，最終可使前輪轉向角變成負數（$\Delta < 0$）。

4. $\Delta < 0, d\Delta/dt = 0$

當前輪向騎士的右邊轉動，Δ 變成負數，當離心力和重力達到平衡時（即 $Mhv^2\Delta/L + Mgh\phi = 0$），則停止前輪的轉動（即 $d\Delta/dt = 0$）。保持此時車身傾斜角 ϕ 為常數，則運動方程 $(I_G + Mh^2)(d^2\phi/dt^2) = 0$ 將自動得到滿足。這時摩托車便可平穩地向右轉彎。

參考文獻

英文文獻

1. Abdo, E., *Modern Motorcycle Technology*, Delmar Cengage Learning, 2009.
2. Bike, October 2011.
3. Bradley, J., *The Racing Motorcycle: A technical guide for constructors*, Vol. 1, Broadland Leisure Publications, 1996.
4. Bradley, J., *The Racing Motorcycle: A technical guide for constructors*, Vol. 2, Broadland Leisure Publications, 2003.
5. Buzzelli, B., *Harley-Davidson Sportster Performance Handbook*, 3rd ed., Motorbooks, 2006.
6. Cameron, K., *The Grand Prix Motorcycle*, David Bull Publishing, 2009.
7. Clarke, M., *Modern Motorcycle Technology*, Motorbooks, 2010.
8. Cocco, G., *Motorcycle Design and Technology*, Motorbooks, 2004.
9. Code, K., *A Twist of the Wrist*, Code Break, 2002.
10. Condon, K., *Riding in the Zone: Advance Techniques for Skillful Motorcycling*, Whitehorse Press, 2009.
11. Coombs, M., *Motorcycle Basics Techbook*, 2nd ed., Haynes, 2002.
12. Cossalter, V., *Motorcycle Dynamics*, 2nd ed., LuLu, 2006.
13. Cossalter, V., Lot, R. and Massaro, M., "A Multibody Code for Motorcycle Handling and Stability Analysis with Validation and Examples of Application," SAE 2003-32-0035, 2003.
14. Cossalter, V., Lot, R. and Peretto, M., "Steady Turning of Motorcycles," *Journal of Automobile Engineering*, Vol. 221, pp. 1343-1356, 2007.
15. Crouse, W. H. and Anglin, D. L., *Motorcycle Mechanics*, McGraw-Hill, 1982.
16. Davis, J. R., *Motorcycle Safety and Dynamics*, The Master Strategy Group, 2011.
17. Dixon, J. C., *The Shock Absorber Handbook*, 2nd ed., Wiley, 2007.
18. Ehsani, M., Gao, Y., and Emadi, A., Modern Electric, Hybrid Electric, and Euel Cell Vehicles: Fundamentals, Theory, and Design, 2nd ed. CRC Press, 2010.

19. Fajans, J., "Steering in Bicycles and Motorcycles," *American Journal of Physics*, Vol. 68, pp. 654-659, 2000.
20. Foale, T., *Motorcycle Handling and Chassis Design: the art and science*, 2nd ed., Tony Foale Designs, 2006.
21. Genta, G., *Motor Vehicle Dynamics: Modeling and Simulation*, World Scientific, 1997.
22. Gianatsis, J., *Design & Tuning for Motocross*, revised ed., Gianatsis Design Associates, 2009.
23. Gillespie, T. D., *Fundamentals of Vehicle Dynamics*, SAE, 1992.
24. Hauser, J. and Saccon A., "Motorcycle Modeling for High-Performance Maneuvering," *IEEE Control Systems Magazine*, pp. 89-105, October, 2006.
25. Hicks, R., *The Encyclopedia of Motorcycles*, Thunder Bay Press, 2001.
26. Husain I., *Electric and Hybrid Vehicles: Design Fundamentals*, 2nd ed. CRC press, 2011.
27. Ibbott, A., *Performance Riding Techniques*, Haynes, 2006.
28. Jazar, R. N., *Vehicle Dynamics: Theory and Application*, Springer, 2008.
29. Johns, B. A., Edmundson, D. D. and Scharff, R., *Motorcycles: Fundamentals, Service, Repair*, The Goodheart-Willcox Company, 1999.
30. Khajepour, A., Fallah, S. and Goodarzi, A., *Electric and Hybrid Vehicles: Technologies, Modeling and Control: A Mechatronic Approach*. Wiley, 2014.
31. Limebeer, D. J. N., Sharp, R. S. and Evangelou, S., "Motorcyle Steering Oscillations due to Road Profiling," *Journal of Applied Mechanics*, Vol. 69, pp. 724-739, 2002.
32. Liu, C. Q. and Huston, R. L., *Principle of Vibration Analysis: With Applications in Automotive Engineering*, SAE International, 2011.
33. Lot, R., Cossalter, V. and Maggio, M., "An Integrated Multi-Body Software for the Design of Motorcycles," *11th European Automotive Congress*, 2007.
34. Meijaard, J. P. and Popov, A. A., "Multi-body Modelling and Analysis in the Non-linear Behaviour of Modern Motorcycles," *Journal of Multi-body Dynamics*, Vol. 221, pp. 63-76, 2007.
35. *Motorrad_fahrer*, Deutschland, August/2009.
36. Pace, V., *Early Motorcycles: Construction, Operation and Repair*, Dover, 2004.
37. Pacejka, H. B., *Tyre and Vehicle Dynamics*, Butterworth Heinemann, 2002.
38. Parks, L., *Total Control: High Performance Street Riding Techniques*, Motorbooks, 2003.

39. Robinson, J., *Motorcycle Tuning : Chassis*, 2nd ed., 1990.
40. Schiehlen, W., *Dynamics Analysis of Vehicle Systems*, Springer, 2007.
41. Seeley, A., *The Scooter Book*, Haynes, 2004.
42. Sharma, A., *Stability Analysis of Bicycles & Motorcycles*, PhD thesis, Department of Electrical and Electronic Engineering, Imperial College of London, 2010.
43. Sharp, R. S., "The Stability and Control of Motorcycles," *Journal of Mechanical Engineering Science*, Vol. 13, pp. 316-329, 1971.
44. Sharp, R. S., "The Influence of Frame Flexibilty on the Lateral Stability of Motorcycles," *Journal of Mechanical Engineering Science*, Vol. 16, pp. 117-120, 1974.
45. Sharp, R. S. and Limebeer, D. J. N., "A Motorcycle Model for Stability and Control Analysis," *Multibody System Dynamics*, Vol. 6, pp. 123-142, 2001.
46. Spalding, N., *MotoGP Technology*, David Bull Publishing, 2006.
47. Thede, P. and Parks, L., *Race Tech's Motorcycle Suspension Bible*, Motorbooks, 2010.
48. Timoshenko, S. and Young, D. H., *Advanced Dynamics*, McGraw Hills, 1948.
49. Trevitt, A., *Sportbike Suspension Tuning*, David Bull Publishing, 2008.
50. Walker, M., *Motorcycle: Evolution, Design, Passion*, The Johns Hopkins University Press, 2006.
51. Whipple, F., "The Stability of the Motion of a Bicycle," *Quarterly Journal of Pure and Applied Mathematics*, Vol. 30, pp. 321-351, 1899.
52. Wong, J. Y., *Theory of Ground Vehicle*, 3rd ed., John Wiley & Sons, 2001.
53. Yedamale, P., "Brushless DC (BLDC) Motor Fundamentals," Miccrochip Technology Inc., 2003.

中文文獻

54. Bikers 機車人，第64期。
55. 王良曦、王紅岩，車輛動力學，國防工業出版社，2008。
56. 王振遠、王媛媛主編，摩托車傳動、制動系統結構原理與維修，機械工業出版社，2005。
57. 方俊、王祥俊，「摩托車變速設計淺析」，摩托車技術，頁10-15，第5期，1991。
58. 朱才朝、唐倩、黃澤好、范群、宋朝省，「人-機-路環境下摩托車剛柔耦合系統動力學研究」，機械工程學報，第45卷第5期，頁225-229，2009。
59. 李曉靈，摩托車動力性經濟性及傳動系匹配研究，重慶大學工程碩士學位論文，2008。

60. 李鵬飛、馬力、李立、滿開美，「基於多剛體動力學理論的摩托車平順性仿眞研究」，摩托車技術，頁14-16，2005。
61. 余志生主編，汽車理論，第五版，機械工業出版社，2009。
62. 汽車工程手冊摩托車篇，人民交通出版社，2000。
63. 汽車工程手冊1：基礎理論篇，北京理工大學出版社，2010。
64. 汽車工程手冊5：底盤設計篇，北京理工大學出版社，2010。
65. 汽車工程手冊7：整車試驗評價篇，北京理工大學出版社，2010。
66. 兩輪誌，第9期，2009，TW Motor Group。
67. 徐中明、張志飛、官發霖、汪勇、蕭建伯，「摩托車動力性和燃油經濟性的計算機仿眞」，機械與電子，頁 9-11，2005。
68. 流行騎士，第250-298期，摩托車雜誌社。
69. 游振桁譯，日本SERVO株式會社著，圖解馬達入門，世茂出版有限公司，2008。
70. 曹招陽譯、Tak Tenjo著，電動馬達與控制，五南圖書出版公司，1999。
71. 細說輪胎的一切，摩托車雜誌社，1991。
72. 黃欣，基於CAE技術的摩托車整車動態特性分析，重慶理工大學碩士學位論文，2009。
73. 陳雙全，車神的重機教室，文經社，2009。
74. 無刷直流馬達BLDC控制實務，旗威科技股份有限公司著，旗標出版股份有限公司，2017。
75. 張金柱，混合動力汽車結構、原理與維修，化學工業出版社，2011。
76. 張炳暉、蘇慶源，機車學，復文圖書有限公司，2008。
77. 張超群，「淺談摩托車懸吊系統」，第十六屆車輛工程學術研討會，2011。
78. 張超群、劉成群，應用力學-動力學，第二版，新文京開發出版有限公司，2008。
79. 張新德、張新春，圖說電動摩托車原理與快修，機械工業出版社，2011。
80. 莊繼德，汽車輪胎學，北京理工大學出版社，1996。
81. 喻凡主編，車輛動力學及其控制，機械工業出版社，2009。
82. 董紅量、鄭兆祥、來飛，「基於人-車系統的摩托車操縱穩定性仿眞」，吉林大學學報，第39卷第3期，2009。
83. 趙貴祥編譯，DC無刷電動機與控制電路，文笙書局，1985。
84. 劉成群、張超群，汽車振動與噪音，第二版，新文京開發出版有限公司，2006。
85. 摩托車進化論，摩托車雜誌社，1991。

86. 摩托車基礎科學，摩托車雜誌社，1993。
87. 摩托車機構常識，摩托車雜誌社，1991。
88. 機車維修&保養，三悅文化，2009。
89. 騎士風月刊，第54-87期，正如國際出版事業有限公司。

網址

90. http://aprilia.rsvmille.home.comcast.net/~aprilia.rsvmille/bikes/suspension_guide.htm, Suspension Guide.
91. http://classicmotorcycles.about.com/od/technicaltips/ss/Motorcycle-Handling-Problems-And-Suspension-Set-Up.htm, Motorcycle Handling Problems and Suspension Set-Up.
92. http://empoweringpumps.com/ac-induction-motors-versus-permanent-magnet-synchronous-motors-fuji/
93. http://en.wikipedia.org/wiki/Motorcycle_fork, Motorcycle fork.
94. http://en.wikipedia.org/wiki/Types_of_motorcycles, Motorcycle Classifications.
95. http://hubpages.com/hub/Motorcycle-Front-Ends, Motorcycle Front Ends.
96. http://mypaper.pchome.com.tw/huaracing/post/1297850611，CVT無段變速系統概論。
97. http://mypaper.pchome.com.tw/huaracing/post/1297850791，傳動的原理。
98. http://racetech.com/articles/CartridgeForks.htm, Cartridge Forks.
99. http://www.bmw-motorrad.com/
100. http://www.buybike.com.tw/web/SG?pageID=26490，懸吊中的藝術品。
101. http://www.carbibles.com/suspension_bible_bikes.html, The Motorbike Suspension Bible.
102. http://www.chenghsing.com/dbx.html
103. http://www.diseno-art.com/encyclopedia/archive/motorcycle_frames.html,Motorcycle Frames.
104. http://www.diseno-art.com/, From Concept Cars to Power Boats.
105. http://www.hartford-motors.com.tw/products.php
106. http://www.kendausa.com/_DOWNLOADS/PDFS/2009MCcatalog.pdf
107. http://www.largiader.com/paralever/, Paralever, Suspension and Driveshaft factors.
108. http://www.moto-lines.tw/，重車地平線。
109. http://www.motorcycle.com/

110. http://www.motorcycleinfo.co.uk/

111. http://www.motorcyclespecs.co.za/, MCS Motorcycle Specifications.

112. http://www.motorcycle-superstore.com/

113. http://www.nitron.co.uk/Site/Documents/Nitron_NTR_Motorcycle_Manual.pdf

114. http://www.ohlins.com/Checkpoint-Ohlins/Setting-Up-Your-Bike/Setting-up-your-Motocross-bike/, Set up your Motocross bike.

115. http://www.progressivesuspension.com/pdfs/PSInewCatalog.pdf, Progressive Suspension.

116. http://www.promecha.com.au/, Motorcycle Dynamics Rider Matched.

117. http://www.revzilla.com/tires.

118. http://www.totalmotorcycle.com/photos/tire-tyre-guide/Tire-Information-Handbook.pdf, Basic Tire Function.

119. https://blog.gogoro.com/stagin1/motor-interview

120. https://carbiketech.com/motorcycle-traction-control-system-works/, Motorcycle Traction Control System Working Explained.

121. https://electrical-engineering-portal.com/drive-design-in-electric-vehicles.

122. https://lancet.mit.edu/motors/motors3.html, Understand D.C. Motor Characteristics.

123. https://pansci.asia/archives/87008，Gogoro的馬達有比較特別嗎？–馬達技術解密。

124. https://powersports.honda.com/experience/articles/090111c0814723a2.aspx, Traction Control: Help for a Messy World

125. https://www.bikebd.com/anti-lock-braking-system-vs-combined-braking-system/

126. https://www.bosch-mobility.com/en/solutions/driving-safety/motorcycle-stability-control/, Bosch MSC

127. https://www.ebikes.ca/learn/hub-motors.html, Hub Motors.

128. https://www.edn.com/design/sensors/4406682/Brushless-DC-Motors---Part-I--Construction-and-Operating-Principles

129. https://www.electricbike.com/hubmotors/

130. https://www.electricaltechnology.org/2016/05/bldc-brushless-dc-motor-construction-working-principle.html

131. https://www.explainthatstuff.com/hubmotors.html, Hub Motors.

132. https://www.gogoro.com/tw/

133. https://www.goldenmotor.com/frame-bldcmotor.htm

134. https://www.instructables.com/id/Engineer-Your-Own-Electric-Motorcycle/, Engineer Your Own Electric Motorcycle.

135. https://www.motorcyclistonline.com/blogs/torque-electric-motorcycle-drawing-line, Torque in an Electric Motorcycle | Drawing the Line.

136. https://www.motorcyclistonline.com/news/how-electric-power-can-make-you-faster-new-tech, How Electric Power Can Make You Faster | NEW TECH.

137. https://www.rideapart.com/articles/254269/how-does-motorcycle-traction-control-work/

138. https://www.showa1.com/en/product/motorcycle/drive_terrain.html, Motorcycle Drivetrain Systems.

139. https://www.slideshare.net/roboard/bldc，馬達基本認識與BLDC驅動實驗。

140. https://www.visordown.com/features/workshop/how-it-works-motorcycle-imu-motorcycle-yech-explained

141. https://www.zeromotorcycles.com/, Zero Motorcycles.

索引

A

B

C

D

E

F

G

H

I

K

L

M

N

O

P

R

S

T

U

V

W

Y

國家圖書館出版品預行編目資料

摩托車動力學／張超群，劉成群作. -- 三版.
-- 臺北市：五南圖書出版股份有限公司，
2023.07
面； 公分
ISBN 978-626-366-112-7（平裝）

1.CST: 機車 2.CST: 動力學

447.33 112007610

5F55

摩托車動力學

作 者— 張超群（203.5）、劉成群
發 行 人— 楊榮川
總 經 理— 楊士清
總 編 輯— 楊秀麗
副總編輯— 王正華
責任編輯— 張維文
封面設計— 陳亭瑋
出 版 者— 五南圖書出版股份有限公司
地 址：106台北市大安區和平東路二段339號4樓
電 話：(02)2705-5066 傳 真：(02)2706-6100
網 址：https://www.wunan.com.tw
電子郵件：wunan@wunan.com.tw
劃撥帳號：01068953
戶 名：五南圖書出版股份有限公司

法律顧問 林勝安律師

出版日期 2012年10月初版一刷
2019年 9 月二版一刷
2023年 7 月三版一刷
定 價 新臺幣550元